Leitfaden der Technischen Wärmemechanik

Kurzes Lehrbuch der Mechanik der Gase und Dämpfe und der mechanischen Wärmelehre

Von

Prof. Dipl.-Ing. **W. Schüle**

Vierte, vermehrte und verbesserte Auflage

Mit 110 Textfiguren und 5 Tafeln

Berlin

Verlag von Julius Springer

1925

ISBN-13: 978-3-642-90382-3   e-ISBN-13: 978-3-642-92239-8
DOI: 10.1007/978-3-642-92239-8

Vorwort zur vierten Auflage.

Entsprechend den gesteigerten Ansprüchen, die heute an das Verständnis der wärmetechnischen Vorgänge gestellt werden müssen, ist der Inhalt der vorliegenden Auflage gegenüber der dritten in zahlreichen Einzelheiten und durch eine Reihe neuer Abschnitte vermehrt worden. Neu sind die folgenden Abschnitte: 15a, Verbrennungstemperaturen; 15b, Abgasverluste; 26a, Die logarithmische Polytropentafel; 25b, Die adiabatische Zustandsänderung bei sehr großen Unterschieden von Temperatur, Druck und Volumen; 28a, Die Entropietafel für Gase bei großen Temperaturänderungen; 32, Druckluft — Kraftübertragung; 37, Feuchtigkeitsänderung des gesättigten Dampfes bei beliebigen Zustandsänderungen; 38, Destillieren und Abdampfen mittels Wärmepumpe; 47, Abweichungen von der Zustandsgleichung der Gase; 61, Die Grundbedingungen der Umkehrbarkeit und die Grundfälle der nicht umkehrbaren Zustandsänderungen; 62, Die wichtigsten nicht umkehrbaren Vorgänge und ihr Verhältnis zum II. Hauptsatz. — Weggefallen sind, als nicht zur Wärmetechnik gehörig, die früheren Abschnitte über den Luftwiderstand. Berichtigt sind die spezifischen Wärmen der zweiatomigen Gase nach den neueren Ergebnissen der Physikalisch-Technischen Reichsanstalt, die spezifischen Wärmen des überhitzten Wasserdampfs und das Gebiet der Dampftabellen oberhalb 10 at nach den neuesten Ergebnissen des Münchener Laboratoriums für Technische Physik. Erneuert ist die Feuergastafel Taf. I, neu hinzugekommen die logarithmische Polytropentafel Taf. II. Für die Wärmeeinheit ist die seit August 1924 gesetzlich gewordene Bezeichnung kcal eingeführt worden.

Görlitz, den 2. März 1925.

W. Schüle.

Vorwort zur ersten Auflage.

Der vorliegende Leitfaden unterscheidet sich von dem I. Band des größeren Werkes des Verfassers[1]) durch die Beschränkung des Inhalts auf die notwendigsten Grundlagen und Anwendungen der Wärmemechanik. Im übrigen lehnt es sich eng an diesen an, so daß der Leser, der sich später noch eingehender mit dem Gegenstand befassen will, überall Anschluß an Bekanntes nach Form und Inhalt finden wird. Wie das größere Werk, so ist auch der Leitfaden in erster Linie zum Selbstunterricht bestimmt, und zwar für solche Leser, die der Wärmemechanik zum ersten Male mit der Absicht näher treten, für die technische Praxis verwertbare Kenntnisse zu erwerben, also neben den Besuchern technischer Lehranstalten insbesondere für solche Techniker, die sich in späteren Jahren zur Beschäftigung mit dem Gegenstand ver anlaßt sehen. Die Praxis stellt ja nur zu oft Anforderungen ohne Rücksicht darauf, welchen Bildungsgang jemand gegangen ist oder welches Sondergebiet er besonders gepflegt hat. Nicht immer vermag hier ein „Taschenbuch" zu helfen und auf keinem Gebiet ist die bloß mechanische Anwendung von Formeln und Regeln so bedenklich wie auf dem der Wärme. Deshalb ist in dem Buche auf die Erläuterung der Grundlagen das größte Gewicht gelegt, so daß der Leser erwarten kann, zu einem wirklichen Verständnis zu gelangen.

Nicht zum wenigsten hat den Verfasser bei der Herausgabe des Leitfadens der Gedanke an die aus dem Felde heimkehrenden jüngeren Fachgenossen geleitet, denen mit einer gedrängteren Darstellung des Stoffes zunächst am besten gedient sein wird.

Wenn auch eine für technische Zwecke nutzbringende Beschäftigung mit der Wärmemechanik ohne jede mathematische Vorbildung kaum möglich ist, so genügen doch andererseits elementare mathematische Kenntnisse, falls nur für die graphischen Darstellungs- und Rechnungsweisen das nötige Verständnis vorhanden ist. Gerade dieses ist aber beim Techniker am ehesten zu finden. Die Verwendung des Differentialzeichens d für kleinste Änderungen des Druckes p, des Volumens v, der Temperatur T und anderer veränderlicher Größen braucht deshalb auch den Leser nicht abzuschrecken, der die eigentliche Differentialrechnung nicht kennt oder nicht beherrscht. Das schrittweise Weitergehen auf den Kurven, durch welche die gleichzeitigen Werte von p und v, oder p und T usw. dargestellt werden, führt ja wie von selbst zu der Vorstellung sehr kleiner Änderungen dp, dv und dT der Koordinaten p, v und T, mittels deren man stufenartig von einem Punkte der Kurve zum nächstbenachbarten gelangt. Die Rechnung mit 'unbeschränkt kleinen Größen läßt sich schlechterdings nicht umgehen in einem Gebiete, in dem es sich auf Schritt und Tritt um die Darstellung stetig veränderlicher Vorgänge handelt, und diese Darstellung wird nur scheinbar „elementarer", wenn man statt des Differential-

---

[1]) Technische Thermodynamik, Bd. I (4. Aufl. 1921); Bd. II, Höhere Thermodynamik (4. Aufl. 1922).

zeichens d das Zeichen Δ verwendet, das sonst für kleine endliche Differenzen gebraucht wird.

Ebensowenig wie die Kenntnis der Differentialrechnung ist die der eigentlichen Integralrechnung zum Verständnis des Buches nötig. Wo bestimmte Integrale (Summen mit unbeschränkt vielen unbeschränkt kleinen Gliedern) vorkommen, werden sie als Flächen dargestellt und berechnet.

Hinsichtlich des stofflichen Inhalts sei nur erwähnt, daß sich der Verfasser nicht durch Rücksichten auf die Lehrpläne bestimmter Schulen, sondern lediglich durch sachliche Erwägungen in der Auswahl dessen leiten ließ, was ihm für eine grundlegende technische Unterweisung notwendig dünkte. Die Auswahl für den Unterricht in einem bestimmten Fall zu treffen, dürfte dem sachkundigen Lehrer ein leichtes sein. Das Buch kann auch jedem Fachschüler in die Hand gegeben werden.

Breslau, im September 1917.

W. Schüle.

Vorwort zur zweiten Auflage.

Der Aufbau und Inhalt des Buches ist im wesentlichen unverändert geblieben. Vorschläge zu Ergänzungen kleineren Umfangs konnten berücksichtigt werden. So wurde unter anderem ein kurzer Abschnitt über die Grundlagen der Lindeschen Luftverflüssigung eingefügt. Die Schlußkapitel sind umgestellt und der Abschnitt über die thermischen Grundlagen der Dampfturbinen ist umgearbeitet worden

Erfurt, im Dezember 1919.

W. Schüle.

Vorwort zur dritten Auflage.

Änderungen sind gegenüber der zweiten Auflage wesentlich nur durch Aufnahme der zwei neuen Abschnitte 21a, Die Einheiten der mechanischen, kalorischen, chemischen und elektrischen Energie und 31a, Die Wärmepumpe, eingetreten. Für die letztere erschien mir eine eingehende grundsätzliche Aufklärung im Rahmen des Buches als das wichtigste. Die übrigen Abschnitte sind neu durchgesehen worden und bis auf einige kleinere Zusätze unverändert geblieben.

Görlitz, im November 1921.

W. Schüle.

Inhaltsverzeichnis.

V. Die nicht umkehrbaren Vorgänge.

Tafeln im Text.

Berichtigungen.

S. 41: in Gleichung 16 fehlt die eckige Klammer am Schluß.

S. 48, Zeile 4 von oben: statt verbrauchte lies: verbraucht.

S. 49, Zeile 7 von unten: Die Gleichungen 19a und 21a stehen auf S. 43.

S. 54, Zeile 1 von unten: statt Bd. II lies: Techn. Thermodyn. Bd. II.

S. 60, Zeile 9 von unten lies: c_p ist . . .

S. 71, Fußbem. 2 lies: vgl. Techn. Thermodyn. Bd. II.

S. 120, Zeile 3 von unten lies: „für diese $k = 1{,}24$, bei 1100° in B $k = 1{,}30$“.

S. 141, Zeile 13 von unten: statt Abschn. 24 lies: Abschn. 25.

S. 151, Zeile 3 und 9 von unten: ε ist das räumliche Verdichtungsverhältnis
$(V_h + V_c) : V_c$.

S. 153, Zeile 1 von oben: Seitenzahl 153 statt: 135.

S. 155, Zeile 19 von unten: statt Cal lies: kcal.

S. 155, Zeile 5 von unten: das Wort „oder“ ist zu streichen.

S. 159: in Fig. 55 ist statt WE zu setzen: kcal. — Die Figur enthält noch die
älteren Werte der kritischen Temperatur und des kritischen Druckes.

S. 160, 2. Fußbem.: Die 2. Aufl. der Mollierschen Dampftabellen ist 1925 erschienen.

S. 163, Zeile 1 von unten: statt 220° lies: 250°.

S. 206, Zeile 8 von unten lies: Einzelwerte.

S. 221, Zeile 9 von oben: statt Fig. 100 lies: Fig. 77.

S. 255, Zeile 4 und 5 von oben lies: atmosph.

S. 272, Zeile 2 von unten: statt Abschn. 46 lies: Abschn. 56.

Einleitung.

1. Allgemeine Begriffsbestimmung der Gase, Dämpfe und Flüssigkeiten.

Gase. Solche luftartige Stoffe, die auch durch starke Verdichtung bei den gewöhnlichen Temperaturen nicht ganz oder teilweise in den flüssigen Zustand übergeführt werden können, heißen Gase. In der freien Natur kommen sie im nebelförmigen oder flüssigen Zustande nicht vor.

Einfache (zweiatomige) Gase sind: Sauerstoff O_2, Stickstoff N_2, Wasserstoff H_2, Kohlenoxyd CO, Stickoxyd NO; mehratomige Gase: Methan oder Sumpfgas CH_4, Äthylen C_2H_4, Azetylen C_2H_2. Außer diesen noch zahlreiche andere, die z. Zt. nicht von technischer Bedeutung sind.

Als Gase können auch angesehen werden: Kohlensäure (CO_2) bei hohen Temperaturen, bei Feuergastemperaturen oder sehr geringen Drücken auch der Wasserdampf (H_2O).

Technisch wichtige Gasmischungen: die atmosphärische Luft, das Leuchtgas, das Generator- oder Kraftgas, das Hochofengas oder Gichtgas, das Koksofengas, die Verbrennungsprodukte in Feuerungen und Verbrennungskraftmaschinen im heißen Zustand.

Gesättigte Dämpfe und Flüssigkeiten. Im Gegensatz zu den Gasen ist der Aggregatzustand der gesättigten Dämpfe durchaus unbeständig. Kleine Änderungen von Temperatur, Druck oder Rauminhalt können einen teilweisen Übergang aus dem luftförmigen in den flüssigen Zustand (Nebelbildung) oder umgekehrt zur Folge haben. Viele Dämpfe kommen gleichzeitig als Flüssigkeiten vor. Die technisch wichtigsten Dämpfe und Flüssigkeiten sind das Wasser (H_2O), das Ammoniak (NH_3), die Schwefligsäure (SO_2), die Kohlensäure (CO_2) bei gewöhnlichen Temperaturen (unter 32^0), das Chlor (Cl_2). Ferner die in Verbrennungskraftmaschinen verwendeten Erdöldestillate (Gasolin, Benzin, Petroleum oder Leuchtöl, Gasöl), die aus Kohlenwasserstoffen verschiedener Zusammensetzung bestehen, sowie das rohe Erdöl (Naphtha, Rohöl) und die Rückstände (Residuen) der Erdöldestillation (Masut); der Spiritus (Alkohol C_2H_6O und Wasser).

Eine immer größere Bedeutung erlangen ferner die aus der Destillation der Steinkohle (Kokerei) und der Braunkohle hervor-

gehenden Öle, die als Steinkohlenteeröle bzw. Braunkohlenteeröle bezeichnet werden. Zu den ersteren gehört z. B. das Benzol C_6H_6, das als Handelsbenzol mit größeren oder kleineren
Mengen von Toluol C_7H_8 und Xylol C_8H_{10} vermengt ist, sowie die
rohen Teeröle verschiedener Art. Die Braunkohlenteeröle heißen
auch Paraffinöle (Paraffin-Rohöl und die daraus abgeleiteten Öle
verschiedener Zusammensetzung).

Bezeichnend für das Verhalten der Dämpfe im allgemeinen ist das des
Wasserdampfs der Atmosphäre. Dieser geht fortwährend infolge von verhältnismäßig geringen Änderungen des Drucks und der Temperatur in den feuchten
Zustand (Nebel, Wolken) oder in den flüssigen (Regen) über, und umgekehrt.

Feuchter und trockener Dampf. Stehen die Dämpfe in Verbindung
mit einem Flüssigkeitsspiegel (z. B. in Dampfkesseln), so enthalten sie
in Nebelform selbst Flüssigkeitströpfchen und werden dann feuchte
oder nasse Dämpfe genannt. Dieser Zustand ist der gewöhnliche der
gesättigten Dämpfe, er kann auch ohne Flüssigkeitsspiegel bestehen.
Vollkommene Trockenheit ist ein Grenzzustand (zwischen feuchter
Sättigung und Überhitzung), der leicht gestört wird.

Der Zustand der trockenen Sättigung ist aber deshalb wichtig,
weil feuchter Dampf als Mischung von trockenem gesättigtem Dampf
und flüssigem Wasser von gleicher Temperatur anzusehen ist.

Überhitzte oder ungesättigte Dämpfe. Wie die Gase sind diese
Stoffe bei Änderungen von Temperatur, Druck oder Raum in Hinsicht ihres Aggregatzustandes beständig, aber nur innerhalb bestimmter,
mäßig weiter Grenzen. Sie können im Gegensatz zu den Gasen schon
durch mäßige Änderungen von Druck oder Temperatur in den Zustand der gesättigten Dämpfe versetzt werden.

Umgekehrt können auch alle gesättigten Dämpfe durch Wärmezufuhr überhitzt werden.

Beim gleichen Körper, z. B. Wasser, müssen die Zustände der
Sättigung und Überhitzung deshalb streng unterschieden werden, weil
der Körper in beiden Zuständen verschiedenen Gesetzen folgt.
Aus dem gleichen Grunde ist eine Unterscheidung zwischen Gasen
und überhitzten Dämpfen erforderlich.

Enthält ein Raum, etwa infolge von Verdunstung von Flüssigkeit, weniger Dampf, als er bei der augenblicklichen Temperatur aufnehmen kann (also keinenfalls „Nebel"), so ist dieser Dampf im überhitzten Zustand. In diesem Zusammenhang ist auch die Bezeichnung
„ungesättigt", die für überhitzte Dämpfe verwendet wird, verständlich.
Der Raum ist erst gesättigt mit Dampf, wenn er keinen weiteren
Dampf mehr aufnehmen kann.

Bezeichnend für das Verhalten überhitzter Dämpfe ist wieder das des
atmosphärischen Wasserdampfs. Ein Niederschlag dieser (ungesättigten)
Dämpfe erfolgt erst, nachdem die Temperatur um ein bestimmtes, vom Sättigungsgrad abhängiges Maß gefallen ist. — In Dampfleitungen schlägt sich überhitzter Dampf nicht nieder (solange er die Überhitzung nicht verloren hat),
während gesättigter Dampf (Sattdampf) infolge der Wärmeentziehung durch
die Rohrwände stets mehr oder weniger kondensiert.

Zusatz. Auch Gase können durch künstliche, sehr tiefe Abkühlung und gleichzeitige Verdichtung in den Zustand feuchter Dämpfe, bzw. in den flüssigen Zustand versetzt werden. Dabei durchschreiten sie das Gebiet der überhitzten Dämpfe. Umgekehrt können die gewöhnlich flüssigen und dampfförmigen Körper durch sehr bedeutende Erhitzung oder Druckverminderung in gasartigen Zustand gebracht werden.

Je nach dem unter gewöhnlichen Temperatur- und Druckverhältnissen vorherrschenden Verhalten bezeichnet man daher einen Körper entweder als Gas oder als überhitzten Dampf, gesättigten Dampf, Flüssigkeit.

Nicht immer ist die Überführung eines festen oder flüssigen Körpers in den Dampf- oder Gaszustand ohne gleichzeitige chemische Zersetzung (Dissoziation) möglich.

2. Die Größen, welche den Zustand der Gase und Dämpfe bestimmen, und ihre technisch gebräuchlichen Einheiten. Druckmessung, Temperaturmessung.

Der „Zustand" eines Gases oder Dampfes gilt in mechanischer Hinsicht als bestimmt, wenn die nachstehenden Größen bekannt sind.

1. Das Gewicht der Raumeinheit oder spezifische Gewicht (γ). Gleichwertig hiermit ist die Angabe des Rauminhaltes der Gewichtseinheit oder des „spezifischen Volumens" (v).

Es ist

$$v = \frac{1}{\gamma}.$$

Anstatt v oder γ kann auch das Gewicht G eines beliebigen Volumens V gegeben sein. Es ist dann

$$\gamma = \frac{G}{V} \quad \text{oder} \quad G = \gamma \cdot V$$

$$v = \frac{V}{G} \quad \text{oder} \quad V = v \cdot G.$$

Für spez. Gewicht wird gelegentlich auch **Dichte** gesetzt werden. Die **Masse** der Raumeinheit heißt spezifische Masse, $\varrho = \gamma/g$, (auch **Massendichte**).

2. Der auf die (eben gedachte) Flächeneinheit des einschließenden Gefäßes vom Gase oder Dampfe ausgeübte **Druck** (p, spezifischer Druck oder einfach Druck, Spannung, Pressung).

3. Die Temperatur, in Celsiusgraden t, als absolute Temperatur T.

Durch **zwei** dieser Größen ist bei Gasen und überhitzten Dämpfen immer die dritte mitbestimmt. Die Beziehung zwischen den drei Größen heißt die „Zustandsgleichung" des Gases oder überhitzten Dampfes.

Bei trocken gesättigten Dämpfen bestimmt die **Temperatur allein** sowohl den Druck als das Volumen, jedes nach einem besonderen Gesetz. Hier bestehen also zwei Zustandsgleichungen, eine zwischen Temperatur und Druck (t, p), eine zweite zwischen Temperatur und Volumen (t, v); eine dritte, zwischen Druck und Volumen (p, v) folgt aus ihrer Verbindung oder kann eine der beiden anderen vertreten.

Bei feuchten Dämpfen kommt hierzu noch der Feuchtigkeitsgehalt oder der Dampfgehalt der Gewichtseinheit mit seinem Einfluß auf das spezifische Gewicht und Volumen.

Das Volumen tropfbarer Flüssigkeiten ist in erster Linie durch die Temperatur bestimmt, während der Druck im allgemeinen eine geringe Rolle spielt.

Einheiten. Als Gewichtseinheit gilt das kg, als Raumeinheit das cbm. Das spezifische Gewicht ist also das Gewicht von 1 cbm in kg $(\gamma = \text{kg/cbm})$; das spezifische Volumen ist der Rauminhalt von 1 kg in cbm $(v = \text{cbm/kg})$. Wegen des hiermit festgelegten qm als Flächeneinheit ist daher der Druck in kg auf 1 qm anzugeben $(p = \text{kg/qm})$, bzw. jedenfalls in die Zustandsgleichung so einzuführen.

Im praktischen Gebrauch wird der Druck meist nicht in kg/qm, sondern in kg/qcm angegeben. Ein Druck von 1 kg auf die Fläche von 1 qcm heißt „eine Atmosphäre" (at). Es ist also 1 kg/qcm = 1 at = 10000 kg/qm.

Abweichend hiervon wird in der Physik mit „Atmosphäre" der Druck von 1,033 kg auf 1 qcm bezeichnet. Dies ist der durchschnittliche Druck der atmosphärischen Luft in Meereshöhe (760 mm am Quecksilber-Barometer). Sehr vielen Angaben über spezifisches Gewicht usw. liegt daher diese Druckeinheit zugrunde, was wohl zu beachten ist. Unzulässig ist es aber, wenn die technische Atmosphäre wegen ihrer angenäherten Übereinstimmung mit der physikalischen als „rund 1 kg/qcm" bezeichnet wird. Die in der Technik ausschließlich gebräuchliche „Atmosphäre" ist genau 1,000 kg/qcm.

In England und Amerika wird der Druck in „Pfund auf 1 Quadratzoll" (englisch) gemessen. Es ist 1 kg/qcm = 14,223 Pfund für den Quadratzoll (lb. per square inch). Man merke sich: 100 lbs. per sq. in. = rund 7 kg/qcm.

Überdruck, Unterdruck und absoluter Druck. Die gewöhnlichen technischen Instrumente für Druckmessung (Federmanometer, Vakuummeter, Manovakuummeter, Flüssigkeitssäulen) messen den Überdruck oder Unterdruck des Gases oder Dampfes über (bzw. unter) dem augenblicklich herrschenden Luftdruck, also einen Druckunterschied. Der wahre oder absolute Gasdruck wird hieraus bei Überdruck durch Addition zum äußeren Luftdruck, bei Unterdruck durch Subtraktion vom Luftdruck erhalten.

Das Barometer mißt dagegen absoluten Druck. Überdruck und absoluter Druck werden deshalb gelegentlich als manometrischer und barometrischer Druck unterschieden. In den Zustandsgleichungen muß, wie leicht verständlich, stets mit dem absoluten Druck (p) gerechnet werden. Der gleiche absolute oder wahre Druck kann je nach dem Barometerstand (Witterung, Meereshöhe) die verschiedensten manometrischen Anzeigen ergeben.

Druckmessung durch Flüssigkeitssäulen. Wird das eine Ende einer gebogenen Röhre, Fig. 1, die teilweise mit Flüssigkeit gefüllt ist, mit einem Raum verbunden, in dem Gas oder Dampf unter Überdruck steht, während das andere Ende offen bleibt, so steigt die Flüssigkeit im freien Schenkel, während sie im anderen fällt. Der Höhenunterschied h der Flüssigkeitsspiegel ist ein Maß für den Überdruck. Bei Unterdruck steigt die Säule im geschlossenen Schenkel. Gleichgültig ist hierbei die Form der Röhre, ob diese senkrecht gerade, schief gerade, beliebig gebogen, gleich oder ungleich weit ist.

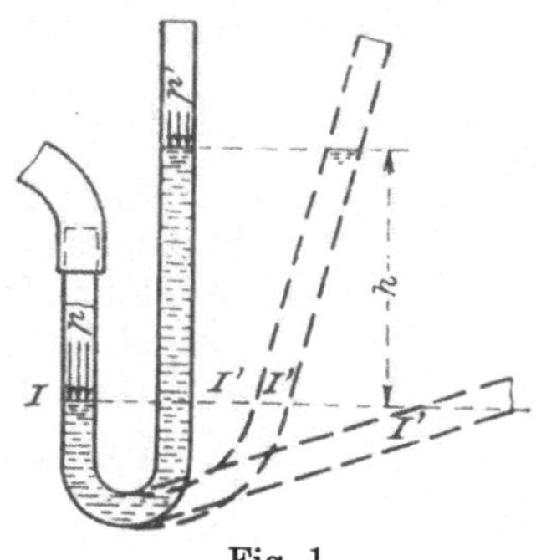

Fig. 1.

Nach einem bekannten Satz der Hydraulik ist

$$p - p' = \gamma \cdot h \,.$$

p und p' sind die absoluten Drücke von Gas und Luft, $p - p'$ der Überdruck (Unterdruck), und dieser ist nach der Gleichung der Höhe h proportional.

Für Wasser ist mit $\gamma = 1000$ kg/cbm $p - p' = 1000 \cdot h$; einem Überdruck von 1 kg/qcm $= 10\,000$ kg/qm $= p - p'$ entspricht also eine Säule

$$h = \frac{10\,000}{1000} = 10 \text{ m} \,.$$

Wassersäulen werden besonders zur Messung sehr kleiner Überdrücke oder Unterdrücke (z. B. Kesselzug) verwendet. Es ist

$$1 \text{ m } H_2O = \frac{1}{10} \text{ kg/qcm}$$

$$1 \text{ mm } H_2O = \frac{1}{10\,000} \text{ kg/qcm} = \frac{1}{10\,000} \text{ at} \,.$$

Durch einen Druck von 1 mm H_2O wird eine Fläche von 1 qm $= 10\,000$ qcm mit 1 kg im ganzen belastet. Es ist also

$$\mathbf{1 \text{ mm } H_2O = 1 \text{ kg/qm} \,.}$$

Für Quecksilber (Hg) ist mit $\gamma = 13{,}595 \cdot 1000$ kg/cbm (bei 0^0)

$$p - p' = 13\,595 \cdot h \quad (h \text{ in m}) \,.$$

Einem Überdruck von 1 at $= p - p' = 10\,000$ kg/qm entspricht also eine Säule von

$$h = \frac{10\,000}{13\,595} = 0{,}7356 \text{ m} = \mathbf{735{,}6 \text{ mm}} \text{ (bei } 0^0) \,.$$

Einem Überdruck von 1,0333 at $= 10\,333$ kg/qm (physikal. Atm.) entspricht eine Säule von $1{,}0333 \cdot 735{,}6 = \mathbf{760 \text{ mm Hg} \,.}$

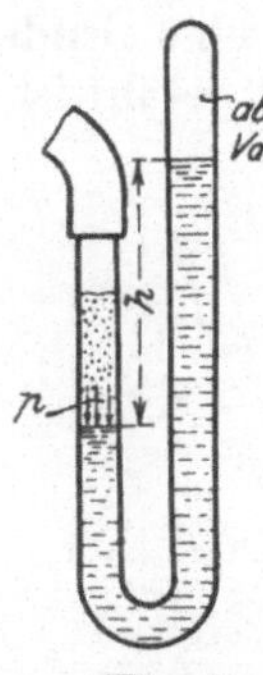

Fig. 2.

Quecksilbersäulen werden im technischen Gebrauch meist in cm gemessen. Es ist also

$$1 \text{ at} = 73{,}56 \text{ cm Hg} \quad \text{und}$$
$$1 \text{ cm Hg} = 0{,}013\,595 \text{ at} \quad \text{und}$$
$$1 \text{ cm Hg} = 0{,}13\,595 \text{ m H}_2\text{O}$$
$$= 13{,}595 \text{ cm H}_2\text{O}.$$

Zur Messung des absoluten Gasdrucks wird die Flüssigkeitssäule geeignet, wenn das rechte offene Ende der Röhre Fig. 1 geschlossen und über dem Flüssigkeitsspiegel an diesem Ende ein luftleerer Raum geschaffen wird, Fig. 2.

Voraussetzung ist dabei, daß die Flüssigkeit unter der herrschenden Temperatur einen verschwindend kleinen Dampfdruck besitzt. Wasser hat bei $+ 10^0$ einen Dampfdruck von 9,16 mm Hg gleich 124,5 mm H$_2$O, ist also für kleine absolute Drücke unbrauchbar. Der Dampfdruck des Quecksilbers ist dagegen bei dieser Temperatur kleiner als $\frac{1}{1000}$ mm Hg.

Als Flüssigkeit für Barometer wird ausschließlich Quecksilber verwendet. Es ist also

$$\textbf{1 kg/qcm abs.} = \textbf{1 at abs.} = \textbf{735,6 mm Hg.}$$

Zur Messung kleiner absoluter Drücke (Vakuum in Kondensatoren u. ä.) können kurze Quecksilbersäulen, sog. abgekürzte Barometer oder Vakuummeter für absoluten Druck dienen, die, solange kein hinreichend tiefer Unterdruck herrscht, im geschlossenen Ende ganz mit Quecksilber gefüllt bleiben (Fig. 2). Fällt das Quecksilber im geschlossenen Ende, so gilt

$$p \text{ (abs.)} = \gamma \cdot h.$$

Der lotrechte Abstand der beiden Quecksilberspiegel ist der absolute Druck in cm Hg.

Beispiele. 1. Das Manometer eines Dampfkessels zeige 5,0 kg/qcm. Wie groß ist die wahre (absolute) Dampfspannung p im Kessel, wenn der gleichzeitige Barometerstand 650 mm Hg beträgt?

Da 735,6 mm Hg $= 1$ kg/qcm, so sind

$$650 \text{ mm} = \frac{650}{735{,}6} = 0{,}884 \text{ kg/qcm.}$$

Daher ist

$$p = 5 + 0{,}884 = 5{,}884 \text{ kg/qcm (also nicht } 5 + 1 = 6).$$

2. Das Vakuummeter (gewöhnliches Röhrenfederinstrument) eines Dampfmaschinenkondensators zeige einen Unterdruck von 55 cm Hg. Wie groß ist die absolute Spannung im Kondensator, wenn das Barometer gleichzeitig auf 710 mm steht?

Der absolute Druck im Kondensator beträgt $71 - 55 = 16$ cm Hg, dies sind

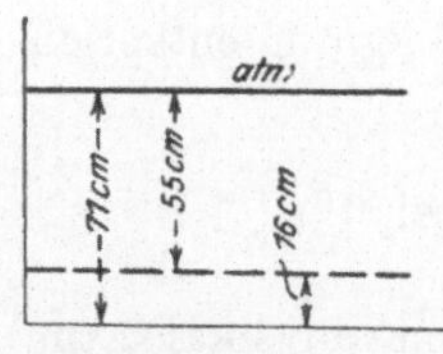

Fig. 3.

$$p = \frac{16}{73{,}56} = 0{,}218 \text{ at abs. (vgl. Fig. 3).}$$

3. Wieviel mm unter der vom Indikatorstift geschriebenen „atmosphärischen Linie" ist in einem Indikatordiagramm die „absolute Nullinie" einzutragen, wenn der Federmaßstab des Indikators 10 mm/at beträgt und zur Zeit der Entnahme des Diagramms das Barometer auf 700 mm stand? (Fig. 4.)

Die atmosphärische Spannung ist gleich $\dfrac{700}{735,6} = 0{,}952$ kg/qcm, also liegt die Linie des absoluten Nulldrucks um $x = 0{,}952 \cdot 10 = 9{,}52$ mm unterhalb der atmosphärischen Linie (nicht um 10 mm!).

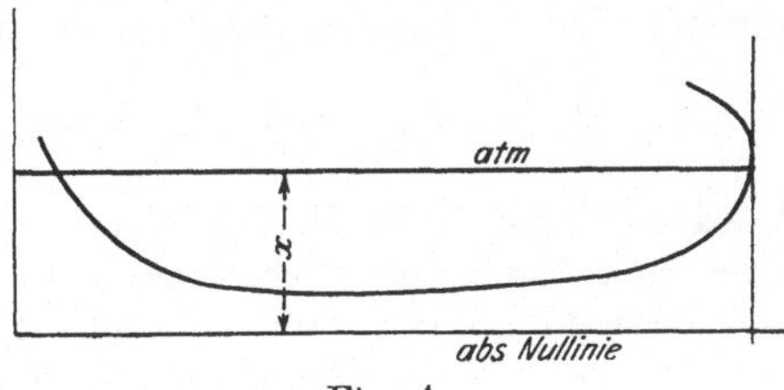

Fig. 4.

4. Die Vakuummeter der Dampfmaschinen und Dampfturbinen zeigen unter sonst gleichen Umständen ein tieferes Vakuum bei hohem Barometerstand. Wie erklärt sich dies?

Der absolute Druck im Kondensator ist unter gleichen Umständen (Belastung, Wassermenge, Wassertemperatur, Dichtheit) der gleiche; daher ist der Unterdruck, den das Vakuummeter angibt, um so größer, je größer der absolute Luftdruck ist, Fig 3.

Geht man von der absoluten Nullinie aus, so rückt die atmosphärische Linie höher, bzw. tiefer, wenn das Barometer steigt, bzw. fällt.

Vakuummeter für absoluten Druck, wie man sie bei Turbinen häufiger findet (abgekürzte Barometer nach Fig. 2), sind unabhängig vom Luftdruck.

5. Ein Instrument nach Fig. 2 zeigt bei einer Dampfturbine einen Kondensatordruck von b cm abs. Wieviel Hundertteile vom augenblicklichen Luftdruck B beträgt der Unterdruck (das Vakuum) im Kondensator?

$$\text{v. H. Vak.} = \frac{B-b}{B} \cdot 100, \quad \text{z. B. } b = 5 \text{ cm,}$$

$$B = 75{,}1 \text{ cm, v. H. Vak.} = \frac{70{,}1}{75{,}1} \cdot 100 = 93{,}3 \text{ v. H.}$$

Zusatz. **Reduktion des Barometerstandes auf 0°.** Das spez. Gewicht des Quecksilbers ist bei Temperaturen über 0° kleiner als oben angenommen[1]). Daher steht das Barometer bei höherer Temperatur höher, als es unter gleichem Luftdruck bei 0° stehen würde.

Es sind für je **1000 mm** Quecksilbersäule vom abgelesenen Barometerstand abzuziehen:

bei 0°	5°	10°	15°	20°	25°	30° C
0,00	0,87	1,73	2,59	3,45	4,31	5,17 mm Hg.

Bei Kältegraden sind ebensoviel mm zu addieren.

Wird z. B. bei $+20^\circ$ am Barometer 755 mm abgelesen, so ist der Barometerstand für 0° um $0{,}755 \cdot 3{,}45 = 2{,}6$ mm kleiner, also $755 - 2{,}6 = \textbf{752{,}4 mm.}$

---

[1]) Bei 0°, 10°, 20°, 30° bzw. 13,5955, 13,5698, 13,5461, 13,5216.

Die Temperatur (t) wird in Celsiusgraden (^{0} C) gemessen. Die Festpunkte des Celsiusthermometers liegen beim Schmelzpunkt des Eises (0^0 C) und beim Siedepunkt des Wassers unter dem Druck von 760 mm Hg (100^0 C). 1^0C am Quecksilberthermometer ist der hundertste Teil des Abstandes dieser Festpunkte.

In England und Amerika ist die Skala nach Fahrenheit (^{0} F) gebräuchlich. Diese ist zwischen dem Schmelzpunkt des Eises und dem Siedepunkt des Wassers in 180 gleiche Teile geteilt. Ihr Nullpunkt liegt 32^0F unter dem Eispunkt. Allgemein ist

$$^0F = 32 + \frac{18}{10}\,^0C; \quad ^0C = \frac{10}{18}(^0F - 32); \quad 0^0F = -17,8^0C; \quad 0^0C = 32^0F.$$

Als Normalskala (Urmaß) gilt die des Wasserstoffthermometers mit den gleichen Festpunkten[1]). Gasthermometer mit Stickstoff- oder Kohlensäurefüllung stimmen nicht absolut überein mit dem Wasserstoffthermometer. Für praktische Messungen kommen Gasthermometer als zu umständlich nicht in Betracht.

Vom Wasserstoffthermometer weicht die Angabe des Quecksilberthermometers etwas ab, je nach der Glassorte in verschiedener Weise, am meisten zwischen 40^0 und 60^0. Bei geeignetem Glas übersteigt der Unterschied nicht $0,1^0$, kommt also für die technischen Messungen nicht in Betracht.

Viel wichtiger sind andere Fehlerquellen, die das gewöhnliche Thermometer zu einem ziemlich unsicheren Instrument machen. Hier seien nur erwähnt: Die Abweichung der Kapillare von der zylindrischen Form, der Einfluß der Temperaturänderungen auf den Rauminhalt der Gefäße (thermische Nachwirkung, bleibende Formänderungen im Glas), das „Nachhinken" der Thermometeranzeige hinter der zu messenden Temperatur; Bestrahlung des Thermometers von einem in der Nähe befindlichen wärmeren Körper oder Ausstrahlung nach einem kälteren; in schnell strömenden Gasen und Dämpfen Erwärmung durch Gasverdichtung am Thermometergefäß. — Die Fehler, die hieraus folgen, sind oft von ungeahnter Größe und überschreiten häufig einen Teilstrich der jeweiligen Skala, besonders bei höheren Temperaturen. Heißdampfthermometer zeigen oft um eine ganze Anzahl von Graden unrichtig. Bezüglich des „Nachhinkens" stehen die sog. Graphitpyrometer in erster Reihe. Abweichungen bis 100^0 und mehr zwischen der Anzeige und der wahren Temperatur, wenn diese nicht sehr lange konstant bleibt, sind hier nicht selten. Unvergleichlich schneller zeigen die Quecksilberpyrometer mit Kohlensäurefüllung über dem Faden, die bis 550^0 verwendbar sind. — Elektrische Widerstandsthermometer (Platindraht in Quarzglas) und Thermoelemente sind besonders als Fernthermometer in Gebrauch[2]).

Fadenkorrektion. Der aus dem Meßraum herausragende Teil des Quecksilberfadens besitzt eine andere Temperatur (t_f) als das Quecksilber im Behälter. Infolgedessen zeigen die Thermometer mit herausragendem Faden grundsätzlich zu niedrig, falls die Außentemperatur niedriger ist, dagegen zu hoch, falls die Außentemperatur höher ist als die zu messende Temperatur.

---

[1]) Nach dem Reichsgesetz vom 7. VIII. 1924 gilt als gesetzliche Temperaturskala die thermodynamische Skala, die sich ergibt, wenn man sich ein Gasthermometer mit einem idealen Gas gefüllt denkt, das genau dem Gasgesetz (Abschn. 4) folgt. Zwischen 0^0 und 450^0C stimmt diese Skala mit der des Wasserstoffthermometers praktisch genau überein.

[2]) Über richtige Temperaturmessung vgl. „Knoblauch, Temperaturmessung".

Allgemein gilt für die Korrektion

$$\varDelta t = \frac{n \cdot (t - t_f)}{6300}$$

bei n herausragenden Graden. Schwierig ist die Bestimmung bzw. Schätzung der Fadentemperatur t_f, zumal diese an verschiedenen Stellen des Fadens verschieden sein kann. Wenn man sie gleich der Außentemperatur in nächster Nähe der Quecksilbersäule setzt, wird man sie bei hoher Innentemperatur eher unterschätzen als überschätzen; umgekehrt bei Kältegraden[1]).

Beispiel. Das Thermometer einer Heißdampfmaschine zeige eine Eintritts-Dampftemperatur von 300°. Die Skala tritt bei 100° aus der Fassung. Die Außentemperatur am Thermometer beträgt 60° (infolge Strahlung vom Zylinder her). Die Fadenkorrektion wird daher, da $n = 300 - 100 = 200$ Grade herausragen,

$$\varDelta t = \frac{200 \cdot (300 - 60)}{6300} = 7{,}6°,$$ so daß die Dampftemperatur $300 + 7{,}6 = 307{,}6°$ ist.

---

[1]) Mitteilungen des Kgl. Materialprüfungsamts in Großlichterfelde-West, 1915, H. Schlüter, Über die Berechnung der Fadenberichtigung für geeichte Thermometer, enthält eine sehr ausführliche Darlegung über die Berechnung der Fadenkorrektion unter verschiedensten Verhältnissen, insbesondere für Thermometer in chemischen Fabriken.

I. Die Gase.

3. Die Gasgesetze von Boyle (Mariotte) und von Gay-Lussac und das vereinigte Boyle-Gay-Lussacsche Gesetz.

Das Gesetz von Boyle (Mariotte). Wird der Raum V_0 einer beliebigen Gasmenge von der Temperatur t_0, dem absoluten Druck p_0 und dem spez. Volumen v_0 auf V vergrößert oder verkleinert, und zwar so, daß am Ende die Temperatur wieder t_0 ist, so fällt (bzw. steigt) der absolute Gasdruck im umgekehrten Verhältnis der Räume. Es ist also

$$\frac{p}{p_0} = \frac{V_0}{V} = \frac{v_0}{v},$$

oder

$$pV = p_0 V_0; \qquad pv = p_0 v_0.$$

Das Produkt aus Druck und Volumen ist für verschiedene Gaszustände bei gleicher Temperatur gleich groß.

Mit Bezug auf das spezifische Gewicht der Gase besagt das Gesetz, daß sich bei gleicher Temperatur die spezifischen Gewichte wie die absoluten Drücke verhalten. Denn wegen $\dfrac{v_0}{v} = \dfrac{\gamma}{\gamma_0}$ ist auch

$$\frac{p}{p_0} = \frac{\gamma}{\gamma_0}.$$

Beispiele: 1. Atmosphärische Luft von 0,10 kg/qcm Unterdruck und 20^0 C wird auf 7 kg/qcm Überdruck verdichtet. Auf welchen Teil des anfänglichen Raumes muß ihr Raum verkleinert werden, wenn der Barometerstand 720 mm beträgt; gleiche Endtemperatur vorausgesetzt.

Der abs. Anfangsdruck ist $\dfrac{720}{735,6} - 0,10 = 0,98 - 0,10 = 0,88$ at.

Der abs. Enddruck $\dfrac{720}{735,6} + 7,00 = 7,98$.

Daher ist das Raumverhältnis („Verdichtungsverhältnis")

$$\frac{V_0}{V} = \frac{p}{p_0} = \frac{7,98}{0,88} = \underline{9,07}.$$

Die Höhe der Temperatur spielt hierbei keine Rolle.

2. Wie groß ist das spez. Gewicht der Luft von 0^0 bei 600 mm Barometerstand, wenn es bei 760 mm (und 0^0) gleich 1,293 ist?

$$\text{Es ist } \gamma = 1,293 \cdot \frac{600}{760} = \underline{1,02 \text{ kg/cbm}}.$$

3. Eine beliebige Luftmenge von 1 kg/qcm Überdruck dehne sich bei unveränderlicher Temperatur auf das Dreifache ihres Raumes aus. Wie groß wird die manometrische Endspannung? Barometerstand 550 mm.

Der abs. Anfangsdruck ist $\dfrac{550}{735,6} + 1 = 1,747$,

daher ist der abs. Enddruck $p = 1,747 \cdot \dfrac{1}{3} = 0,582$ at abs.,

also $0,747 - 0,582 = \underline{0,165 \text{ at Unterdruck}}$.

Das Gesetz von Gay-Lussac. Wird eine unter beliebigem unveränderlichem Druck stehende Gasmenge erwärmt (oder abgekühlt), so nimmt ihr Raum für jeden Grad Erwärmung (bzw. Abkühlung) um $^1/_{273}$ des Raumes zu (bzw. ab), den sie bei $0\,^0\mathrm{C}$ und gleichem Drucke einnimmt. Dieses Gesetz gilt für alle Gase, streng jedoch nur im sogenannten idealen Gaszustand, von dem die verschiedenen wirklichen Gase je nach dem Druck- und Temperaturzustand mehr oder weniger abweichen. Als genauester Wert des Ausdehnungskoeffizienten eines idealen Gases gilt die Zahl $0,0036618 = 1/273,09$.

1. Form. Mit v_0 als Volumen bei 0^0 ist demnach das Volumen v_1 bei $t_1{}^0$

$$v_1 = v_0 + v_0 \cdot \frac{t_1}{273} = v_0 \cdot \left(1 + \frac{t_1}{273}\right).$$

Bei einer anderen Temperatur $t_2 > t_1$ wäre das Volumen

$$v_2 = v_0 + v_0 \cdot \frac{t_2}{273}.$$

Durch Subtraktion folgt

$$v_2 - v_1 = v_0 \cdot \frac{t_2 - t_1}{273}$$

(abs. Raumvergrößerung bei Erwärmung von t_1 auf t_2).

2. Form. Durch Division der Volumina v_2 und v_1 folgt die verhältnismäßige Raumänderung

$$\frac{v_2}{v_1} = \frac{1 + \dfrac{t_2}{273}}{1 + \dfrac{t_1}{273}}$$

oder

$$\frac{v_2}{v_1} = \frac{273 + t_2}{273 + t_1}.$$

In dieser Gleichung sind t_1 und t_2 Celsiusgrade. Daher müssen auch die Zahlen 273 im Zähler und Nenner, die zu t_1 und t_2 addiert sind, Celsiusgrade vorstellen.

Denkt man sich den Nullpunkt der Celsiusskala um 273 Celsiusgrade nach unten verlegt, so erhält man eine neue Skala, in der die gleiche Temperatur durch eine um 273 größere Gradzahl (T) ausgedrückt wird. Es ist also

$$T_1 = 273 + t_1$$
$$T_2 = 273 + t_2\,.$$

Diese neue Skala wird als absolute Temperaturskala bezeichnet und T, T_1, T_2 heißen „absolute Temperaturen". Nun ist auch

$$\frac{v_2}{v_1} = \frac{T_2}{T_1}\,,$$

in Worten: Bei gleichem Druck verhalten sich die Rauminhalte gleicher Gewichtsmengen desselben Gases wie die absoluten Temperaturen.

Die Bezeichnung „absolute Temperatur" erscheint zunächst willkürlich. Für die rechnerische Behandlung des Gay-Lussacschen Gesetzes ist diese Größe aber ähnlich zweckmäßig, wie der absolute Druck beim Boyleschen Gesetz. — Es ist immerhin merkwürdig, daß die Zahl 273 für Stoffe der verschiedensten Art (H_2, N_2, O_2, CO) Geltung hat, desgleichen für Gasmischungen, z. B. die atmospärische Luft. Die tiefere Begründung des Begriffes der absoluten Temperatur folgt aus Abschn. 30.

Daß übrigens das Gesetz von Gay-Lussac nicht bis zu beliebig tiefen Temperaturen gültig sein kann, geht daraus hervor, daß mit $T_2 = 0$ $(t_2 = -273^0)$ das Volumen des Gases $v_2 = 0$ sein, das Gas also keinen Raum mehr einnehmen würde, was nicht denkbar ist.

Für das spezifische Gewicht der Gase besagt das Gesetz: Bei verschiedener Temperatur, aber gleichem Drucke, verhalten sich die spezifischen Gewichte desselben Gases umgekehrt wie die absoluten Temperaturen.

Weil $\dfrac{v_2}{v_1} = \dfrac{\gamma_1}{\gamma_2}$ ist, so ist auch

$$\frac{\gamma_1}{\gamma_2} = \frac{T_2}{T_1} \quad (\mathrm{p} = \text{konst.}).$$

Trägt man die Volumina als Abszissen, die Temperaturen (t oder T) als Ordinaten auf (Fig. 5), so erhält man als graphisches Bild des Gay-Lussacschen Gesetzes eine Gerade I—II, die durch den absoluten Nullpunkt geht. Bei irgendeinem anderen Druck nimmt auch die Gerade eine andere Richtung durch den Nullpunkt an, und zwar verläuft sie bei niedrigerem Druck tiefer, weil zu solchem bei gleicher Temperatur größere Volumina gehören, bei höherem Druck höher. Das Gesetz in seinem ganzen Umfang wird also durch eine Schar von unendlich vielen Geraden aus dem absoluten Nullpunkt verbildlicht. Fig. 5 ist die einfachste Form einer Zustandstafel der Gase. Jeder Punkt der Tafelebene entspricht einem bestimmten Gaszustand.

Beispiele: 1. Wievielmal kleiner ist unter gleichem Druck der Rauminhalt derselben Gasmenge bei -20^0 als bei $+20^0$?

Es ist

$$\frac{v_{(+20)}}{v_{(-20)}} = \frac{273 + 20}{273 - 20} = \frac{293}{253} = 1{,}16.$$

Das Volumen ist also 1,16 mal kleiner; oder: das spezifische Gewicht ist bei
— 20° um 16 v. H. größer als bei + 20°.

2. Wenn sich die Rauchgase einer Feuerung von 1200°C auf 250°C abkühlen, wievielmal weniger Raum nehmen sie am Ende der Feuerzüge ein als
am Anfang?
Es ist

$$\frac{v_{(1200)}}{v_{(250)}} = \frac{273 + 1200}{273 + 250} = \frac{1473}{523} = 2,82.$$

Das Endvolumen ist 2,82 mal kleiner. (Demgemäß können die Feuerzüge
gegen den Schornstein hin enger werden.)

3. Wievielmal mehr Luft (dem Gewicht nach) faßt ein Luftbehälter, wenn
die Luft 10°, als wenn sie 50° warm ist?
Die spezifischen Gewichte bei 10° und bei 50° verhalten sich wie
$(273 + 50):(273 + 10) = 1,14$. Der Behälter faßt also bei 10° das 1,14fache
Luftgewicht von 50°, oder um 14 v. H. mehr.

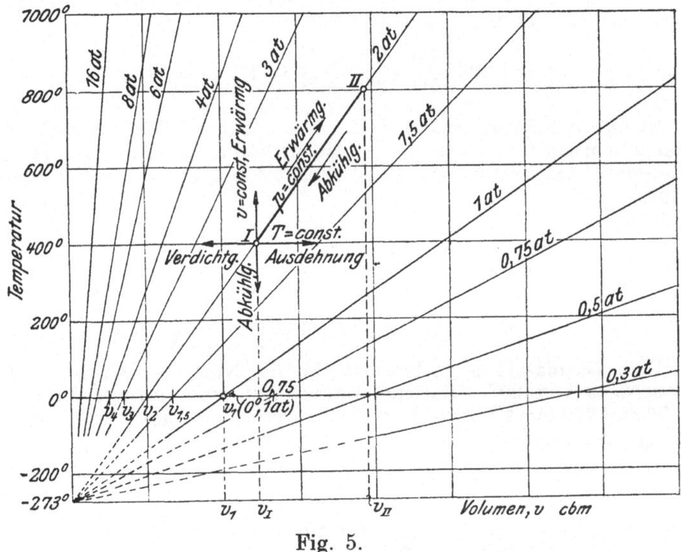

Fig. 5.

Das vereinigte Boyle-Gay-Lussacsche Gesetz. Das spezifische
Gewicht eines Gases ist nach dem Boyleschen Gesetz dem Druck
direkt und nach dem Gay-Lussacschen Gesetz der absoluten Temperatur umgekehrt proportional. Ist also γ_1 das spez. Gewicht bei t_1^0
und p_1 at abs., so ist nach dem Boyleschen Gesetz das spez. Gewicht bei
t_1^0 und p at abs. gleich $\gamma_1 \cdot \dfrac{p}{p_1}$. Nach dem Gay-Lussacschen Gesetz
ist es daher bei p at und t^0 im Verhältnis $(273 + t_1):(273 + t) = T_1 : T$
größer als $\gamma_1 \cdot \dfrac{p}{p_1}$, daher

$$\gamma = \gamma_1 \cdot \frac{p}{p_1} \cdot \frac{T_1}{T}.$$

Diese Schlußfolgerung ist deshalb zulässig, weil das Boylesche Gesetz für jede Temperatur, das Gay-Lussacsche für jeden Druck gilt.

Mit $\gamma = \dfrac{1}{v}$, $\gamma_1 = \dfrac{1}{v_1}$ wird auch

$$v = v_1 \cdot \frac{p_1}{p} \cdot \frac{T}{T_1}$$

und wegen $v = \dfrac{V}{G}$, $v_1 = \dfrac{V_1}{G}$ auch

$$V = V_1 \cdot \frac{p_1}{p} \cdot \frac{T}{T_1}.$$

Beispiele: 1. Das spez. Gew. trockener Luft ist bei 0^0 und 760 mm Hg 1,293 kg/cbm. Wie groß ist es bei $+20^0$ und 710 mm?

$$\gamma = 1{,}293 \cdot \frac{710}{760} \cdot \frac{273 + 0}{273 + 20} = \underline{1{,}126 \text{ kg/cbm.}}$$

2. In einem luftverdünnten Raum von 0,9 cbm Inhalt herrscht eine Luftleere von 60 cm Hg (Unterdruck), bei einem Barometerstand von 740 mm und einer (inneren) Temperatur von 17^0. Welches Luftgewicht ist in dem Raum enthalten?

Mit

$$\gamma = 1{,}293 \cdot \frac{74 - 60}{76} \cdot \frac{273}{273 + 17} = 0{,}225 \text{ kg/cbm}$$

ist

$$G = \gamma \cdot V = 0{,}225 \cdot 0{,}9 = \underline{0{,}2025 \text{ kg.}}$$

3. Eine Gasmaschine verbraucht für die Nutzpferdestärke und Stunde 550 l Leuchtgas von 20^0. Barometerstand 700 mm. Wieviel Liter Gas sind dies bei 0^0 und 760 mm? (Reduktion des Gasverbrauchs auf den Normalzustand.)

Es ist

$$V_0 = V \cdot \frac{p}{p_0} \cdot \frac{T_0}{T}$$

$$V_0 = 550 \cdot \frac{700}{760} \cdot \frac{273}{293} = \underline{472 \text{ l.}}$$

4. Von großer praktischer Bedeutung ist die Veränderung des Rauminhalts und der Dichte der Gase mit Druck und Temperatur für die Ballon-Luftschiffahrt, sowohl für Freiballons als für Lenkballons. Der Gasraum der Ballons muß mit dem freien Luftraum verbunden sein, damit der Gasdruck stets dem mit der Höhenlage, der Temperatur und Witterung veränderlichen Luftdruck gleich oder um ein sehr geringes Maß größer als dieser bleibt. Die Ballonhüllen können nennenswerte Überdrücke nicht aushalten.

Bei jeder Ursache, die geeignet wäre, im geschlossen gedachten Ballon inneren Überdruck zu erzeugen, muß daher aus dem prallen Ballon Gas entweichen (Gasverlust). Solche Ursachen sind: Abnahme des äußeren Luftdrucks beim Steigen des Ballons oder aus anderen Gründen und Erwärmung des Ballon-Inhaltes durch Bestrahlung oder Eintritt in wärmere Luftschichten:

Umgekehrt haben solche Ursachen, die einen Unterdruck im geschlossen gedachten Ballon herbeiführen würden, also Erhöhung des äußeren Luftdrucks beim Fallen des Ballons oder aus anderen Gründen und Abkühlung des Gasinhaltes durch Eintritt in kältere Luftschichten oder durch Ausstrahlung eine

Verminderung des inneren Gasraumes (ohne Gasverlust) und Schlaffwerden der Ballonhülle zur Folge.

Wieviel Kubikmeter Gas entweichen aus einem prallen Ballon von 1000 cbm Inhalt, wenn der äußere Luftdruck von 700 mm bis 500 mm abnimmt und die Gastemperatur von ursprünglich $+10^0$ auf $+20^0$ steigt?

Das Gas müßte im Endzustand ein Volumen einnehmen

$$V = V_0 \cdot \frac{p_0}{p} \cdot \frac{T}{T_0},$$

d. h. $V = 1000 \cdot \frac{700}{500} \cdot \frac{293}{283} = 1450 \text{ cbm},$

während im Ballon nur 1000 cbm Platz haben; also entweichen 450 cbm Gas vom Endzustand. Von dem Füllgas im Anfangszustand sind dies

$$450 \cdot \frac{500}{700} \cdot \frac{283}{293} = 313 \text{ cbm}.$$

4. Die allgemeine Zustandsgleichung der Gase.

Die Beziehung zwischen Druck, Raum und Temperatur im vorigen Abschnitt

$$v_1 = v \cdot \frac{p}{p_1} \cdot \frac{T_1}{T}$$

kann man in der Form schreiben

$$\frac{p\,v}{T} = \frac{p_1\,v_1}{T_1}.$$

Der Wert $\frac{p\,v}{T}$ ist also, so verschieden auch p, v und T sein mögen, für ein und dasselbe Gas von unveränderlicher Größe. Wird dieser Wert mit R bezeichnet, so ist

$$\frac{p\,v}{T} = R\,(= \text{konst.}),$$

oder

$$\boldsymbol{p\,v = R\,T} \quad (p \text{ in kg/qm}, v \text{ in cbm/kg}).$$

Dies ist die allgemeine Zustandsgleichung der Gase. Sie setzt die drei Größen p, v, T, die den Zustand des Gases bestimmen, in eine allgemeine Beziehung, die immer gilt, wie auch im einzelnen Druck, Volumen und Temperatur sein mögen. Man erkennt, daß durch zwei dieser Größen immer die dritte bestimmt ist.

Die Konstante R ist für die verschiedenen Gasarten verschieden. Ihr Wert

$$R = \frac{p\,v}{T} = \frac{p}{\gamma\,T}$$

läßt sich berechnen, wenn das spez. Gewicht (γ_0) für einen beliebigen

Druck (p_0) und eine beliebige Temperatur $(T_0 = 273 + t_0)$ bekannt ist.
Ist z. B. $t_0 = 0^0$, $p_0 = 10\,333$ kg/qm, so ist

$$R = \frac{10\,333}{\gamma_0 \cdot 273} = \frac{37,85}{\gamma_0}.$$

Für trockene Luft ist z. B. $\gamma_0 = 1,293$ kg/cbm bei 0^0 und 760 mm.
Daher

$$R = \frac{37,85}{1,293} = 29,27.$$

Die Angabe der „Gaskonstanten" ist also gleichwertig mit der Angabe des
spez. Gewichtes für einen bestimmten Zustand. — Über die mechanische
Bedeutung der Gaskonstanten vgl. Abschn. 20. — Zahlentafel über die
Konstanten verschiedener Gase vgl. Abschn. 6. Weitere Erörterungen über R
ebenda.

Es ist wichtig, zu bemerken, daß in der Zustandsgleichung und allen später
daraus hervorgehenden Beziehungen der Druck p als abs. Druck und in kg/qm
einzuführen ist. — Nur wo Druckverhältnisse vorkommen, kann ohne weiteres
mit einer anderen Druckeinheit, z. B. kg/qcm oder Quecksilbersäulen (abs.) gerechnet werden!

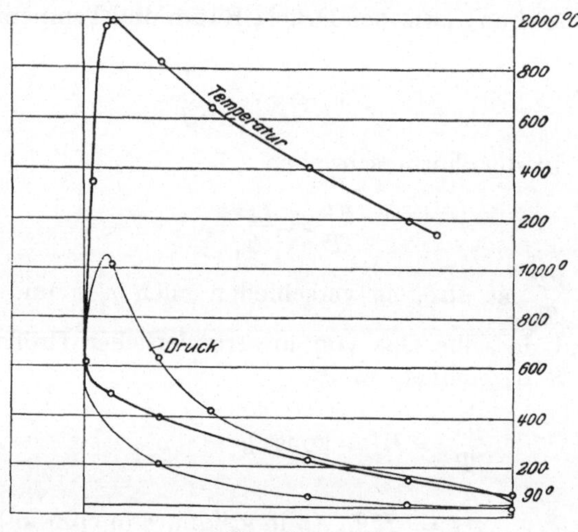

Fig. 6.

Die Zustandsgleichung in der obigen Form gilt für 1 kg Gas, weil
sie das Volumen v von 1 kg enthält. Ersetzt man v durch V und G,
gemäß

$$v = \frac{V}{G},$$

so wird $\qquad\qquad pV = GRT.$

In dieser Form gilt die Zustandsgleichung für ein beliebiges Gasgewicht.

Bemerkung und Beispiel. Die übliche Ausdrucksweise, der Zustand
eines Gases sei durch zwei der drei Größen Druck, Volumen und Temperatur
bestimmt, ist ungenau; es muß statt Volumen heißen „Volumen der Gewichts-

einheit" oder spezifisches Volumen. Wenn Druck und Temperatur gegeben sind, so ist allerdings das Volumen v der Gewichtseinheit aus $pv = RT$
bestimmbar, wenn die Gaskonstante bekannt ist. Auch das Gewicht G ist dann
berechenbar, falls man das Gesamtvolumen V kennt. Ist hingegen der Druck
und das Gesamtvolumen V gegeben, wie z. B. in den Indikatordiagrammen der
Gasmaschinen und Kompressoren, so kann man daraus weder die Temperatur
noch das spez. Volumen berechnen. Bekannt ist damit nur das Produkt GRT,
und wenn R gegeben ist, das Produkt GT. Um also T und v oder γ zu bestimmen, muß man das Gewicht der arbeitenden Gasmenge kennen, dessen Bestimmung sehr umständlich, auf einfache Weise meist nicht durchführbar ist.

Ist jedoch in irgendeinem Punkte eines Indikatordiagramms die Temperatur
wenigstens annähernd bekannt, so läßt sich die Temperatur in allen Punkten,
in denen das Gasgewicht und die Gaskonstante die gleichen sind, mit der
gleichen Annäherung bestimmen.

Es ist

$$T = T_1 \cdot \frac{p}{p_1} \cdot \frac{V}{V_1} \, .$$

In dieser Weise ist zu dem Indikatordiagramm einer Gasmaschine (Fig. 6)
der Temperaturverlauf während der Verdichtung,
Verbrennung und Ausdehnung berechnet und in
Fig. 6 aufgetragen. Ausgegangen ist von einer Temperatur t_1 von schätzungsweise 90^0 beim Beginn der
Verdichtung. Da nur Verhältnisse von Drucken
und von Räumen auftreten, so brauchen die Maßstäbe von Druck und Volumen nicht berücksichtigt
zu werden. Der Einfachheit wegen ist für den
ganzen Vorgang die gleiche Gaskonstante angenommen, auf deren Wert es dann nicht ankommt.

In Wirklichkeit ist die Gaskonstante R_f während der Ausdehnung mehr oder weniger kleiner
(Verbrennungsprodukte), als während der Verdichtung R_0 (unverbranntes Gemisch). Für die
Verdichtung gilt

$$p_1 V_1 = G R_0 T_1 \, ,$$

für die Ausdehnung

$$pV = G R_f \cdot T \, .$$

Also ist

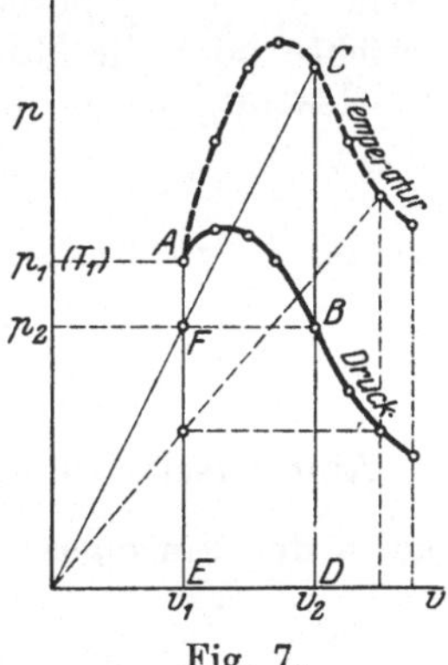

Fig. 7.

$$T = T_1 \cdot \frac{R_0}{R_f} \cdot \frac{p}{p_1} \cdot \frac{V}{V_1} \, ,$$

somit die Temperatur etwas höher als für $R_f = R_0$, weil nach Abschn. 9
$R_f < R_0$ ist.

Graphische Bestimmung des Temperaturverlaufs. Wählt man auf
der gegebenen p, v-Kurve die Anfangsordinate bei A gleichzeitig als
Maß der Anfangstemperatur T_1, so kann man die in einem beliebigen
Punkt B der Druckkurve herrschende Temperatur in einfacher Weise
nach Fig. 7 zeichnerisch bestimmen, indem man von B wagrecht nach
F und auf dem Strahl durch F nach C auf die Ordinate von B geht.

Beweis. $CD/FE = v_2/v_1$, also $CD = p_2 \cdot v_2/v_1$ und daher
wegen $p_2 v_2 = p_1 v_1 T_2/T_1$ auch $CD = p_1 T_2/T_1$, also $CD/p_1 = T_2/T_1$
oder $CD/AE = T_2/T_1$.

5. Zusammensetzung von Gasgemischen nach Gewichtsteilen und Raumteilen. Spezifisches Gewicht aus der Zusammensetzung. Mittleres oder scheinbares Molekulargewicht.

Die einzelnen Bestandteile eines Gasgemisches können nach Gewichtsanteilen oder nach Raumanteilen angegeben werden. Während das erstere keiner Erklärung bedarf, ist die Zusammensetzung nach Raumanteilen so aufzufassen: Man denkt sich die Einzelgase abgesondert und auf unter sich gleiche, sonst beliebige Drücke und Temperaturen gebracht. Das Verhältnis $\mathfrak{v}$ des so gewonnenen Einzelraumes zur Summe aller dieser Einzelräume ist der Raumanteil des Einzelgases. Die raumprozentische Zusammensetzung folgt daraus durch Multiplikation mit 100.

Aus den Raumanteilen $\mathfrak{v}_1$, $\mathfrak{v}_2$, $\mathfrak{v}_3 \ldots$ lassen sich die Gewichtsanteile g_1, g_2, g_3 berechnen (und umgekehrt), wenn die spezifischen Gewichte oder die Molekulargewichte aller Bestandteile bekannt sind. Das Gesamtgewicht der Raumeinheit ist nämlich (spez. Gew.)

$$\gamma = \mathfrak{v}_1 \cdot \gamma_1 + \mathfrak{v}_2 \cdot \gamma_2 + \mathfrak{v}_3 \cdot \gamma_3 \ \ldots \ldots \ldots \ (1)$$

also der Gewichtsanteil des Einzelgases

$$g_1 = \frac{\mathfrak{v}_1 \cdot \gamma_1}{\mathfrak{v}_1 \cdot \gamma_1 + \mathfrak{v}_2 \gamma_2 + \ldots}, \quad g_2 = \frac{\mathfrak{v}_2 \cdot \gamma_2}{\mathfrak{v}_1 \cdot \gamma_1 + \mathfrak{v}_2 \gamma_2 + \ldots} \ \ldots \ (2)$$

Andererseits sind bei gegebenen Gewichtsteilen die Rauminhalte der Einzelgase im obigen Sinne $\dfrac{g_1}{\gamma_1}$, $\dfrac{g_2}{\gamma_2} \ldots$, ihre Summe also $\dfrac{g_1}{\gamma_1} + \dfrac{g_2}{\gamma_2} + \ldots$, daher die verhältnismäßige Größe des einzelnen Raumes

$$\mathfrak{v}_1 = \frac{\dfrac{g_1}{\gamma_1}}{\dfrac{g_1}{\gamma_1} + \dfrac{g_2}{\gamma_2} + \ldots}, \quad \mathfrak{v}_2 = \frac{\dfrac{g_2}{\gamma_2}}{\dfrac{g_1}{\gamma_1} + \dfrac{g_2}{\gamma_2} + \ldots} \ \ldots \ldots \ (3)$$

An Stelle von γ_1, γ_2, $\gamma_3 \ldots$ können in Gl. 1, 2 u. 3 auch die (bequemeren) Molekulargewichte m_1, m_2, $m_3 \ldots$ gesetzt werden, da diese bei Gasen den spezifischen Gewichten proportional sind. (Abschn. 6.)

Mittleres Molekulargewicht. Aus

$$\gamma = \mathfrak{v}_1 \cdot \gamma_1 + \mathfrak{v}_2 \cdot \gamma_2 + \mathfrak{v}_3 \cdot \gamma_3 + \ldots$$

folgt unmittelbar, wenn γ_1, γ_2, γ_3 und γ durch die Molekulargewichte m_1, m_2, m_3 und m ersetzt werden, der Mittelwert (Durchschnittswert) des Molekulargewichtes, also das (scheinbare) Molekulargewicht der Mischung

$$m = \mathfrak{v}_1 \cdot m_1 + \mathfrak{v}_2 \cdot m_2 + \mathfrak{v}_3 \cdot m_3 + \ldots \ldots \ldots \ (4)$$

oder auch mit Gl. 3

$$m = \cfrac{1}{\dfrac{g_1}{m_1} + \dfrac{g_2}{m_2} + \dfrac{g_3}{m_3} + \cdots} \qquad \ldots \ldots \ldots (4\,a)$$

Das spezifische Gewicht wird hieraus nach Abschn. 6

$$\gamma = \frac{m}{22,4} \text{ (für } 0^0 \text{ und } 760 \text{ mm)} \ldots \ldots (5)$$

Beispiele: 1. Atmosphärische Luft besteht aus 23,2 Gewichtsteilen O_2 und 76,8 Teilen N_2 in 100 Teilen. Wieviel Raumteile sind dies? Wie groß ist das mittlere Molekulargewicht der atm. Luft?

$$[\gamma\,(O_2) = 1,43 \,, \quad \gamma\,(N_2) = 1,25]\,.$$

Es ist

$$\mathfrak{v}\,(O_2) = \cfrac{\dfrac{23,2}{1,43}}{\dfrac{23,2}{1,43} + \dfrac{76,8}{1,25}} = 0,21 \,; \quad \mathfrak{v}\,(N_2) = 0,79\,.$$

Oder es wird mit $m\,(O_2) = 32$, $m\,(N_2) = 28,08$

$$\mathfrak{v}\,(O_2) = \cfrac{\dfrac{23,2}{32}}{\dfrac{23,2}{32} + \dfrac{76,8}{28,08}} = 0,21 \,; \quad \mathfrak{v}\,(N_2) = 0,79\,.$$

Das mittlere Molekulargewicht ist $m = 32 \cdot 0,21 + 28,08 \cdot 0,79 = 28,70$. — Etwas genauer folgt nach Abschn. 6 aus dem spez. Gewicht 1,293 bei 0^0 und 760 mm $m = 1,293 \cdot 22,4 = 28,96$.

2. Für ein Rauchgas hat sich folgende räumliche Zusammensetzung ergeben:

$$\mathfrak{v}\,(CO_2) = 12, \quad \mathfrak{v}\,(O_2) = 6, \quad \mathfrak{v}\,(N_2) = 82 \text{ v. H.}$$

Wieviel Gewichtsteile sind dies? Wie groß ist das spezifische Gewicht?

Mit $m\,(CO_2) = 44$, $m\,(O_2) = 32$, $m\,(N_2) = 28,08$ wird

$$g\,(CO_2) = \frac{12 \cdot 44}{12 \cdot 44 + 6 \cdot 32 + 82 \cdot 28,08} = 0,173 \text{ (17,3 v. H.).}$$

$$g\,(O_2) = 0,063, \quad g\,(N_2) = 0,763\,.$$

Die einzelnen spezifischen Gewichte sind 1,965, 1,429, 1,254. Daher das spezifische Gewicht des Rauchgases

$$\gamma = 0,12 \cdot 1,965 + 0,06 \cdot 1,429 + 0,82 \cdot 1,254 = 1,35 \text{ kg/cbm.}$$

Bequemer wird, nach Gl. 5,

$$\gamma = \frac{m}{22,4},$$

wobei

$$m = 0,12 \cdot 44 + 0,06 \cdot 32 + 0,82 \cdot 28,08 = 30,2,$$

daher

$$\gamma = 1,35\,.$$

6. Grundgesetze der chemischen Verbindung der Stoffe nach Gewicht und Raum. Gemeinsame Beziehungen für alle Gase.

Die chemische Verbindung eines Stoffes mit einem beliebigen anderen Stoff, mit dem eine solche erfahrungsgemäß möglich ist, erfolgt nach einem von Dalton gefundenen Gesetz in festen Gewichtsverhältnissen. Werden mit $A, B, C, D \ldots$ Elementarstoffe (Elemente) verschiedener Art bezeichnet, und mit $a, b, c, d \ldots$ die unveränderlichen Gewichtsverhältnisse, in denen diese Stoffe Verbindungen eingehen, so sagt das Daltonsche Gesetz aus, daß bei einer Verbindung von A und B zu einem neuen Stoff a Gewichtsteile von A mit b Gewichtsteilen von B zusammentreten und $a + b$ Gewichtsteile des neuen Stoffes bilden. Wesentlich ist, daß dies immer eintritt, auch wenn die Stoffe vor der Verbindung in anderen Gewichtsverhältnissen gemischt sind. In diesem Falle bleibt dann von dem Grundstoff, der im Überschuß über das Verhältnis $a : b$ vorhanden ist, eine entsprechende Menge übrig, die nicht in die Verbindung eingeht (z. B. Luftüberschuß bei der Verbrennung). Bei der Zersetzung eines aus A und B bestehenden Stoffes stehen die Zersetzungsprodukte stets im Verhältnis $a : b$, gleichgültig ob die ganze Stoffmenge oder nur ein Teil davon zersetzt wird.

Nach dem Daltonschen Gesetz treten aber auch dann, wenn eine Verbindung von A mit C oder D erfolgt, a Gewichtsteile von A zusammen mit c bzw. d Gewichtsteilen von C bzw. D. Man erhält also neue Stoffe, in denen a in den Verhältnissen $a : b$, $a : c$, $a : d$ enthalten ist.

Verbindet sich ferner B mit C, so enthält der neue Stoff die Grundstoffe im Verhältnis $b : c$ usw. Wählt man für einen willkürlichen Stoff die Grundzahl a beliebig, so erhält man für die Elemente eine fortlaufende Reihe von Verbindungsgewichten (Äquivalentgewichten)

$$a : b : c : d \text{ usw.,}$$

aus denen immer zwei oder mehrere zu einem neuen Stoff zusammentreten können. Es hat sich ferner gezeigt, daß auch **ganze** Vielfache von $a, b, c, d \ldots$ usw. sich verbinden können, also $ma, nb \ldots$ Gewichtsteile von $A, B \ldots$, wobei m und $n = 1, 2, 3, 4 \ldots$ sein kann. (Gesetz der konstanten und multiplen Proportionen).

Als Vergleichsgrundzahl wird heute $a = 16$ für Sauerstoff gewählt und diese Zahl wird das Atomgewicht des Sauerstoffs genannt. Jedem anderen Grundstoff kommt sein bestimmtes unveränderliches Atomgewicht zu (b, c, d usw.).

Denkt man sich unter den üblichen chemischen Benennungen der Stoffe, z. B. $C =$ Kohlenstoff, $O =$ Sauerstoff, $H =$ Wasserstoff auch die Atomgewichtszahlen, so ergibt sich z. B. für Kohlenoxyd CO wegen

$$CO = C + O,$$

daß in diesem Stoff auf je $C = 12$ Gewichtsteile Kohlenstoff $O = 16$ Gewichtsteile Sauerstoff kommen. In 28 Gewichtsteilen CO sind 12 Gewichtsteile C und 16 Gewichtsteile O enthalten.

In der Kohlensäure (Kohlendioxyd) CO_2 sind gemäß

$$C + 2O = CO_2$$

oder

$$12 + 2 \cdot 16 = 44$$

auf 44 Gewichtsteile dieses Stoffes 12 Teile Kohlenstoff und 32 Teile Sauerstoff enthalten. Zur Verbrennung von 12 kg Kohlenstoff sind 32 kg Sauerstoff nötig, also für 1 kg C $32/12 = 8/3 = 2{,}667$ kg O, und es werden bei der Verbrennung $44/12 = 11/3 = 3{,}667$ kg CO_2 gebildet.

Während die kleinsten Teilchen der Elemente Atome genannt werden, heißen die kleinsten Teilchen von Verbindungen der Elemente Moleküle. Als Molekulargewicht einer Verbindung wird die Summe der in der Verbindung enthaltenen Atomgewichte bezeichnet. Das Molekulargewicht des CO ist somit $12 + 16 = 28$, das der CO_2 $12 + 2 \cdot 16 = 44$, das des Wassers $H_2O = 2 \cdot 1{,}008 + 16 = 18{,}016$.

Doppel-Atome, wie die des Wasserstoffs im Wasser oder des Sauerstoffs in der Kohlensäure kommen auch bei gewissen Elementen in ihrem freien Gaszustand vor und werden dann ebenfalls Moleküle genannt. So sind z. B. der Wasserstoff, Sauerstoff und Stickstoff zweiatomige Gase und werden als solche mit H_2, O_2, N_2 bezeichnet. Dagegen sind z. B. Argon, Helium und Quecksilber auch im Gaszustand einatomig.

Sofern nun z. B. an die Verbrennung von festem Kohlenstoff mit gasförmigem Sauerstoff gedacht wird, ist es deshalb richtiger, die Reaktionsgleichung zu schreiben

$$C + O_2 = CO_2$$

oder für die Bildung von Kohlenoxyd

$$2\,C + O_2 = 2\,CO\,.$$

Im ersteren Falle verbindet sich 1 Atom C mit einem Molekül O, d. h. O_2, zu 1 Molekül CO_2; im zweiten Falle bilden 2 Atome Kohlenstoff mit 1 Molekül Sauerstoff 2 Moleküle CO.

Für die Gewichtsverhältnisse bleibt es allerdings gleich, ob man die erste oder die zweite Schreibweise wählt, jedoch nicht für die Raumverhältnisse, wie aus dem folgenden hervorgeht.

Ein zweites Grundgesetz, das von Gay-Lussac entdeckt wurde, betrifft die räumlichen Verhältnisse bei der Verbindung zweier oder mehrerer Gase zu einem neuen gasförmigen (oder andersartigen) Stoff. Gay-Lussac fand, daß sich die Gase in den denkbar einfachsten räumlichen Verhältnissen verbinden; es treten bei jeder Verbindung entweder gleiche Rauminhalte oder ganze Vielfache davon zusammen und das neue Gas kann den gleichen Raum wie eines der Gase oder ein rationales Vielfaches davon einnehmen. So verbinden sich z. B. stets 2 Raumteile Wasserstoff und 1 Raumteil Sauerstoff zu 2 Raumteilen Wasserdampf, alle drei Stoffe bei gleichem Druck und gleicher Temperatur gedacht. Für die räumlichen Verhältnisse der Reaktion gilt also

$$2\,(H_2) + (O_2) = 2\,(H_2O),$$

wenn die eingeklammerten Buchstaben gleiche Raumgrößen der Stoffe bezeichnen. Die Gleichung hat genau den gleichen Bau wie die obige zweite Gleichung für die Gewichtsverhältnisse, und diese Regel, nach welcher die Gewichtsgleichung auch räumlich gedeutet werden kann, ist für gasartige Stoffe allgemein gültig. Schreibt man also die Reaktionsgleichung für die Gewichtsverhältnisse so an, daß die Einzelgase mit ihren Molekulargewichten auftreten, so ergibt diese Gleichung auch die räumlichen Verhältnisse. Wenn z. B. Kohlenoxyd mit Sauerstoff zu Kohlensäure verbrennt, so gilt

$$2\,CO + O_2 = 2\,CO_2;$$

räumlich gedeutet heißt dies: 2 Raumeinheiten Kohlenoxyd verbrennen mit 1 Raumeinheit Sauerstoff und die entstandene Kohlensäure nimmt den gleichen Raum ein, wie ursprünglich das Kohlenoxyd. Gegenüber dem Gesamtraum des Kohlenoxyds und des Sauerstoffs von $2 + 1 = 3$ Raumeinheiten nimmt die Kohlensäure nur 2 Raumeinheiten ein.

Aus der Vereinigung des Daltonschen und des Gay-Lussacschen Gesetzes in Verbindung mit der Atom- und Molekularhypothese ging die Regel von Avogadro hervor.

Nach dieser enthalten alle Gase bei gleicher Temperatur und gleichem Druck in gleichen Räumen die gleiche Anzahl von Molekülen[1].

---

[1] In 22,4 l Gas von 0° und 760 mm (1 Gramm-Molekül) rd. $60 \cdot 10^{22}$ Moleküle (sog. Loschmidtsche Zahl).

Die spez. Gewichte (γ) der Gase verhalten sich also wie die Molekulargewichte (m). Für zwei beliebige Gase 1 und 2 ist:

$$\frac{\gamma_1}{\gamma_2} = \frac{m_1}{m_2}.$$

Mit

$$\gamma_1 = \frac{1}{v_1}, \quad \gamma_2 = \frac{1}{v_2}$$

wird hieraus

$$m_1\, v_1 = m_2\, v_2.$$

v_1, v_2 sind die Rauminhalte von 1 kg. $m_1 v_1$ und $m_2 v_2$ können daher als die Rauminhalte von m_1 kg, bzw. m_2 kg dieser Gase angesehen werden. Wenn m die Zahl des Molekulargewichts ist, so bezeichnet man ein·Gewicht von m kg als Kilogramm-Molekül (oder Mol). $m_1 v_1$, $m_2 v_2$ sind also die Rauminhalte von 1 Mol und diese sind für alle Gase bei gleichen Drücken und Temperaturen gleich groß. Daher gilt das Gesetz:

> Gewichtsmengen verschiedener Gase, die im Verhältnis der Molekulargewichte der Gase stehen, haben gleichen Rauminhalt.

So nehmen z. B. 32 kg O_2 den gleichen Raum ein wie 28,08 kg N_2 oder 28 kg CO oder 44 kg CO_2 usw., vorausgesetzt, daß sie unter gleichem Druck und gleicher Temperatur stehen. Dieser Raum wird aus dem Gewicht $\gamma\,(O_2)$ von 1 cbm Sauerstoff bei 0^0 und 760 mm bestimmt. Mit $\gamma\,(O_2) = 1,429\,234$ kg/cbm wird der Raum von 1 kg O_2

$$v = \frac{1}{1,429\,234}\ \text{cbm}.$$

Das Molekulargewicht des Sauerstoffs ist $m = 32$, es ist also 1 Mol Sauerstoff $= 32$ kg und diese nehmen bei 0^0 und **760 mm** einen Raum von

$$\frac{32}{1,429\,234} = \textbf{22,4 cbm}$$

ein. Gleich groß ist der Raum von 1 Mol eines beliebigen Gases.

Die spez. Gewichte aller Gase lassen sich demnach aus der Beziehung ermitteln

$$\frac{m}{\gamma} = 22,4$$

oder

$$\gamma = \frac{m}{22,4} \quad\cdots\cdots\cdots\cdots (1)$$

(für 0^0 und 760 mm). Aus dem bekannten spez. Gewicht läßt sich hiernach umgekehrt auch das Molekulargewicht berechnen, was besonders für Gasmischungen bequem ist. Man erhält $m = 22,4\,\gamma$, also für Gasmischungen von bekannter räumlicher Zusammensetzung

$$m = 22,4\,(\mathfrak{v}_1\gamma_1 + \mathfrak{v}_2\gamma_2 + \cdots)$$

Die Tabelle enthält die Molekulargewichte und die spez. Gewichte der wichtigsten Gase:

Stoff	Zeichen	Molek.-Gew. m	spez. Gew. bei 0° und 760 mm Hg	Gaskonst. R
Sauerstoff	O_2	32	1,429	26,52
Wasserstoff . . .	H_2	2,016 (2)	0,090	420,9
Stickstoff	N_2	28,08	1,254	30,13
Kohlenoxyd . . .	CO	28	1,251	30,30
Kohlensäure . . .	CO_2	44	1,965	19,28
Wasserdampf . . .	H_2O	$2,016 + 16 = 18,016$	—	47,1
Methan	CH_4	16,03	0,716	52,81
Luft	—	29 (28,95)	1,293	29,27
Leuchtgas	—	11,5	0,515	73,5
Kraftgas	—	22,4—26,9	1—1,2	32—36

Für eine beliebige Gasmenge lautet nach Abschn. 4 die Zustandsgleichung

$$pV = GRT.$$

Setzt man hierin $G = m$ (Gewicht von 1 Mol), so ist für 0°, also $T = 273$, und 760 mm Hg, also $p = 10333$ kg/qm das Volumen $V = 22,4$ cbm zu setzen. Daher wird

$$10333 \cdot 22,4 = m \cdot R \cdot 273$$
$$m \cdot R = 848 = \mathfrak{R}.$$

Die Gaskonstante eines beliebigen Gases vom Molekulargewicht m oder einer Gasmischung vom scheinbaren Molekulargewicht m, vgl. Abschn. 5, kann daher aus

$$R = \frac{848}{m} \quad \ldots \ldots \ldots \ldots (2)$$

berechnet werden.

Die **relative Dichte** oder das Dichteverhältnis eines Gases mit Bezug auf Luft vom gleichen Druck und gleicher Temperatur wird

$$\delta = \frac{\gamma}{\gamma_L}$$

und wegen

$$\gamma = \frac{p}{RT}, \quad \gamma_L = \frac{p}{R_L T}$$

$$\delta = \frac{R_L}{R} = \frac{29,27}{R} \quad \ldots \ldots \ldots \ldots (3)$$

Das Dichteverhältnis eines Gases in bezug auf Luft ist also unabhängig von Druck und Temperatur und eine jedem Gase eigentümliche Konstante. Mit der Beziehung zwischen R und dem Molekulargewicht erhält man auch

$$\delta = \frac{m}{m_L} = \frac{m}{28,95},$$

wie auch aus der Regel von Avogadro unmittelbar folgt.

So ist z. B. das Dichteverhältnis des gasförmigen Wasserdampfes

$$\delta_{\mathrm{H_2O}} = \frac{29,27}{47,1} = 0,622; \quad \text{oder} \quad \frac{18,016}{28,95} = 0,622.$$

So läßt sich für einen beliebigen Stoff, dessen Molekulargewicht im Gaszustand das gleiche wie im festen oder flüssigen oder sonst bekannt ist, die relative Gasdichte angeben. Umgekehrt läßt sich aus dem durch Versuch ermittelten Dichteverhältnis das Molekulargewicht des Stoffes im Gaszustand entnehmen.

Wird mit $\mathfrak{V}$ das Volumen von 1 Mol beim Drucke p kg/qm und der abs. Temperatur T bezeichnet, so wird

$$p \cdot \mathfrak{V} = m \cdot R \cdot T,$$

also
$$p \cdot \mathfrak{V} = 848\, T.$$

Die Gleichung gilt für alle Gase und Gasgemenge gemeinsam, und zwar für eine Gewichtsmenge von m kg des jeweiligen Gases. Bei maschinentechnischen Rechnungen wird letztere Form der Zustandsgleichung kaum verwendet, dagegen bei physikalisch-chemischen Rechnungen vorzugsweise (Bd. II). Die Zahl 848 heißt die „allgemeine Gaskonstante", weil sie für alle Gase gilt[1])

7. Zustandsgleichung der Gasmischungen. (Daltonsches Gesetz.)

Die Gesetze von Boyle und Gay-Lussac gelten für Mischungen beliebiger Gase gleicherweise wie für einfache Gase. Daher hat auch die Zustandsgleichung beliebiger Gasmischungen die Form

$$p v = R T \ldots \ldots \ldots \ldots (1)$$

Es handelt sich nun darum, für eine Mischung von bestimmter Zusammensetzung (z. B. atmosphärische Luft oder eine Mischung aus Luft und Brenngas oder für Feuergase) die Gaskonstante („Mischungskonstante") aus den Konstanten der Bestandteile herzuleiten.

Hierzu sind zwei weitere Erfahrungssätze erforderlich.

1. Innerhalb einer Gasmischung befolgt das einzelne Gas seine Zustandsgleichung, als ob die anderen Bestandteile nicht vorhanden wären.

2. Der Druck p der Mischung ist als Summe der Drücke (p_1, p_2, p_3) der Bestandteile anzusehen (Daltonsches Gesetz), also

$$p = p_1 + p_2 + p_3 \ldots \ldots \ldots (2)$$

---

[1]) Vgl. auch Abschn. 21, Schluß.

p_1, p_2, p_3 werden als **Teildrücke** (Partialdrücke) bezeichnet. Es sind diejenigen Drücke, die sich einstellen würden, wenn jeweils alle Bestandteile bis auf einen bei unverändertem Volumen und unveränderter Temperatur entfernt werden könnten (z. B. durch chemische Absorption). In der Luft z. B. besitzen der Sauérstoff und der Stickstoff verschiedenen Druck, jeder einen kleineren als den Atmosphärendruck. — Dagegen haben in einer Mischung alle Bestandteile **gleiches Gesamtvolumen** (nämlich das ganze Volumen) und **gleiche Temperatur**. Das **spezifische Volumen** der Bestandteile ist daher verschieden.

Wiegen nun in einer Gasmenge von G kg die Bestandteile G_1, G_2, G_3 kg, so daß

$$G = G_1 + G_2 + G_3$$

ist, so gilt für die Einzelgase nach dem obigen ersten Satz

$$p_1 V = G_1 R_1 T$$
$$p_2 V = G_2 R_2 T$$
$$p_3 V = G_3 R_3 T.$$

Durch Summation folgt

$$(p_1 + p_2 + p_3) \cdot V = (G_1 R_1 + G_2 R_2 + G_3 R_3)T,$$

mit

$$p_1 + p_2 + p_3 = p$$

ist daher

$$pV = (G_1 R_1 + G_2 R_2 + G_3 R_3)T \quad \ldots \ldots (3)$$

Für die Mischung als Ganzes gilt aber die allgemeine Zustandsgleichung mit der noch unbekannten Mischungskonstanten R_m, also

$$pV = GR_m T.$$

Durch Vergleichung der beiden Ausdrücke folgt

$$GR_m = G_1 R_1 + G_2 R_2 + G_3 R_3$$

oder

$$R_m = \frac{G_1}{G} \cdot R_1 + \frac{G_2}{G} \cdot R_2 + \frac{G_3}{G} \cdot R_3 \quad \ldots \ldots (4)$$

Die einzelnen Gaskonstanten beteiligen sich also an der Mischungskonstanten im Verhältnis der Gewichtsanteile der Einzelgase. Mit

$$\frac{G_1}{G} = g_1, \qquad \frac{G_2}{G} = g_2 \text{ usw.}$$

wird auch

$$R_m = g_1 R_1 + g_2 R_2 + g_3 R_3 \quad \ldots \ldots \ldots (4\,\text{a})$$

wobei g_1, g_2 die verhältnismäßigen Anteile der Einzelgase am Gesamtgewicht sind (vgl. Abschn. 5).

Nach Abschn. 6 kann jedoch die Mischungskonstante auch ohne Benutzung der einzelnen Gaskonstanten bestimmt werden, lediglich aus der bekannten Zusammensetzung des Gases nach Raum- oder Gewichtsteilen. Es ist

$$R_m = \frac{848}{m} = \frac{848}{m_1\,\mathfrak{v}_1 + m_2\,\mathfrak{v}_2 + m_3\,\mathfrak{v}_3} \quad \ldots \ldots \ (4\,\mathrm{b})$$

oder auch

$$R_m = 848\left(\frac{g_1}{m_1} + \frac{g_2}{m_2} + \frac{g_3}{m_3} + \ldots\right) \quad \ldots \ldots \ (4\,\mathrm{c})$$

Das spez. Gewicht der Gasmischung, ausgedrückt in dem der Bestandteile, ist wegen

$$\gamma_m = \frac{p}{R_m T}$$

und mit
$$R_1 = \frac{p}{\gamma_1 T}\,, \qquad R_2 = \frac{p}{\gamma_2 T}$$

$$\gamma_m = \frac{1}{\dfrac{g_1}{\gamma_1} + \dfrac{g_2}{\gamma_2} + \dfrac{g_3}{\gamma_3}} \quad \ldots \ldots \ldots \ (5)$$

Hierin sind alle spez. Gewichte auf gleichen Druck und gleiche Temperatur zu beziehen, z. B. auf 760 mm und 0^0.

Nach Abschn. 6 läßt es sich aber auch aus

$$\gamma_m = \frac{m}{22,4} = \frac{m_1 v_1 + m_2 v_2 + m_3 v_3 \ldots}{22,4} \quad \ldots \ldots \ (6)$$

berechnen, also ohne Kenntnis der spez. Gewichte der Bestandteile.

Größe der Teildrücke. Nach der Zustandsgleichung ist

$$p_1 = \frac{G_1 R_1 T}{V}$$

$$p_2 = \frac{G_2 R_2 T}{V} \quad \text{usw.}$$

Hiernach können die Teildrücke berechnet werden. Sie lassen sich aber übersichtlicher als Bruchteile des Gesamtdrucks darstellen. Dieser ist

$$p = \frac{G R_m T}{V}\,;$$

daher wird durch Division

$$\frac{p_1}{p} = \frac{G_1}{G}\,\frac{R_1}{R_m}\,,$$

oder

$$p_1 = g_1 \cdot \frac{R_1}{R_m} \cdot p \quad \ldots \ldots \ldots \ldots \ (7)$$

und in gleicher Weise

$$p_2 = g_2 \cdot \frac{R_2}{R_m} \cdot p$$

$$p_3 = g_3 \cdot \frac{R_3}{R_m} \cdot p \quad \text{(Partialdrücke).}$$

Am gesamten Gasdruck beteiligen sich demnach die Bestandteile einer Gasmischung im Verhältnis ihres Gewichtsanteils und ihrer Gaskonstanten.

Wesentlich einfacher lassen sich die Partialdrücke in der räumlichen Zusammensetzung des Gasgemisches ausdrücken. Denkt man sich die Einzelgase bei unveränderter Temperatur auf den Gesamtdruck p der Mischung gebracht, so gilt für das erste Gas

$$p \cdot V_1 = G_1 R_1 T.$$

Für dasselbe Gas innerhalb der Mischung gilt

$$p_1 V = G_1 R_1 T.$$

Daher ist
$$p V_1 = p_1 V$$

oder
$$p_1 = p \cdot \frac{V_1}{V} = p \cdot \mathfrak{v}_1 \quad \cdots \cdots \cdots \quad (8)$$

ebenso
$$p_2 = p \cdot \mathfrak{v}_2,$$
$$p_3 = p \cdot \mathfrak{v}_3.$$

Die verhältnismäßigen Partialdrücke $p_1 : p$, $p_2 : p$ usw. sind also identisch mit den Verhältniszahlen der räumlichen Zusammensetzung.

Beispiele: 1. Die Luft besteht aus 23,6 Gewichtsteilen Sauerstoff und 76,4 Teilen Stickstoff in 100 Teilen. Wieviel Millimeter Hg Druck besitzen Sauerstoff (O) und Stickstoff (N) für sich in Luft von 760 mm Druck?

$$R_{(O)} = 26,52; \quad R_{(N)} = 30,13.$$

Es ist zunächst die Gaskonstante der Luft

$$R_l = 0,236 \cdot 26,52 + 0,764 \cdot 30,13 = 29,27,$$

daher
$$p_O = 0,236 \cdot \frac{26,52}{29,27} \cdot p = 0,213 \cdot p$$

$$p_N = 0,764 \cdot \frac{30,13}{29,27} \cdot p = 0,787 \cdot p.$$

Der Sauerstoffdruck beträgt daher

$$0,213 \cdot 760 = \underline{161,8 \text{ mm Hg}},$$

der Stickstoffdruck

$$0,787 \cdot 760 = \underline{598,2 \text{ mm Hg}}.$$

Viel einfacher folgt dieses Ergebnis aus der bekannten räumlichen Zusammensetzung der Luft

$$\mathfrak{v}_O = 0,21, \quad \mathfrak{v}_N = 0,79, \quad \text{nämlich}$$

$$p_O = 0,21 \cdot 760 = 159,8, \quad p_N = 0,79 \cdot 760 = 600,2.$$

Die Übereinstimmung ist wegen der Abrundung von $\mathfrak{v}$ auf 2 Dezimalen nicht vollständig.

2. Welche Gaskonstante, welches spez. Gewicht, welche Partialdrücke besitzt ein Gemenge aus 20 Gewichtsteilen Luft und 1 Gewichtsteil Leuchtgas?

Leuchtgas spez. Gew. bei 0° und 760 mm gleich 0,52 kg/cbm.

Die Gaskonstante des Leuchtgases ist $R_g = \frac{37,85}{0,52} = 72,8$, die der Luft $= 29,27$.

Daher ist für die Mischung

$$R = \frac{20}{21} \cdot 29,27 + \frac{1}{21} \cdot 72,8 = \underline{31,4}.$$

Das spez. Gewicht:

$$\gamma = \frac{37,85}{31,4} = 1,21.$$

Die Partialdrücke: der Luft

$$\frac{20}{21} \cdot \frac{29,27}{31,4} \cdot p = 0,888 \cdot p,$$

des Leuchtgases

$$\frac{1}{21} \cdot \frac{72,8}{31,4} \cdot p = 0,111 \cdot p.$$

Daraus folgt nebenbei die räumliche Zusammensetzung der Mischung zu 0,888 Teilen Luft und 0,111 Teilen Leuchtgas, die man nach Abschn. 5 auch unmittelbar erhalten kann.

3. Welche Gaskonstante und welche Partialdrücke besitzt eine brennbare Mischung aus 1,3 cbm Luft auf 1 cbm Generatorgas, wenn letzteres bei 0° und 760 mm ein spez. Gewicht 1,2 kg/cbm (also eine Gaskonstante 31,6) besitzt?

$$\frac{1}{2,3} = 0,435 \text{ Generatorgas},$$

$$\frac{1,3}{2,3} = 0,565 \text{ Luft},$$

daher der Druck des Generatorgases 0,435, der der Luft 0,565 vom Gesamtdruck.

Das mittlere Molekulargewicht des Generatorgases ist $m_1 = 22,4 \cdot 1,2$, das der Luft $m_2 = 22,4 \cdot 1,293$, daher das der Mischung

$$m = 22,4 \cdot 1,2 \cdot 0,435 + 22,4 \cdot 1,293 \cdot 0,565 = 28,1$$

(vgl. Abschn. 5). Die Gaskonstante ist daher

$$R = \frac{848}{28,1} = 30,2.$$

4. Welchen Teildruck in mm Hg besitzt der Wasserdampf in feuchter Luft von 760 mm Druck, die auf 1 kg Gewicht 5 g Wasser enthält (vorausgesetzt, daß die Luft nicht kälter als etwa 6° ist)? — Gaskonstante für ungesättigten Wasserdampf $R_w = 47$.

Der Dunstdruck ist

$$p_w = \frac{0,005}{1} \cdot \frac{47}{29,27} \cdot p = 0,008 \cdot p,$$

also
$$0,008 \cdot 760 = \underline{6,08 \text{ mm Hg}}.$$

(Streng genommen wäre anstatt 29,27 die etwas größere Konstante der **feuchten** Luft zu nehmen.)

7a. Feuchte Luft[1]).

Die atmosphärische Luft enthält stets einen gewissen Zusatz von Wasserdampf, der im klaren Zustande der Atmosphäre ungesättigt (überhitzt) ist. Es ist zulässig und gebräuchlich, diesen „Dunst", der einen sehr geringen Druck besitzt, als gasförmige Beimengung zu behandeln, selbstverständlich nur so lange, als er noch nicht gesättigt oder naß ist (Nebel, Wolken).

---

[1]) Dieser Abschnitt setzt die Kenntnis der einfachsten Eigenschaften der Dämpfe voraus, vgl. Abschn. 35.

Der Grenzzustand der Sättigung, in dem nicht nur der Wasserdampf, sondern auch die Luft als „gesättigt" (mit Wasserdampf) bezeichnet wird, muß gemäß den Eigenschaften des Wasserdampfs eintreten, sobald die Luft auf 1 cbm so viel Dampf dem Gewichte nach enthält (γ_s kg/cbm), als nach den Dampftabellen der Lufttemperatur, die auch die Dampftemperatur ist, entspricht. In diesem Zustande besitzt nämlich der Dampf den größten Druck, den er bei der gerade vorliegenden Temperatur überhaupt annehmen kann. Das Eindringen von weiterem Dampf in die Luft wäre nur denkbar, wenn der Dampfdruck über dieses Maß steigen könnte. Gesättigte Luft oder jedes andere mit Wasserdampf gesättigte Gas enthält also auf 1 cbm ein ganz bestimmtes Dampfgewicht, das nur von der Temperatur, nicht vom Drucke der Luft abhängt und identisch ist mit dem Gewicht von 1 cbm gesättigten Dampfes von Lufttemperatur.

Ist der Wasserdampf der Luft naß, so ist sein Gewicht in 1 cbm größer als γ_s, die Luft ist übersättigt. Die Feuchtigkeit wird sichtbar als Wolke oder Nebel.

Enthält die Luft aber weniger Dampf als γ_s kg/cbm, so ist der Dampf (Dunst) ungesättigt. Das Gewicht des in 1 cbm feuchter Luft enthaltenen Wasserdampfes heißt absolute Feuchtigkeit.

Der Druck der feuchten Luft p ist nach dem Daltonschen Gesetz die Summe des Dampfdruckes p' und des Druckes p_l der reinen Luft. Der Teildruck der letzteren läßt sich schwer direkt bestimmen, leichter derjenige des Dampfes (Dunstdruck). Ist die Luft gerade gesättigt oder übersättigt, so hätte man nur die Lufttemperatur t zu bestimmen, um sogleich aus den Dampftabellen den dazu gehörigen Dampfdruck p_s entnehmen zu können. In ungesättigter Luft ist der Dunstdruck unter allen Umständen kleiner als dieser Wert, der die obere Grenze bildet.

Aus den Tabellen für Wasserdampf im Anhang ergibt sich hiernach der größte mögliche Dunstdruck und Wassergehalt in Luft von

	-20^0	0^0	$+20^0$	$+30^0$	$+40^0$
$p_s =$	0,96	4,6	17,5	31,8	55 mm Hg.
$\gamma_s =$	1,0	4,7	17,0	30,1	51,3 g/cbm.

Das Augustsche Psychrometer, das allgemein zur Bestimmung des Dunstdrucks verwendet wird, beruht auf der Erscheinung, daß flüssiges Wasser an der freien Luft um so intensiver verdunstet, je weniger die Luft gesättigt ist. (In gesättigter Luft, Nebel, hört die Verdunstung auf.) Bei der Verdunstung wird nun Wärme verbraucht, die dem verdunstenden Wasser selbst entzogen wird und eine Temperaturerniedrigung zur Folge hat („Naßkälte"). Das Psychrometer besteht aus zwei ganz gleichen nebeneinanderstehenden Thermometern. Über die Quecksilberkugel des einen wird ein nasser Lappen aus weitmaschigem Stoff gelegt, während die andere Kugel frei bleibt. Es zeigt sich, daß das befeuchtete Thermometer eine (mehr oder weniger) tiefere Temperatur anzeigt als das trockene. Aus dieser „psychrometrischen Differenz" kann mittels Tabellen, die dem Instrument beigegeben sind, die Dunstsättigung und der Dunstdruck berechnet werden.

Angenähert kann der Dunstdruck p' berechnet werden aus

$$p' = p_s - \frac{1}{2}\,\tau\,\frac{B}{755},$$

wobei p_s der Sättigungsdruck für die Temperatur des befeuchteten Thermometers, B der Barometerstand (mm Hg), τ die Temperaturdifferenz der Thermometer ist.

Das Verhältnis des Gewichtes γ' des in 1 cbm ungesättigter Luft enthaltenen Dampfes zum Gewichte γ_s des Kubikmeters gesättigten Dampfes von gleicher Temperatur wird als relative Feuchtigkeit oder Dunstsättigung (φ) bezeichnet; es ist

$$\varphi = \frac{\gamma'}{\gamma_s} \quad \dots \dots \dots \dots \quad (1)$$

Die relative Feuchtigkeit ist also das Verhältnis der wirklichen absoluten Feuchtigkeit zur absoluten Feuchtigkeit der eben gesättigten Luft von gleicher Temperatur.

Ist der Dunstdruck p' und die Lufttemperatur t bestimmt worden, so läßt sich daraus x leicht berechnen. Für den ungesättigten Zustand des Dunstes gilt nämlich die Zustandsgleichung

$$p'v' = R_d\,(273 + t),$$

für den gesättigten dagegen bei gleicher Temperatur

daher ist
$$p_s v_s = R_d\,(273 + t),$$
$$p'v' = p_s v_s,$$

mit v' und v_s als Volumen von 1 kg Dunst im ungesättigten und gesättigten Zustand. Nun ist aber

$$v' = \frac{1}{\gamma'} \quad \text{und} \quad v_s = \frac{1}{\gamma_s},$$

daher
$$\frac{\gamma'}{\gamma_s} = \frac{p'}{p_s} = \varphi \quad \dots \dots \dots \dots \quad (2)$$

Man hat also, wenn p' bekannt ist, nur noch p_s gemäß t aus den Dampftabellen zu entnehmen, um in dem Quotienten beider Drücke die Dunstsättigung zu erhalten.

Das Gewicht γ' des in 1 cbm enthaltenen Dunstes, die absolute Feuchtigkeit, wird

$$\gamma' = \varphi \cdot \gamma_s = \frac{p'}{p_s}\gamma_s \quad \dots \dots \dots \dots \quad (2\,\mathrm{a})$$

wobei γ_s den Dampftabellen zu entnehmen ist.

Der Druck der im gleichen Raume enthaltenen reinen Luft ist gleich $p - p'$, daher ihr Gewicht

$$\gamma_l = 1{,}293 \cdot \frac{p - p'}{760} \cdot \frac{273}{273 + t},$$

mit $p - p'$ in mm Hg.

Daher ist schließlich das Gewicht von 1 cbm feuchter Luft (spez. Gewicht)

$$\gamma = \gamma' + \gamma_l = \varphi \gamma_s + 1{,}293 \cdot \frac{p - p'}{760} \cdot \frac{273}{T} \quad \dots \quad (3)$$

oder

$$\gamma = \varphi \gamma_s + 0{,}465 \frac{p - \varphi p_s}{T} \quad \dots \dots \quad (3\,\mathrm{a})$$

Den Taupunkt, die Temperatur, bis zu welcher die ungesättigte Luft sich abkühlen muß, bis sie gesättigt wird, erhält man aus den Dampftabellen, indem man die zu dem gemessenen Dunstdruck p' gehörige Sättigungstemperatur aufsucht.

Beispiel. Bei einem Barometerstand von 758,7 mm (für 0°) und einer Lufttemperatur von $+15{,}0^{\circ}$ wurde der Dunstdruck mittels des Psychrometers zu 9,5 mm Hg bestimmt. Wie groß ist die Dunstsättigung, das Gewicht γ' des in 1 cbm Luft enthaltenen Dunstes und die Temperatur des Taupunktes?

Die Dampftabellen ergeben für $+15^{\circ}$ einen Sättigungsdruck von 12,73 mm, daher ist die Dunstsättigung

$$\varphi = \frac{9{,}5}{12{,}73} = 0{,}746 \,.$$

Nach den Dampftabellen ist ferner $\gamma_s = 0{,}0133$ kg/cbm oder 13,3 g/cbm. Daher enthält die Luft $\gamma' = 0{,}746 \cdot 13{,}3 = 9{,}9$ g/cbm Wasserdunst (absol. Feuchtigkeit).

Das Gewicht der reinen Luft in 1 cbm ist

$$\gamma_l = 1{,}293 \cdot \frac{758{,}7 - 9{,}5}{760} \cdot \frac{273}{273 + 15} = 1{,}209 \text{ kg}$$

Das spez. Gew. der feuchten Luft ist somit

$$\gamma = 1{,}209 + 0{,}0099 = \underline{1{,}2189 \text{ kg/cbm}} \,.$$

Die Gaskonstante ist

$$R = 10\,000 \cdot \frac{758{,}7}{735{,}6 \cdot 1{,}2189 \cdot 288} = \underline{29{,}4} \,.$$

Zum Drucke von 9,5 mm gehört eine Sättigungstemperatur von $\underline{10{,}5^{\circ}}$. Dies ist die Temperatur des Taupunktes.

8. Die Brennstoffe und ihre Zusammensetzung.

Die brennbaren Elemente der technisch wichtigen Brennstoffe sind Kohlenstoff und Wasserstoff, meist enthalten als Verbindungen dieser beiden Stoffe, also Kohlenwasserstoffe in der verschiedenartigsten Zusammensetzung und Vermengung untereinander und mit den Elementen. In gasförmigen Brennstoffen außerdem Kohlenoxyd. Schwefel in geringen Mengen. Nicht brennbare Beimengungen: Sauerstoff- und Stickstoff-Verbindungen, Feuchtigkeit (Wasser) und mineralische Bestandteile (Asche).

Feste Brennstoffe: Holz, Torf, Braunkohle, Steinkohle; Briketts aus Braunkohle und Steinkohle; Holzkohle, Grude, Koks als Destillationsrückstände.

Flüssige Brennstoffe: Das rohe Erdöl (Naphtha, Rohöl) und seine Destillate: Gasolin, Benzin, Petroleum und Rückstände der Destillation (Masut).

Mittelwerte der elementaren Zusammensetzung fester und flüssiger Brennstoffe in Hundertteilen des Gewichts.

Stoff	C	H	S	N	O	H₂O	Asche	Bemerkungen
Holz	49	6	—	—	44	bis 20	< 0,8	Auf die Trockensubstanz bezogen. Feuchtigkeit im lufttrockenen Zustand.
Torf	48	4,5	0,5 bis 0,9	1,1 — 2,7	20 — 34	bis 20	2 bis 30	„　　　„　　　„
Braunkohle	52	4	1 bis 4	0,6 — 1,7	15 — 20	12 — 14	4 — 11 u. m.	lufttrocken
Braunkohle-Briketts	54	4,4	1	0,5	22	12	6	„
Steinkohle	80	4,7	0,5 bis 1,5	0,7 — 1,7	6 — 11	1,3	6,5	„
Anthrazit	92	3,2	0,8	0,7	2,3	—	1,2	„
Koks	88 / 92	0,7 / 0,7	0,86 / 0,8		1,4 / 1,5	2 / 1,5	7 / 3,5	aus Ruhrmagerkohle / aus Ruhrfettkohle
Erdöl und Destillate	85	14	—	—	1	—	—	Gemenge v. Kohlenwasserstoffen. Benzin = Hexan + Heptan $C_6H_{14} + C_7H_{16}$
Steinkohlen-Teeröl (schwer)	90 bis 85	7 bis 13	0,4 bis 1					Aromatische (kohlenstoffreiche) Kohlenwasserstoffe
Steinkohlen-Teeröl Leichtöl (roh)								$0,59\,C_6H_6 + 0,11\,C_7H_8$ (Benzol) (Toluol) $+ 0,09\,C_8H_{10} + 0,06\,C_9H_{12}$ (Xylol) (Steinkohlenbenzin) $+ 0,15$. Rückst.
Benzol (C_6H_6)	92,3	7,7						
Braunkohlen-Teeröl (Paraffinöl)	85	12						Fett-Kohlenwasserstoffe C_nH_{2n+2}, C_nH_{2n}, C_nH_{2n-2} (wasserstoffreich)
Alkohol (Äthyl-)	52,2	13,0			34,8			C_2H_6O.
Naphthalin	93,7	6,3						$C_{10}H_8$
Steinkohlenteer	87 bis 93	2 bis 6	0,2 — 1					

Der **Steinkohlenteer**, insonderheit seine Destillate, die Steinkohlen-**Teeröle** verschiedenster Zusammensetzung. Unterschieden in Leichtöle und schwere Teeröle. Zu ersteren das Benzol, als Handelsbenzol vermengt mit Toluol und Xylol in verschiedenen Mengen; das Steinkohlenbenzin oder Solventnaphtha. Die Schweröle bilden 40 v. H. des ganzen Teers, die Leichtöle nur rd. 10 v. H., 50 v. H. sind Pech. Zu den Schwerölen gehören z. B das Anthracenöl, Kreosotöl, Solaröl, Gasöl.

Die Benzol-Kohlenwasserstoffe werden in Deutschland aus den Kokereigasen, nur zum geringsten Teil aus dem Teer gewonnen. Die Kokereien erzeugen das sog. Leichtöl (Benzol + Toluol + Xylol + Solventnaphtha), das in den Benzolfabriken weiterverarbeitet wird. Auch das feste Naphthalin, als motorischer Brennstoff verwendbar, wird aus Teer oder Kokereigasen gewonnen.

Die Braunkohlenteeröle, das Rohöl verschiedener Qualität, Solaröl, Gasöl, Paraffinöl.

Der Spiritus, mit verschiedenen Mengen Wasser vermengter Alkohol.

Gasförmige Brennstoffe. Das Leuchtgas, Destillationsprodukt der Steinkohle (Entgasung durch Erhitzung unter Luftabschluß). Zusammensetzung nicht unerheblich wechselnd mit der Kohle, dem zeitlichen Verlauf und der Temperatur der Entgasung. Nahe verwandt damit das Kokereigas.

Mittlere Zusammensetzung für Leuchtgas:

	H_2	CH_4	C_nH_{2n}	CO	CO_2	O_2	N_2
Raumteile	48,5	35,0	4,56	7,18	1,82	0,25	2,70
Gewichtsteile	8,4	48,7	10,9	17,0	7,6	0,7	6,7

Spez. Gewicht 0,515 kg/cbm für 0^0 und 760 mm; Gaskonstante $R = 73,5$. Andere Analysen (Raumteile)

H_2	CH_4	C_2H_4	C_3H_6	C_6H_6	CO	CO_2	O_2	N_2
46,2	34,02	2,55	1,21	1,33	8,88	3,01	0,65	2,15
49,0	27,0	3,0	—	0,3	10,0	3,0	1,0	6,7

Kokereigas. Die Zusammensetzung wechselt während der Vergasungszeit stetig. So ergab sich in einem Falle nach 6 stündiger Entgasung für luftfreies Gas

H_2	CH_4	C_mN_n	CO	CO_2	N_2	
35,88	35,95	6,47	7,44	4,42	9,84,	dagegen
43,03	29,49	2,76	8,38	2,23	14,11	

nach 19 Stunden. Das spez. Gewicht nach 2 Stunden war 0,565, nach 19 Stunden 0,468, nach 34 Stunden 0,410.

Die meisten Kokereien werden mit Gewinnung der Nebenprodukte aus den Kokereigasen betrieben. Das von den Nebenprodukten freie Gas, das als Brennstoff für Dampfkessel oder Gasmaschinen verfügbar ist, hat daher eine von dem Destillationsgas etwas verschiedene Zusammensetzung, da Benzol, Ammoniak und Teer ausgeschieden sind. Mittelwerte der Zusammensetzung sind nach Greiner:

H_2	CH_4	CO	CO_2	N_2	
57	23	6	2	12	(Raumteile).

Generatorgas, aus Koks, Steinkohle, Anthrazit, Braunkohlenbriketts, Torf. Bei den drei ersten Stoffen durch Einblasen (Durchsaugen) von Luft und Wasserdampf unter den Rost des Generators (Mischgas). Zusammensetzung verschieden je nach Brennstoff und Wassermenge.

Beispiele von Analysen von Generatorgas aus

	H_2	CH_4	CO	CO_2	N_2	
Koks:	7,0	2,0	27,6	4,8	58,6	(Mittel aus vielen Analysen)
Steinkohle:	11,5	1,1	23,3	5,7	58,4	(Mittel aus 12 Analysen)
Belg. Anthrazit:	11,0	2,3	24,83	2,43	58,74	(Mittel aus 5 Analysen)
Braunkohlenbriketts:	25,9	2,1	17,1	10,5	44,3	(Mittel aus 4 Analysen)
Nasser Torf:	16,75	3,0	9,1	16,0	53,4	(Mittel aus 2 Analysen).
Mulmige Rohbraunk.:	14	1,5	21,0	10,5	54,0	

Gichtgas. Die Zusammensetzung dieser Gase schwankt naturgemäß. Versuche an einer größeren Zahl amerikanischer Hochöfen, die sich über 2 Jahre ohne Unterbrechung erstreckten, ergaben eine gesetzmäßige Abhängigkeit der Zusammensetzung und des Heizwertes der Gichtgase vom Koksverbrauch der Öfen. (Stahl und Eisen 1916, S. 119.) Es fand sich für

75	100	140 v. H. Koksverbrauch	
2,7	2,78	2,9 v. H. H_2	
24	26,7	31 „ CO	
15	12,3	8 „ CO_2	
0,2	0,2	0,2 „ CH_4	
58	58	58 „ N_2	
750	830	950 kcal/cbm $0^0 760$, Heizwert.	

Mittelwerte der Zusammensetzung sind

H_2	CO	CO_2	N_2
3	26	11	60 v. H.

9. Die technischen Verbrennungsprodukte.

Die Verbrennung erfolgt bei fast allen technischen Verbrennungsprozessen durch atmosphärische Luft, deren Sauerstoff sich bei hinreichend hoher Temperatur mit dem Kohlenstoff der Brennstoffe zu Kohlensäure, mit dem Wasserstoff zu Wasserdampf verbindet. Die Verbrennungsprodukte (Feuergase, Rauchgase) sind daher, sofern vollständige Verbrennung sowohl hinsichtlich der Masse als des Oxydationsgrades stattfindet, aus Kohlensäure, Wasserdampf, Sauerstoff und Stickstoff in verschiedenen Mengen zusammengesetzte, gasförmige Körper. Die Gesetze für Gasmischungen können daher auf sie, jedenfalls im heißen Zustand, angewendet werden.

Der Luftbedarf zur vollständigen Verbrennung.

Den zur Verbrennung erforderlichen Sauerstoff liefert die atmosphärische Luft, die aus 23,2 Gewichtsteilen Sauerstoff und 76,8 Gewichtsteilen Stickstoff (einschl. Argon) besteht, von anderen dem Gewicht nach unbedeutenden Beimengungen abgesehen. In Raumteilen enthält sie 21 Teile O_2, 79 Teile N_2.

Ist der Sauerstoffbedarf $k(O_2)$ in kg für 1 kg Brennstoff bekannt, so ist daher der Luftbedarf

$$L_0 = \frac{1}{0,232}\, k(O_2)\ \text{kg/kg}.$$

Dieser Mindestwert ist für praktische Verbrennungsvorgänge nicht ausreichend, wenn vollständige Verbrennung eintreten soll. Sowohl Feuerungen als Motoren bedürfen mehr Luft (25 bis 100 v. H.), so daß der wirkliche Luftbedarf

$$L = n L_0$$

ist, mit $n = 1{,}25$ bis $2{,}0$ und mehr.

Von dieser Luft gehen aber nur L_0 kg mit ihrem Sauerstoff in die Verbrennung ein. Der Rest $(n-1)\,L_0$ kg Luft wird lediglich mit erhitzt, desgleichen der Stickstoff von L_0 kg Luft, also $0{,}768\,L_0$ kg Stickstoff. Der überschüssige Sauerstoff in $(n-1)\,L_0$ kg überschüssiger Luft wiegt $0{,}232\,(n-1)\,L_0$ kg.

Liegt die **Elementaranalyse** vor, wie bei festen und flüssigen Brennstoffen, so kann $k\,(O_2)$ berechnet werden aus

$$k\,(O_2) = \frac{8}{3}\,C + 8\,H - O,$$

wenn C, H und O Gewichtsanteile in 1 kg Brennstoff bedeuten. —

Die Verbrennungsprodukte (Feuergase) bestehen, soweit sie aus den brennbaren Bestandteilen herstammen, aus CO_2 und H_2O; im übrigen aus $(n-1)\,L_0$ kg Luft und $0{,}768\,L_0$ kg Stickstoff, sowie dem ursprünglichen Gehalt des Brennstoffs an unverbrennlichen gasförmigen Bestandteilen $(CO_2,\ O_2,\ N_2)$.

Da die Gaskonstanten von Luft und Stickstoff wenig verschieden sind, so können die $(n-1)\,L_0$ kg Luft und $0{,}768\,L_0$ kg Stickstoff, einschließlich des meist unbedeutenden O_2-, N_2- und CO_2-Gehaltes (g_r) der Brennstoffe zusammengefaßt und, wo nötig, mit dem abgerundeten Werte $R = 30$ der Gaskonstanten, sowie mit der spezifischen Wärme des Stickstoffs in Rechnung gestellt werden.

Das Gewicht der Feuergase aus 1 kg Brennstoff ist $1 + n \cdot L_0$ kg, daher ist ihre Zusammensetzung nach Gewichtsanteilen

$$g\,(CO_2) = \frac{k\,(CO_2)}{1 + n L_0}\,; \qquad g\,(H_2O) = \frac{k\,(H_2O)}{1 + n L_0}\,; \qquad g\,(N + O) = \frac{k\,(N + O)}{1 + n L_0}\,.$$

Hierin ist nun bei gegebener Elementaranalyse (feste und flüssige Brennstoffe) das aus C kg Kohlenstoff entstandene CO_2-Gewicht

$$k\,(CO_2) = \frac{11}{3}\,C \text{ kg},$$

das aus H kg Wasserstoff entstandene Wasserdampfgewicht

$$k\,(H_2O) = 9\,H \text{ kg},$$

und das aus 1 kg Brennstoff entstandene Sauerstoff- und Stickstoffgewicht

$$k\,(N + O) = (n - 0{,}232)\,L_0 + g_r\,.$$

Für **Erdöldestillate** wird z. B. mit $C = 0{,}85$, $H = 0{,}14$

$$L_0 = 14{,}5 \text{ kg/kg}; \ k\,(CO_2) = 3{,}12; \ k\,(H_2O) = 1{,}26\,.$$

Die entstandene Kohlensäure wiegt bei Leuchtgas ungefähr das Doppelte, bei Kraftgas die Hälfte, bei Erdöl das Dreifache des Brennstoffs; der entstandene Wasserdampf entsprechend das 2,2, 0,07, 1,26fache des Brennstoffgewichtes; und die gesamten Verbrennungsprodukte wiegen bei Leuchtgas mindestens das 14fache, bei Kraftgas das Doppelte, bei Erdöl das 15,5fache des Brennstoffs.

Gaskonstanten der Gemenge aus Brenngasen und Verbrennungsluft und der Feuergase. Für das Gemenge vor der Verbrennung ist

$$g_g = \frac{1}{1 + n L_0} \quad \text{(Gewichtsanteil des Brenngases)}$$

$$g_L = \frac{n L_0}{1 + n L_0} \quad \text{(Gewichtsanteil der Luft)}.$$

Daher ist die Gaskonstante vor der Verbrennung

$$R_0 = g_g \cdot R_g + g_L \cdot R_L.$$

Nach der Verbrennung ist (Feuergas)

$$R_f = g\,(CO_2) \cdot R_{CO_2} + g\,(H_2O)\, R_{H_2O} + g\,(N + O) \cdot 30.$$

Nun wird R_f immer mehr oder weniger verschieden von R_0 ausfallen. Nach dem Gasgesetz verhalten sich aber bei gleichen Drücken und Temperaturen die Räume gleicher Gewichtsmengen verschiedener Gase wie die Gaskonstanten, also

$$\frac{R_f}{R_0} = \frac{v}{v_0}.$$

Wenn also nach der Verbrennung R_f kleiner ist als vor der Verbrennung R_0, so ist auch der Rauminhalt der Verbrennungsprodukte (diese auf die Temperatur vor der Verbrennung abgekühlt gedacht) kleiner als der Raum, den das brennbare Gemisch einnimmt. Diese Erscheinung, die bei den meisten Brennstoffen eintritt, wird als Volumenkontraktion (Raumverminderung) bezeichnet. Bei gewissen Brennstoffen tritt dagegen Raumvergrößerung (Volumendilatation) auf (vgl. Abschn. 9a).

Für das Durchschnitts-Leuchtgas ist z. B. mit $n = 1,25$ vor der Verbrennung

$$g_g = 0,057, \quad g_L = 0,943,$$

daher
$$R_0 = 0,057 \cdot 73,5 + 0,943 \cdot 29,3 = \mathbf{31,8}.$$

Nach der Verbrennung, also für die Feuergase, wird dagegen mit

$$g\,(CO_2) = 0,11, \quad g\,(H_2O) = 0,13, \quad g\,(N + O) = 0,76$$

$$R_f = 0,11 \cdot 19,3 + 0,13 \cdot 47 + 0,76 \cdot 30 = \mathbf{31,0}.$$

Die Volumenkontraktion ist somit $\dfrac{31,0}{31,8} = 0,975$, also verhältnismäßig gering. Noch kleiner wird sie bei größerem Luftüberschuß. Weiteres vgl. nächsten Abschnitt.

9a. Die Raumverhältnisse beim Verbrennungsvorgang.

Diese lassen sich zwar aus den Gewichtsverhältnissen herleiten gemäß Abschn. 5. Da jedoch die räumlichen Verhältnisse bei der Verbindung der Gase nach Abschn. 6 sehr einfachen Gesetzen folgen, so ist es im allgemeinen viel bequemer, sie ohne Bezugnahme auf die Gewichte zu verfolgen.

a) Gasförmige Brennstoffe.

Die Verbrennung des gasförmigen Kohlenoxyds CO zu Kohlensäure erfolgt z. B. nach der Formel

$$2\,CO + O_2 = 2\,CO_2.$$

Räumlich bedeutet dies, daß 2 Raumteile CO (z. B. 2 cbm) zur vollständigen Verbrennung 1 Raumteil (1 cbm) O_2 erfordern, und daß die entstandene Kohlensäure (auf die Temperatur und den Druck wie vor der Verbrennung gebracht) einen Raum von 2 cbm einnimmt. Also verwandeln sich $2 + 1 = 3$ cbm Gasgemenge in 2 cbm Verbrennungsprodukte. Es findet eine Verminderung auf $^2/_3$ des ursprünglichen Gesamtraumes, also um 1 cbm, statt. Der Sauerstoffbedarf in cbm ist gleich der Hälfte des Raumes des zu verbrennenden Kohlenoxyds. Es wird dem Raume nach ebensoviel Kohlensäure gebildet, als Kohlenoxyd zu verbrennen war.

Für die Verbrennung des gasförmigen Wasserstoffs zu Wasserdampf folgt aus

$$2\,H_2 + O_2 = 2\,H_2O$$

eine Raumverminderung auf $^2/_3$ des Gesamtraumes und eine Sauerstoffmenge gleich der Hälfte der Wasserstoffmenge, wie bei Kohlenoxyd.

Kohlenwasserstoffe der Zusammensetzung $C_m H_n$ verbrennen nach der Gleichung:

$$C_m H_n + \left(m + \frac{n}{4}\right) O_2 = m\,CO_2 + \frac{n}{2}\,H_2O.$$

Für 1 cbm $C_m H_n$ sind also $m + \dfrac{n}{4}$ cbm Sauerstoff erforderlich.

Es entstehen aus $1 + m + \dfrac{n}{4}$ cbm gasförmigem Gemenge $m + \dfrac{n}{2}$ cbm Verbrennungsgase, die Raumveränderung beträgt also:

$$\left(m + \frac{n}{2}\right) - \left(1 + m + \frac{n}{4}\right) = \frac{n}{4} - 1 \;\text{cbm} \; . \; . \; . \; . \; . \; (1)$$

Bei der Verbrennung von CH_4, Methan, ist also die Raumänderung gleich Null, der Sauerstoff hat den $m + \dfrac{n}{4} = 2$ fachen Raum des Methans. — Für Kohlenwasserstoffe mit mehr als 4 Atomen H geht die Raumverminderung (Kontraktion) in eine Raumvergrößerung (Dilatation) der Verbrennungsprodukte gegenüber dem gasförmigen Gemisch über. Bei der Verbrennung von 1 cbm gasförmigem Benzol, C_6H_6, ist z. B. der Raum der Verbrennungsgase um $\frac{6}{4} - 1 = \frac{1}{2}$ cbm größer als der des Gemisches; ähnlich bei den Komponenten des Benzins,

$$C_6H_{14} \text{ und } C_7H_{16}.$$

Beliebiges Brenngas. Mit Rücksicht auf die beschriebenen Raumverhältnisse lassen sich für ein ganz beliebiges Gasgemisch von bekannter räumlicher Zusammensetzung die zur Verbrennung nötigen Sauerstoffmengen und die Gasmengen, aus denen die Verbrennungsprodukte bestehen, leicht bestimmen.

Das Brenngas sei zusammengesetzt nach dem Schema:

$$\mathfrak{v}(H_2) + \mathfrak{v}(CO) + \mathfrak{v}(CH_4) + \mathfrak{v}(C_2H_4) + \mathfrak{v}(C_2H_2) + \mathfrak{v}(O_2) + \mathfrak{v}(N_2)$$
$$+ \mathfrak{v}(CO_2) + \mathfrak{v}(H_2O) = 1 \quad \ldots \ldots \ldots \ldots \ldots (2)$$

Dann werden gebraucht (für 1 cbm Brenngas):

$$(O)_{min} = \frac{\mathfrak{v}(CO) + \mathfrak{v}(H_2)}{2} + 2\,\mathfrak{v}(CH_4) + 3\,\mathfrak{v}(C_2H_4) + 2{,}5\,\mathfrak{v}(C_2H_2)$$
$$- \mathfrak{v}(O_2) \text{ cbm Sauerstoff}, \quad \ldots \ldots (3)$$

also
$$L_{min} = \frac{(O)_{min}}{0{,}21} \text{ cbm Luft} \quad \ldots \ldots (3a)$$

In den Verbrennungsprodukten von 1 cbm Brenngas sind enthalten:

Kohlensäure:

$$\mathfrak{v}(CO) + \mathfrak{v}(CH_4) + 2\,\mathfrak{v}(C_2H_4) + 2\,\mathfrak{v}(C_2H_2) + \mathfrak{v}(CO_2) \text{ cbm} = V[CO_2]\,(4)$$

Wasserdampf:

$$\mathfrak{v}(H_2) + 2\,\mathfrak{v}(CH_4) + 2\,\mathfrak{v}(C_2H_4) + \mathfrak{v}(C_2H_2) + \mathfrak{v}(H_2O) \text{ cbm} = V[H_2O]\,(5)$$

Sauerstoff:

$$(n-1)(O)_{min} \text{ cbm, mit } n \text{ als Luftüberschußzahl,} = V[O_2]. \quad (6)$$

Stickstoff:

$$0{,}79\,n\,L_{min} + \mathfrak{v}(N_2) \text{ cbm} = V[N_2] \quad \ldots \ldots (7)$$

Die Summe dieser 4 Anteile ist die gesamte Rauchgasmenge aus 1 cbm Brennstoff. Zieht man von dieser Menge $1 + n\,L_{min}$ cbm, das Volumen des unverbrannten Gemisches ab, so erhält man die gesamte Raumänderung $\varDelta V$ bei der Verbrennung von 1 cbm Brenngas. Die Rechnung ergibt

$$\varDelta V = -\frac{1}{2}\mathfrak{v}(CO) - \frac{1}{2}\mathfrak{v}(H_2) - \frac{1}{2}\mathfrak{v}(C_2H_2) \text{ cbm/cbm}, \quad . \,(8)$$

wie sich auch unmittelbar anschreiben läßt. Raumänderung, und zwar Raumverminderung findet daher nur statt, sofern das Brenngas Kohlenoxyd, freien Wasserstoff und C_2H_2 (Azetylen) enthält. Bei Generatorgas und Leuchtgas wird stets Raumverminderung eintreten; am meisten bei dem Generatorgas wegen seines hohen CO-Gehaltes. Durch einen etwaigen Gehalt des Leuchtgases an Kohlenwasserstoffen mit mehr als 4 Atomen H wird die Raumänderung verringert. — Brenngase wie gasförmiges Benzol oder Benzin zeigen aus gleichem Grunde Raumvergrößerung. Im obigen Brenngasschema sind diese Stoffe nicht inbegriffen.

Bei einem Brenngas, das neben CO und H_2 beliebige Kohlenwasserstoffe C_mH_n enthält, wird die Raumänderung auf 1 cbm Brenngas allgemein

$$\varDelta V = -\frac{1}{2}\,\mathfrak{v}\,(CO) - \frac{1}{2}\,\mathfrak{v}\,(H_2) + \sum\left(\frac{n}{4} - 1\right)\cdot\mathfrak{v}\,(C_mH_n) \quad . \quad . \quad (9)$$

Für $n > 4$ kann dieser Wert auch positiv sein, z. B. für C_6H_6. Werden nach der Verbrennung die Rauchgase so weit abgekühlt, daß der ganze oder nahezu der ganze Wasserdampf kondensiert, so wird die Raumänderung um den Betrag $V(H_2O)$ größer, also im ganzen

$$\varDelta V = -\frac{1}{2}\,\mathfrak{v}\,(CO) - \frac{3}{2}\,\mathfrak{v}\,(H_2) - \sum\left(\frac{n}{4} + 1\right)\cdot\mathfrak{v}\,(C_mH_n) \quad . \quad . \quad (10)$$

somit auf alle Fälle negativ.

Das Volumen des gasförmigen Gemenges mit 1 cbm Brenngasgehalt vor der Verbrennung ist

$$V_0 = 1 + n\,L_{min}.$$

Das Rauchgasvolumen bei gleichem Druck und gleicher Temperatur ist

$$V_g = 1 + n\,L_{min} + \varDelta V \quad . \quad . \quad . \quad . \quad . \quad . \quad (11)$$

wobei $\varDelta V$ in den meisten Fällen negativ ist, also $V_g < V_0$.

Die Gaskonstanten R_0 und R_f vor und nach der Verbrennung stehen im Verhältnis

$$\frac{R_0}{R_f} = \frac{V_0}{V_g} = \frac{1}{\alpha}$$

also ist

$$R_f = R_0 \cdot \frac{1 + n\,L_{min} + \varDelta V}{1 + n\,L_{min}}$$

oder

$$R_f = R_0\left(1 + \frac{\varDelta V}{1 + n\,L_{min}}\right) \quad . \quad . \quad . \quad . \quad . \quad (12)$$

Da $\varDelta V$ meist negativ ist, so wird meist $R_f < R_0$ und daher das Verhältnis der Gasräume nach der Verbrennung und vor derselben

$$\alpha = \frac{V_g}{V_0} = 1 + \frac{\varDelta V}{1 + n\,L_{min}} < 1.$$

Beispiel. Für das Durchschnittsgeneratorgas mit

$$H_2 = 7,0, \quad CH_4 = 2,0, \quad CO = 27,6, \quad CO_2 = 4,8, \quad N_2 = 58,6 \text{ v. H.}$$

wird

$$(O)_{min} = \frac{1}{2} \cdot 0,276 + \frac{1}{2} \cdot 0,07 + 2 \cdot 0,02 = 0,213 \text{ cbm/cbm}$$

$$L_{min} = \frac{0,213}{0,21} = 1,014 \text{ cbm/cbm};$$

$$\varDelta V = -\frac{1}{2} \cdot 0,276 - \frac{1}{2} \cdot 0,07 = -0,173 \text{ cbm/cbm}.$$

Mit der theoretischen Luftmenge, also $n = 1$, wird das Gemischvolumen $1 + 1,014 = 2,014$, das Rauchgasvolumen $2,014 - 0,173 = \underline{1,841}$ cbm, das Verhältnis der Gaskonstanten

$$R_f : R_0 = 1 - \frac{0,173}{2,014} = 0,914;$$

ebenso groß ist das Volumenverhältnis nach und vor der Verbrennung. Die Rauchgase haben ein im Verhältnis $1 : 0,914$, oder $1,1$ mal größeres spez. Gewicht als die Brenngas-Luftmischung. Ferner wird $V(CO_2) = 0,344$ cbm, $V(H_2O) = 0,11$, $V(O_2) = (n-1)\,0,213$, $V(N_2) = 0,802\,n + 0,586$; für $n = 1$ $V(N_2) = 1,388$; für $n = 1,5$ $V(N_2) = 1,789$, $V(O_2) = 0,1065$. Das Rauchgasvol. $0,344 + 0,11 + 1,388 = 1,842$ bzw. $2,3495$ cbm. Die räumliche Zusammensetzung des feuchten Gases für $n = 1,5$

$$\mathfrak{v}(CO_2) = 0,1465 \quad \mathfrak{v}(O_2) = 0,0454 \quad \mathfrak{v}(N_2) = 0,763 \quad \mathfrak{v}(H_2O) = 0,0468;$$

die des trockenen $0,153$ $0,048$ $0,799$

b) Flüssige und feste Brennstoffe.

Ein beliebiger flüssiger oder fester Brennstoff enthalte C kg Kohlenstoff, H kg Wasserstoff und O kg Sauerstoff auf 1 kg.

Nach der Verbrennungsgleichung für Kohlenstoff

$$C + O_2 = CO_2$$

ist für 1 kg-Molekül, d. h. 12 kg Kohlenstoff, 1 kg-Molekül Sauerstoff nötig, dessen Volumen $\mathfrak{B}_0 = 22,4$ cbm für $0°$ und 760 mm ist (Abschn. 6). Zur Verbrennung von 1 kg Kohlenstoff sind demnach $\mathfrak{B}_0/12$ cbm Sauerstoff nötig und für C kg Kohlenstoff daher $C\,\mathfrak{B}_0/12$ cbm Sauerstoff.

Bei der Verbrennung des Wasserstoffs gemäß

$$2\,H_2 + O_2 = 2\,H_2O$$

wird für je 2 kg-Moleküle, d. h. $2 \cdot 2,016$ kg Wasserstoff 1 kg-Molekül $= \mathfrak{B}_0$ cbm Sauerstoff gebraucht, für 1 kg Wasserstoff also $\dfrac{\mathfrak{B}_0}{2 \cdot 2,016}$

und für H kg daher $\dfrac{\mathfrak{B}_0 H}{2 \cdot 2,016}$ cbm Sauerstoff.

Im ganzen werden also für 1 kg Brennstoff

$$\frac{\mathfrak{B}_0 C}{12} + \frac{\mathfrak{B}_0 H}{2 \cdot 2,016} \text{ cbm Sauerstoff}$$

gebraucht, wovon indessen noch das Volumen des im Brennstoff selbst enthaltenen Sauerstoffs abgeht. Letzteres ist, da 32 kg Sauerstoff das Volumen $\mathfrak{V}_0$ besitzen, gleich $\mathfrak{V}_0 O/32$, so daß die Sauerstoffzufuhr aus der Verbrennungsluft nur

$$O_{min} = \mathfrak{V}_0 \left(\frac{C}{12} + \frac{H}{4} - \frac{O}{32} \right) \text{cbm} \quad \dots \dots (13)$$

beträgt. Daher ist

$$L_{min} = \frac{\mathfrak{V}_0}{0,21} \cdot \left(\frac{C}{12} + \frac{H}{4} - \frac{O}{32} \right) \text{cbm Luft} \quad \dots \dots (14)$$

für 1 kg Brennstoff.

In ganz gleicher Weise folgt für 1 kg Kohlenstoff eine Kohlensäuremenge $\mathfrak{V}_0/12$ cbm und für 1 kg Wasserstoff eine Wasserdampfmenge $\mathfrak{V}_0/2$ cbm, daher für C kg Kohlenstoff

$$V(CO_2) = \frac{\mathfrak{V}_0 C}{12},$$

für H kg Wasserstoff

$$V(H_2O) = \frac{\mathfrak{V}_0 H}{2} \text{cbm}.$$

Wird nun mit n facher Luftmenge verbrannt, so sind nach der Verbrennung noch

$$V(O_2) = (n - 1)\, O_{min} \text{cbm}$$

überschüssiger Sauerstoff in den Verbrennungsgasen, während die gesamte Stickstoffmenge

$$V(N_2) = \frac{79}{21}\, n\, O_{min} \text{cbm} \quad \dots \dots \dots (15)$$

beträgt.

Die gesamte Verbrennungsgasmenge aus 1 kg Brennstoff ist somit

$$V_g = V(CO_2) + V(H_2O) + V(O_2) + V(N_2)$$

$$= \frac{\mathfrak{V}_0 C}{12} + \frac{\mathfrak{V}_0 H}{2} + (n - 1)\, O_{min} + \frac{79}{21}\, n\, O_{min}$$

$$= \frac{\mathfrak{V}_0 C}{12} + \frac{\mathfrak{V}_0 H}{2} + \left(\frac{n}{0,21} - 1 \right) \mathfrak{V}_0 \cdot \left(\frac{C}{12} + \frac{H}{4} - \frac{O}{32} \right)$$

$$V_g = \mathfrak{V}_0 \cdot \left[\frac{H}{4} + \frac{n}{0,21} \cdot \left(\frac{C}{12} + \frac{H}{4} - \frac{O}{32} \right) + \frac{O}{32} \right] \quad \dots \dots (16)$$

Das Volumen der Verbrennungsluft ist dagegen

$$L = \frac{n\, \mathfrak{V}_0}{0,21} \left(\frac{C}{12} + \frac{H}{4} - \frac{O}{32} \right) \quad \dots \dots \dots (17)$$

Man hat daher auch

$$V_g = L + \frac{\mathfrak{V}_0 H}{4} + \frac{\mathfrak{V}_0 O}{32} = L + 5,6\,H + 0,7\,O \quad \dots \dots (18)$$

Das Rauchgasvolumen ist also um den Betrag $\mathfrak{V}_0 \left(\frac{H}{4} + \frac{O}{32} \right)$ cbm g r ö ß e r als das Luftvolumen.

Nun ist aber $\mathfrak{V}_0\,H/2$ das Volumen des Verbrennungswasserdampfs. Für Brennstoffe mit geringem eigenem Sauerstoffgehalt gilt also die Regel: **Das Rauchgasvolumen ist um rund die Hälfte des Volumens des Verbrennungs-Wasserdampfs, d. h. um 5,6 H cbm größer als das Luftvolumen.**

Bemerkungen. 1. Das Volumen der **heißen** Verbrennungsgase ist in Wirklichkeit im Verhältnis $(273 + t)/273$ größer als die vorstehenden Werte, bei $t = 273^0$ noch doppelt so groß, also auch reichlich doppelt so groß als das Volumen der in die Feuerung oder die Verbrennungskraftmaschine einströmenden Luft.

2. Über das Verhalten des **Wasserdampfs** der Verbrennungsgase ist folgendes zu erwähnen. Nach Abschn. 9 sind in 1 kg Verbrennungsgasen höchstens (bei Leuchtgas) 0,16 kg Wasserdampf enthalten, sofern der Brennstoff und die Luft trocken ist. Nun besitzt 1 kg solcher Gase ungefähr das Volumen von 1 kg Luft gleicher Temperatur, also z. B. bei 100^0 noch $373/1{,}293 \cdot 273 = 1{,}06$ cbm. In 1 cbm Gasen sind also höchstens $0{,}16 : 1{,}06 = 0{,}151$ kg Wasserdampf enthalten. Nun kann jedes Gas bei 100^0 und 1 at bis zur Sättigung rund 0,6 kg Wasserdampf aufnehmen. Daher ist der Wasserdampf noch bei 100^0 in jedem Falle im überhitzten Zustand in den Gasen enthalten. Sättigung tritt für einen Dampfgehalt von 0,151 kg/cbm nach den Dampftabellen bei rund 64^0 auf. Feuergase mit kleinerem Dampfgehalt werden erst bei noch tieferen Temperaturen gesättigt.

3. Bei der Behandlung im Orsatapparat sättigen sich die abgekühlten Gase auf alle Fälle mit Wasserdampf aus dem Sperrwasser. Nun ist bei gesättigtem Gas von 20^0 der Teildruck des Wasserdampfes erst 17,4 mm Hg, bei 760 mm gesamtem Gasdruck also nur $17{,}4 : 760 = 0{,}023$ Bruchteile davon. Der Wasserdampfgehalt der Rauchgase im Orsatapparat kann also nach Abschn. 7 2,3 v. H. Raumteile nicht übersteigen gegen z. B. 11 Raumteilen im obigen Rauchgas. Der Orsatapparat liefert im übrigen die Zusammensetzung des **wasserfrei** gedachten Rauchgases, weil bei den Volumenverminderungen des Gases im Apparat der gesättigte Wasserdampf in jeweils gleichem Verhältnis kondensiert.

Das Volumen der trockenen (wasserdampffreien) Rauchgase V_g' ist um dasjenige des Verbrennungswasserdampfs kleiner als das gesamte Rauchgasvolumen, somit

$$V_g' = V_g - \frac{\mathfrak{V}_0\,H}{2}$$

$$= L - \frac{\mathfrak{V}_0\,H}{4} + \frac{\mathfrak{V}_0\,O}{32} \backsimeq L - \frac{\mathfrak{V}_0\,H}{4}$$

Enthält der Brennstoff selbst freies Wasser (Feuchtigkeit), H_2O kg in 1 kg, so nimmt dieses als Wasserdampf das Volumen ein

$$\frac{\mathfrak{V}_0 \cdot (H_2O)}{18} \text{ cbm } (0^0, 760\,mm).$$

Um diesen Betrag ist V_g dann größer als oben berechnet, wogegen V_g' unverändert bleibt.

Die räumliche Zusammensetzung der dampfhaltigen Rauchgase ist nun hiernach, wenn der Brennstoff nur C, H und O enthält,

$$\mathfrak{r}(CO_2) = \frac{\mathfrak{V}_0}{12}\frac{C}{V_g}, \text{ mit } \mathfrak{V}_0 = 22{,}4 \quad \ldots \ldots \ (19)$$

$$\mathfrak{v}\,(H_2O) = \frac{\mathfrak{B}_0\,H}{2\,V_g} \quad \ldots \ldots \ldots \ldots \quad (20)$$

$$\mathfrak{v}\,(O_2) = \frac{(n-1)\,O_{min}}{V_g} \quad \ldots \ldots \ldots \quad (21)$$

$$\mathfrak{v}\,(N_2) = \frac{79}{21}\,\frac{n\,O_{min}}{V_g} \quad \ldots \ldots \ldots \quad (22)$$

Führt man für den Klammerausdruck in Gl. 16 zur Abkürzung ein

$$\mu^1) = \frac{H}{4} + \frac{n}{0{,}21}\left(\frac{C}{12} + \frac{H}{4} - \frac{O}{32}\right) + \frac{O}{32} \quad \ldots \ldots \quad (23)$$

so wird
also auch
$$V_g = \mu\,\mathfrak{B}_0 \quad \ldots \ldots \ldots \ldots \quad (16\,a)$$

$$\mathfrak{v}\,(CO_2) = \frac{C}{12\,\mu} \quad \ldots \ldots \ldots \ldots \quad (19\,a)$$

$$\mathfrak{v}\,(H_2O) = \frac{H}{2\,\mu} \quad \ldots \ldots \ldots \ldots \quad (20\,a)$$

$$\mathfrak{v}\,(O_2) = \frac{n-1}{\mu}\left(\frac{C}{12} + \frac{H}{4} - \frac{O}{32}\right) \quad \ldots \ldots \quad (21\,a)$$

$$\mathfrak{v}\,(N_2) = \frac{79}{21}\,\frac{n}{\mu}\left(\frac{C}{12} + \frac{H}{4} - \frac{O}{32}\right) \quad \ldots \ldots \quad (22\,a)$$

Hiernach läßt sich für einen beliebigen festen oder flüssigen Brennstoff, für den C, H und O in Gewichtsteilen auf 1 kg bekannt sind, die räumliche Zusammensetzung der Rauchgase bei einer beliebigen n fachen Luftmenge ermitteln.

Für einen Brennstoff mit dem **Stickstoffgehalt** N wird statt Gl. 23

$$\mu = \frac{H}{4} + \frac{n}{0{,}21}\left(\frac{C}{12} + \frac{H}{4} - \frac{O}{32}\right) + \frac{O}{32} + \frac{N}{28{,}08} \quad \ldots \ldots \quad (23\,a)$$

und statt Gl. 22a

$$\mathfrak{v}\,(N_2) = \frac{79}{21}\,\frac{n}{\mu}\left(\frac{C}{12} + \frac{H}{4} - \frac{O}{32}\right) + \frac{N}{28{,}08\,\mu} \quad \ldots \ldots \quad (22\,b)$$

Für Brennstoffe mit dem **Wassergehalt** H_2O (Feuchtigkeit in Kohle, Holz usw.; Beimischung bei Spiritus) wird μ um $H_2O/18$ größer, also statt Gl. 23a

$$\mu = \frac{H}{4} + \frac{n}{0{,}21}\left(\frac{C}{12} + \frac{H}{4} - \frac{O}{32}\right) + \frac{O}{32} + \frac{N}{28{,}08} + \frac{H_2O}{18} \quad \ldots \quad (23\,b)$$

und statt Gl. 20a

$$\mathfrak{v}\,(H_2O) = \frac{H}{2\,\mu} + \frac{H_2O}{18\,\mu} \quad \ldots \ldots \ldots \ldots \quad (20\,b)$$

Beispiel. Für eine Steinkohle sei C = 0,80 kg/kg, H = 0,047, O = 0,06. Der Luftbedarf für 1 kg ist ohne Luftüberschuß

$$L_{min} = \frac{22{,}4}{0{,}21}\left(\frac{0{,}8}{12} + \frac{0{,}047}{4} - \frac{0{,}06}{32}\right) = 8{,}17 \text{ cbm von } 0^0 \text{ und } 760 \text{ mm}.$$

---

[1]) μ ist die Anzahl Molen (kg-Moleküle), die aus 1 kg Brennstoff bei der Verbrennung entstehen.

Das Rauchgasvolumen

$$V_g = 8,17 + 5,6 \cdot 0,047 + 0,07 \cdot 0,06 = 8,17 + 0,263 + 0,042 = \underline{8,47}\ \text{cbm},$$

bei 0^0 und 760 mm, bei 273^0 und 760 mm daher $2 \cdot 8,47 = 16,94$ cbm/kg.

Ferner ist, mit $\mu = 0,379$ (für $n = 1$),

$$\mathfrak{v}\,(CO_2) = \frac{0,80}{12 \cdot 0,379} = 0,175 \quad (17,5\ \text{v.H.})\,,$$

$$\mathfrak{v}\,(H_2O) = \frac{0,047}{2 \cdot 0,379} = 0,062 \quad (6,2\ \text{v.H.})\,.$$

$$\mathfrak{v}\,(O_2) = 0$$

$$\mathfrak{v}\,(N_2) = \frac{79}{21}\frac{1}{0,379} \cdot 0,0766 = 0,758 \quad (75,8\ \text{v.H.})$$

$$\mathfrak{v}\,(CO_2) + \mathfrak{v}\,(O_2) = 17,5\ \text{v.H.}\,, \quad \mathfrak{v}\,(H_2O) + \mathfrak{v}\,(N_2) = 82\ \text{v.H.}$$

Mit $n = 1,7$ facher Luftmenge ist dagegen die Luftmenge $1,7 \cdot 8,17 = 13,9$ cbm, die Rauchgasmenge $13,9 + 0,263 + 0,042 = 14,20$ cbm, bei 273^0 $2 \cdot 14,20 = 28,4$ cbm/kg; der Beiwert $\mu = 14,20 : 22,4 = 0,634$.

$$\mathfrak{v}\,(CO_2) = \frac{0,8}{12 \cdot 0,634} = 0,104 = 10,4\ \text{v.H.}\,,$$

$$\mathfrak{v}\,(H_2O) = \frac{0,047}{2 \cdot 0,634} = 0,037 = 3,7\ \text{v.H.}\,,$$

$$\mathfrak{v}\,(O_2) = \frac{0,7}{0,634} \cdot 0,0766 = 0,085 = 8,5\ \text{v.H.}\,,$$

$$\mathfrak{v}\,(N_2) = \frac{79}{21}\frac{1,7}{0,634} \cdot 0,0766 = 0,774 = 77,4\ \text{v.H.}\,,$$

$$\mathfrak{v}\,(CO_2) + \mathfrak{v}\,(O_2) = 19\ \text{v.H.}\,, \quad \mathfrak{v}\,(H_2O) + \mathfrak{v}\,(N_2) = 81\ \text{v.H.}$$

9b. Zur Beurteilung des Luftüberschusses aus der Rauchgasanalyse.

Aus der räumlichen Zusammensetzung der Rauchgase, die durch volumetrische chemische Analyse der Rauchgase (meist im sog. Orsatapparat) ermittelt wird, lassen sich, auch ohne Kenntnis der Zusammensetzung der Kohle, bestimmte Schlüsse auf die Größe des Luftüberschusses ziehen. Für den Feuerungsbetrieb ist dies von großer Wichtigkeit, weil bei zu großem Luftüberschuß zu viel Wärme mit den Rauchgasen aus dem Schornstein entweicht, bei ungenügender Luftmenge dagegen die Rauchgase noch brennbare Bestandteile enthalten.

Der Sauerstoffgehalt der Rauchgase bietet den nächstliegenden Anhalt für den Luftüberschuß. Bei Luftüberschuß enthalten die Rauchgase von 1 kg Brennstoff einen Luftrest von $(n-1)\,L_{min}$ cbm, also $0,21\,(n-1)\,L_{min}$ cbm Sauerstoff. Das Volumen der Rauchgase ist mit ziemlicher Annäherung gleich dem Luftvolumen (s. oben). Somit ist der räumliche Anteil des Sauerstoffs in den Rauchgasen sehr angenähert

$$\mathfrak{v}\,(O_2) = \frac{0,21\,(n-1)\,L_{min}}{n\,L_{min}} = 0,21\,\frac{n-1}{n}\,, \quad \ldots \ldots (1)$$

daher

$$n = \frac{21}{21 - 100 \cdot \mathfrak{v}\,(O_2)}\,. \quad \ldots \ldots \ldots (2)$$

Die genauere Darstellung ergibt folgendes. Man hat mit V_g' als Rauchgasvolumen **ohne** Dampf

$$\text{I.} \qquad \mathfrak{v}(CO_2) = \frac{\mathfrak{B}_0\, C}{12\, V_g'},$$

$$\text{II.} \qquad \mathfrak{v}(O_2) = \frac{(n-1)\, O_{min}}{V_g'}$$

und

$$\text{III.} \qquad \mathfrak{v}(N_2) = 1 - \mathfrak{v}(CO_2) - \mathfrak{v}(O_2),$$

$$\text{IIIa.} \qquad \mathfrak{v}(N_2) = \frac{79}{21}\, \frac{n\, O_{min}}{V_g'}.$$

Gl. III gilt allgemein, weil sich der Stickstoff bei **vollständiger** Verbrennung von C und H stets als Restglied des trockenen Feuergases ergibt; Gl. IIIa nur dann, wenn der Brennstoff keinen (oder wenig) eigenen Stickstoff enthält.

Anderen Falles ist, wenn N der Gewichtsanteil Stickstoff in 1 kg Brennstoff ist,

$$\text{IIIb.} \qquad \mathfrak{v}(N_2) = \frac{79}{21}\, \frac{n\, O_{min}}{V_g'} + \frac{\mathfrak{B}_0\, N}{28\, V_g'}.$$

Aus Gl. II und IIIa folgt

$$\frac{\mathfrak{v}(O_2)}{\mathfrak{v}(N_2)} = \frac{21}{79}\, \frac{n-1}{n},$$

somit

$$n = \frac{21}{21 - 79\dfrac{\mathfrak{v}(O_2)}{\mathfrak{v}(N_2)}}. \qquad \ldots \ldots \ldots (3)$$

Bei festen Brennstoffen unterscheidet sich $100 \cdot \mathfrak{v}(N_2)$ immer nur wenig von 79 und daher gibt diese genaue Gleichung nur wenig von Gl. 2 verschiedene Werte. Ihre Anwendung setzt voraus, daß mittels der Rauchgasanalyse $\mathfrak{v}(CO_2)$ und $\mathfrak{v}(O_2)$ bestimmt worden sind.

Die **Summe von Kohlensäure und Sauerstoff** im Rauchgas ist, wenn der Brennstoff **nur Kohlenstoff** als brennbaren Bestandteil enthält, bei jedem Luftüberschuß gleich groß, nämlich gleich dem Sauerstoffgehalt der Luft,

$$\mathfrak{v}(CO_2) + \mathfrak{v}(O_2) = 0{,}21, \qquad \ldots \ldots \ldots (4)$$

weil die neugebildete CO_2 den gleichen Raum einnimmt, wie der dazu verbrauchte Sauerstoff. Ohne Luftüberschuß ist also $\mathfrak{v}(CO_2) = 0{,}21$, $\mathfrak{v}(O_2) = 0$, mit Luftüberschuß ist $\mathfrak{v}(CO_2) < 0{,}21$. Für einen solchen Brennstoff würde es also genügen, $\mathfrak{v}(CO_2)$ zu bestimmen, um den Luftüberschuß berechnen zu können. Aus Gl. 1 und 4 folgt einfach

$$n = \frac{0{,}21}{\mathfrak{v}(CO_2)}, \qquad \ldots \ldots \ldots \ldots (1a)$$

gleichbedeutend mit Gl. 2. In Wirklichkeit enthalten die meisten Brennstoffe auch **Wasserstoff**, und dann ist

$$\mathfrak{v}\,(CO_2) + \mathfrak{v}\,(O_2) < 0{,}21,$$

weil der Teil des Luftsauerstoffs, der zur Verbrennung des Wasserstoffs dient, mit dem Verbrennungswasser aus der Analyse verschwindet. Gl. 3 ergibt dann den genauen Luftüberschuß.

Wie groß in diesem Fall die Summe ist, ergibt sich wie folgt. Aus Gl. 1 und 2 wird

$$\mathfrak{v}\,(CO_2) + \mathfrak{v}\,(O_2) = \frac{\mathfrak{B}_0\,C}{12\,V_g'} + \frac{(n-1)\,O_{min}}{V_g'}.$$

Nun ist nach Abschn. 9a

$$O_{min} = \mathfrak{B}_0 \left(\frac{C}{12} + \frac{H}{4} - \frac{O}{32} \right)$$

also

$$\mathfrak{v}\,(CO_2) + \mathfrak{v}\,(O_2) = \frac{\mathfrak{B}_0}{V_g'} \cdot \left[\frac{C}{12} + (n-1)\left(\frac{C}{12} + \frac{H}{4} - \frac{O}{32} \right) \right].$$

Nach Abschn. 9a ist ferner die trockene Rauchgasmenge

$$V_g' = L - \frac{\mathfrak{B}_0\,H}{4} + \frac{\mathfrak{B}_0\,O}{32}.$$

Nach Einführung dieses Wertes erhält man mit einigen Umformungen

$$\mathfrak{v}\,(CO_2) + \mathfrak{v}\,(O_2) = 0{,}21 \cdot \frac{\dfrac{C}{H - O/8} + 3\,\dfrac{n-1}{n}}{\dfrac{C}{H - O/8} + 3 \cdot \dfrac{n-0{,}21}{n}} \quad \cdots \cdot (5)$$

und mit $n = 1$ den kleinsten Wert

$$\mathfrak{v}\,(CO_2) + \mathfrak{v}\,(O_2) = 0{,}21 \cdot \frac{1}{1 + 0{,}79\,\dfrac{3\,(H - O/8)}{C}} \quad \cdots \cdots (5a)$$

Man erhält z. B. für **Steinkohle** ($C = 0{,}80$, $H = 0{,}047$, $O = 0{,}08$) die kleinste Summe gleich 0,189, für **Braunkohle** ($C = 0{,}54$, $H = 0{,}044$, $O = 0{,}22$) gleich 0,196, für **Erdöldestillate** ($C = 0{,}85$, $H = 0{,}14$) gleich 0,151.

Für reinen Kohlenstoff, $C = 1$, oder Brennstoff ohne Wasserstoff- und Sauerstoffgehalt (Koks), wird $\mathfrak{v}\,(CO_2) + \mathfrak{v}\,(O_2) = 0{,}21$, wie oben. Für Brennstoffe mit H- und O-Gehalt ist nach Gl. 5 die Summe abhängig von der Luftüberschußzahl und von der Zusammensetzung des Brennstoffs und stets kleiner als 0,21, solange $H > \frac{1}{8}\,O$. Mit dem Luftüberschuß vergrößert sie sich. Bei unterbrochener Beschickung einer Feuerung, wobei der Brennstoff allmählich wasserstoffärmer wird, ändert sich die Summe während der Verbrennung.

Ist $\mathfrak{v}\,(CO_2)$ aus der Rauchgasanalyse bekannt, so kann das **Volumen der trockenen Rauchgase** berechnet werden, wenn man den C-Gehalt des Brennstoffs kennt. Nach Abschn. 9 ist

$$\mathfrak{v}\,(CO_2) = \frac{\mathfrak{B}_0\,C}{12\,V_g'},$$

daher mit $\mathfrak{B}_0 = 22{,}4$

$$V_g' = \frac{22{,}4\,C}{12 \cdot \mathfrak{v}\,(CO_2)} \cdot \quad \cdots \cdots \cdot (6)$$

Beispiel. Bei einem Verdampfungsversuch an einem Flammrohrkessel wurde als Mittelwert von zahlreichen Rauchgasanalysen gefunden

$$\mathfrak{v}\,(CO_2) = 0,10, \qquad \mathfrak{v}\,(O_2) = 0,093,$$

daher

$$\mathfrak{v}\,(N_2) = 1 - 0,193 = 0,807\,.$$

Der Luftüberschuß ist angenähert

$$n = \frac{21}{21 - 9,3} = 1,80\,,$$

genauer

$$n = \frac{21}{21 - \dfrac{79}{80,7} \cdot 9,3} = 1,765\,.$$

Der Aschengehalt der Kohle fand sich zu rd. 0,11 des Gewichts; wird nun $N + O = 0,06$ geschätzt, so ist

$$C + H = 1 - 0,17 = 0,83, \text{ und mit } H = 0,06 \ C = 0,77.$$

Daher wird das trockene Rauchgasvolumen von 1 kg Brennstoff (bei 0^0, 760 mm)

$$V_g' = \frac{0,773}{0,537 \cdot 0,1} = 14,4 \text{ cbm.}$$

Unvollkommene Verbrennung. Solche kann eintreten, wenn im ganzen weniger Luft zugeführt wird, als chemisch zur vollständigen Verbrennung erforderlich ist, also bei $n < 1$; aber auch in Fällen, wo zwar im ganzen mit Luftüberschuß gearbeitet wird $(n > 1)$, jedoch wegen unvollständiger Mischung von Luft und Brennstoff Bruchteile des letzteren nur teilweise verbrennen.

Als wichtigstes Kennzeichen unvollkommener Verbrennung gilt das Auftreten von CO im Feuergas, aber auch H_2 und CH_4 können darin vorkommen. Nur der erstere Fall, wo also der Wasserstoffgehalt des Brennstoffes vollständig zu Wasserdampf verbrennt, dagegen der Kohlenstoff teilweise zu CO_2 und teilweise zu CO, wird im folgenden behandelt.

Sind in 1 kg Brennstoff C kg Kohlenstoff enthalten und verbrennen davon x Bruchteile, also $x\,C$ kg zu CO_2, so bilden sich

$$\mathfrak{V}'\,(CO_2) = \frac{x\,C}{12}\,\mathfrak{V}_0 \text{ cbm } CO_2\,.$$

Die $(1 - x)\,C$ kg, die zu CO verbrennen, ergeben

$$\mathfrak{V}'\,(CO) = \frac{(1 - x)\,C}{12}\,\mathfrak{V}_0 \text{ cbm } CO\,.$$

Die Summe von Kohlensäure und Kohlenoxyd ist also $\dfrac{C}{12} \cdot \mathfrak{V}_0$ cbm, ebensogroß als das Volumen der Kohlensäure bei der vollständigen Verbrennung von C kg Kohlenstoff.

Die im Feuergas vorhandene Stickstoffmenge ist bei $n$fachem Luftüberschuß

$$\mathfrak{V}'\,(N_2) = \frac{79}{21}\,n\,O_{min}, \quad \dots \dots \dots \dots \quad (7)$$

ebenso groß wie $\mathfrak{V}\,(N_2)$ bei vollständiger Verbrennung.

Die im Feuergas vorhandene überschüssige Sauerstoffmenge ist bei gleichem n und unvollkommener Verbrennung größer als bei vollkommener Verbrennung, weil zur unvollkommenen Verbrennung von C kg Kohlenstoff weniger Sauerstoff verbrauchte wird, als zur vollkommenen. Bei der letzteren ist das verbrauchte Sauerstoffvolumen so groß wie das CO_2-Volumen, also gleich $\mathfrak{V}(CO_2)$, bei der ersteren dagegen werden verbraucht zur Bildung von Kohlensäure $\mathfrak{V}'(CO_2)$ cbm Sauerstoff, zur Bildung von Kohlenoxyd $\frac{1}{2}\mathfrak{V}'(CO)$ cbm Sauerstoff. Bei der unvollkommenen Verbrennung werden also $\mathfrak{V}(CO_2) - \mathfrak{V}'(CO_2)$

$$-\frac{1}{2}\mathfrak{V}'(CO) = \frac{1}{2}(1-x)\frac{C}{12}\mathfrak{V}_0 \text{ cbm Sauerstoff weniger verbraucht.}$$

Um den gleichen Betrag ist das Rauchgasvolumen V_g'' bei unvollkommener Verbrennung größer als bei vollkommener, also

$$V_g'' - V_g' = \frac{1}{2}(1-x)\frac{C}{12}\mathfrak{V}_0 = \frac{1}{2}\mathfrak{V}'(CO) \quad . \quad . \quad . \quad . \quad (8)$$

Die überschüssige Sauerstoffmenge bei vollständiger Verbrennung ist

$$\mathfrak{V}(O_2) = (n-1)\, O_{min},$$

bei unvollkommener Verbrennung also

$$\mathfrak{V}'(O_2) = (n-1)\, O_{min} + \tfrac{1}{2}\mathfrak{V}'(CO).$$

Mit der gesamten (trockenen) Rauchgasmenge V_g'' dividiert ergibt diese Gleichung

$$\mathfrak{v}'(O_2) - \frac{1}{2}\mathfrak{v}'(CO) = (n-1)\frac{O_{min}}{V_g''} \quad . \quad . \quad . \quad . \quad (IIa)$$

Diese Gleichung tritt an Stelle von Gl. II oben. Durch Division von Gl. 7 mit V_g'' folgt ferner

$$\mathfrak{v}'(N_2) = \frac{79}{21}\frac{n\, O_{min}}{V_g''} \cdot \quad . \quad . \quad . \quad . \quad . \quad . \quad (IIIb)$$

Durch Division von Gl. IIa und IIIb folgt schließlich

$$n = \frac{21}{21 - 79 \cdot \dfrac{\mathfrak{v}'(O_2) - \frac{1}{2}\mathfrak{v}'(CO)}{\mathfrak{v}'(N_2)}} \cdot \quad . \quad . \quad . \quad (3a)$$

Diese Gleichung dient an Stelle von Gl. 3 zur Berechnung der Luftüberschußzahl bei unvollkommener Verbrennung. Nun gilt ferner für vollkommene Verbrennung

$$\mathfrak{V}_g' = \mathfrak{V}(CO_2) + \mathfrak{V}(O_2) + \mathfrak{V}(N_2),$$

für unvollkommene

$$\mathfrak{V}_g'' = \mathfrak{V}'(CO_2) + \mathfrak{V}'(O_2) + \mathfrak{V}'(CO) + \mathfrak{V}(N_2).$$

Subtraktion der beiden Gleichungen ergibt unter Beachtung von Gl. 8

$$\mathfrak{V}'(CO_2) + \mathfrak{V}'(O_2) = \mathfrak{V}(CO_2) + \mathfrak{V}(O_2) - \tfrac{1}{2}\mathfrak{V}'(CO).$$

Die Summe der Räume von Kohlensäure und Sauerstoff ist also bei unvollkommener Verbrennung **kleiner** als für gleichen Luftüberschuß bei vollkommener Verbrennung, und zwar um das halbe Volumen des Kohlenoxyds. Wäre nun das gesamte Rauchgasvolumen in den beiden Fällen gleich groß, also $V_g' = V_g''$, so wäre auch

$$\mathfrak{v}'(CO_2) + \mathfrak{v}'(O_2) = \mathfrak{v}(CO_2) + \mathfrak{v}(O_2) - \tfrac{1}{2}\mathfrak{v}'(CO) . \quad . \quad . \ (9)$$

Die Summe von Kohlensäure und Sauerstoff bei der Rauchgasanalyse wäre also für gleichen Luftüberschuß **kleiner** als bei vollkommener Verbrennung und zwar um den halben Kohlenoxydgehalt. **Dies ist eine der wichtigsten Regeln,** aus der man bei Rauchgasanalysen auf das Vorhandensein von CO im Rauchgas schließen kann, ohne den CO-Gehalt, der schwer genau zu ermitteln ist, unmittelbar bestimmen zu müssen. Ergibt z. B. eine Rauchgasanalyse bei einer Feuerung mit Steinkohle

$$\mathfrak{v}'(CO_2) + \mathfrak{v}'(O_2) = 0,15 ,$$

so kann man bestimmt annehmen, daß das Rauchgas CO enthält, da sonst diese Summe mindestens 0,18 bis 0,19 sein müßte. In dem Rauchgas sind also etwa $2 \cdot (0,18 - 0,15) = 0,06 = 6$ v. H. Kohlenoxyd enthalten.

Berücksichtigt man die Verschiedenheit von V_g'' und V_g', so erhält man anstatt Gl. 9 die Beziehung

$$\mathfrak{v}'(CO_2) + \mathfrak{v}'(O_2) = [\mathfrak{v}(CO_2) + \mathfrak{v}(O_2)] \, \frac{V_g'}{V_g''} - \frac{1}{2}\mathfrak{v}'(CO). \quad (9\,a)$$

Da nun $V_g'/V_g'' < 1$ ist, so ist die Summe von Kohlensäure und Sauerstoff bei unvollkommener Verbrennung noch um so mehr **kleiner** als bei vollkommener, so daß die obige Regel ihre Geltung behält; jedoch wird der genaue Wert von $\mathfrak{v}'(CO)$ **kleiner** als der doppelte Unterschied der beiden Summenwerte.

Das Verbrennungs-Dreieck. Bei einem bestimmten Brennstoff von der Zusammensetzung C, H, O (kg/kg) gehört zu jedem Kohlensäuregehalt $\mathfrak{v}(CO_2)$ der Feuergase ein bestimmter Sauerstoffgehalt $\mathfrak{v}(O_2)$, wenn die Verbrennung vollkommen ist. Die Beziehung zwischen $\mathfrak{v}(CO_2)$ und $\mathfrak{v}(O_2)$ ergibt sich wie folgt:

Aus den Gleichungen (19a) und (21a) folgt durch Division unmittelbar

$$\frac{\mathfrak{v}(CO_2)}{\mathfrak{v}(O_2)} = \frac{1}{n-1} \cdot \frac{1}{1 + 3 \cdot \dfrac{H - \dfrac{O}{8}}{C}} \quad . \quad . \quad . \quad . \ (10)$$

Andererseits folgt aus Gl. (3) oben

$$n - 1 = \frac{79 \, \mathfrak{v}(O_2)}{21 \, \mathfrak{v}(N_2) - 79 \, \mathfrak{v}(O_2)} , \quad . \quad . \quad . \quad . \ (11)$$

worin

$$\mathfrak{v}(N_2) = 1 - \mathfrak{v}(CO_2) - \mathfrak{v}(O_2)$$

ist. Setzt man $n - 1$ aus Gl. (11) in Gl. (10) ein, so erhält man

$$\mathfrak{v}(CO_2) \cdot \left[100 + 79 \cdot 3 \cdot \frac{H - \dfrac{O}{8}}{C} \right] + 100\, \mathfrak{v}(O_2) = 21 \quad . \quad (12)$$

Dies ist der gesuchte Zusammenhang zwischen $\mathfrak{v}(CO_2)$ und $\mathfrak{v}(O_2)$ bei bekannter Zusammensetzung des Brennstoffs.

Seinen größtmöglichen Wert $\mathfrak{v}(CO_2)_{max}$ nimmt der Kohlensäuregehalt der Feuergase an, wenn der Sauerstoffgehalt $\mathfrak{v}(O_2) = 0$ ist, nämlich nach Gl. (12)

$$\mathfrak{v}(CO_2)_{max} = \frac{21}{100 + 79 \cdot 3 \cdot \dfrac{H - \dfrac{O}{8}}{C}}, \quad \ldots \ldots (13)$$

wie auch aus Gl. (5a) oben folgt.

Ersetzt man den Klammerausdruck in Gl. (12) durch seinen Wert aus Gl. (13), so erhält man

$$21\, \mathfrak{v}(CO_2) + 100\, \mathfrak{v}(O_2) \cdot \mathfrak{v}(CO_2)_{max} = 21\, \mathfrak{v}(CO_2)_{max} \cdot \quad . \quad (14)$$

Diese Beziehung ergibt, wenn man $\mathfrak{v}(CO_2)$ und $\mathfrak{v}(O_2)$ als Ordinaten und Abszissen aufträgt (Fig. 8), eine Gerade, die auf der Ordinatenachse den Wert $\mathfrak{v}(CO_2)_{max}$, auf der Abszissenachse $21/100$ abschneidet.

In Fig. 8 sind nun für eine Reihe der gebräuchlichen Brennstoffe diese Geraden gemäß der in Abschnitt 8 angegebenen Zusammensetzung der Brennstoffe aufgetragen. Für reinen Kohlenstoff ist, wegen $H = 0$, $\mathfrak{v}(CO_2) = 0{,}21$ oder $21\,^0/_0$. Für Erdöldestillate ist wegen

$$C = 0{,}85, \qquad H = 0{,}14$$

$$1 + 3 \cdot \frac{H - \dfrac{O}{8}}{C} = 1{,}50 \quad \text{und daher}$$

$$\mathfrak{v}(CO_2)_{max} = 15{,}1\,^0/_0.$$

Auf jeder der Geraden ändert sich von oben nach unten die Luftüberschußzahl n. Den zu irgend einem Punkt einer Geraden gehörigen Wert von $n - 1$ erhält man nach Gl. (10) aus der Neigung der Geraden, die den Punkt mit dem Ursprung verbindet. Hiernach sind die Werte von n auf jeder der Brennstoff-Geraden eingetragen. Gleiche Werte von n bei verschiedenen Brennstoffen liegen wieder auf Geraden.

Trägt man nun die aus einer Rauchgasanalyse ermittelten Werte von $\mathfrak{v}(CO_2)$ und $\mathfrak{v}(O_2)$ in das Diagramm ein, so muß der Punkt mit diesen Koordinaten auf die dem Brennstoff zugehörige Gerade fallen. Fällt er tiefer, so ist die Verbrennung unvollständig; fällt er höher, so ist ein Fehler in der Rauchgasanalyse. Gleichzeitig ergibt Fig. 8 auch den Luftüberschuß.

Das Diagramm (Fig. 8) wird auch als **Verbrennungsdreieck** hezeichnet. Es läßt sich für den Fall der unvollkommenen Verbrennung noch weiter ausbauen[1]).

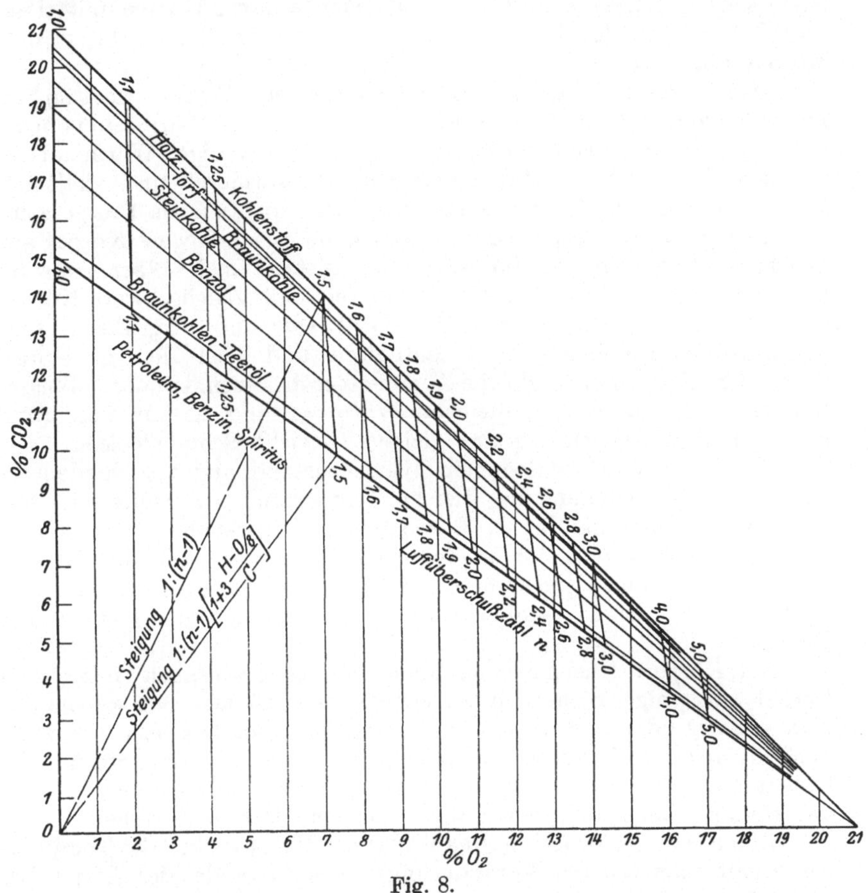

Fig. 8.

10. Wärmemenge und Temperatur, spezifische Wärme.

Von der Wärme wissen wir heute, daß sie eine Form der Energie ist. Es wird angenommen, daß sie in Bewegungen der kleinsten Teile (Moleküle) der Körper besteht. Auf alles Folgende ist die Vorstellung, die man sich hiervon macht (kinetische Theorie), ohne Einfluß.

Die Wärme haftet den Körpern an und breitet sich gleichmäßig in ihnen aus. Gleiche Gewichtsteile eines in sich gleichartigen Körpers, der von anderen Körpern isoliert ist, enthalten im Wärmegleichgewicht gleiche Bruchteile der ganzen im Körper befindlichen Wärmeenergie oder Wärmemenge.

---

[1]) Vgl. Wa. Ostwald, Beiträge zur graphischen Feuerungstechnik.

4*

Der gleiche Körper kann Wärmeenergie in den verschiedensten Mengen enthalten, wie schon die alltägliche Erfahrung lehrt. Man kann einem Körper, etwa durch eine Wärme abgebende Flamme oder aus einer sonstigen „Wärmequelle" mehr oder weniger Wärme mitteilen; umgekehrt kann der Körper von seiner eigenen Wärme an fremde Körper abgeben.

Wenn über den Weg, auf dem ein Körper seine Wärme erhalten hat, nichts bekannt ist, so können wir vermöge unseres Wärmesinns beurteilen, ob er im jeweiligen Zustande mehr oder weniger Wärme als in einem andern enthält. Wir unterscheiden „wärmere" und „kältere" Körper; den Grad der Erwärmung bezeichnen wir als Temperatur.

Der gleiche Körper oder verschiedene gleichschwere Körper aus gleichem Stoff enthalten im wärmeren Zustand mehr Wärme als im kälteren. Die Erfahrung lehrt aber weiter, daß gleichschwere Körper von verschiedenem Stoff, z. B. 1 kg Wasser und 1 kg Eisen, sehr verschiedene Wärmemengen enthalten und doch den gleichen Grad der Erwärmung, gleiche Temperatur besitzen können. Wasser braucht z. B., um in den gleichen Wärmezustand zu kommen, rund neunmal mehr Wärme als das gleiche Gewicht Schmiedeeisen.

Körper von verschiedenem Wärmezustand und verschiedenster Beschaffenheit nehmen die gleiche Temperatur an, wenn sie nur lange genug miteinander in Berührung (in „leitender" Verbindung) stehen. Die Temperatur ist demnach an sich ein von der Menge der Wärme unabhängiges, besonderes Zustandskennzeichen der Wärmeenergie, etwa vergleichbar der „Spannung" der elektrischen Energie.

Bei Körpern aus gleichem Stoff vermögen wir noch nach dem Gefühl mit einiger Sicherheit zu entscheiden, ob und um wieviel der eine wärmer oder kälter ist als der andere. Bei Körpern aus verschiedenem Stoff versagt im allgemeinen dieses Mittel, sofern nicht bedeutende Unterschiede der Temperatur vorliegen. Naturgemäß kann das Gefühl überhaupt keinen quantitativen Maßstab abgeben.

Einen vom Wärmesinn unabhängigen Maßstab für die Temperatur erhält man aus den Veränderungen des Zustandes der Körper bei der Wärmeaufnahme oder -abgabe. Fast alle physikalischen Eigenschaften der Körper werden durch die Wärme verändert.

Vor allem ist es die Raumänderung der Körper durch die Wärme, die zur Temperaturbestimmung geeignet ist. Zwei verschiedenartige oder gleichartige Körper besitzen gleiche Temperatur, wenn sie, miteinander in Verbindung gebracht, keinerlei Raumänderung (Ausdehnung oder Zusammenziehung) erfahren. Auch dann ist die Temperatur gleich, wenn sie mit einem dritten Körper verbunden, an diesem die gleiche Raumänderung bewirken. Dabei ist Voraussetzung, daß die Masse dieses dritten Körpers verschwindend ist gegenüber den Massen der beiden anderen. Wollen wir z. B. entscheiden, ob Wasser und Luft gleiche Temperatur besitzen, so legen wir eine mit Quecksilber teilweise gefüllte Röhre (Thermometer) in das Wasser. Erfährt das Quecksilber, nachdem es vorher lange genug in der Luft gehangen hat, im Wasser keine Ausdehnung oder Zusammenziehung, so sind Luft und Wasser gleich warm. Steigt aber das Quecksilber, so ist das Wasser wärmer als die Luft, fällt es, so ist die Luft wärmer als das Wasser. Die Höhe der Temperatur wird nach dem Stand des Quecksilberfadens beurteilt. Um ein bestimmtes Maß der Temperatur zu erhalten, müssen zwei Fixpunkte am Faden bezeichnet werden. Bei der Celsiusskala sind dies die Endpunkte des Fadens, wenn die Thermometerröhre im schmelzenden Eis, andererseits, wenn sie in Wasser liegt, das bei 760 mm Barometerstand siedet.

Das Urmaß für die Temperaturskala wird durch die Ausdehnung der Gase gewonnen, da diese unter allen Körpern die stärksten Raumänderungen durch die Wärme erleiden. Unter den Gasen zeichnet sich wiederum der Wasserstoff durch das gleichmäßigste Verhalten aus (Wasserstoffthermometer).

Von anderen, durch die Wärme hervorgebrachten Veränderungen werden hauptsächlich die Änderung des elektrischen Leitungswiderstandes mit der Temperatur (Platindraht, oft in Quarzglas eingeschlossen, sog. Quarzglas-Widerstandsthermometer) und die durch Temperaturunterschiede wachgerufenen thermoelektrischen Ströme bez. Spannungsunterschiede (thermoelektrische Pyrometer) zur Temperaturmessung benützt. Bei den letzteren sind zwei Metalldrähte aus verschiedenem Metall zusammengelötet. Die eine Lötstelle wird der zu messenden Temperatur, die andere der Luft- oder Eistemperatur ausgesetzt. Der bei Temperaturdifferenz beider Lötstellen auftretende thermoelektrische Spannungsunterschied ist dem Temperaturunterschied annähernd verhältnisgleich. Für Feuertemperaturen besteht der eine Draht des „Elements" aus Platin, der andere aus der Legierung Platinrhodium. Bei Heißdampftemperaturen wird Kupfer und Constantan gewählt. Bei den optischen Pyrometern, die für Temperaturen über 1000^0 C angewendet werden, wird die Temperatur des glühenden Körpers aus seiner Helligkeit bestimmt. —
Die Gesamtstrahlungspyrometer messen die Temperatur nach der Stärke der gesamten, sichtbaren und unsichtbaren Strahlung.

Spezifische Wärme. Wenn die in einem Körper enthaltene Wärmemenge auf irgendeine Weise vergrößert (oder vermindert) wird, so steigt (oder fällt) seine Temperatur. Gleichen Temperaturänderungen entsprechen jedoch, unter sonst gleichen Umständen, bei verschiedenen Körpern gleichen Gewichtes sehr ungleiche Wärmemengen. Die „Aufnahmefähigkeit" für die Wärme (Wärmekapazität) ist von der Natur der Körper abhängig.

Die Wärmemenge, die man 1 kg flüssigem Wasser zuzuführen hat, um seine Temperatur bei 15^0 um 1^0 C zu erhöhen, wird als „Einheit der Wärmemenge" (Wärmeeinheit, Kalorie) angenommen.

Zur Erwärmung von 1 Gramm Wasser ist der 1000te Teil dieser Wärmemenge erforderlich. Diese Einheit ist in der Physik gebräuchlich und wird als Gramm-Kalorie bezeichnet (cal). Die technische Kalorie ist 1000 mal so groß und wird mit kcal (bisher mit WE) bezeichnet[1]).

---

[1]) Diese Bezeichnung ist durch Reichsgesetz vom 7. 8. 1924 vorgeschrieben (vgl. S. 93).

Unter „spezifischer Wärme" (c) eines beliebigen Körpers versteht man die Anzahl Wärmeeinheiten, die gebraucht werden, um 1 kg des Körpers um 1^0 C zu erwärmen.

Bei festen und flüssigen Körpern ist die spez. Wärme eindeutig (abgesehen von etwaiger Abhängigkeit von der Temperatur). Bei Gasen und Dämpfen dagegen kann c alle möglichen Werte annehmen, je nach den äußeren Umständen, unter denen die Erwärmung vor sich geht.

Die Messung von Wärmemengen geschieht in der Weise, daß die Körper, welche die zu messende Wärme enthalten, mit Wasser in leitende Verbindung gebracht werden, das die Körperwärme aufnimmt. Aus der Temperaturerhöhung und dem Gewicht des erwärmten Wassers kann die übertragene Wärmemenge berechnet werden (Kalorimeter).

Mittelwerte von spez. Wärmen fester und flüssiger Körper.

(Spez. Wärmen der Gase siehe Abschn. 12 und 13.)

Stoff	Spez. Wärme (kcal/kg)
Aluminium	0,17—0,22
Blei	0,03
Eisen aller Art	0,11 (bis ca. 100^0)
Kupfer	0,09
Zink	0,09
Zinn	0,056
Bronze	0,09
Gesteine verschiedener Art	rd. 0,20 (im trockenen Zustand)
Steinkohle	0,31
Glas	0,11—0,22
Wasser	1 (bei 15^0 und zwischen 0^0 und 100^0 im Mittel)
Eis	0,502 (zwischen -1 und -21^0)
Ammoniak ⎫	0,93 $(0 - + 20^0)$, 0,86 $(0 - - 20^0)$
Schwefligsäure ⎬ flüssig	0,33 $(0 - + 20^0)$, 0,31 $(0 - - 20^0)$
Kohlensäure ⎭	0,64 $(0 - + 20^0)$, 0,48 $(0 - - 20^0)$
Alkohol	0,56 $(0-15^0)$
Olivenöl	0,47
Petroleum und Benzin	0,50

11. Abhängigkeit der spezifischen Wärme von der Temperatur. Wahre und mittlere spezifische Wärme.

Die spez. Wärme fester und flüssiger Körper ist zwar von der Höhe der Temperatur nicht völlig unabhängig, auch in weiter Entfernung von dem Schmelz- bzw. Siedepunkte nicht. Jedoch sind die Unterschiede innerhalb nicht zu weiter Grenzen nicht bedeutend. So nimmt z. B. die spez. Wärme des Quecksilbers von 0^0 bis 100^0 stetig ab von rd. 0,335 bis rd. 0,327, also um noch nicht 2,5 v. H. Beim flüssigen Wasser erreichen die Unterschiede in diesem Gebiet kaum 1 v. H. Ganz anders ist allerdings das Verhalten bei sehr tiefen Kältegraden. (Bd. II.)

Solange nur mäßige Temperaturunterschiede untersucht wurden, hielt man auch die spez. Wärme der Gase (c_p und c_v) für gar nicht oder nur sehr wenig veränderlich. Untersuchungen bei hohen Temperaturen von 1000^0 bis rd. 3000^0 ergaben jedoch, daß bei diesen Temperaturen c_v und c_p doch sehr erheblich größer sind, als zwischen 0^0 und 100^0. Diese Tatsache ist für die Beurteilung der Vorgänge in den Verbrennungskraftmaschinen, in denen Temperaturen bis 2000^0 auftreten, von Wichtigkeit.

Bei überhitzten Dämpfen, die dem Kondensationspunkt nahe sind, wie z. B. Kohlensäure bei Lufttemperatur, kommt die Veränderlichkeit schon in kleineren Temperaturgrenzen deutlich zum Ausdruck. Für überhitzten Wasserdampf ist nicht nur die Temperatur, sondern auch der Druck (also die Dichte) von bedeutendem Einfluß, und zwar um so mehr, je näher jeweils die Temperatur bei der Sättigungstemperatur liegt (Abschn. 13). Dagegen ist bei den Gasen, wenn sie nur weit genug vom Kondensationspunkt entfernt sind, der Druck ohne Einfluß.

Mittlere und wahre spez. Wärme. Ist zur Erwärmung des Kilogramms eines beliebigen Körpers von t_0 auf t_1^0 die Wärme Q erforderlich, so wird der Wert

$$\frac{Q}{t_1 - t_0} = c_m$$

als „mittlere spez. Wärme zwischen t_0 und t_1" bezeichnet. Dies ist die durchschnittlich für 1^0 Erwärmung nötige Wärmemenge.

Erweist sich dieser Quotient auch zwischen beliebigen anderen Temperaturintervallen innerhalb $t_1 - t_0$ als gleich groß, so ist er mit der „wahren" spez. Wärme identisch. Es ist alsdann für jeden einzelnen Grad die gleiche Wärme c erforderlich; die mittlere, gleichzeitig die wahre spez. Wärme, ist in diesem Falle unveränderlich.

Werden aber für gleiche Temperaturunterschiede bei verschiedener Höhe der Temperatur verschiedene Wärmemengen gebraucht, z. B. von 0^0 auf 100^0 eine andere als von 100^0 auf 200^0, von 600—700^0 usw., so ist zunächst die mittlere spez. Wärme für alle diese Intervalle ungleich. Aber auch innerhalb der einzelnen Intervalle werden die Werte c_m ungleich ausfallen, z. B. anders von 0—10^0 als von 10—20^0, von 20—30^0 usw. Selbst für einzelne Grade oder Bruchteile davon ist dann die spez. Wärme verschieden.

Je kleiner indessen der Temperaturunterschied gewählt wird, um so geringer wird der Unterschied zwischen der mittleren und der wahren spez. Wärme ausfallen. Die mittlere spez. Wärme für ein unbeschränkt kleines Temperaturintervall wird als wahre spez. Wärme bezeichnet. Ist also zur Erwärmung um $\varDelta t^0$ die Wärme $\varDelta Q$ erforderlich, so ist $c = \dfrac{\varDelta Q}{\varDelta t}$ (wahre spez. Wärme).

Trägt man die zur Erwärmung von t_0 auf t^0 erforderlichen Wärmemengen Q als Ordinaten zu den Temperaturen als Abszissen auf, Fig. 9, so wird man bei veränderlichem c_m eine krumme Linie erhalten, dagegen bei unveränderlichem eine Gerade. Denn nur im letzteren Falle ist die Wärmemenge der Temperaturerhöhung proportional.

Bei veränderlichem c wird der wahre Wert von c durch das Verhältnis der Strecken ΔQ und Δt dargestellt. und dieses ist an jeder Stelle (bei jeder Temperatur) ein anderes, da die Tangente eine andere Neigung besitzt. Ist die Q-Linie gegeben, d. h. durch Versuche bestimmt, so kann man sowohl c, als auch für ein beliebiges Intervall c_m bestimmen. Man zieht die Tangente bei t, so ist

$$c = \frac{\Delta Q}{\Delta t} = \frac{Q}{t - t'} \quad \text{(wahre spez. Wärme bei } t\text{)}.$$

Dagegen ist
$$c_m = \frac{Q}{t - t_0}$$

(mittlere spez. Wärme von t_0 bis t).

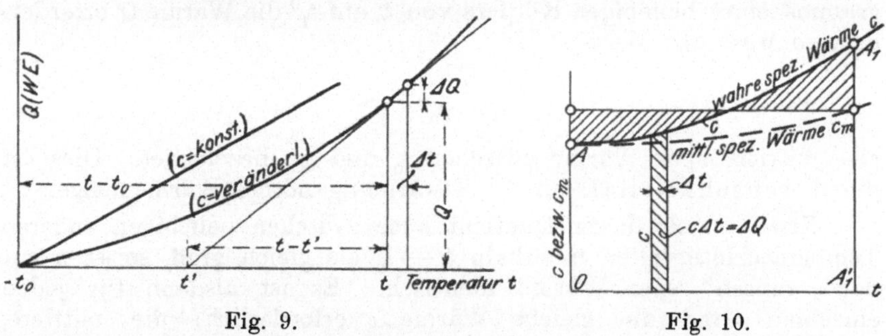

Fig. 9.   Fig. 10.

Trägt man die wahren spez. Wärmen c als Ordinaten zu den Temperaturen als Abszissen auf, Fig. 10, so ist der schraffierte schmale Streifen $c \cdot \Delta t = \Delta Q$. Die ganze zur Erwärmung von t_0 auf t nötige Wärme wird demnach durch die Fläche $O A A_1 A_1'$ dargestellt. Die mittlere spez. Wärme c_m ist die mittlere Höhe dieser Fläche. Trägt man zu t als Abszissen c_m als Ordinaten auf, so erhält man den Verlauf der mittleren spez. Wärme, die in Fig. 10 überall kleiner als die wahre ist.

Ist im besonderen Falle die c-Linie eine Gerade (die spez. Wärme ändert sich „linear" mit der Temperatur), so wird auch die c_m-Linie gerade. Die mittlere spez. Wärme c_m zwischen t_0 und t ist dann gleich der wahren spez. Wärme für die halbe Temperatur (z. B. die mittlere zwischen 0 und 2000⁰ gleich der wahren bei 1000⁰) Fig. 11. Wenn allgemein

$$c = a + bt$$

ist, so ist

$$c_m = a + \frac{1}{2} bt,$$

zwischen 0⁰ und t^0.

Liegt die Anfangstemperatur nicht bei 0^0, sondern bei $t_0{}^0$, und findet Erwärmung bis t^0 statt, so ergibt sich die mittlere spez. Wärme für das Gebiet zwischen $t_0{}^0$ und t^0, wie leicht folgt,

$$(c_m)_{t_0}^{t} = a + \frac{1}{2} b \, (t + t_0) \, .$$

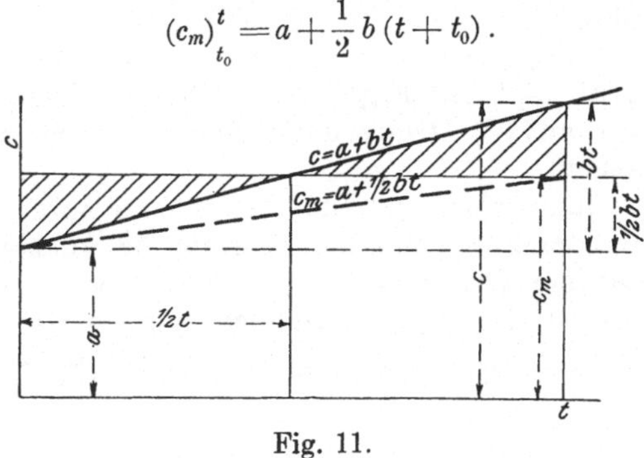

Fig. 11.

12. Spezifische Wärme der Gase.

Während die spez. Wärmen fester und flüssiger Körper von den äußeren Umständen bei der Erwärmung oder Abkühlung, insbesondere von Änderungen des Druckes und Volumens fast unabhängig sind, zeigen die spez. Wärmen gasartiger Körper eine sehr bedeutende Abhängigkeit von diesen Umständen.

Zwei Fälle sind von grundsätzlicher Wichtigkeit, die Erwärmung bei konstantem Volumen und die Erwärmung bei konstantem Druck des Gases. Im ersten Falle wird das Gas in einem allseitig fest geschlossenen Gefäß, ohne die Möglichkeit einer Ausdehnung oder Zusammenziehung seines Raumes, erwärmt bzw. gekühlt, wobei die Wärmemenge c_v für 1 kg und 1^0 gebraucht wird (spez. Wärme bei konstantem Volumen). Im zweiten Falle wird das Gas in einem offenen Gefäß oder in einem durch einen Kolben oder sonstigen beweglichen Verschluß abgesperrten Gefäß erwärmt, so daß es, ohne seinen Druck zu ändern, seinen Raum beliebig vergrößern oder verkleinern kann. Dabei wird für 1 kg und 1^0 die Wärmemenge c_p gebraucht (spez. Wärme bei konstantem Druck).

Alle Messungen der spez. Wärme von Gasen beziehen sich auf diese zwei Fälle. Ist c_v oder c_p bekannt, so lassen sich die spez. Wärmen für beliebige andere Fälle herleiten. Selbst c_v und c_p bestimmen sich gegenseitig (Abschn. 21 und unten). Mit der absoluten Höhe der Temperatur ändern sich, wie in Abschn. 11 allgemein erwähnt, auch die Werte von c_v und c_p.

Die verschiedenen Gasarten lassen sich hinsichtlich des Verhaltens ihrer spez. Wärmen c_v und c_p in drei scharf unterschiedene Gruppen einteilen. Die erste Gruppe bilden die einatomigen Gase (Argon, Helium u. a.), die zweite und technisch weitaus wichtigste die zweiatomigen oder einfachen Gase und ihre Mischungen (O_2, H_2, N_2, CO usw.), die dritte die mehratomigen Gase, unter denen CH_4, C_2H_4,

C_2H_2 die technisch wichtigsten sind. Auch SO_2, NH_3, CO_2 und H_2O im gasartigen Zustand rechnen hierzu. Für die erste und zweite Gruppe läßt sich mit guter Annäherung ein allgemeines Gesetz aufstellen, das lautet:

Zur Erwärmung gleicher Volumina verschiedener Gase von gleicher Atomzahl sind unter gleichen äußeren Umständen gleiche Wärmemengen nötig, Druck und Temperatur bei allen Gasen als gleich vorausgesetzt.

Bezeichnet man also die auf die Masse von 1 cbm von 0^0 und 760 mm bezogenen spezifischen Wärmen bei konstantem Volumen und bei konstantem Druck mit $\mathfrak{C}_v$ bzw. $\mathfrak{C}_p$, so haben die zweiatomigen Gase gleiches $\mathfrak{C}_v$ und gleiches $\mathfrak{C}_p$; es ist

$$\mathfrak{C}_v(O_2) = \mathfrak{C}_v(N_2) = \mathfrak{C}_v(CO) = \mathfrak{C}_v(H_2) = \mathfrak{C}_v (Luft);$$

ebenso für $\mathfrak{C}_p$.

Für die einatomigen Gase gilt das gleiche Gesetz, aber mit einem im Verhältnis $3:5$ kleineren Wert $\mathfrak{C}_v$.

Die gewöhnliche auf 1 kg bezogene spez. Wärme ergibt sich daraus wie folgt. Die Gewichte gleicher Volumina verschiedener Gase verhalten sich wie ihre Molekulargewichte m_1, m_2 usw. Zur Erwärmung von m_1, m_2, m_3 ... kg der Gase sind z. B. bei konstantem Druck $m_1 c_{p_1}$, $m_2 c_{p_2}$, $m_3 c_{p_3}$ ... kcal erforderlich. Alle diese Werte sind nach dem obigen Gesetz für die zweiatomigen Gase unter sich gleich, weil m_1, m_2, m_3 kg von jedem Gas das gleiche Volumen, nämlich 22,4 cbm bei 0^0 und 760 mm einnehmen (Abschn. 6), also

$$m_1 c_{p_1} = m_2 c_{p_2} = m_3 c_{p_3}.$$

Andererseits ist die spez. Wärme bezogen auf die Masse von 22,4 cbm von 0^0 und 760 mm gleich 22,4 $\mathfrak{C}_p$. Man hat also

$$m_1 c_{p_1} = m_2 c_{p_2} = m_3 c_{p_3} = 22,4 \mathfrak{C}_p.$$

Das Produkt $m c_p$, d. h. die spez. Wärme bezogen auf die Menge von m kg eines Gases, bezeichnet man als Molekularwärme. Die zweiatomigen Gase haben also gleiche Molekularwärmen, ebenso die einatomigen unter sich.

Für die zweiatomigen Gase[1] können als Mittelwerte bei 0^0 angenommen werden

$$m c_p = 6{,}86 \text{ kcal/Mol } [2]$$

$$m c_v = 4{,}88 \quad ,, \quad ,, \quad ,$$

daher

$$\mathfrak{C}_p = 0{,}306,$$

$$\mathfrak{C}_v = 0{,}218 \text{ kcal/cbm } 0^0, \text{ 760 mm}.$$

---

[1] Mit Ausnahme der Gase mit hohem Molekulargewicht (Halogene) wie Chlor. Nach neueren Bestimmungen im Nernstschen Laboratorium ist für Chlorgas bei 16^0 und 1 at: $m c_v = 6{,}39$, $m c_p = 8{,}49$, $c_p/c_v = 1{,}33$.

[2] Über neuere Werte vgl. unten.

Die hieraus mit den entsprechenden Molekulargewichten berechneten Werte, sowie die aus direkten Versuchen ermittelten Werte c_p bei Temperaturen von 15^0 bis 20^0 sind nebenan zusammengestellt.

	O_2	H_2	N_2	CO	Luft	
$m =$	32	2,016	28,08	28	28,95	
$c_p =$	0,214	3,40	0,244	0,245	0,237	(berechnet)
$c_p =$	0,218	3,408	0,249	$0,250_5$	0,241	(Versuch).

Für c_v erhält man

	O_2	H_2	N_2	CO	Luft	
$c_v =$	0,152	2,42	0,174	0,174	0,168	(berechnet)
$c_v =$	0,156	2,42	0,178	0,179	0,172	(Versuch).

Abhängigkeit von der Temperatur. Nach den neueren Versuchen ist es sicher, daß die spez. Wärmen c_v und c_p aller Gase, außer den 1 atomigen, mit wachsender Temperatur zunehmen, und zwar für 2 atomige Gase proportional mit der Temperatur. Man hat also

$$c_p = c_{p_0} + bt$$
$$c_v = c_{v_0} + bt.$$

Der Faktor b ist für c_p und c_v deswegen der gleiche, weil der Unterschied von c_p und c_v bei allen Temperaturen gleich groß ist.

Für Stickstoff gilt nach Versuchen von Holborn und Henning (1907) bei Temperaturen zwischen 0^0 und 1400^0

$$c_p = 0,235 + 0,000038\, t\,,$$

und nach Versuchen von Langen (1903)

$$c_v = c_{v_0} + 0,0000378\, t\,.$$

Bezüglich des Wachstums mit der Temperatur stimmen diese Versuchsreihen, trotz der großen Verschiedenheit der Methoden, fast vollkommen überein.

Das obenerwähnte Gesetz von der sehr angenäherten Gleichheit der Molekularwärmen der zweiatomigen Gase gilt, wie Langen durch Versuche mit den verschiedensten Mischungen dieser Gase bewiesen hat, auch für hohe Temperaturen. Es wäre also

$$m\, c_v = 4,88 + 0,00106\, t$$
$$m\, c_p = 6,88 + 0,00106\, t\,.$$

Nach den neueren Versuchen in der Physik. Techn. Reichsanstalt[1]) gilt dagegen für reinen Stickstoff

$$c_p = 0,2491 + 0,000019\, t\,.$$

Das Wachstum von c_p mit der Temperatur wäre hiernach nur etwa halb so stark. Bei etwa 800^0 ergeben beide Formeln für Stickstoff ungefähr gleich große Werte von c_p.

Die mittlere spez. Wärme des Stickstoffs zwischen 0^0 und t^0 ist hiernach

$$c_{pm} = 0,2491 + 0,0000095\, t\,.$$

---

[1]) Wärmetabellen. Ergebnisse aus den thermischen Untersuchungen der Physikalisch-Technischen Reichsanstalt, zusammengestellt von L. Holborn, H. Scheel u. F. Henning.

Die **wahren Molekularwärmen** werden mit dem Molekulargewicht des gasförmigen Stickstoffs $m = 28{,}02$

$$m\,c_p = 6{,}98 + 0{,}000\,532\,t$$

und

$$m\,c_v = 4{,}99 + 0{,}000\,532\,t\,.$$

Die **mittlere Molekularwärme** zwischen 0^0 u. t^0 ist

$$(mc_p)_m = 6{,}98 + 0{,}000\,266\,t$$
$$(mc_v)_m = 4{,}99 + 0{,}000\,266\,t\,.$$

Diese Formeln für die **Molekularwärmen** gelten wesentlich auch für die übrigen zweiatomigen Gase.

Hiernach ist für

$t = 0^0$	100^0	200^0	300^0	500^0	1000^0	1200^0	1400^0	2000^0
$(m\,c_p)_m = 6{,}98$	7,01	7,03	7,06	7,11	7,25	7,30	7,35	7,51
$m\,c_p = 6{,}98$	7,03	7,09	7,14	7,25	7,51	7,62	7,72	8,04
$m\,c_v = 4{,}99$	5,04	5,10	5,15	5,26	5,52	5,43	5,73	6,05

Dagegen ist nach **Nernst**[1]) für N_2, O_2, HCl und CO

$m\,c_v = 4{,}90$	4,93	5,17	—	5,35	—	5,75	—	6,22

und für Wasserstoff

$m\,c_v = 4{,}75$	4,78	5,02	—	5,20	—	5,60	—	6,00.

Beziehung zwischen c_p und c_v. Verhältnis $k = c_p : c_v$.

In Abschn. 21 wird gezeigt, daß bei Gasen zwischen c und c_v die Beziehung besteht

$$c_p - c_v = \frac{R}{427}\,.$$

c_p ist also stets größer als c_v.

Nun ist nach Abschn. 6

$$R = \frac{848}{m}\,, \text{ somit}$$

$$mc_p - mc_v = \frac{848}{427} = \underline{1{,}985}\,.$$

Der Unterschied der beiden Molekularwärmen ist für alle Gase gleich 1,985.

Wenn für ein beliebiges Gas c_p und das Molekulargewicht m bekannt ist, so läßt sich c_v berechnen aus

$$c_v = c_p - \frac{1{,}985}{m}\,.$$

Mit

$$c_p = c_v + \frac{1{,}985}{m}$$

---

[1]) W. **Nernst**, Die theoretischen und experimentellen Grundlagen des neuen Wärmesatzes.

folgt ferner das Verhältnis der beiden spez. Wärmen

$$k = \frac{c_p}{c_v} = 1 + \frac{1{,}985}{mc_v},$$

oder

$$k = \frac{mc_p}{mc_p - 1{,}985}.$$

Beispiel: Wie groß müßte c_p für Stickstoff sein, wenn $k = 1{,}41$ der genaue Wert für k ist?

$$mc_p = 1{,}985 \frac{1{,}41}{0{,}41} = 6{,}824 \; \text{(Molekularwärme)},$$

$$c_p = \frac{6{,}824}{28{,}08} = 0{,}243.$$

Nach dem Ausdruck für k müssen die 2 atomigen Gase gleiches k besitzen, falls ihre Molekularwärme die gleiche ist. Wird diese, wie oben, $mc_v = 4{,}99$ gesetzt, so erhält man

$$k = 1 + \frac{1{,}985}{4{,}99} = \mathbf{1{,}398}.$$

Nach den genauesten direkten Messungen ist für H_2 $k = 1{,}408$, N_2 $1{,}41$, O_2 $1{,}398$, Luft $1{,}401$ bis $1{,}406$, CO $1{,}403$ (Mittel daraus **1,404**).

Einfluß der Temperatur auf k. Die Beziehung

$$k = 1 + \frac{1{,}985}{mc_v}$$

gilt für alle Temperaturen. Nun ist aber für die zweiatomigen Gase

$$mc_v = 4{,}99 + 0{,}000\,532\,t,$$

daher

$$k = 1 + \frac{1{,}985}{4{,}99 + 0{,}000\,532\,t}.$$

Mit zunehmender Temperatur nimmt somit k ab. Innerhalb kleinerer Temperaturunterschiede ist allerdings die Veränderlichkeit gering. Z. B. ist noch für 100^0, 200^0, $k = 1{,}395$, $1{,}390$, während für 0^0 $k = 1{,}398$ ist. **Man kann daher bei den gewöhnlichen Temperaturen unter 100^0 bis 200^0 mit dem Wert $k = 1{,}40$ rechnen.**

Bei sehr hohen Temperaturen (Feuergastemperaturen) wird jedoch k erheblich kleiner. So hat man bei 1000^0, 2000^0, $k = 1{,}360$, $1{,}327$. Tafel I zeigt den Verlauf von k mit wachsender Temperatur. Zwischen 500^0 und 2000^0 kann mit guter Annäherung gesetzt werden

$$k = 1{,}38 - \frac{0{,}25}{10000}\,t \; (O_2, N_2, H_2, CO, \text{Luft}), \; \text{oder mit} \; t = T - 273$$

$$k = 1{,}387 - \frac{0{,}25}{10\,000}\,T.$$

Mittlere und wahre spez. Wärme der Kohlensäure bei konstantem Druck.

t^0C	0	100	200	300	400	500	600	700	800	900	1000
c_{p_m}	0,197	0,208	0,217	0,225	0,232	0,238	0,243	0,248	0,253	0,257	0,260
c_p	0,197	0,213	0,230	0,244	0,257	0,268	0,275	0,283	0,289	0,293	0,297
k	1,297	1,265	1,243	1,226	1,212	1,202	1,196	1,189	1,184	1,181	1,179

t	1200	1400	1600	1800	2000	2200	2400	2600	2800	3000
c_{p_m}	0,265	0,270	0,275	0,280	0,283	0,286	0,289	0,291	0,294	0,296
c_p	0,301	0,307_5	0,311	0,315	0,319	0,322	0,325	0,329	0,333	0,336
k	1,176	1,171	1,169	1,167	1,164	1,162	1,161	1,158	1,156	1,155

Mittlere und wahre spez. Wärme des hoch überhitzten Wasserdampfes bei konstantem Druck.

t^0C	0^0	100	200	300	400	500	600	700	800	900	1000
c_{p_m}	0,462	0,464	0,465	0,468	0,470	0,473	0,476	0,479	0,484	0,490	0,495
c_p	0,462	0,465	0,470	0,475	0,481	0,489	0,499	0,509	0,521	0,535	0,551
k	1,313	1,310	1,306	1,302	1,297	1,290	1,283	1,276	1,268	1,2 9	1,250

t^0C	1100^0	1200	1400	1600	1800	2000	2200	2400	2600	2800	3000
c_{p_m}	0,500	0,506_5	0,520	0,535	0,554	0,578	0,603	0,629	0,655	0,683	0,713
c_p	0,572	0,594	0,644	0,696	0,750	0,808	0,865	0,924	0,984	1,044	1,105
k	1,238	1,228	1,206	1,188	1,172	1,158	1,146	1,135	1,126	1,118	1,111

13. Spezifische Wärme des überhitzten Wasserdampfes.

In der Nähe der Sättigung und bei den üblichen Überhitzungsgraden ist c_p nicht nur mit der Temperatur, sondern auch mit dem Druck veränderlich.

Die endgültige Entscheidung über das Gesetz der Veränderung von c_p mit Druck und Temperatur brachten die bekannten Versuche von Knoblauch und Jakob im Laboratorium für technische Physik der Technischen Hochschule in München[1]). Nach diesen Versuchen nimmt c_p bei Überhitzung unter konstantem Druck von der Sättigung an mit wachsender Temperatur zunächst ab, aber nur bis zu einer gewissen vom Druck abhängigen Überhitzungstemperatur, um alsdann wieder zuzunehmen.

Fig. 12 zeigt die Münchener Versuchsergebnisse bis 20 at[1]). Die Temperatur, von der an c_p wieder zunimmt, liegt hiernach zwischen 200^0 und mehr als 350^0 je nach dem Druck. Der größte Wert von c_p für 20 at beträgt rd. 0,76, für 30 at 0,98. Über die hiernach bestimmten mittleren spez. Wärmen vgl. Abschnitt 38.

---

[1]) Über die neuesten Münchener Versuche bis 30 at und 550^0 vgl. O. Knoblauch u. E. Raisch, Z. V. d. I. 1922 S. 418.

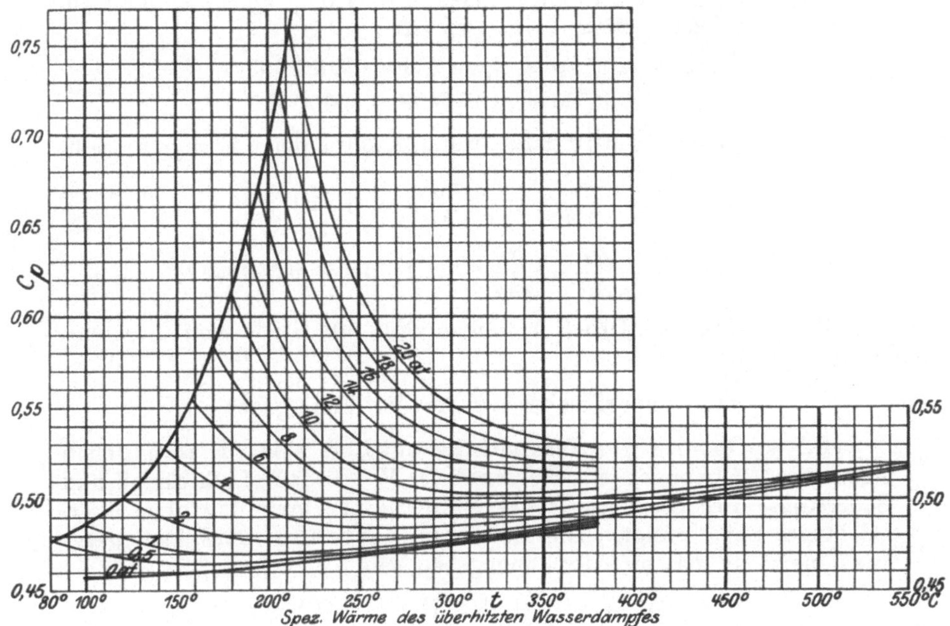

Fig. 12.

14. Spezifische Wärme von Gasgemengen.

Ein Gasgemenge bestehe aus g_1, g_2, g_3 Gewichtsteilen verschiedener Gase mit den spez. Wärmen c_1, c_2, c_3. Seine spez. Wärme c ergibt sich dann wie folgt:

Zur Erwärmung der Einzelgase in der Mischung um je 1^0 sind erforderlich $g_1 c_1, g_2 c_2, g_3 c_3$ kcal, wobei vorausgesetzt wird, daß c_1, c_2, c_3 vom Druck unabhängig sind. Zur Erwärmung des Ganzen sind $(g_1 + g_2 + g_3 + \ldots) \cdot c$, oder wegen $g_1 + g_2 + g_3 + \ldots = 1$ kg, c kcal erforderlich. Es ist also

$$c = g_1 c_1 + g_2 c_2 + g_3 c_3.$$

(spez. Wärme der Mischung).

Sind c_1, c_2, c_3 von der Temperatur abhängig, so behält die Formel ihre Richtigkeit. Man braucht sich nur eine Erwärmung um $\varDelta t$ oder dt Grade vorzustellen. Der Faktor $\varDelta t$ fällt dann wieder heraus.

Für die Ausrechnung ist es zweckmäßig, zwischen Mischungen der 2 atomigen Gase unter sich (O_2, H_2, N_2, CO), zwischen Mischungen 2 atomiger und mehratomiger Gase untereinander (z. B. Leuchtgas oder Kraftgas u. ä.) und zwischen solchen Mischungen zu unterscheiden, die neben Gasen auch CO_2 und H_2O enthalten (z. B. Feuergase). Die beiden letzten Gruppen können der allgemeinen Darstellung nach gemeinsam behandelt werden.

Für Mischungen 2 atomiger Gase läßt sich c angeben, ohne auf c_1, c_2, c_3 zurückzugreifen. Denn es ist:

$$m_1 c_{v_1} = m_2 c_{v_2} = m_3 c_{v_3} = 4{,}99 + 0{,}000\,532\,t$$

$$m_1 c_{p_1} = m_2 c_{p_2} = m_3 c_{p_3} = 6{,}98 + 0{,}000\,532\,t.$$

Für die Mischung wird daher, wenn man die obige Formel schreibt

$$c = \frac{m_1 c_1}{m_1} \cdot g_1 + \frac{m_2 c_2}{m_2} \cdot g_2 + \cdots$$

$$c_v = \left(\frac{g_1}{m_1} + \frac{g_2}{m_2} + \frac{g_3}{m_3} + \cdots \right) (4{,}99 + 0{,}000\,532\,t) \quad . \ . \ (1)$$

Für konstanten Druck hat man 6,98 an Stelle von 4,99 einzuführen.

14a. Spezifische Wärme der Feuergase[1]).

Bei **vollständiger** Verbrennung mit Luft sind die technischen Feuergase Mischungen aus Kohlensäure, Wasserdampf, Stickstoff und Sauerstoff. Der Sauerstoff fehlt, wenn die Verbrennung ohne überschüssige Luft erfolgt. Die Zusammensetzung eines Feuergases wird meist in Raumteilen angegeben sein

$$\mathfrak{v}\,(CO_2) + \mathfrak{v}\,(H_2O) + \mathfrak{v}\,(N_2) + \mathfrak{v}\,(O_2) = 1 \quad . \ . \ . \ . \ (1)$$

Da nun in 1 Mol $= m$ kg $= 22{,}4$ cbm des Feuergases $m_{CO_2} \cdot \mathfrak{v}(CO_2)$ kg Kohlensäure, $m_{H_2O} \cdot \mathfrak{v}\,(H_2O)$ kg Wasserdampf usw. enthalten sind, so erhält man bei Erwärmung um 1^0

$$m c_p = \mathfrak{v}\,(CO_2) \cdot (m c_p') _{CO_2} + \mathfrak{v}\,(H_2O) \cdot (m c_p)_{H_2O}$$
$$+ [\mathfrak{v}\,(N_2) + \mathfrak{v}\,(O_2)]\,(m c_p)_{2\,atom} \quad . \ . \ . \ . \ . \ (2)$$

Darin ist das Molekulargewicht des Feuergases

$$m = 44 \cdot \mathfrak{v}\,(CO_2) + 18 \cdot \mathfrak{v}\,(H_2O) + 28{,}08 \cdot \mathfrak{v}\,(N_2) + 32 \cdot \mathfrak{v}\,(O_2) \ . \ (3)$$

$$\text{und } (m c_p)_{2\,atom} = 6{,}98 + 0{,}000\,532\,t \quad . \ . \ . \ . \ (3\,a)$$

Die Molekularwärmen $(m c_p)_{CO_2}$ der Kohlensäure und $(m c_p)_{H_2O}$ des Wasserdampfs, sowie $(m c_p)_{2\,atom}$ sind aus Abschn. 12 zu entnehmen und mit diesen Werten kann nach Gl. 2 die Molekularwärme eines beliebig zusammengesetzten Feuergases berechnet werden.

Die Feuergase eines bestimmten Brennstoffs besitzen bei der gleichen Temperatur verschieden große spez. Wärmen je nach dem Luftüberschuß. Wegen des Überwiegens der Molekularwärmen von CO_2 und H_2O über die der Luft ist die Molekularwärme des ohne Luftüberschuß entstandenen Feuergases, das als „reines Feuergas" bezeichnet sei, am größten. Mit zunehmendem Luftüberschuß nähert sich $m c_p$ immer mehr den Werten der zweiatomigen Gase.

---

[1]) Vgl. Zeitschr. d. V. deutsch. Ing. 1916, W. Schüle, Die therm. Eigenschaften d. einf. Gase und d. Feuergase zwischen 0^0 u. 3000^0.

Die Gerade dieser Gase bildet somit die untere Grenze für alle Feuergase, während die obere Grenze durch die Kurve des jeweiligen reinen Feuergases gebildet wird (das zwar Stickstoff aus der Verbrennungsluft, aber keinen Sauerstoff enthält).

Die reinen Feuergase der wichtigsten Brennstoffe sind wie nachstehend zusammengesetzt.

1. Kohlenstoff $v(CO_2) = 0{,}21$, $v(H_2O) = 0$, $v(N_2) = 0{,}79$; $m = 31{,}4$
2. Steinkohle „ $0{,}17$, „ $0{,}05$, „ $0{,}78$; $30{,}3$
3. Braunkohle-
   Briketts „ $0{,}17$, „ $0{,}12$, „ $0{,}71$; $29{,}5$
4. Erdöl und
   Destillate „ $0{,}13$, „ $0{,}14$, „ $0{,}73$; $28{,}7$
5. Leuchtgas „ $0{,}10$, „ $0{,}25$, „ $0{,}65$; $27{,}2$
6. Generatorgas
   aus Braunkohlen „ $0{,}13$, „ $0{,}14$, „ $0{,}73$; $28{,}7$
   aus Koks „ $0{,}19$, „ $0{,}06$, „ $0{,}75$; $30{,}5$
7. Hochofengas „ $0{,}24$, „ $0{,}02$, „ $0{,}74$; $31{,}8$
8. Spiritus mit
   90 v. H. Gew.
   Alkohol „ $0{,}12$, „ $0{,}20$, „ $0{,}68$; $m = 28$

Es zeigt sich, daß die Werte c_p aller dieser Feuergase zwischen 0^0 und 1500^0 bis 2000^0, also im gewöhnlichen technischen Bereich, nahe zusammenfallen und nur geringe Abweichung von einer Geraden besitzen. Erst bei noch höheren Temperaturen macht sich der rasche Aufstieg der spez. Wärme des Wasserdampfes geltend, so daß die Kurven auseinanderlaufen. Man kann also annehmen, daß die spez. Molekularwärmen aller reinen technischen Feuergase (mit Luft als Sauerstoffträger) bis ca. 2000^0 miteinander übereinstimmen. Die mittlere Gerade ergibt die Beziehung

$$mc_p = 7{,}6 + \frac{1}{1000} \cdot t = 7{,}33 + \frac{1}{1000} \cdot T \quad \ldots \ldots (4)$$

Für konstantes Volumen ist

$$mc_v = 5{,}615 + \frac{1}{1000} \cdot t = 5{,}342 + \frac{1}{1000} \cdot T \quad \ldots \ldots (4a)$$

Wegen der Verschiedenheit der Molekulargewichte m sind die auf 1 kg bezogenen Werte c_p bzw. c_v verschieden. Mit dem mittleren Wert $m = 30$ wäre aber für alle reinen Feuergase durchschnittlich

$$c_p = 0{,}253 + \frac{0{,}333\, t}{10\,000} = 0{,}244 + \frac{0{,}333}{10\,000} \cdot T \ldots \ldots (5)$$

$$c_v = 0{,}187 + \frac{0{,}333\, t}{10\,000} = 0{,}178 + \frac{0{,}333}{10\,000} \cdot T \ldots \ldots (5a)$$

Aus der Molekularwärme folgt die spez. Wärme bezogen auf die Masse von 1 cbm bei 0^0 und 760 mm durch Division mit dem allen Gasen gemeinsamen Molvolumen von 22,4 cbm, also

$$\mathfrak{C}_p = 0{,}339 + \frac{0{,}446}{10\,000}\cdot t \quad\ldots\ldots\ldots\ldots (6)$$

$$\mathfrak{C}_v = 0{,}251 + \frac{0{,}446}{10\,000}\cdot t \quad\ldots\ldots\ldots\ldots (6\,\mathrm{a})$$

Feuergase mit Luftüberschuß. Bei bekannter Zusammensetzung läßt sich nach Gl. 2 mc_p ebenso bestimmen, wie ohne Luftüberschuß. Der Stickstoff- und Sauerstoffgehalt kommt nur als Ganzes in Betracht.

Nimmt man für alle Brennstoffe eine gemeinsame Linie der reinen Feuergase an, so lassen sich auch gemeinsame Linien für die Feuergase mit Luftüberschuß angeben.

Ist nämlich in einem solchen Feuergas $\mathfrak{v}_{g_0}$ der räumliche Anteil des reinen Feuergases, $\mathfrak{v}_l$ derjenige der überschüssigen Luft, also

$$\mathfrak{v}_{g_0} + \mathfrak{v}_l = 1\,,$$

so ist
$$mc_p = \mathfrak{v}_{g_0}\cdot (mc_p)_f + \mathfrak{v}_l\cdot (mc_p)_l \quad\ldots\ldots\ldots (7)$$

oder
$$mc_p = (mc_p)_f - \mathfrak{v}_l\cdot [(mc_p)_f - (mc_p)_l]\,.$$

Für Feuergase mit Luftüberschuß wird

$$mc_p = \mathfrak{v}_{g_0}\cdot\left(7{,}6 + \frac{1}{1000}\,t\right) + \mathfrak{v}_l\cdot\left(6{,}98 + \frac{0{,}532}{1000}\,t\right)\quad\ldots(7\,\mathrm{a})$$

und entsprechend

$$mc_v = \mathfrak{v}_{g_0}\left(5{,}615 + \frac{1}{1000}\,t\right) + \mathfrak{v}_l\cdot\left(4{,}99 + \frac{0{,}532}{1000}\,t\right)\quad\ldots(7\,\mathrm{b})$$

Für feste und flüssige Brennstoffe ist angenähert, mit n als Luftüberschußzahl,

$$\mathfrak{v}_{g_0} = \frac{1}{n}\,,\quad \mathfrak{v}_l = \frac{n-1}{n}\,.$$

Die mittleren spezif. Wärmen und Molekularwärmen zwischen 0^0 und t^0 folgen aus den Gleichungen 4, 4a, 5, 5a, 6, 6a, 7a und b durch Halbierung des Faktors von t.

Es wird für das reine Feuergas

$$(mc_p)_m = 7{,}6 + \frac{0{,}5}{1000}\cdot t \quad\ldots\ldots\ldots (9)$$

wie auch aus Gl. 4 zu folgern ist. In Taf. I ist diese Gerade sowie diejenige für Luft aufgetragen. Die gestrichelten Geraden im Zwischenraum in Taf. I stellen die mittleren spez. Wärmen der Feuergase mit Luftüberschuß dar, für Werte von $\mathfrak{v}_l = 0{,}1$ bis 0,9. Das zugehörige n ist, wie oben, der Hilfsfigur zu entnehmen.

Die gleiche Geradenschar stellt auch die Werte $(mc_v)_m$ dar, die sich von $(mc_p)_m$ um den Betrag 1,985 unterscheiden. Man hat, anstatt

bis zur Abszissenachse, nur bis zur parallelen Achse im Abstand
1,985 von dieser zu messen. Allgemein ist für reine Feuergase

$$(m c_v)_m = 5{,}615 + \frac{0{,}5}{1000} \cdot t \quad \ldots \ldots \quad (10)$$

Verhältnis der spez. Wärmen $c_p / c_v = k$.
Nach Abschn. 12 ist

$$k = 1 + \frac{1{,}985}{m c_p}.$$

Daher wird mit Gl. 4a für reine Feuergase

$$k = 1 + \frac{1{,}985}{5{,}615 + \dfrac{1}{1000} \cdot t} \quad \ldots \ldots \quad (10)$$

während für Luft wegen

$$m c_v = 4{,}99 + \frac{0{,}532}{1000} \cdot t$$

$$k = 1 + \frac{1{,}985}{4{,}99 + \dfrac{0{,}532}{1000} \cdot t} \quad \ldots \ldots \quad (11)$$

Für ein Feuergas mit Luftüberschuß ist k wegen

$$m c_v = v_{g_0} \cdot \left(5{,}615 + \frac{1}{1000}\, t\right) + v_l \cdot \left(4{,}99 + \frac{0{,}532}{1000}\, t\right)$$

ebenso leicht zu berechnen.

Taf. I enthält die Werte von k für reines Feuergas und für
Luft, sowie für lufthaltiges Feuergas mit $v_l = 0{,}5$.

Angenähert kann man für reines Feuergas zwischen etwa
200^0 und 2000^0 setzen

$$k = 1{,}35 - \frac{0{,}45}{10\,000} \cdot t = 1{,}338 - \frac{0{,}45}{10\,000}\, T \quad \ldots \quad (12)$$

während für Luft nach Abschn. 12 gilt

$$k = 1{,}38 - \frac{0{,}25}{10\,000}\, t = 1{,}387 - \frac{0{,}25}{10\,000}\, T.$$

Für verdünnte Feuergase liegen die Koeffizienten der Gleichung

$$k = k_0 - \alpha T$$

zwischen denen der reinen Feuergase und der Luft.

Wärmeinhalt der Feuergase. Wärmetafel.

Die zur Erwärmung von 0^0 auf t^0 oder zur Abkühlung von t^0
auf 0^0 bei unveränderlichem Druck erforderliche Wärmemenge
ist für 1 kg Feuergas

$$Q_p = c_{p_m} \cdot t \quad \ldots \ldots \ldots \quad (13)$$

für 1 Mol $= m$ kg Feuergas

$$m\,Q_p = (m c_p)_m \cdot t \quad\ldots\ldots\ldots\ldots (14)$$

und für die Gasmasse von 1 cbm von 0^0 und 760 mm

$$Q'_p = \frac{(m c_p)_m}{22{,}4} \cdot t = (\mathfrak{C}_p)_m \cdot t. \quad\ldots\ldots (15)$$

Erfolgt die Temperaturänderung zwischen den Grenzen t_1 und t_2, so ist

$$Q_p = (c_{p_m})_2 \cdot t_2 - (c_{p_m})_1 \cdot t_1 \quad\ldots\ldots\ldots (16)$$

wenn $(c_{p_m})_1$ und $(c_{p_m})_2$ die mittleren spez. Wärmen zwischen 0^0 und t_1^0 bzw. 0^0 und t_2^0 sind.

Bei Erwärmung unter unveränderlichem Raum tritt an Stelle von c_{p_m} überall c_{v_m}.

Für die Anwendung bequemer sind die hiernach berechneten Kurven der Wärmemengen in Tafel I. Für alle reinen Feuergase ist die Wärmemenge für 1 cbm oder 1 Mol zwischen gleichen Temperaturen gleich groß. Tafel I enthält diese Kurve, sowie diejenige für Luft. Die dazwischen liegenden gestrichelten Kurven gelten für Feuergase mit einem Luftüberschuß von v_l Raumteilen, dem nach früherem für jedes Feuergas ein besonderer Wert der Luftüberschußzahl n entspricht, gemäß der Nebenfigur unten.

Will man die Wärmemengen für 1 Mol statt für 1 cbm, so hat man die Tafelwerte mit dem Molvolumen 22,4 zu vervielfachen; für 1 kg erhält man die Wärmemengen durch Vervielfachung mit $m/22{,}4$, ein Wert, der identisch ist mit dem spez. Gewicht γ_0 des Feuergases (bei 0^0 und 760 mm).

Für unveränderlichen Raum sind die Wärmemengen für 1 Mol und 1^0 um 1,985 kcal kleiner als für unveränderlichen Druck, daher für t^0 um $1{,}985 \cdot t$ kcal, und für 1 cbm um $1{,}985\, t/22{,}4$ kcal. Diese Wärmemengen sind in Tafel I durch die schräge Gerade dargestellt. Man erhält daher die Wärmeinhalte für unveränderlichen Raum zwischen t^0 und 0^0 als Ordinatenstücke der Wärmekurven bis zu dieser Geraden.

Die Tafel enthält ferner außer den mittleren Molekularwärmen von reinen und verdünnten Feuergasen und Luft auch die Verhältnisse $k = c_p/c_v$ für diese Fälle.

15. Heizwert der Brennstoffe.

Die für technische Zwecke verbrauchte, insbesondere alle zur Gewinnung mechanischer Arbeit verwendete Wärme wird aus den Verbrennungsvorgängen gewonnen. Bei der chemischen Vereinigung

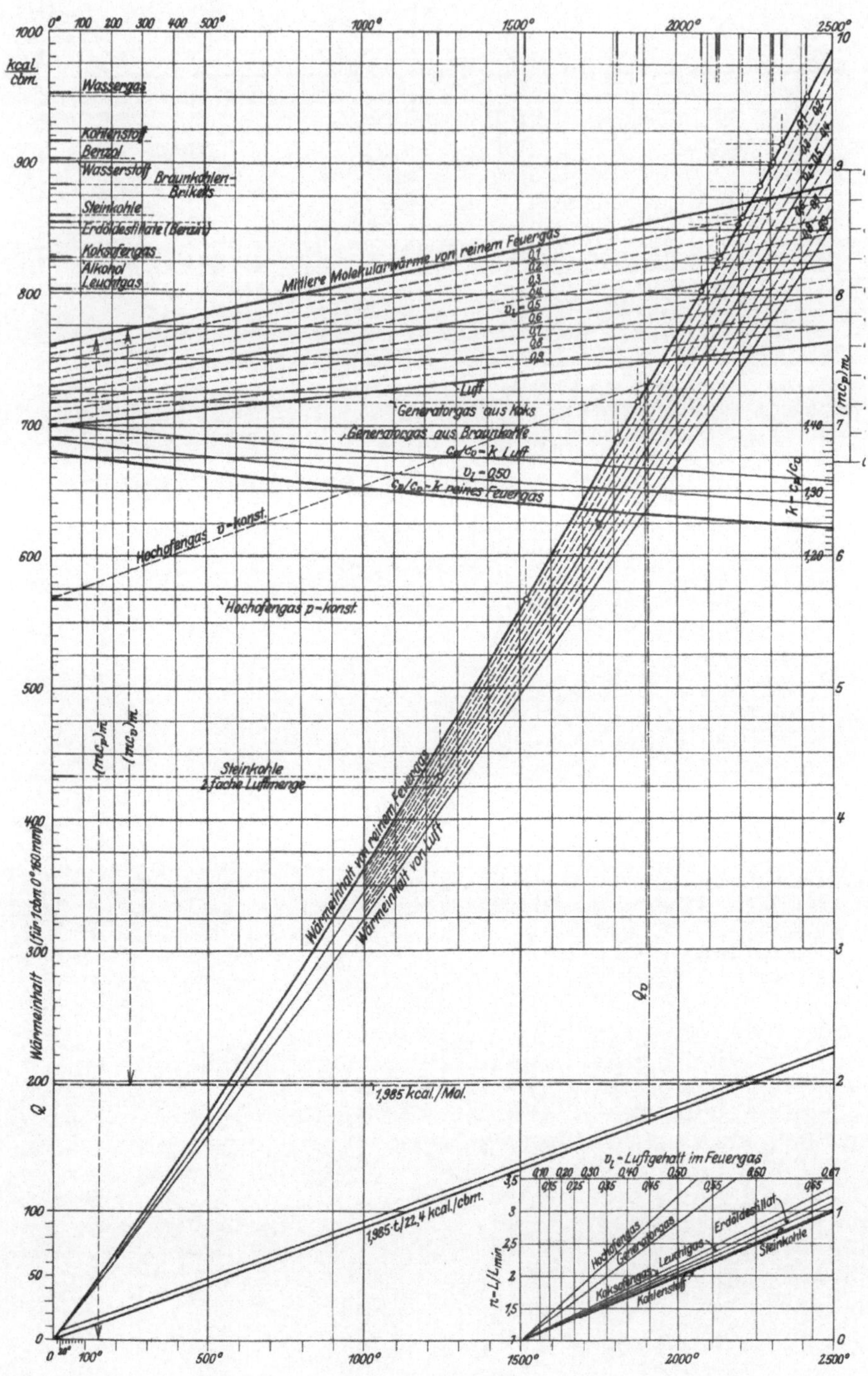
kcal.
cbm.
Wassergas
Kohlenstoff
Benzol
Wasserstoff
Braunkohlen-Briketts
Steinkohle
Erdöldestillate (Benzin)
Kokofengas
Alkohol
Leuchtgas
Mittlere Molekularwärme von reinem Feuergas
Luft
Generatorgas aus Koks
Generatorgas aus Braunkohle
$c_p/c_0 - k$ Luft
$v_L = 0,50$
$c_p/c_0 - k$ reines Feuergas
Hochofengas v-konst.
Hochofengas p-konst.
$(mc_p)_m$
$(mc_v)_m$
Steinkohle
2 fache Luftmenge
$(mc_p)_m$
Wärmeinhalt
(für 1 cbm 0° 760 mm)
Wärmeinhalt von reinem Feuergas
Wärmeinhalt von Luft
Q
Q_0
1,985 kcal./Mol.
1,985·t/22,4 kcal./cbm.
v_L - Luftgehalt im Feuergas
$n - L/L_{min}$
Hochofengas
Generatorgas
Koksofengas
Leuchtgas
Erdöldestillat
Steinkohle
Kohlenstoff
$k - c_p/c_0$

des Sauerstoffs mit Kohlenstoff, Kohlenoxyd, Wasserstoff und den Kohlenwasserstoffen, die in den Brennstoffen enthalten sind, werden sehr erhebliche Energiemengen als Wärme (Verbrennungswärme) frei. Man versteht unter Heizwert (H) eines einfachen oder zusammengesetzten Brennstoffes die Anzahl Wärmeeinheiten, die durch die Verbrennung von 1 kg oder von 1 cbm (bei gasförmigen Stoffen) entstehen.

Mit Wärmetönung wird in der Chemie die Wärmemenge bezeichnet, die bei irgendwelchen chemischen Reaktionen zwischen zwei Stoffen im ganzen frei oder gebunden wird. Die Verbrennungswärme oder der Heizwert ist ein besonderer Fall von Wärmetönung.

Die Bestimmung des Heizwerts gasförmiger und leichtflüssiger Stoffe kann durch Verbrennung an freier Luft, also unter dem unveränderlichen atmosphärischen Druck, erfolgen. Den Verbrennungsprodukten, die mit beliebigem Luftüberschuß behaftet sein können, wird zu dem Zwecke die Wärme, die sie bei der Verbrennung erhalten haben, durch kaltes Wasser vollständig entzogen. Nach diesem Grundsatze ist das Junkers'sche Kalorimeter gebaut, das im wesentlichen aus einem kleinen Heizröhrenkessel besteht, dessen Abgase bis auf die Lufttemperatur abgekühlt die Züge verlassen. Die entwickelte Wärme wird aus der Temperaturerhöhung und Menge des stetig durchströmenden Kesselwassers bestimmt.

Bei festen Brennstoffen muß anders verfahren werden. Die Verbrennung wird in einem geschlossenen starkwandigen Gefäß, der kalorimetrischen Bombe, vorgenommen. Da feste Brennstoffe viel schwerer in kalter Umgebung verbrennen, als gas- oder dampfförmige, so wird zur Verbrennung reiner Sauerstoff, nicht Luft verwendet. Des kleineren Raumes des Kalorimeters wegen wird verdichteter Sauerstoff benutzt.

Oberer und unterer Heizwert. Dieser Unterschied tritt nur bei Brennstoffen mit Wasserstoffgehalt und Feuchtigkeit auf, deren Feuergase Wasserdampf enthalten. Dieser geht nämlich bei der Abkühlung auf die Anfangstemperatur im Kalorimeter in den gesättigten Zustand und schließlich in flüssiges Wasser über (Verbrennungswasser), und dabei gibt er auch seine Verdampfungswärme und Flüssigkeitswärme ab. Bei der kalorimetrischen Heizwertbestimmung wird also diese Wärme mit gemessen.

Als technischer Heizwert gilt jedoch nicht dieser kalorimetrische oder „obere" Heizwert. Für die nutzbare Verwendung der Verbrennungswärme in Feuerungen und Verbrennungsmotoren kommt nämlich so tiefe Abkühlung wie im Kalorimeter gar nicht in Frage. Das Verbrennungswasser kann mit den Schornstein- bzw. Auspuffgasen nur dampfförmig, äußerstenfalls als trocken gesättigter Dampf, in Wirklichkeit stark überhitzt, entweichen, also keinesfalls die Verdampfungswärme, noch weniger die Flüssigkeitswärme nutzbringend abgeben. Für die Ausnutzung der Verbrennungswärme zur Dampf-

oder Krafterzeugung kann daher dieser Betrag nicht in Rechnung gestellt werden.

Wollte man bei feuchtem Brennstoff den kalorimetrischen oberen Heizwert, der vom Feuchtigkeitsgehalt unabhängig ist, im praktischen Kesselbetrieb der Beurteilung des Kesselwirkungsgrades zugrunde legen, so würde man den Wirkungsgrad zum Nachteil des Kessels unterschätzen. Wenn feuchter Brennstoff verfeuert wird, so geht die Flüssigkeits- und Verdampfungswärme des Feuchtigkeitswassers auf alle Fälle durch den Schornstein, woran nicht der Kessel, sondern der feuchte Brennstoff die Schuld trägt. Erst durch Ausschaltung dieser Wärme aus dem kalorimetrischen Heizwert wird eine gerechte Beurteilung des Kessels möglich.

Demgemäß wird als nutzbarer oder „unterer“ Heizwert der um die Gesamtwärme des Verbrennungs- und Feuchtigkeitswasserdampfs verminderte obere Heizwert bezeichnet. Die Gesamtwärme des Wassers ist mit Rücksicht auf die Ausgangstemperatur von rd. 20° ungefähr 600 kcal für 1 kg Wasser. Bilden sich also aus 1 kg (oder 1 cbm) Brennstoff W kg Verbrennungswasser einschl. der ursprünglichen Feuchtigkeit, so ist der untere Heizwert

$$H_u = H - 600 \; W.$$

Im Junkers-Kalorimeter kann das Verbrennungswasser aufgefangen, somit außer dem oberen auch der untere Heizwert bestimmt werden.

Bei der Verbrennung von Wasserstoff bilden sich aus 2 kg H und 16 kg O 18 kg Wasser, also aus 1 kg H 9 kg Wasser, die eine Gesamtwärme von $9 \cdot 600 = 5400$ kcal besitzen. Nun beträgt der obere Heizwert des Wasserstoffs 34200 kcal/kg, daher ist sein unterer Heizwert

$$H_u = 34200 - 5400 = 28800 \; \text{kcal/kg}.$$

Bei Leuchtgas, das viel Wasserstoff enthält, ist deshalb der Unterschied beider Heizwerte ziemlich groß. Für ein bestimmtes Leuchtgas ergab sich z. B. mit dem Junkers-Kalorimeter

$$H = 5410 \; \text{kcal/cbm} \; (0°, \; 760 \; \text{mm}).$$

$$H_u = 4840 \qquad \text{„}$$

Bei Steinkohle ist der untere Heizwert um ca. 300 kcal kleiner als der obere, im übrigen abhängig vom Gehalt der Kohle an H und H_2O.

Allgemein gilt

$$(H - H_u) = 9 \cdot 600 \, H + 600 \, H_2O = 600 \, (9 \, H + H_2O),$$

mit H und H_2O als Gewichtsanteilen in 1 kg Brennstoff.

Steinkohle, Braunkohle, Torf und Holz können sehr verschiedene Feuchtigkeitsgrade (f kg Wasser in 1 kg feuchtem Brennstoff) besitzen. Die Zusammensetzung und der Heizwert dieser Stoffe wird daher häufig auf den wasserfreien Zustand bezogen. Bei der Verwendung werden jedoch die Brennstoffe stets einen gewissen Feuchtigkeitsgrad besitzen, oft z. B. nur „lufttrocken“ ($f = f_l$) sein. Ist H_0 der untere Heizwert des wasserfreien Brennstoffs, so ist der untere Heizwert beim beliebigen Feuchtigkeitsgrad f

$$H_f = (1 - f) \cdot H_0 - 600 f,$$

weil 1 kg Brennstoff nur $1 - f$ kg Trockensubstanz enthält und f kg Wasser zu verdampfen sind[1]).

Heizwert von Gasgemischen. Sind bei Gasgemischen, z. B. bei Generatorgas oder Leuchtgas, die Mischungsbestandteile (CO, H_2, CH_4 u. a.) dem Raum oder Gewicht nach bekannt, so kann der Heizwert als Summe der Heizwerte der Bestandteile, nach Maßgabe ihres Gewichts- oder Raumanteils, berechnet werden. Wesentlich einfacher als die Ermittlung der Mischungsbestandteile ist jedoch die unmittelbare Bestimmung mittels des Junkers-Kalorimeters.

Heizwert aus der Elementaranalyse. Für Steinkohle kann der Heizwert annähernd als Summe der Heizwerte der brennbaren Elementarbestandteile (Kohlenstoff, Wasserstoff, Schwefel) berechnet werden[2]), wenn der durch den Sauerstoff gebundene Teil des Wasserstoffs in Abzug gebracht wird.

Es gilt (Verbandsformel)

$$H_u = 8100\,C + 29\,000\left(H - \frac{O}{8}\right) + 2500\,S - 600\,W,$$

worin C, H, O, S, W die Gewichtsanteile der betreffenden Stoffe ($W =$ Wassergehalt) in 1 kg Kohle sind.

Für andere Brennstoffe gibt diese Formel weniger genaue Werte.

Der Sauerstoffgehalt O wird als chemisch gebunden mit Wasserstoff angesehen, wodurch die Menge des brennbaren Wasserstoffs auf $H - \dfrac{O}{8}$ vermindert erscheint.

Heizwert von Brennstoff-Luftgemischen. Ist einem brennbaren Gase so viel Luft beigemengt, als zur vollständigen Verbrennung nötig ist, allgemein $n \cdot L_0$ kg (oder cbm) auf 1 kg (oder cbm) Brennstoff, so ist der untere Heizwert dieses Gemisches

$$H_g = \frac{H_u}{1 + n L_0}.$$

Für die Leistungsfähigkeit von Verbrennungsmotoren kommt dieser Wert, der sog. Gemisch-Heizwert, nicht H_u selbst, in Betracht.

Mit $n = 1$ wird z. B. für

	CO	H_2	CH_4	Leuchtgas	Kraftgas	Gichtgas
$(H_g)_{max} =$	900	906	810	800	600	530 kcal/cbm.

Bei Luftüberschuß wird H_g entsprechend kleiner.

---

[1]) Vgl. hierüber „Mitteil. aus d. Kgl. Materialprüfungsamt zu Berlin-Lichterfelde West, 1914, Verfahren und Ergebnisse der Prüfung von Brennstoffen. I. u. II."

[2]) Über diese Frage vgl. Bd. II, Abschn. 21, 5. Beisp.

Heizwerte einiger Brennstoffe.

Stoff	H kcal		H_u kcal	
	1 kg	1 cbm (0°, 760 mm)	1 kg	1 cbm (0°, 760 mm)
Kohlenstoff C	8080	—	—	—
Kohlenoxyd CO . . .	2440	3050	—	—
Wasserstoff H_2	34 200	3070	28 800	2570
Sumpfgas CH_4	13 240	9470	11 910	8510
Leuchtgas	10 700	5500	—	5000
Kokereigas	—	—	—	3760
Kraftgas	—	—	—	1300
Gichtgas	—	—	—	750—950
Acetylen	12 000	13 900	11 600	13 470
Petroleum	—	—	10 500	—
Gasöl	—	—	9800—10 150	—
Benzin	—	—	10 500	—
Alkohol	7184	—	6480	—
Steinkohle[1])	—	—	6800—7700	—
Gaskoks	—	—	6900	—
Braunkohle[1])	—	—	4500—5000	—
Braunkohlenbriketts[1])	—	—	4800—5100	—
Torf[1])	—	—	3600—4600	—
Holz	—	—	4500	—
Naphthalin	9700	—	9370	—
Benzol	10 000	—	9590	—
Braunkohlen-Teeröl .	—	—	9000—9800	—
Steinkohlen-Teeröl . .	—	—	8800—9200	—
Rohteer	—	—	8000—8800	—

15 a. Verbrennungs-Temperaturen.

Ist von einem Brennstoff der Heizwert und die chemische Zusammensetzung bekannt, so kann auch die Verbrennungstemperatur mit Hilfe der bekannten spezifischen Wärmen der Feuergase bestimmt werden. Am einfachsten wird diese Bestimmung nach Tafel I, in der

---

[1]) Die Heizwerte dieser natürlichen Brennstoffe unterliegen ziemlich großen Schwankungen je nach ihrem Herkommen, Aschengehalt und Feuchtigkeitsgrad. Die gewöhnlich (auch oben) angegebenen Werte beziehen sich auf den lufttrockenen Zustand, in dem Steinkohle etwa 2 bis 5, Braunkohlenbriketts 10 bis 14 Hundertteile des Gewichts Feuchtigkeit enthalten. Der Aschengehalt beträgt durchschnittlich bei Steinkohlen etwa 5 bis 12, bei Braunkohlen 5 bis 20, bei Braunkohlenbriketts 6 bis 10 Hundertteile. Man kann den Heizwert auch auf die sogenannte „Reinkohle", d. h. auf die Gewichtseinheit brennbarer (asche- und wasserfreier) Substanz beziehen. Für Steinkohle findet sich dafür am häufigsten etwa 7950, für Braunkohle 6050, für Torf 5200 kcal/kg.

die Wärmeinhalte der Feuergase zwischen 0^0 und 2500^0 C enthalten sind.

Um eine Feuergasmasse, die bei 0^0 und 760 mm den Raum von 1 cbm einnimmt, von der unbekannten Verbrennungstemperatur t bis zur Anfangstemperatur t_0 der Verbrennungsluft oder des Gasgemisches abzukühlen, muß ihr eine Wärmemenge Q entzogen werden gleich der Verbrennungswärme der Brennstoffmenge, die zur Bildung dieser Feuergasmenge nötig war.

Ist V_{g_0} die Feuergasmenge in cbm von 0^0 und 760 mm, die bei der Verbrennung von 1 kg (oder 1 cbm) Brennstoff ohne überschüssigen Sauerstoff entsteht, so ist

$$Q = \frac{H_u}{V_{g_0}} \quad \dots \dots \dots \dots \dots \quad (1)$$

der größtmögliche Wärmeinhalt von 1 cbm Feuergas.

Bei n-fachem Luftüberschuß wird dagegen der Feuergasraum, mit L_{min} als theoretischer Luftmenge,

$$V_g = V_{g_0} + (n-1) L_{min}$$

und daher

$$Q = \frac{H_u}{V_{g_0} + (n-1) L_{min}} = \frac{H_u}{V_{g_0}} \cdot \frac{1}{1 + (n-1) \frac{L_{min}}{V_{g_0}}} \quad \dots \quad (2)$$

Die Werte V_{g_0} und L_{min} können für feste und flüssige Brennstoffe nach Abschn. 9a, Gl. 16, 16a, 23, 23a, für gasförmige nach Gl. 11, 3, 3a berechnet werden. Für die wichtigsten Brennstoffe sind diese Werte, nebst denen von H_u/V_{g_0}, in der folgenden Zahlentafel zusammengestellt, eine mittlere Zusammensetzung des Brennstoffs vorausgesetzt.

Die Stoffe sind nach der Größe des Wärmeinhalts von 1 cbm reinem Feuergas geordnet, wonach Azetylen an erster, Hochofengas an letzter Stelle steht. Trotz der sehr großen Unterschiede in den Heizwerten sind die Werte H_u/V_{g_0} nicht allzu verschieden, sie liegen für die am meisten verwendeten Brennstoffe zwischen etwa 700 und 900 kcal/cbm.

Die bei der Abkühlung von t_{max} bis t_0 der Masse von 1 cbm Feuergas zu entziehende Wärmemenge ist nun bei unveränderlichem Druck

$$(\mathfrak{C}_p)_m \cdot t_{max} - (\mathfrak{C}_{p_0})_m \cdot t_0 = \frac{H_u}{V_{g_0}} \quad \dots \dots \dots \quad (3)$$

Die in Gl. 3 links stehenden Wärmeinhalte zwischen 0^0 und t_{max} bzw. 0^0 und t_0 sind die Ordinaten der in Taf. I aufgetragenen Wärmekurve der reinen Feuergase. Man hat also nur auf dieser Kurve den Punkt zu suchen, dessen Ordinate um H_u/V_{g_0} länger ist als die Ordinate für die Temperatur t_0, um in der Temperatur dieses Punktes die höchstmögliche Verbrennungstemperatur zu finden.

Höchste Verbrennungstemperaturen für 20^0 Anfangstemperatur.

Brennstoff	L_{min} cbm.	V_{g_0} cbm	H_u kcal	H_u/V_{g_0} kcal/cbm	L_{min}/V_{g_0}	t_{max} $p =$ const.	t_{max} $v =$ const.
Azetylen . . .	11,9	12,4	13470	1085	0,960	2580^0	> 2500
Wassergas . .	2,24	2,78	2630	946	0,806	2415^0	„
Kohlenstoff . .	8,9	8,9	8100	910	1,00	2335^0	„
Benzol (C_6H_6) .	10,3	10,7	9590	896	0,877	2305^0	„
Wasserstoff . .	2,38	2,88	2570	894	0,827	2300^0	„
Steinkohle . .	8,5	8,8	7500	853	0,966	2210^0	„
Braunkohle-Briketts	4,78	5,35	4720	883	0,894	2265^0	„
Erdöldestillate .	11,6	12,4	10500	848	0,936	2200^0	„
Koksofengas . .	3,69	4,38	3600	821	0,843	2140^0	„
Alkohol	6,94	7,91	6480	820	0,877	2130^0	„
Leuchtgas . . .	5,57	6,28	5000	797	0,889	2080^0	„
Generatorgas aus Koks	1,00	1,83	1300	710	0,547	1880^0	2335^0
Generatorgas aus Braunkohle-Briketts . .	1,22	2,00	1365	683	0,610	1815^0	2265^0
Hochofengas .	0,69	1,55	870	561	0,445	1520^0	1910^0

In ganz gleicher Weise erhält man für einen beliebigen Luftüberschuß n die Verbrennungstemperatur, indem man den Ordinaten-Unterschied zwischen t_0 und t auf der Kurve für n-fache Luftmenge gleich macht dem Wert

$$\frac{H_u}{V_{g_0}} \cdot \frac{1}{1 + (n-1)\dfrac{L_{min}}{V_{g_0}}}.$$

Zur Bestimmung der dem Wert n zugehörigen Wärmekurve ist v_l aus der Hilfsfigur, Taf. I, gemäß Abschn. 14a, oder aus $v_l = \dfrac{(n-1)L_{min}}{V_{g_0} + (n-1)L_{min}}$ zu ermitteln.

Um die Verbrennungstemperatur bei unveränderlichem Raum zu finden (Gasmaschine), hat man die schräge Gerade durch den Ursprung als Abszissenachse zu betrachten. Eine mit dieser Richtung parallele Gerade durch den Punkt auf der Ordinatenachse mit dem Ordinatenunterschied H_u/V_{g_0} schneidet die Wärmekurve im gesuchten Punkt, wie Tafel I für Hochofengas zeigt.

Die in Tafel I und der Zahlentafel enthaltenen Verbrennungstemperaturen gelten für eine Anfangstemperatur von 20^0.

Ist die Luft oder das Gas oder beides vorgewärmt, so entstehen entsprechend höhere Verbrennungstemperaturen, die sich in ganz

gleicher Weise ermitteln lassen, nachdem man vorher die Mischungstemperatur bestimmt hat (Abschn. 16).

Bei Temperaturen über 2000^0, wie sie bei Verbrennung unter
unveränderlichem Raume bei einer ganzen Reihe von Brennstoffen
auftreten, wird die Dissoziation der Kohlensäure und des Wasserdampfs von größerem Einfluß. — Noch mehr wird dies der Fall sein
bei Verbrennung mit reinem Sauerstoff, anstatt mit Luft [1]).

15 b. Abgasverluste.

Mit den heißen Abgasen der Feuerungen und Verbrennungskraftmaschinen entweicht ein Teil der Verbrennungswärme des Brennstoffs unausgenützt. Es handelt sich um eine einfache und doch
genaue Bestimmung dieses Wärmeverlustes, ausgedrückt in Bruchteilen des Heizwerts des Brennstoffs.

In dem Temperaturgebiet zwischen 0^0 und etwa 600^0, das in
Frage kommt, nimmt nach Taf. I der Wärmeinhalt von Feuergasen
jeder Art, ob rein oder verdünnt, sehr angenähert linear mit der
Temperatur zu. Gemäß Taf. I kann man für die Masse von 1 cbm
eines beliebigen Feuergases (0^0, 760 mm) setzen

$$Q = 0{,}34\,(t - t_0) \ldots \ldots \ldots \ldots (1)$$

Mit H_u als unterem Heizwert, V_g als Feuergasraum von 1 kg
(oder 1 cbm) Brennstoff wird der ursprüngliche Wärmeinhalt der
Masse von 1 cbm Feuergas gleich H_u/V_g.

Der verhältnismäßige Abgasverlust ist als Verhältnis dieser beiden
Beträge

$$s = \frac{0{,}34\,(t - t_0)}{H_u/V_g} \ldots \ldots \ldots \ldots (2)$$

Hierin ist, mit V_{g_0} als Feuergasmenge ohne Luftüberschuß, L_{min}
als theoretischer Luftmenge, n als Luftüberschußzahl, wie leicht folgt

$$V_g = V_{g_0} \cdot \left[1 + (n-1)\frac{L_{min}}{V_{g_0}} \right]$$

und folglich der Abgasverlust

$$s = \frac{0{,}34\,(t - t_0)}{H_u/V_{g_0}} \left[1 + (n-1)\frac{L_{min}}{V_{g_0}} \right] \ldots \ldots (3)$$

Nun ist H_u/V_{g_0}, der ursprüngliche Wärmeinhalt von 1 cbm
reinem Feuergas, ein für einen Brennstoff mit bekanntem H_u und
bekannter Zusammensetzung berechenbarer Wert. Zahlenmäßig
zeigt er selbst für Brennstoffe sehr verschiedener Art nur mäßige
Unterschiede und wird daher für solche gleicher Art, z. B. verschiedene
Sorten Steinkohle, um so weniger von einem dieser Art eigentüm-
lichen Mittelwert abweichen. Ähnliches gilt von dem Verhältnis

---

[1]) Vgl. hierüber Techn. Thermodynamik Bd. II, Abschn. 61.

L_{min}/V_{g_0}. Es genügt also im allgemeinen, wenn die Art des Brennstoffs — ob Steinkohle, Erdöldestillate, Generatorgas usw. — bekannt ist, aus dem die Feuergase stammen, um den Abgasverlust nach Gl. 3 berechnen zu können. Durch Messung zu bestimmen sind lediglich die Abgas- und Lufttemperatur, sowie der Luftüberschuß (Abschn. 9).

Der Abgasverlust wächst nach Gl. 3 gegenüber seinem Wert bei reinem Feuergas, der durch den Ausdruck vor der Klammer dargestellt wird, im gleichen Verhältnis mit $n-1$. Trägt man also $n-1$ (oder n) als Abszissen, die Werte $s/(t-t_0)$, d. h. die Abgasverluste für je 1^0 Temperaturüberschuß, als Ordinaten auf, so erhält

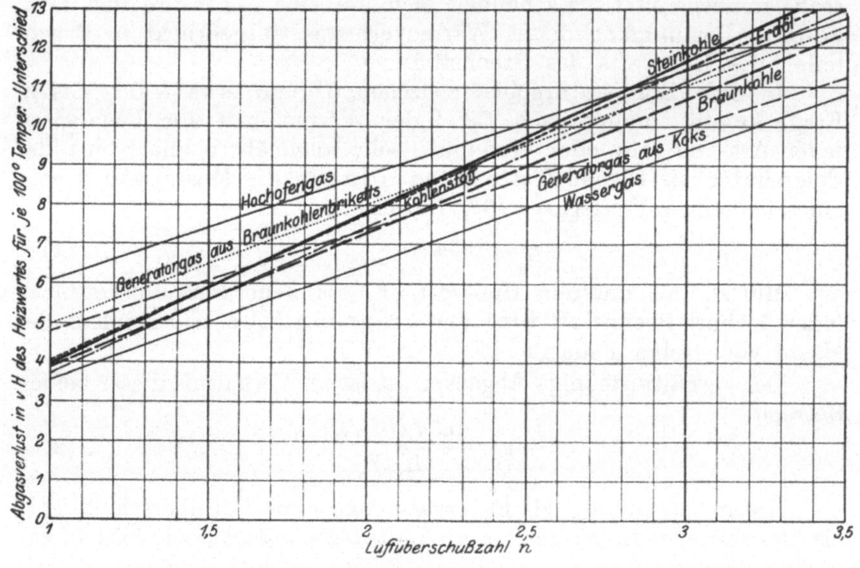

Fig. 13.

man für jeden Brennstoff eine Gerade. In Fig. 13 ist dies für die wichtigsten Brennstoffe ausgeführt. Die Ordinaten der Figur sind die Abgasverluste in Hundertteilen des Heizwerts für je 100^0 Temperaturüberschuß der Abgase.

Ist z. B. bei einer mit Steinkohle betriebenen Feuerung die Abgastemperatur 320^0, die Außentemperatur 20^0, der Luftüberschuß $n = 1,5$ fach, so ist der Abgasverlust für je 100^0 nach Fig. 13 gleich 5,9 v. H., also für 300^0 gleich $3 \cdot 5,9 = 17,7$ v. H.

16. Vermischungsdruck und Vermischungstemperatur von Gasen.

In mehreren Gefäßen mit den Rauminhalten V_1, V_2, V_3 cbm seien gleichartige oder ungleichartige Gase vom Drucke p_1, p_2, p_3 und der Temperatur t_1, t_2, t_3 (T_1, T_2, T_3) enthalten.

Welcher Druck und welche Temperatur stellt sich, wenn die Gefäße untereinander in Verbindung gebracht werden, nach dem vollständigen Ausgleich (Vermischung) in dem gemeinsamen Raum

$$V = V_1 + V_2 + V_3$$

ein?

Der Inhalt eines Kilogramms Gas an fühlbarer Wärme (über 0^0) wird durch $c_v \cdot t$ dargestellt. Die Summe der Wärmeinhalte der einzelnen Gase vor der Vermischung ist gleich dem Wärmeinhalte des Gemenges. Sind daher G_1, G_2, G_3 die Einzelgewichte,

$$G = G_1 + G_2 + G_3$$

das Gesamtgewicht, so ist

$$G_1 c_{v_1} t_1 + G_2 c_{v_2} t_2 + G_3 c_{v_3} t_3 = G c_v t,$$

demnach die Mischungstemperatur, wegen

$$G c_v = G_1 c_{v_1} + G_2 c_{v_2} + G_3 c_{v_3}$$

$$t = \frac{G_1 c_{v_1} t_1 + G_2 c_{v_2} t_2 + \cdots}{G_1 c_{v_1} + G_2 c_{v_2} + \cdots},$$

daher mit $T = 273 + t$

$$T = \frac{G_1 c_{v_1} T_1 + G_2 c_{v_2} T_2 + \cdots}{G_1 c_{v_1} + G_2 c_{v_2} + \cdots}.$$

Nun ist nach der Zustandsgleichung der Gase

$$p_1 V_1 = G_1 R_1 T_1 ,$$

daher

$$G_1 = \frac{p_1 V_1}{R_1 T_1},$$

ebenso für G_2, G_3. Damit wird

$$T = \frac{p_1 V_1 \cdot \dfrac{c_{v_1}}{R_1} + p_2 V_2 \cdot \dfrac{c_{v_2}}{R_2} + \cdots}{\dfrac{p_1 V_1}{T_1} \cdot \dfrac{c_{v_1}}{R_1} + \dfrac{p_2 V_2}{T_2} \cdot \dfrac{c_{v_2}}{R_2} + \cdots} \quad \ldots \ldots \ldots (1)$$

Nun ist nach Abschn. 12 für die zweiatomigen Gase $m \cdot c_v$ gleich groß, und nach Abschn. 6 ebenso $m \cdot R$ für alle Gase. Daher sind die Quotienten

$$\frac{c_{v_1}}{R_1}, \qquad \frac{c_{v_2}}{R_2} \ldots$$

bei zweiatomigen Gasen und ihren Gemischen unter sich

gleich. Es ist daher für solche Gase

$$T = \frac{p_1 V_1 + p_2 V_2 + p_3 V_3 + \cdots}{\dfrac{p_1 V_1}{T_1} + \dfrac{p_2 V_2}{T_2} + \cdots} \qquad \ldots \ldots (1\,\mathrm{a})$$

(Vermischungs-Temperatur).

Mit

$$\frac{p_1 V_1}{T_1} = G_1 R_1$$

usw. ist auch

$$T = \frac{p_1 V_1 + p_2 V_2 + \cdots}{G_1 R_1 + G_2 R_2 + \cdots}$$

und mit

$$G R = G_1 R_1 + G_2 R_2 + \cdots$$

$$T = \frac{p_1 V_1 + p_2 V_2 + \cdots}{R G};$$

der Mischungsdruck p folgt hiermit, wegen $T = \dfrac{p V}{G R}$, aus

$$p V = p_1 V_1 + p_2 V_2 + p_3 V_3 + \cdots \ldots \ldots (2)$$

Die Summe der Produkte aus Druck und Volumen vor der Mischung ist gleich dem Produkt aus Druck und Volumen nachher.

Sind die Drücke vor der Vermischung gleich, nur die Temperaturen verschieden, so wird die Mischungstemperatur

$$T = \frac{V_1 + V_2 + V_3 + \cdots}{\dfrac{V_1}{T_1} + \dfrac{V_2}{T_2} + \dfrac{V_3}{T_3} + \cdots} = T_1 \frac{V_1 + V_2 + V_3 + \cdots}{V_1 + V_2 \dfrac{T_1}{T_2} + V_3 \dfrac{T_1}{T_3} + \cdots} \quad \ldots (3)$$

Sind dagegen die Temperaturen vor der Mischung gleich und die Drücke verschieden, so folgt

$$T = T_1,$$

d. h. bei der Mischung tritt keine Temperaturänderung ein.

Der Mischungsdruck ist nach Gl. 2 überhaupt von den Temperaturen unabhängig, kann also ohne Kenntnis derselben berechnet werden.

Die Zulässigkeit des obigen Ansatzes beruht darauf, daß die Energie der Gase durch $c_v \cdot t$ bestimmt ist und bei der Vermischung unverändert bleibt (Abschn. 22).

Erfolgt die Vermischung von vorherein nicht bei unveränderlichem Raum, sondern bei unveränderlichem Druck, der dann in allen Einzelräumen V_1, V_2, V_3 gleich p_1 ist, so bleibt die obige Herleitung unverändert, nur ist überall c_p an Stelle von c_v zu setzen. Gl. 1, 2 und 3 bleiben also bestehen und aus Gl. 2 folgt mit $p = p_1 = p_2 = p_3$ $V = V_1 + V_2 + V_3$, d. h. der Raum der Mischung ist ebenso groß wie die Summe der Räume der Bestandteile vor der Vermischung.

Beispiele. 1. 0,5 cbm Druckluft von 5 kg/qcm Überdruck und 40° C werden mit 2 cbm Luft von atmosphärischem Druck (1,033 kg/qcm) und − 10° C gemischt. Wie groß wird der Mischungsdruck (p) und die Mischungstemperatur t?

Es ist nach Gl. 2

$$p \cdot (0,5 + 2) = 6,033 \cdot 0,5 + 1,033 \cdot 2$$
$$p = 2,03 \text{ at abs.}$$

oder

$$\underline{1,0 \text{ at Überdruck,}}$$

ferner nach Gl. 1

$$T = \frac{5 \cdot 0,5 + 1,033 \cdot 2}{\dfrac{5 \cdot 0,5}{313} + \dfrac{1,033 \cdot 2}{263}} = 288 \text{ abs.}$$

$$t = 288 - 273 = \underline{+ 15^0 \text{ C.}}$$

2. In einer Trockenanlage sollen Feuergase von 1000^0 durch Vermischung mit kalter Luft von $+ 10^0$ auf eine Temperatur von 550^0 gebracht werden. Wieviel Luft (dem Volumen nach) ist im Verhältnis zu den Feuergasen erforderlich?

Mit V_2 als Luftvolumen, V_1 als Feuergasvolumen wird nach Gl. 3

$$550 + 273 = (1000 + 273) \cdot \frac{1 + \dfrac{V_2}{V_1}}{1 + \left(\dfrac{V_2}{V_1}\right) \dfrac{1000 + 273}{10 + 273}} \cdot$$

Hieraus

$$\frac{V_2}{V_1} = 0,185 \, .$$

Es ist also eine Luftmenge gleich dem 0,185 fachen des heißen Feuergasvolumens zuzuführen.

17. Die Ausdehnungs- und Verdichtungsarbeit (Raumarbeit) der Gase und Dämpfe. Die absolute Arbeit und die Betriebsarbeit (Nutzarbeit).

Eine in einem festen Gefäß (Fig. 14) eingeschlossene Gasmenge von atmosphärischem Druck, deren Raum durch einen dicht schließenden Kolben vergrößert oder verkleinert werden kann, verhält sich gegenüber von außen veranlaßten Bewegungen des Kolbens wie eine elastische Feder. Um den Kolben von I aus nach innen zu treiben, bedarf es einer Druckkraft P_k an der Kolbenstange, die in dem Maße anwächst, als der Gasraum verkleinert wird. Das Wachstum von P_k auf dem Wege I—II des Kolbens soll durch den Verlauf der Kurve ab dargestellt werden, deren Ordinaten, über der Linie ab_1 gemessen, gleich P_k seien. Auf dem Wege I—II verrichtet die Kraft P_k an der Kolbenstange, aber auch der auf der Außenfläche des Kolbens lastende Atmosphärendruck Arbeit, und der Druck der eingeschlossenen Gasmenge leistet an der Innenfläche des Kolbens Widerstandsarbeit.

Befindet sich der Kolben in II und ist in dieser Stellung das Gefäß mit Gas vom Außendruck gefüllt, so bedarf es zum Herausziehen des Kolbens einer Zugkraft P_k' an der Stange, die in dem Maße zunimmt, als der Gasraum vergrößert wird. Die Kurve $b_1 a_1$ zeigt die zu den verschiedenen Kolbenstellungen gehörigen Zugkräfte, die von ab_1 nach unten abgetragen sind. Wieder leistet die Zugkraft P_k' Arbeit, während der Außendruck Widerstandsarbeit verrichtet. Auch der innen auf dem Kolben lastende Gasdruck verrichtet Arbeit, diesmal im Sinne der äußeren Kraft P_k'.

Ist ferner in der Kolbenstellung II das Gefäß mit Gas von höherem als dem Außendruck gefüllt, so kann der Gasdruck den Kolben unter Überwindung einer Widerstandskraft P_k an der Stange, sowie des von außen auf dem Kolben lastenden Atmosphärendrucks so weit nach außen treiben, bis infolge der Raumvergrößerung der Überdruck des Gases verschwunden ist. Das Gas verrichtet dabei Arbeit.

Wenn sich endlich in der Stellung I verdünntes Gas, d. h. Gas von kleinerem Druck als dem Außendruck, im Gefäß befindet, so kann der Kolben bei der Einwärtsbewegung eine ziehende Widerstandskraft P_k' so lange überwinden, bis durch die Raumverminderung der Unterdruck verschwunden ist.

Diese Vorgänge lassen sich dahin zusammenfassen, daß bei jeder Raumänderung eines Gases oder Dampfes mechanische Arbeit geleistet wird. Es kann sich hierbei entweder um die vom Gase selbst aufgenommene oder abgegebene Arbeit, die absolute Gasarbeit, handeln, oder um die an der Kolbenstange verrichtete Arbeit (Betriebsarbeit, Nutzarbeit).

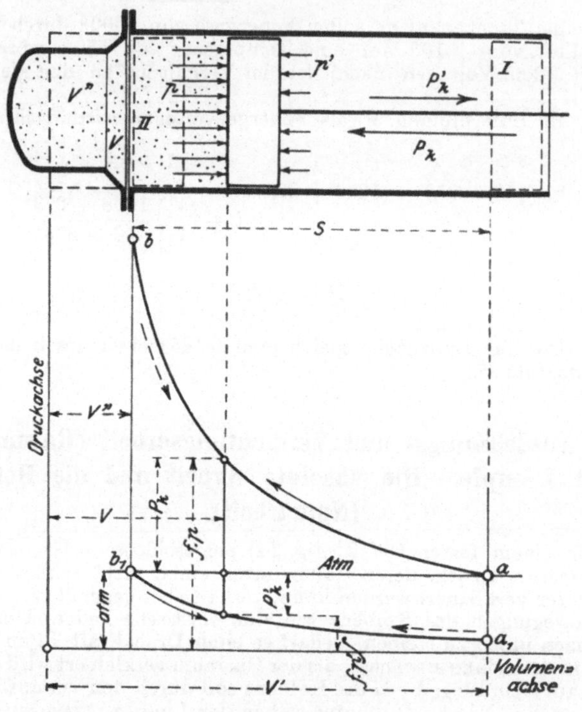

Fig. 14.

Wert der absoluten Gasarbeit. Die Art und Weise, wie sich der Gasdruck auf den Kolben mit der Raumänderung verändert, kann sehr verschieden sein, je nach den Wärmemengen, die das Gas während der Raumänderung aufnimmt oder abgibt. Der Verlauf der Gasdrucklinie kann also ganz beliebig gewählt werden, wenn es sich, wie hier, darum handelt, für einen gegebenen Druckverlauf die Gasarbeit zu bestimmen.

Rückt der Kolben um den sehr kleinen Weg ds vor, so steigt zwar der absolute Gasdruck p, aber nur um den im Verhältnis zu seiner Größe verschwindend kleinen Betrag dp. Die Arbeit des Gasdruckes $f \cdot p$ kann daher gleich $f \cdot p \cdot ds$ gesetzt werden. Nun ist $f \cdot ds$ die Änderung (Zunahme oder Abnahme) des Gasraumes durch die Veränderung der Kolbenstellung, $dV = f \cdot ds$. Die Arbeit auf dem Wege ds ist daher

$$dL = p \cdot dV.$$

Läßt man den Kolben ruckweise um ds_1, ds_2, ds_3 usw. vorrücken oder zurückweichen, wobei der Gasraum um dV_1, dV_2, $dV_3 \ldots$ abnimmt bzw. zunimmt, so werden vom Gasdruck nacheinander die Arbeiten $p_1\,dV_1$, $p_2\,dV_2$, $p_3\,dV_3 \ldots$ verrichtet. Auf einem Wege von beliebiger Länge wird daher vom Gasdruck die Arbeit

$$L_G = p_1\,dV_1 + p_2\,dV_2 + p_3\,dV_3 + \ldots$$

(von V'' bis V') oder abgekürzt

$$L_G = \int_{V''}^{V'} p\,dV$$

geleistet.

Dies ist die von einer beliebigen Gasmenge vom Volumen V und vom Gewichte G bei einer Raumänderung von V' auf V'' geleistete bzw. aufgenommene mechanische Arbeit.

Für $G = 1$ kg Gas wird wegen $V = v$ (spez. Vol.)

$$L = \int_{v''}^{v'} p \cdot dv.$$

L und L_G hängen zusammen durch die Beziehung

$$L_G = G \cdot L,$$

d. h., unter gleichen Umständen leisten G kg Gas die G fache Arbeit von 1 kg Gas.

Wegen $V = G \cdot v$ ist nämlich $dV = G \cdot dv$, somit

$$L_G = \int_{v''}^{v'} p \cdot G \cdot dv = G \cdot \int_{v''}^{v'} p \cdot dv = G \cdot L.$$

Arbeit, die vom Gase abgegeben wird, also Ausdehnungsarbeit, gilt als positiv, aufgenommene Arbeit, also Verdichtungsarbeit, als negativ.

Graphische Darstellung der Gasarbeit. (Arbeitsdiagramm, Druckvolumendiagramm.) Werden die absoluten Gasdrücke p als Ordinaten, die dazugehörigen Gasräume V (oder v) als Abszissen aufgetragen, Fig. 15 (Druckvolumendiagramm), so wird das Arbeitselement $p \cdot dV$ durch den schraffierten Flächenstreifen dargestellt. Die ganze von dem Gase bei einer Volumenänderung von V' auf V'' aufgenommene bzw. bei Ausdehnung verrichtete Arbeit entspricht demnach als Summe der Arbeitselemente der Kurvenfläche $A\,B\,B'\,A'$. Aus diesem Grunde heißt das Diagramm auch „Arbeitsdiagramm".

Wie im praktischen Falle die Druckachse zu legen ist, geht aus Fig. 14 hervor. Die eigentliche Diagrammkurve verläuft innerhalb des Hubraumes (oder Hubes) des Kolbens. Das jeweilige Gas- (oder Dampf-) Volumen ist aber die Summe aus dem vom Kolben

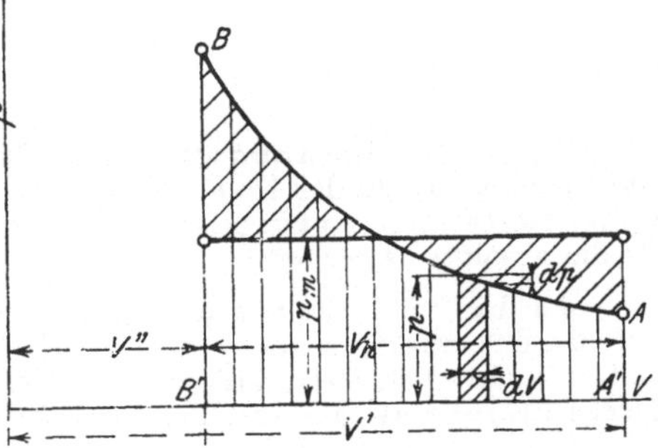

Fig. 15.

freigemachten (oder verdrängten) Volumen und dem Raum V'', in welchen das Gas bei der inneren Kolbenstellung zurückgedrängt wird. Bei Gasmaschinen heißt V'' Verdichtungs- oder Kompressionsraum, bei Dampfmaschinen schädlicher Raum. Die Druckachse liegt also um die verhältnismäßige Größe dieses Raumes jenseits des Diagrammanfanges.

Mittlerer Arbeitsdruck. Man kann sich vorstellen, daß die Gasarbeit, die tatsächlich von dem nach dem Gesetz der Kurve AB veränderlichen Gasdruck p verrichtet wird, durch einen unveränderlichen Druck von einer gewissen mittleren Größe p_m während der gleichen Raumänderung geleistet würde.

Im Arbeitsdiagramm ist dann p_m die Höhe des Rechtecks, dessen Länge gleich $A'B'$ und dessen Fläche gleich der Arbeitsfläche $A\,B\,B'\,A'$ ist. Aus dem Diagramm kann also p_m durch Planimetrieren dieser Fläche und Dividieren durch $A'B'$ (ohne Rücksicht auf den Längenmaßstab) erhalten werden. Die Gasarbeit selbst ist dann

$$L = p_m \cdot (V' - V''),$$

worin p_m in kg/qm, V' und V'' in cbm einzuführen sind.

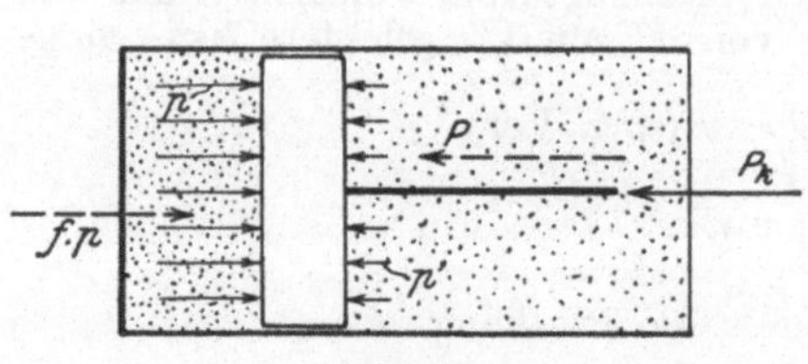

Fig. 16.

In praktischen Fällen ist häufig $V' - V''$ das Hubvolumen eines Zylinders mit der Kolbenfläche O und dem Kolbenhub H. Dann ist

$$L = O \cdot p_m \cdot H.$$

Hier kann p_m auch in kg/qcm eingeführt werden, wenn O in qcm ausgedrückt wird; H in m.

Die absolute Gasarbeit und die Betriebsarbeit (Nutzarbeit). Der eben ermittelte Arbeitswert stellt im Falle der Ausdehnung die Arbeit dar, die das Gas an die Innenfläche des Kolbens abgibt, und im Falle der Raumverkleinerung die Arbeit, die durch die äußeren Kräfte mittels der Innenfläche des Kolbens auf das Gas übertragen wird. Er wird als **absolute Gasarbeit** bezeichnet.

Da nun der Außenraum des Gefäßes Fig. 16 nie völlig luftleer ist, sondern stets Gase oder Dämpfe von mehr oder weniger hohem Drucke p' enthält, so besteht die Kraft P, die im ganzen von außen auf den Kolben einwirkt, immer aus einem gleichmäßig über seinen Querschnitt f verteilten Drucke $f\,p'$ und einer Einzelkraft $\pm P_k$ an der Stange. Es ist, Fig. 16,

$$P = f\,p' \pm P_k.$$

An der Innenfläche wirkt auf die Kolbenfläche die Kraft $f\,p$, die im Falle des Gleichgewichts gleich der Außenkraft sein muß. Man hat daher

$$f \cdot p = f \cdot p' \pm P_k,$$

somit

$$\pm P_k = f \cdot (p - p').$$

Bei der **Ausdehnung** drückt das Gas mit der Kraft $f\,p$ auf den Kolben. Die Nutzkraft P_k an der Kolbenstange ist um $f\,p'$ kleiner. Die Arbeit, die von P_k verrichtet wird (Nutzarbeit), ist demgemäß um die Arbeit von $f\,p'$ kleiner als die absolute Gasarbeit.

Bei der **Verdichtung** ist dagegen nicht die Kraft $f\,p$ aufzuwenden, die auf das Gas wirkt, sondern eine um $f\,p'$ kleinere Kraft. Der wirkliche Arbeitsaufwand (Betriebsarbeit) zur Verdichtung ist um die Arbeit des Außendrucks kleiner als die absolute Verdichtungsarbeit.

Ist der **Außendruck unveränderlich**, etwa gleich dem Luftdruck oder einem unveränderlichen Vakuum p', so entspricht im Arbeitsdiagramm seiner Arbeit die Rechteckfläche von der Höhe p'. Bei der Gasverdichtung ist dann (Fig. 17) die mittels der Kolbenstange zuzuführende Arbeit (Betriebsarbeit) $ABDC$; bei der Ausdehnung von gespanntem Gas ist $ABDC$ die an die **Kolbenstange abgegebene Arbeit** (Nutzarbeit).

Ist der Gasdruck **kleiner** als der Außendruck, Fig. 18, so kann der Außendruck bei dem Verdichtungsvorgang AB außer der von ihm geleisteten Verdichtungsarbeit noch die Nutzarbeit $ABDC$ an die Kolbenstange abgeben (Nutzen des Vakuums).

Umgekehrt muß bei dem Verdünnungsvorgang (BA) an der Kolbenstange die Arbeit $ABDC$ von außen aufgewendet werden, denn der Gasdruck p selbst hält nur einem gleich großen Teil des Gegendrucks p' das Gleichgewicht (Luftpumpenarbeit).

Ist der Außendruck p' nach irgend einem Gesetz veränderlich (Fig. 19), so ist die Betriebsarbeit in entsprechender Weise gleich der Fläche $ABCD$.

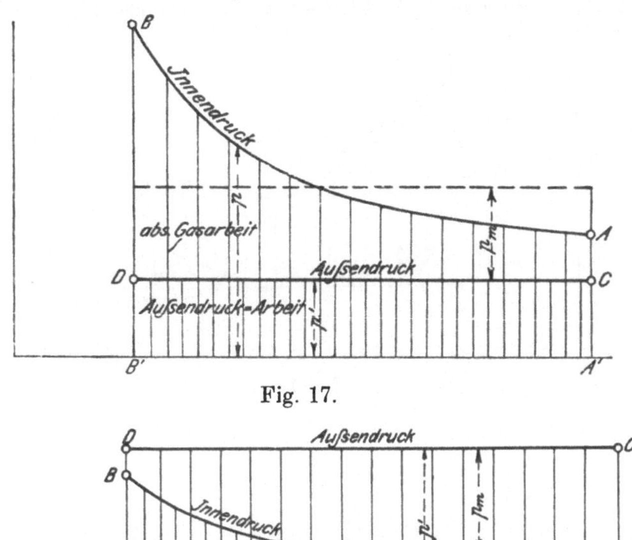

Fig. 17.

Fig. 18.

Zur Berechnung des Arbeitsgewinnes oder Arbeitsaufwandes wird am besten der mittlere Druck benützt. Man bestimmt den mittleren Gasdruck $(p_m)_1$ und den mittleren Gegendruck $(p_m)_2$. Der mittlere Nutzdruck (bzw. Widerstandsdruck) ist dann

$$p_m = (p_m)_1 - (p_m)_2.$$

Man kann auch p_m ohne diesen Umweg bestimmen, indem man die Fläche $ABCD$ planimetriert und durch die Länge $A'B'$ dividiert.

Arbeitsermittlung bei geschlossener Diagrammfläche. Bei den Arbeitsvorgängen in Dampf- und Gasmaschinen, in Kompressoren und Luftpumpen mit Kolbenbewegung handelt es sich in erster Linie um die bei einem vollen Arbeitsspiel vom Kolben abgegebene oder aufgenommene Arbeit. Ein Spiel erstreckt sich über 2 Hübe (Hingang und Rückgang) des Kolbens, bei Gasmaschinen meist (Viertakt) über 4 Hübe.

Während eines Spieles verläuft z. B. bei Kondensationsdampfmaschinen der Druck im Zylinder auf einer Kolbenseite nach Art der Fig. 20. Von A aus fällt der Druck während des ganzen Hinganges AB; auf dem Rückgang BFA fällt er zunächst ebenfalls, um dann allmählich wieder bei A zum Anfangswert zurückzukehren. Die Diagrammlinie ist also zum Unterschied von vorhin geschlossen.

Die Maschine sei einfach wirkend, d. h. die andere Zylinderseite sei offen, der Kolben also von außen mit dem Atmosphärendruck belastet Linie CD).

Gemäß den obigen Ermittlungen ist nun die Nutzarbeit während des Hingangs gleich $ABDC$, während des Rückgangs $E'FE - BDE' - EAC$, also im ganzen während des Doppelhubes

$$L = ABDC + E'FE - BDE' - EAC.$$

Diese Flächensumme ist die Fläche innerhalb der geschlossenen Diagrammlinie $ABFEA$.

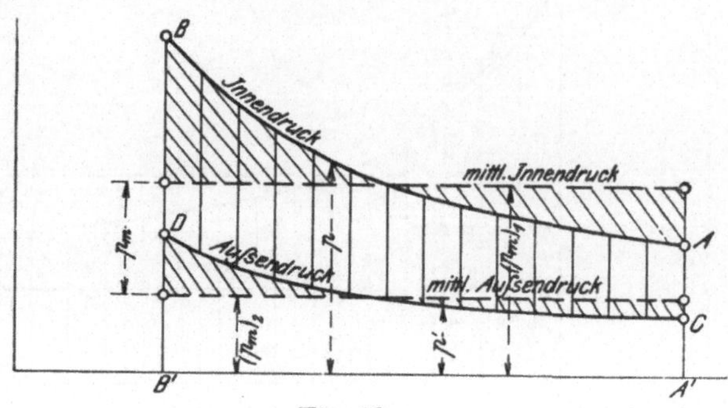

Fig. 19.

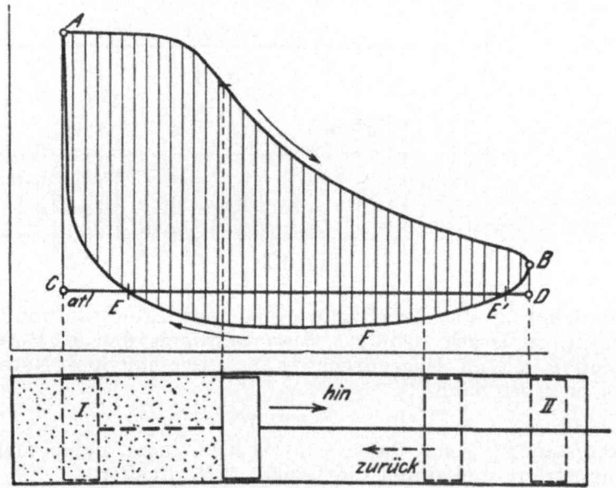

Fig. 20.

Für die Nutzarbeit des Dampfes der einen Kolbenseite ist es demnach ohne Belang, in welcher Höhe die Drucklinie der anderen Seite verläuft. Die zweite Kolbenseite kann mit der Atmosphäre, einem Vakuum oder einem Raum von höherem Druck verbunden sein. Die Fläche des „Indikatordiagramms" stellt unter allen Umständen die vom Dampfe einer Kolbenseite an den Kolben während einer Umdrehung abgegebene Nutzarbeit dar.

Auf die Größe dieser Fläche selbst ist es natürlich von Einfluß, ob der Arbeitsraum mit der Atmosphäre oder einem Vakuum verbunden ist (Verlauf der Linie BFE).

Die doppelt wirkende Maschine kommt der Wirkung nach zwei einfach wirkenden Maschinen gleich. Die Dampfarbeit beider Kolbenseiten zusammen während einer Umdrehung ist gleich der Summe der Diagrammflächen beider Kolbenseiten. Das einzelne Dampfdiagramm stellt die Arbeit des Dampfes einer Kolbenseite während einer Umdrehung dar.

Der Umstand, daß hier der Gegendruck jeder Kolbenseite aus dem Dampfdruck der anderen besteht, ändert nichts an der ganzen Nutzarbeit, wohl aber an der Verteilung dieser Arbeit über die Umdrehung.

Man kann die Nutzarbeit einer Kolbenseite auch als den Unterschied der absoluten Dampfarbeiten der einen Seite beim Hingang und Rückgang auffassen.

18. Einfluß der Wärme auf den Gaszustand im allgemeinen. Die verschiedenen Zustandsänderungen.

Wird ein Gas in einem Gefäß, das durch einen beweglichen Kolben verschlossen ist, von außen erhitzt oder abgekühlt, so ändern sich mit der Temperatur im allgemeinen Druck und Volumen gleichzeitig. Denn diese Größen sind durch die Zustandsgleichung $pv = RT$ mit der Temperatur und miteinander verbunden. Im besonderen Falle kann eine der Größen auch unverändert bleiben. Wird z. B. durch Erhitzung T verdoppelt, so kann dabei v unverändert bleiben; dann steigt p auf das Doppelte. Es kann auch p unverändert bleiben, dann muß, wenn T verdoppelt werden soll, auch v verdoppelt werden. Die Wärmemengen in beiden Fällen sind verschieden (c_v und c_p), überhaupt entspricht der gleichen Temperaturänderung in jedem besonderen Falle, je nach der dabei eintretenden Volumenänderung (oder Druckänderung), eine andere Wärmemenge.

Umgekehrt ist im allgemeinen mit jeder Zustandsänderung (d. h. Änderung von Druck, Volumen und Temperatur) ein Zugang oder Abgang von Wärme verbunden. Die Temperaturänderung allein besagt aber bei den Gasen, im vollen Gegensatz zu den festen Körpern, noch nichts über die Größe der Wärmemenge. Diese hängt durchaus von den gleichzeitigen Änderungen von Druck und Volumen ab.

Hinsichtlich der Zustandsänderung sind folgende Fälle möglich:

1. Das Gefäß ist von unveränderlichem Rauminhalt. Nur Temperatur und Druck können sich durch Zufuhr oder Entziehung von Wärme ändern. $v =$ konst.

2. Das Gefäß ist durch einen Kolben verschlossen, auf dem ein unveränderlicher Druck liegt, so daß auch der Gasdruck sich nicht ändern kann. Dann nimmt bei der Erwärmung mit der Temperatur der Raum zu, bei der Abkühlung ab. $p =$ konst.

Die Erwärmung in einem offenen Gefäß gehört hierher.

3. Der Rauminhalt wird während der Erwärmung durch einen Kolben derart verändert, daß trotz der Wärmezufuhr keine Temperatursteigerung eintritt. Gemäß der Zustandsgleichung der Gase bleibt dann das Produkt pv unverändert, und zwar muß das Volumen, wie

aus dem Späteren hervorgeht, bei Wärmezufuhr vergrößert, bei Wärmeentziehung verkleinert werden. Isothermische Zustandsänderung. $T = \text{konst.}$ oder $t = \text{konst.}$

4. Druck, Volumen und Temperatur können auch ohne gleichzeitige Wärmezufuhr oder -entziehung, also auf rein mechanischem Wege, durch Zusammendrücken oder Ausdehnen geändert werden. Diese Zustandsänderung ist streng genommen nur in einem für Wärme gänzlich undurchlässigen Gefäß möglich. Daher trägt sie den Namen „adiabatische Zustandsänderung".

5. Druck und Volumen und mit ihnen die Temperatur ändern sich unter Zufuhr oder Entziehung von Wärme nach einem beliebigen Gesetz. (Allgemeinster Fall der Zustandsänderung.)

19. Zustandsänderung bei unveränderlichem Rauminhalt.

In einem Raum von unveränderlicher Größe, V cbm, wird ein beliebiges Gas vom Druck p_1 und der absoluten Temperatur T_1 durch Mitteilung von Wärme erhitzt. Zur Erhöhung der Temperatur auf T_2 ist für jedes kg Gas die Wärme

$$Q = c_v \cdot (T_2 - T_1)$$

erforderlich. Handelt es sich nur um mäßige Temperatursteigerung so ist c_v als unveränderlich, d. h. unabhängig von T_1 und T_2 zu betrachten. Bei Erhitzung auf Feuergastemperaturen ist dies unstatthaft. Wenn T_2 gegeben ist, so kann Q aus

$$Q = (c_v)_m \cdot (T_2 - T_1)$$

berechnet werden, mit $(c_v)_m$ als mittlerer spez. Wärme zwischen T_2 und T_1. Ist aber Q gegeben und $T_2 - T_1$ gesucht, so führt Taf. I, zum Ziel (vgl. S. 67).

Im Raum von V cbm sind

$$G = \frac{p_1 V}{R T_1} \text{ kg}$$

enthalten. Die wirklich erforderliche Wärme ist also $G \cdot Q$ kcal.

Mit dem gesamten Volumen V bleibt auch das spez. Volumen unverändert. Für den Anfang gilt also

$$p_1 v = R T_1,$$

für das Ende $\qquad p_2 v = R T_2.$

Daraus folgt $\qquad \dfrac{p_2}{p_1} = \dfrac{T_2}{T_1},$

d. h., der Druck des Gases wächst im Verhältnis der absoluten Temperaturen.

Ist nicht T_2 gegeben, sondern Q, so schreibe man

$$\frac{p_2 - p_1}{p_1} = \frac{T_2 - T_1}{T_1},$$

oder

$$\frac{p_2}{p_1} - 1 = \frac{T_2 - T_1}{T_1}.$$

$T_2 - T_1$ erhält man bei veränderlicher spez. Wärme aus Taf. I und damit

$$\frac{p_2}{p_1} = 1 + \frac{T_2 - T_1}{T_1}.$$

Die gleiche Temperatursteigerung $T_2 - T_1$ bringt also eine um so größere verhältnismäßige Drucksteigerung p_2/p_1 hervor, je **niedriger die Anfangstemperatur ist**.

Bei **Abkühlung** ist entsprechend zu verfahren. Hierbei fällt der Druck. Die Formeln ändern sich nicht.

Mechanische Arbeit wird bei dieser Zustandsänderung nicht verrichtet.

Beispiele: 1. Welche Erwärmung ist nötig, um Luft von 15° in einem geschlossenen Raum vom atmosphärischen Druck bis auf 2 kg/qcm Überdruck zu bringen?

Es ist

$$\frac{T_2}{273 + 15} = \frac{2 + 1{,}033}{1{,}033}, \quad \text{daher } T_2 = 835 \text{ abs.,} \quad t_2 = \underline{572^0 \text{ C.}}$$

Es ist also mit Rücksicht auf die viel zu hohen Temperaturen technisch ausgeschlossen, Gase in geschlossenen Kesseln nach Art der Dampfkessel durch äußere Feuerung auf Drücke von mehr als 2 kg/qcm zu bringen.

2. Ein brennbares Gemisch aus Leuchtgas und Luft enthalte so viel Gas, daß auf 1 cbm **Gemisch** von 0° und 760 mm bei der Verbrennung 500 kcal frei werden.

Welche Temperatur- und Drucksteigerung tritt bei der plötzlichen Verbrennung unter unveränderlichem Rauminhalt ein?

Die Temperatursteigerung hängt wegen der Zunahme der spez. Wärme mit der Temperatur in gewissem Grade von der **Anfangstemperatur** T_1 ab. Ist diese bekannt, so folgt die Temperatursteigerung τ aus Taf. I gemäß Abschn. 14a. Unter der Voraussetzung, daß das Feuergas etwa 50 v. H. Raumteile Luft enthält, ergibt die Wärmemengenkurve für $v_l = 0{,}5$ in Taf. I bei den Anfangstemperaturen

	$t_1 = 100^0$	200^0	300^0	$500^0,$
oder				
	$T_1 = 373$	473	573	773 abs.

die Endtemperaturen

	$t_2 = 1520$	1608	1700	1870^0 C,
daher				
	$T_2 = 1793$	1881	1973	$2143,$

damit wird das Drucksteigerungsverhältnis

$$\frac{p_2}{p_1} = \frac{T_2}{T_1} = 4{,}82 \qquad 3{,}98 \qquad 3{,}44 \qquad 2{,}77 \,,$$

also abnehmend mit wachsender Anfangstemperatur.

Der Enddruck p_2 ist durch den Anfangsdruck mitbestimmt.

Beträgt dieser beziehungsweise (etwa infolge adiabatischer Verdichtung eines Gemenges von 1 at)

$$p_1 = 1 \qquad 2{,}5 \qquad 5 \qquad 14 \text{ at abs.,}$$

so wird

$$p_2 = 4{,}82 \qquad 9{,}95 \qquad 17{,}20 \qquad 38{,}5 \text{ at abs.}$$

Bei **innerer Wärmeentwicklung**, wie sie in den Verbrennungsmotoren benutzt wird, ist also im Gegensatz zu äußerer Erhitzung die „Wärmezufuhr unter konstantem Volumen" ein sehr geeignetes Mittel zur Erzielung von **motorisch brauchbaren Drücken.** Die hohen Temperaturen werden in den Verbrennungsmotoren durch ihre kurze Dauer und die kräftige Kühlung der Wände unschädlich. Diese erhitzen sich **weitaus** nicht so hoch, wie die Verbrennungsprodukte.

20. Zustandsänderung bei unveränderlichem Druck.

In einem Gefäß vom Volumen V_1, Fig. 21, wird Gas von der Temperatur T_1 durch einen mit der festen Belastung P versehenen Kolben auf der Spannung p erhalten. Bei Erwärmung von außen steigt die Temperatur und gleichzeitig dehnt sich das Gas aus, der Kolben steigt.

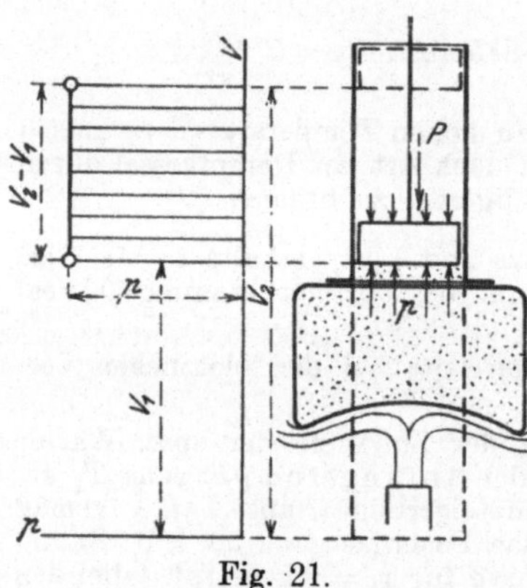

Die ganze Raumvergrößerung beträgt nach dem Gesetz von Gay-Lussac

$$V_2 - V_1 = V_0 \cdot \frac{T_2 - T_1}{273}$$

(vgl. Abschn. 3, 1. Form), woraus sich durch Division mit der Kolbenfläche O der Kolbenweg s ergibt. V_0 ist das Volumen der Gasmenge bei 0° C. — Die verhältnismäßige Raumvergrößerung ist

$$\frac{V_2}{V_1} = \frac{T_2}{T_1}$$

Fig. 21.

(Gay-Lussacsches Gesetz, 2. Form).

Die zur Erwärmung von 1 kg des Gases um $\tau^0 = T_2 - T_1$ erforderliche Wärme ist

$$Q = c_p \cdot \tau ,$$

mit c_p als spez. Wärme bei konstantem Druck. Über diese gilt das gleiche wie über c_v in Abschn. 19. Bei gegebenem Q kann τ, bei gegebenem τ kann Q nach S. 68 aus Tafel I abgelesen werden, falls c_p veränderlich ist.

Mit

$$G = \frac{p_1 V_1}{RT_1}$$

wird die gesamte Wärmemenge gleich $G \cdot Q$ kcal.

Mechanische Arbeit. Zum Unterschied vom vorhergehenden Falle wird von dem Gase die mechanische Arbeit (absolute Gasarbeit)

$$L_G = fps$$

verrichtet, oder wegen

$$fs = V_2 - V_1$$

$$L_G = p(V_2 - V_1).$$

Die Arbeit von 1 kg Gas wird mit $V_2 = v_2$, $V_1 = v_1$

$$L = p(v_2 - v_1).$$

Dies läßt sich noch anders ausdrücken. Für den Anfang gilt

$$pv_1 = RT_1,$$

für das Ende

$$pv_2 = RT_2.$$

Durch Subtraktion wird

$$p(v_2 - v_1) = L = R(T_2 - T_1).$$

Mechanische Bedeutung der Gaskonstanten R. Mit $T_2 - T_1 = 1^0\,\mathrm{C}$ wird

$$L \ (\text{für } 1^0) = R.$$

R bedeutet also die absolute Ausdehnungsarbeit in mkg, die 1 kg des betreffenden Gases bei Erwärmung unter konstantem Druck um 1^0 C verrichtet.

Beispiele: 1. Wieviel Wärme ist in einer Luftheizung durch die Feuerung auf die Luft zu übertragen, wenn stündlich 1000 cbm warme Luft von 60^0 aus Luft von -15^0 herzustellen sind?

Zur Erwärmung von 1 kg um $60 + 15 = 75^0$ sind $75 \cdot c_p = 75 \cdot 0{,}238 = 17{,}85$ kcal. erforderlich. — Das spez. Gewicht der Luft von 60^0 ist bei 760 mm gleich $1{,}3 \cdot \dfrac{273}{(273 + 60)} = 1{,}07$ kg/cbm. Daher wiegen 1000 cbm warme Luft $1000 \cdot 1{,}07 = 1070$ kg. Es müssen also der Luft stündlich $1070 \cdot 17{,}85 = \underline{19100\ \text{kcal.}}$ mitgeteilt werden.

2. In einen mit Luft von 35 at abs. und 700^0 gefüllten Zylinder wird Brennstoff (Petroleum) allmählich in solcher Weise eingeführt, daß während der Verbrennung der Gasdruck hinter dem ausweichenden Kolben unveränderlich 35 at bleibt. (Gleichdruck-Verbrennungsmotor.)

Welche Temperatur T_2 herrscht im Gase bei Schluß der Brennstoffzufuhr, wenn sein Rauminhalt durch den Kolben bis dahin auf das $2^1/_2$fache angewachsen ist? Welche Wärmemenge ist, für 1 cbm von 0^0 760 mm, durch die Verbrennung entstanden? Welche absolute Arbeit hat der Gasdruck während der Verbrennung verrichtet?

Es ist

$$\frac{T_2}{273 + 700} = \frac{2{,}5}{1}, \quad T_2 = 2430 \text{ abs.}; \quad t_2 = 2157^0\,\mathrm{C}.$$

Die Temperatursteigerung ist $\tau = 2157 - 700 = 1457^0$ C bei einer Anfangstemperatur von 700^0 C. Dies entspricht nach Taf. I für die Verbrennungsprodukte einer Wärmezufuhr von rd. 542 kcal/cbm. Die absolute Gasarbeit ist $L = R \cdot (T_2 - T_1) = 29{,}3 \cdot 1457 = 42800$ mkg/kg.

21. Verwandlung von Wärme in Arbeit und von Arbeit in Wärme bei der Zustandsänderung mit unveränderlichem Druck. Mechanisches Wärmeäquivalent. Erster Hauptsatz der Mechanischen Wärmetheorie.

Wird die gleiche Gasmenge bei unveränderlichem Druck um die gleiche Anzahl von Graden erwärmt, wie bei unveränderlichem Raum, so ist für jedes Kilogramm und jeden Grad eine um $c_p - c_v$ größere Wärmemenge erforderlich. Der Mehrbetrag an fühlbarer im Gase wirklich vorhandener Wärme ist jedoch in beiden Fällen am Ende der gleiche; denn er hängt nicht davon ab, wie die höhere Temperatur zustande kommt, sondern nur von dieser Temperatur selbst. Dieser Betrag ist gleich $c_v \cdot t$, da bei unveränderlichem Raum die ganze zugeführte Wärme auf Temperatursteigerung verwendet wird.

Von den $c_p \cdot t$ kcal, die das Gas bei unveränderlichem Druck aufnimmt, verschwinden also während der Ausdehnung $c_p \cdot t - c_v \cdot t$, oder für jeden Grad Erwärmung $c_p - c_v$ kcal (sie werden „latent"). Der wesentliche Unterschied zwischen beiden Zustandsänderungen liegt nun darin, daß bei konstantem Druck vom Gase mechanische Arbeit verrichtet wird, bei konstantem Volumen nicht. Die Ursache des Mehrverbrauchs an Wärme im ersten Falle kann lediglich darin begründet sein. Die Ausdehnung und die dabei verrichtete Gasarbeit ist ebenso eine Folge der Wärmemitteilung an das Gas wie die Temperaturerhöhung. Bei unveränderlichem Raum hat die Wärme nur die letztere zu leisten.

Man stellt sich nun vor, daß die latent gewordenen $c_p - c_v$ kcal zur Leistung der Ausdehnungsarbeit verbraucht wurden. Die letztere beträgt nach Abschn. 20 für je 1^0 R mkg/kg. Es entspricht also einem Meterkilogramm geleisteter Arbeit ein Wärmeverbrauch von

$$A = \frac{c_p - c_v}{R} \text{ kcal}.$$

Dieser Wert erweist sich nun, wenn man die Zahlenwerte von c_p, c_v und R, soweit sie aus unmittelbaren Versuchen genau bekannt sind, einführt, als gleich groß für alle Arten von Gasen und als unabhängig von der Veränderlichkeit des c_p und c_v mit der Temperatur. Es ist

$$A = \frac{1}{427} \text{ kcal/mkg}.$$

Zwecks Bestätigung dieser Tatsache ist zu beachten, daß nur c_p, $k = \dfrac{c_p}{c_v}$ und R aus Versuchen direkt ermittelt sind, während sich c_v, von den Explosionsversuchen abgesehen, bis jetzt aus Versuchen direkt nicht genau ermitteln läßt. $R = 37,85/\gamma_0$ wird aus dem spez. Gewicht berechnet. Mit Rücksicht auf diese Umstände schreiben wir

$$A = \frac{\gamma_0 c_p}{37,85}\left(1 - \frac{1}{k}\right)$$

und setzen hierin die aus unabhängigen Versuchen ermittelten Werte von γ_0, c_p und k ein. Hierbei ist für c_p und k, die sich mit der Temperatur ändern, gleiche Temperatur vorauszusetzen, während γ_0 für 0^0 und 760 mm gilt.

Nun ist z. B. für Sauerstoff[1])

$$\gamma_0 = 1,4292 \text{ kg/cbm}, \quad c_p = 0,2175 \text{ kcal/kg}, \quad k = 1,40,$$

daher

$$A = \frac{1,4292 \cdot 0,2175}{37,85}\left(1 - \frac{1}{1,4}\right) = \frac{1}{427}\,.$$

Für Wasserstoff ist[1])

$$\gamma_0 = 0,09004, \quad c_p = 3,40, \quad k = 1,408,$$

daher

$$A = \frac{0,09004 \cdot 3,40}{37,85}\left(1 - \frac{1}{1,408}\right) = \frac{1}{427}\,.$$

Für Luft ist

$$\gamma_0 = 1,2928, \quad c_p = 0,240, \quad k = 1,40,$$

daher

$$A = \frac{1,2928 \cdot 0,240}{37,85}\left(1 - \frac{1}{1,40}\right) = \frac{1}{427}\,.$$

Der Einfluß der Temperatur auf c_p und c_v ist nur für Stickstoff unabhängig ermittelt. Nach Abschn. 12 ist für Stickstoff

$$c_p = c_{p0} + 0,000038\,t \quad \text{(Holborn u. Henning)}$$
$$c_v = c_{v0} + 0,0000378\,t \quad \text{(Langen).}$$

Die Temperaturkoeffizienten sind also, wenn man die nicht sehr sichere letzte Dezimale in c_v wegläßt und den Wert auf 0,000038 aufrundet, einander gleich. Daher wird

$$A = \frac{c_p - c_v}{R} = \frac{c_{p0} + 0,000038\,t - c_{v0} - 0,000038\,t}{R} = \frac{c_{p0} - c_{v0}}{R}\,.$$

Sieht man die Gleichheit der Temperaturkoeffizienten von c_p und c_v für alle 2 atomigen Gase als gültig an, so fällt wie beim Stickstoff die Temperatur aus dem Quotienten $(c_p - c_v) : R$ heraus und A ist wie oben aus den Werten um 0^0 bestimmt.

Soweit demnach genaueste Versuchswerte von c_p, c_v, k und γ_0 vorliegen, findet sich tatsächlich A unveränderlich gleich $1 : 427$.

Demnach entspricht einer in mechanische Arbeit umgesetzten Wärmemenge von $^1/_{427}$ kcal ein Arbeitsgewinn von 1 mkg.

Wird das Gas bei konstantem Druck um t^0 abgekühlt (vgl. Fig. 21, vor. Abschn.), so muß ihm die Wärme $c_p \cdot t$ entzogen werden. Seinem Inhalt an fühlbarer Wärme nach könnte es jedoch bei dieser Abkühlung aus sich selbst nur $c_v \cdot t$ kcal abgeben, aus dem gleichen Grunde wie es oben nur $c_v \cdot t$ kcal als Wärme in sich aufnehmen konnte Der Mehrbetrag von $(c_p - c_v) \cdot t$, den es darüber hinaus abgibt, entsteht dadurch, daß die mechanische Arbeit, die von dem Außendruck

---

[1]) Nach Landolt u. Börnstein, Physik.-chem. Tabellen, 3. Aufl. 1905.

bei der Raumverminderung auf das Gas übertragen wird, im Gase selbst in Wärme verwandelt und als solche abgeleitet wird. Es entspricht daher einer Wärmeeinheit, die durch Umsetzung von mechanischer Arbeit in Wärme entsteht, ein Arbeitsaufwand von

$$\frac{R}{c_p - c_v} = \frac{1}{A} = 427 \text{ mkg/kcal.}$$

Dieser Umsetzung oder „Verwandlung" von Wärme in Arbeit und umgekehrt liegt ein ganz allgemein gültiges, von den besonderen Eigenschaften der Gase gänzlich unabhängiges Gesetz zugrunde, das Gesetz von der Äquivalenz von Wärme und Arbeit. Es lautet:

Wenn auf irgendeinem Wege aus Wärme mechanische Arbeit oder aus mechanischer Arbeit Wärme entsteht, so entspricht jeder wirklich in Arbeit verwandelten, also als Wärme verschwundenen Wärmeeinheit eine Arbeit von 427 mkg (Mechanisches Wärmeäquivalent). Umgekehrt entspricht jedem Meterkilogramm verschwundener, in Wärme verwandelter mechanischer Arbeit eine neu gebildete Wärmemenge von 1/427 kcal.

Dieses Gesetz ist 1842 von Robert Mayer entdeckt worden. Seine allgemeine Gültigkeit wurde 1843 zuerst von Joule durch mannigfaltige Versuche, seitdem durch zahllose Erfahrungen und Versuche mit Körpern und unter Umständen aller Art bewiesen. Mayer berechnete die Äquivalentzahl mittels der damals bekannten Werte von c_p, c_v und R nach dem obigen Verfahren. Diese heute genauer bekannten Werte liefern, wie oben gezeigt, bei Sauerstoff und Stickstoff den Wert 427, der in dieser Größe auch aus Versuchen ermittelt ist, bei denen mechanische Arbeit durch Reibung bzw. Wirbelung in Wärme übergeführt wird.

Setzt man nun das Äquivalenzgesetz als allgemein gültig voraus, so gilt für alle gasförmigen Körper, die der Zustandsgleichung

$$pv = RT$$

folgen, die wichtige Beziehung

$$c_p - c_v = \frac{1}{427} R$$

oder mit

$$R = \frac{848}{m}$$

$$mc_p - mc_v = \frac{848}{427} = 1{,}98 ,$$

d. h. der Unterschied der Molekularwärmen bei konstantem Druck und konstantem Volumen ist für alle Gase bei allen Temperaturen gleich 1,98.

Man findet auch **1,985** und 1,99, je nach geringen Unterschieden in den Grundlagen.

Die Zahl 848 ist die sog. allgemeine Gaskonstante (Abschn. 6); sie stellt die Arbeit in mkg dar, die ein Mol eines beliebigen Gases verrichtet, wenn es bei unveränderlichem Druck um 1^0 erwärmt wird.

Der Wert $848/427 = 1{,}98$ ist das Wärmeäquivalent dieser Arbeit oder die im kalorischen Maß ausgedrückte Gaskonstante, die im II. Bd. mit $\Re_{cal}$ bezeichnet wird.

Die Erweiterung dieses ersten Hauptgesetzes der Wärme auf andere Naturvorgänge, wie die elektrischen und chemischen, führte Mayer und Helmholtz zur Aufstellung des Satzes von der Erhaltung der Energie, der besagt, daß eine einmal vorhandene Menge von Energie nicht verloren gehen und auf keine Weise vernichtet werden kann. Nur die Form der Energie kann sich ändern; grundsätzlich kann jede Form der Energie in jede andere, sei es unmittelbar oder mittelbar, übergeführt werden. Die Hauptformen der Energie sind die mechanische Energie, als Bewegungsenergie (kinetische) oder Spannungsenergie (potentielle), die Wärmeenergie, die elektrische Energie und die chemische Energie.

Der Satz besagt aber weiter noch, daß Energie auch nicht erschaffen werden kann[1]). Wenn auf irgendeine Weise Energie „gewonnen" wird, so kann es sich immer nur um eine Entnahme aus dem vorhandenen Energievorrat der Welt handeln. Dieser Satz ist gleichbedeutend mit der Unmöglichkeit eines Perpetuum mobile, d. h. einer ständig ohne fremden Antrieb in Bewegung bleibenden Vorrichtung, welche Nutzarbeit leisten oder auch nur die eigene Reibungsarbeit überwinden könnte.

21a. Die Einheiten der mechanischen, kalorischen, chemischen und elektrischen Energie.

Die technische Einheit der mechanischen Energie ist das Meterkilogramm (mkg), die der kalorischen oder Wärmeenergie die Kilokalorie (kcal)[2]). Zwischen beiden besteht die Beziehung

$$1 \text{ mkg} = \frac{1}{427} \text{ kcal} \quad \text{oder}$$

$$1 \text{ kcal} = 427 \text{ mkg} .$$

Man wird im allgemeinen mechanische Energiemengen (mechanische Arbeit oder Arbeitsfähigkeit, Bewegungsenergie) im mechanischen Maß und Wärmemengen im kalorischen oder Wärmemaß ausdrücken. Wegen der Unabhängigkeit der Energiebeträge von der Erscheinungsform der Energie kann man jedoch auch umgekehrt mechanische

---

[1]) Mayer pflegte dies in die Worte zu kleiden: „ex nihilo nihil fit", d. h. „aus dem Nichts wird nichts".

[2]) § 2 des Reichsgesetzes vom 7. VIII. 1924 lautet: Die gesetzlichen Einheiten für die Messung von Wärmemengen sind die Kilokalorie (kcal) und die Kilowattstunde (kWh). Die Kilokalorie ist diejenige Wärmemenge, durch welche 1 kg Wasser bei atmosphärischem Druck von $14{,}5^0$ auf $15{,}5^0$ erwärmt wird.

Die Kilowattstunde ist gleichwertig dem Tausendfachen der Wärmemenge, die ein Gleichstrom von 1 gesetzl. Ampere in einem Widerstand von 1 gesetzlichem Ohm während einer Stunde entwickelt, und ist 860 Kilokalorien gleichzuachten.

Energiemengen im Wärmemaß, Wärmemengen im mechanischen Maß darstellen.

So pflegt man im Dampfturbinenbau die Arbeitsfähigkeit des Dampfes zwischen zwei gegebenen Drücken als Wärmegefälle zu bezeichnen und in kcal auszudrücken (Abschn. 52). Ein Wärmegefälle von 90 kcal würde z. B. eine verfügbare Arbeitsmenge von $90 \cdot 427 = 38\,430$ mkg bedeuten. Umgekehrt ist vorgeschlagen worden, Wärmegrößen wie die spezifische Wärme, Verdampfungswärme u. a. statt in kcal in mkg oder in elektrischen Einheiten (Wattsekunden) auszudrücken, um ein einheitliches Maß zu haben. Die spezifische Wärme der Luft würde dann statt $c_p = 0,24$ kcal/kg betragen $c_p = 0,24 \cdot 427 = 102,5$ mkg/kg.

Die bei chemischen Reaktionen auftretenden oder verfügbaren Energiemengen werden allgemein im Wärmemaß, also in kcal oder cal ausgedrückt.

Technisch besonders wichtig ist der Zusammenhang der elektrischen Energieeinheit mit der kalorischen und mechanischen. Das elektrische (elektrodynamische) Maßsystem baut sich auf dem sogenannten absoluten mechanischen Maßsystem (cm, g, sec- oder c, g, s-System) auf. In diesem ist die Einheit der Arbeit oder Energie das Erg.

1 Erg ist die Arbeit, die von der Krafteinheit des absoluten Maßsystems, dem Dyn, auf einem Weg von 1 cm verrichtet wird.

$$1 \text{ Erg} = 1 \text{ Dyn} \cdot 1 \text{ cm}.$$

Ein Dyn ist aber die Kraft, die der Masse eines Grammgewichts (der Masseneinheit des absoluten Maßsystems) die Beschleunigung 1 cm/sec^2 erteilt. Im technischen mechanischen Maßsystem (m, kg, sec) ist diese Masse, da hier die Krafteinheit gleich der Gewichtseinheit (kg) ist, gleich $1/(1000 \cdot 9,81)$ technischen Masseneinheiten. Somit ist wegen

Kraft $=$ Masse mal Beschleunigung

$$1 \text{ Dyn} = \frac{1}{1000 \cdot 9,81} \cdot \frac{1}{100} \text{ kg} = \frac{1}{9,81 \cdot 10^5} \text{ kg} = \frac{1}{981} \text{ g}.$$

Also ist

$$1 \text{ Erg} = \frac{1}{9,81 \cdot 10^5} \cdot \frac{1}{100} = \frac{1}{9,81 \cdot 10^7} \text{ mkg}.$$

Wegen der Kleinheit des Erg wird als praktische Einheit der elektrischen Energie ein 10^7 mal so großer Wert angenommen, der als 1 Joule bezeichnet wird. Es ist also

$$1 \text{ Joule} = 10^7 \text{ Erg} = \frac{1}{9,81} \text{ mkg} = 0,102 \text{ mkg}.$$

Die elektrische Energie wird somit grundsätzlich im mechanischen (absoluten) Maß ausgedrückt, nur ist die Größe der elektrischen Einheit eine andere als die der mechanischen. In kalorischen Einheiten ist

$$1 \text{ Joule} = \frac{1}{9,81 \cdot 427} \text{ kcal} = \frac{0,239}{1000} \text{ kcal}.$$

1000 Joule elektrische Energie ($= 102$ mkg) ergeben somit, vollständig in Wärme umgewandelt (z. B. durch Draht- oder Flüssigkeitswiderstände) eine Wärmemenge von 0,239 kcal.

Im Maschinenbetrieb werden Energiemengen meist mit Bezug auf die Zeit, in der sie geleistet werden, angegeben. Die in 1 Sekunde geleistete oder verbrauchte Energie wird als Leistung oder Effekt bezeichnet. Auch der Effekt kann entweder im mechanischen oder kalorischen oder elektrischen Maß ausgedrückt werden. Im mechanischen Maß ist die Einheit des Effekts 1 mkg/sec. Jedoch wird meist mit einer 75 mal so großen Einheit, der Pferdestärke (PS), gerechnet. Es ist

$$1 \text{ PS} = 75 \text{ mkg/sec},$$

$$1 \text{ mkg/sec} = \frac{1}{75} \text{ PS}.$$

Im Wärmemaß ist die Einheit des Effekts 1 kcal/sec und es ist

$$1 \text{ kcal/sec} = 427 \text{ mkg/sec},$$

also

$$1 \text{ PS} = \frac{75}{427} = 0{,}175 \text{ kcal/sec}.$$

Im elektrischen Maß ist die Einheit des Effekts 1 Joule/sec. Diese Einheit hat einen besonderen Namen und heißt 1 Watt. Es ist also

$$1 \text{ Watt} = 1 \text{ Joule/sec} = \frac{1}{9{,}81} \text{ mkg/sec} = 0{,}102 \text{ mkg/sec}.$$

1000 Watt heißen 1 Kilowatt (kW), es ist daher

$$1 \text{ Kilowatt} = 1000 \text{ Joule/sec} = \frac{1000}{9{,}81} = 102 \text{ mkg/sec}$$

und

$$1 \text{ Kilowatt} = \frac{1000}{9{,}81 \cdot 75} = 1{,}36 \text{ PS}$$

oder

$$1 \text{ PS} = 0{,}736 \text{ kW}.$$

Ist die Leistung bekannt, so kann man daraus die in einer beliebigen Zeit geleistete oder verbrauchte Energiemenge durch Multiplikation mit dieser Zeit erhalten. Die in 1 sec geleistete Arbeit ist also, wenn der Effekt in mkg/sec angegeben ist, eine gleich große Zahl in mkg. Ist der Effekt in PS gegeben, so ist die Arbeit, die in 1 Sekunde geleistet wird, die PS-Sekunde. In der Regel rechnet man mit PS-Stunden und es ist

$$1 \text{ PSh} = 75 \cdot 3600 = 270\,000 \text{ mkg}.$$

Die PS-Stunde ist also eine erheblich größere Arbeitseinheit als das mkg. Im kalorischen Maß ist

$$1 \text{ PSh} = \frac{75 \cdot 3600}{427} = 632{,}3 \text{ kcal}.$$

Verwandelt man also 1 PSh mechanische Arbeit, etwa durch Bremsen einer Dampfmaschine, vollständig in Wärme, so werden an der Bremse stündlich 632,3 kcal entwickelt. Werden 100 PS abgebremst, so hat man stündlich 63 230 kcal mit dem Kühlwasser der Bremse abzuführen.

Die aus dem elektrischen Effekt abgeleitete Energieeinheit ist die Wattsekunde, die identisch mit dem Joule ist. Es ist

$$1 \text{ Wattsekunde} = 1 \text{ Joule} = \frac{1}{9,81} \text{ mkg} = \frac{0,239}{1000} \text{ kcal} = 0,239 \text{ cal,}$$

oder

$$1 \text{ cal} = \frac{1}{1000} \text{ kcal} = 4,1842 \text{ Wattsekunden.}$$

Im Maschinenbetrieb rechnet man mit dem Kilowatt und mit der Stunde, also mit der Kilowattstunde als Arbeitseinheit. Es ist

$$1 \text{ Kilowattstunde (kWh)} = 1000 \cdot 3600 = 3,6 \cdot 10^6 \text{ Joule}$$

und wegen

$$1 \text{ Joule} = \frac{1}{9,81 \cdot 427} \text{ kcal}$$

$$1 \text{ kWh} = \frac{3,6 \cdot 10^6}{9,81 \cdot 427} = 859,4 \text{ kcal} = 366\,970 \text{ mkg.}$$

Wird also 1 Kilowattstunde vollständig in Wärme verwandelt, etwa durch Umsetzung in einem elektrischen Widerstand, so werden 859,4 kcal Wärme entwickelt. Man·kann also, wenn man unmittelbar mittels elektrischer Energie Dampf mit der Gesamtwärme λ erzeugen will, mit 1 kWSt höchstens $859,4/\lambda$ kg Dampf erhalten, also z. B. mit $\lambda = 632$ (Dampf von 1 at) $859,4/632 = 1,36$ kg Dampf.

Zwischen Kilowattstunde und PS-Stunde besteht die gleiche Beziehung wie zwischen Kilowatt und PS, also

$$1 \text{ kWh} = 1,36 \text{ PSh,}$$
$$1 \text{ PSh} = 0,736 \text{ kWh.}$$

22. Wirtschaftlicher Wirkungsgrad der Wärmekraftmaschinen.

Dampfmaschinen, Dampfturbinen und Verbrennungsmotoren sind Wärmekraftmaschinen, da die Quelle der Arbeitsfähigkeit dieser Maschinen in der Wärme liegt, die ihnen mit dem Dampf bzw. dem Heizwert der Treibgase zugeführt wird. Ein Teil dieser Wärme wird in den Maschinen durch Vermittlung des Dampfes oder der Gase in mechanische Arbeit verwandelt, während der Rest als Wärme des Abdampfs, des Kondensats, der Abgase, des Kühlwassers wieder ausgestoßen wird. Es ist selbstverständlich, daß man im allgemeinen den ersten Teil der in der Maschine arbeitenden Wärme möglichst groß zu machen bestrebt ist. Dadurch werden einerseits die Brennstoffkosten für eine verlangte Arbeitsleistung möglichst klein, andererseits werden die Maschinen bei gleicher Größe arbeitsfähiger.

Ein Gasmotor mit schlechter Verbrennung wird die erwartete Leistung trotz großen Gasverbrauchs nicht erreichen; ein Motor mit guter Wärmeverwandlung erhält bei gleicher Leistung kleinere Abmessungen.

Erst durch die Entdeckung des mechanischen Äquivalents der Wärme ist ein Urteil darüber möglich geworden, in welchem Grade eine im Betriebe befindliche Maschine die ihr zugeführte Wärme überhaupt ausnützt. Denn vordem war es nicht bekannt, welche absolute Arbeitsfähigkeit die der Maschine zugeführte Wärme besitzt, und ein Vergleich dieser Wärme mit der tatsächlichen Maschinenleistung war deshalb unmöglich.

Unter dem „wirtschaftlichen Wirkungsgrad" versteht man das Verhältnis der Nutzarbeit (effektiven Leistung) der Maschine zum absoluten Arbeitswert der für den Betrieb der Maschine in der gleichen Zeit verbrauchten Wärme.

Aus dem gemessenen Brennstoffverbrauch C der Maschine für die effektive Pferdestärke und Stunde ergibt sich dieser Wert wie folgt.

Hat der Brennstoff einen Heizwert von H kcal für 1 kg oder 1 cbm (oder bei Dampfmaschinen 1 kg Dampf den Wärmeinhalt H), so werden zur Leistung von 1 PSh $C \cdot H$ kcal verbraucht. Diese Wärme, wenn vollständig in Arbeit verwandelt, würde 427 $C \cdot H$ mkg Arbeit liefern. Tatsächlich werden von der Maschine mit dieser Wärme 1 PSh $= 75 \cdot 3600$ mkg geleistet. Daher ist der wirtschaftliche Wirkungsgrad

$$\eta_w = \frac{3600 \cdot 75}{427\, C \cdot H} = \frac{632}{C \cdot H}.$$

Der Wärmeverbrauch für 1 PSh also das Produkt $W = C \cdot H$, wird ebenfalls als Maßstab für die Wärmeausnützung verwendet. Der kleinste denkbare (aber nicht mögliche) Wert wäre $W = 632$. In den zwei folgenden Beispielen ist bzw. $W = 6300$ und 2550 kcal/PSh. Bei den besten neuen Heißdampflokomobilen sind gegen 3000 kcal erreicht worden, bei Gas- und Ölmotoren bis 2000 kcal.

Die Werte η_w und W gestatten einen unmittelbaren Vergleich der Güte der Wärmeausnützung von Dampfmaschinen, Dampfturbinen, Gas- und Ölmaschinen mit beliebigen Dampfzuständen und Brennstoffen.

Beispiele: 1. Eine Dampflokomobile verbrauche für die Nutzpferdestärke und Stunde 0,9 kg Kohle mit 7000 kcal/kg Heizwert.

Wieviel Bruchteile der in der Kohle enthaltenen Wärmeenergie werden in Nutzarbeit verwandelt?

$$\eta_w = \frac{632}{0,9 \cdot 7000} \approx 0,10 \text{ oder } 10 \text{ v. H.}$$

2. Eine Gasmaschine verbrauche stündlich auf jede Nutzpferdestärke 500 l Gas von 5100 kcal/cbm Heizwert. $\eta_w = ?$

$$\eta_w = \frac{632}{0,5 \cdot 5100} = 0,248 \text{ oder } 24,8 \text{ v. H.}$$

3. Eine Dampfmaschine verbrauche für jede Nutzpferdestärke und Stunde 10 kg Dampf. Wieviel von der durch den Dampf im Kessel auf-

genommenen Wärme im Betrag von 650 kcal/kg werden in mechanische Arbeit umgesetzt?

$$\eta = \frac{632}{10 \cdot 650} = 0,097 \text{ oder } 9,7 \text{ v. H.}$$

Auf Dampf von 632 kcal Wärmeinhalt bezogen ist allgemein

$$\eta = \frac{1}{C},$$

mit C als Dampfverbrauch für 1 PSh.

23. Die Wärmegleichung der Gase; Verhalten der Gase bei beliebigen Zustandsänderungen.

Nach Abschn. 18 ist mit jeder Zustandsänderung der Gase, mit einer Ausnahme (Abschn. 24), ein Zu- oder Abgang von Wärme verbunden; andererseits bewirkt jede Wärmemitteilung oder -entziehung eine Änderung des Gaszustandes, d. h. von Temperatur, Druck und Volumen.

Die Rolle, die hierbei die Wärme spielt, geht deutlich aus Abschn. 20 hervor. Ein Teil wird zur Temperatursteigerung verbraucht und bleibt als Wärme im Gas; der andere Teil verschwindet als Wärme und wird zur Leistung der absoluten Gasarbeit verbraucht, bzw. in diese verwandelt. Ob dabei der Druck wie in Abschn. 20 unveränderlich bleibt oder nicht, ist für diesen allgemeinen Vorgang ohne Belang.

Erfährt 1 kg Gas eine Temperatursteigerung von t_1 auf t_2, so wird die Zunahme an fühlbarer Wärme unter allen Umständen durch $c_v \cdot (t_2 - t_1)$ dargestellt, ganz gleichgültig, ob das Volumen oder der Druck gleich bleiben oder nicht. Dies ist ein durch die Erfahrung bestätigtes Gesetz.

Streng gilt dieses Gesetz nur für ideale Gase; für die wirklichen Gase ist es als eine um so genauere Näherung zu betrachten, je weiter dieselben von ihrem „Kondensationspunkt" entfernt sind.

Bei einer beliebigen Zustandsänderung wird also die Wärmemenge $c_v \cdot (t_2 - t_1)$ zur Erwärmung verbraucht. Ist ferner L die bei dieser Zustandsänderung verrichtete absolute Gasarbeit, so ist die für diesen Zweck verbrauchte Wärme $L/427 = A \cdot L$. Wenn nun Q die im ganzen für 1 kg zugeführte Wärmemenge ist, so muß

$$Q = c_v \cdot (t_2 - t_1) + A \cdot L \quad \ldots \ldots \quad (1)$$

sein.

Wird nicht Arbeit vom Gase verrichtet (Expansion), sondern aufgenommen (Kompression), so ist L als negative Größe einzuführen.

L wird durch die Fläche des „Arbeitsdiagramms" dargestellt. Wegen $t_2 - t_1 = T_2 - T_1$ ist auch

$$Q = c_v \cdot (T_2 - T_1) + AL.$$

Für den Anfangszustand gilt

$$p_1 v_1 = RT_1,$$

für das Ende

$$p_2 v_2 = RT_2,$$

daher wird

$$Q = \frac{c_v}{R} \cdot (p_2 v_2 - p_1 v_1) + AL.$$

Nach Abschn. 21 ist nun

$$c_p - c_v = AR,$$

somit

$$\frac{R}{c_v} = \frac{1}{A} \cdot \left(\frac{c_p}{c_v} - 1 \right),$$

daher mit

$$\frac{c_p}{c_v} = k, \qquad \frac{c_v}{R} = \frac{A}{k-1}.$$

Also wird

$$Q = \frac{A}{k-1} \cdot (p_2 v_2 - p_1 v_1) + AL, \quad \ldots \ldots (2)$$

gültig für 1 kg.

Für eine beliebige Gasmenge von G kg wird

$$Q_G = \frac{A}{k-1} \cdot (p_2 V_2 - p_1 V_1) + AL_G,$$

wegen

$$L_G = GL$$

und

$$G v_2 = V_2, \qquad G v_1 = V_1.$$

Die Beziehungen zwischen c_p, c_v, k und R kommen später häufig vor. Die wichtigsten sind

$$\frac{c_p}{c_v} = k$$

$$\frac{AR}{c_v} = k-1; \qquad \frac{c_v}{AR} = \frac{1}{k-1},$$

$$\frac{AR}{c_p} = \frac{k-1}{k}; \qquad \frac{c_p}{AR} = \frac{k}{k-1}.$$

Die entwickelte Beziehung Gl. (2) erlaubt z. B. folgende Anwendung. Ist für eine ganz beliebige Zustandsänderung allgemeinster Art, wie z. B. der Ausdehnungs- und Verdichtungsvorgang in Gasmaschinen oder Luftkompressoren, der Verlauf des Druckvolumendiagramms bekannt (Indikatordiagramm), so kann nach Planimetrieren des fraglichen Diagrammteiles die zwischen zwei beliebigen Punkten der Druckkurve an das Gas übergegangene oder aus ihm in die Wände abgeleitete Wärmemenge berechnet werden. (Selbstverständlich dürfen nicht Diagrammpunkte gewählt werden, zwischen denen die Gasmenge sich geändert hat.)

Wärmegleichung für unbeschränkt kleine Zustandsänderungen.
Jede Zustandsänderung zwischen zwei beliebig großen Grenzwerten
p_1 und p_2, v_1 und v_2, T_1 und T_2 kommt zustande durch die stetige
Aufeinanderfolge einzelner unmerklich kleiner Änderungen von p, v
und T. In Fig. 22 ist dies an der Druckvolumenkurve gezeigt. Bei
der Berechnung der Gasarbeit in Abschn. 17 ist davon bereits
Gebrauch gemacht.

Die kleine Wärmemenge dQ, die bei einer solchen „elementaren" Zustandsänderung dem Gase zuströmen oder von ihm abströmen muß, kann in gleicher Weise wie für die gesamte Zustandsänderung angeschrieben werden. In der Gleichung

$$Q = c_v(T_2 - T_1) + AL$$

tritt an Stelle von $T_2 - T_1$ die kleine Änderung (das Differential) dT,
an Stelle von L das „Arbeitselement"
dL, dessen Wert nach Abschn. 17
durch $p\,dv$ ausgedrückt wird. Also ist

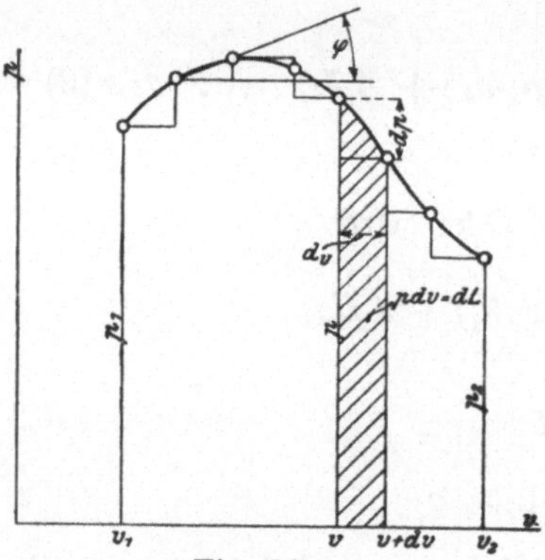

$$dQ = c_v\,dT + Ap\,dv. \quad . \text{(3)}$$

Diese Gleichung gilt sowohl für
unveränderliche, als für veränderliche spezifische Wärme c_v.

**Zustandsgleichung für die ele-
mentare Zustandsänderung.** Für den
Beginn der Änderung gilt

$$pv = RT,$$

Fig. 22.

für das Ende

$$(p + dp)(v + dv) = R(T + dT),$$

oder

$$pv + p\,dv + v\,dp + dp\,dv = RT + R\,dT.$$

Durch Subtraktion wird

$$p\,dv + v\,dp + dp\,dv = R\,dT.$$

Division mit dp ergibt

$$p\frac{dv}{dp} + v + dv = R\frac{dT}{dp}.$$

$\dfrac{dv}{dp}$ ist im Druckvolumendiagramm (Fig. 22) das Maß für die Neigung der Kurve an der betreffenden Stelle ($= \cot g\,\varphi$), hat also einen
bestimmten endlichen Wert. Ebenso ist $\dfrac{dT}{dp}$ das Maß für die Neigung
der Drucktemperaturkurve, deren Verlauf aus der p, v-Kurve ermittelt
werden könnte. Die letzte Gleichung enthält also nur Werte von end-

licher Größe, bis auf die unbeschränkt kleine Größe dv. Im Grenzfall verschwindet diese gegen den Wert der übrigen und es wird

$$p\,\frac{dv}{dp}+v=R\,\frac{dT}{dp},$$

oder einfacher

$$\boldsymbol{p\cdot dv+v\cdot dp=R\cdot dT} \quad \ldots \ldots \ldots (4)$$

(Zustandsgleichung für unbeschränkt kleine Zustandsänderung).

Mit $R=\dfrac{pv}{T}$ ergibt sich hieraus auch, nach Division mit pv

$$\frac{dv}{v}+\frac{dp}{p}=\frac{dT}{T},$$

eine Beziehung, die unabhängig von der besonderen Gasart besteht.

Durch Verbindung dieser Gleichungen mit der Wärmegleichung läßt sich eine der Größen dp, dv und dT eliminieren und man erhält damit die Gesetzmäßigkeit für die Änderung von p, v oder p, T oder v, T, die einem bestimmten Gesetz der Wärmeänderung dQ entspricht, oder umgekehrt die elementare Wärmemenge, die einer beliebigen p,v-Kurve zukommt. Es ist mit

$$dT=\frac{1}{R}\cdot(p\,dv+v\,dp)$$

$$dQ=\frac{c_v}{R}\cdot(p\,dv+v\,dp)+A\,p\,dv.$$

Mit

$$\frac{c_v}{R}=\frac{A}{k-1}$$

wird

$$\frac{dQ}{A}=\frac{1}{k-1}\,v\,dp+\frac{k}{k-1}\,p\,dv,$$

oder auch

$$\frac{1}{A}\frac{dQ}{dv}=\frac{v}{k-1}\cdot\left(\frac{dp}{dv}+k\,\frac{p}{v}\right).$$

Mittels der letzten Beziehung läßt sich entscheiden, ob an einer beliebigen Stelle einer p,v-Kurve (Fig. 23) Wärmezufuhr oder Wärmeentziehung stattfindet. Ist nämlich bei zunehmendem Volumen (dv positiv) die rechte Seite positiv, so ist auch dQ positiv; dies bedeutet Wärmezufuhr; umgekehrt würde $-dQ$ Wärmeentziehung andeuten.

Ist bei abnehmendem Volumen (Kompression, dv negativ) die rechte Seite positiv, so wird dQ negativ sein (Wärmeentziehung), und umgekehrt. Es handelt sich also darum, zu ermitteln, ob $\dfrac{dp}{dv}+k\,\dfrac{p}{v}$ positiven oder negativen Wert hat.

Wächst also der Druck mit wachsendem Volumen (dp und dv positiv), Stelle I, so liegt hiernach immer Wärmezufuhr vor. Fällt ferner der Druck bei abnehmendem Volumen, Stelle II, so wird der Ausdruck wieder positiv, aber es findet Wärmeentziehung statt, weil dv negativ ist.

Fällt ferner der Druck mit zunehmendem Volumen (Stelle III, Expansion), so kann $\dfrac{dp}{dv} + k\dfrac{p}{v}$, weil dp negativ, dv positiv ist, entweder positiv oder negativ sein. Je nachdem, absolut genommen,

$$\frac{dp}{dv} \lessgtr k\frac{p}{v}$$

ist, wird vom Gase Wärme aufgenommen oder abgegeben. Nach Fig. 23 ist

$$\frac{dp}{dv} = \frac{p}{s}$$

Die Bedingungsgleichung wird hiermit

$$\frac{p}{s} \lessgtr k\frac{p}{v}$$

oder

$$\frac{v}{s} \lessgtr k.$$

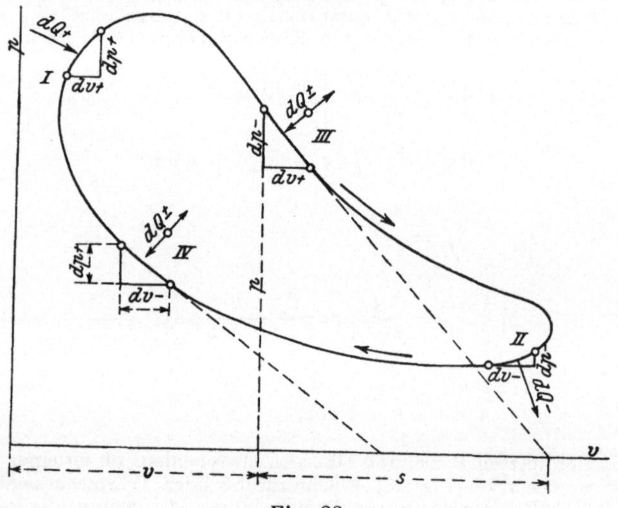

Fig. 23.

Wenn also das Verhältnis von Abszisse v und Subtangente s kleiner als k ist, findet Wärmezufuhr, wenn es größer als k ist, Wärmeentziehung statt.

Für die Verdichtung (Stelle IV) gilt das Umgekehrte, weil dv negativ ist und daher $\dfrac{dQ}{dv}$, wenn dQ positiv sein soll, negativ sein muß.

Wenn $\dfrac{v}{s} < k$ ist, findet Wärmeentziehung, wenn es größer als k ist, Wärmezufuhr statt. Durch Ziehen der Tangente an eine gegebene Druckkurve läßt sich also die Frage aufs leichteste entscheiden.

Die bei einer beliebigen Zustandsänderung AB, Fig. 23a zugeführte Wärme Q kann nach Gl. 1 ermittelt werden, indem man
zu dem Wärmewert AL der absoluten Gasarbeit L (Fläche unter AB)
die Wärmemenge $c_v(t_2 - t_1)$ addiert.

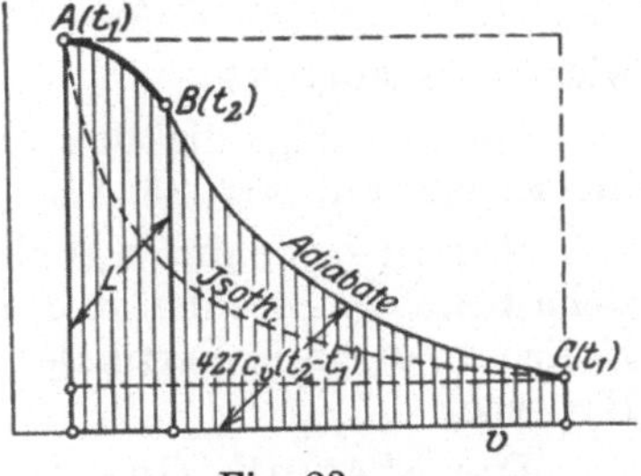

Fig. 23a.

Die letztere Wärmemenge wird nun
im Arbeitsmaß nach Abschn. 25 Gl. 6
durch die Fläche der absoluten adiabatischen Gasarbeit zwischen den Temperaturen t_2 und t_1 dargestellt. Zieht
man also durch B eine Adiabate (Abschnitt 25) und durch A eine Isotherme
(Abschn. 24), so ist die Fläche unter BC
gleich 427 $c_v(t_2 - t_1)$, weil in B die
Temperatur t_2, in C die Tempe-
ratur t_1 herrscht. Die ganze unter ABC liegende schraffierte Fläche
stellt somit die Wärme Q im Arbeitsmaßstab des Diagramms, also
den Wert 427 Q dar.

Zu dem gleichen Ergebnis würde die obige Gl. 2 führen.

Dieses rein graphische Verfahren führt also ohne Kenntnis der
spezifischen Wärmen und der Temperaturen zu den richtigen Werten
von Q, wenn man nur den Arbeitsmaßstab kennt.

24. Zustandsänderung bei gleichbleibender Temperatur.

(Isothermische Zustandsänderung.)

Bei unveränderlicher Temperatur stehen Druck und Volumen im
reziproken Verhältnis

$$\frac{p_1}{p_2} = \frac{v_2}{v_1}.$$

Es ist

$$p_1 v_1 = p_2 v_2$$

oder

$$pv = \text{konst.}$$

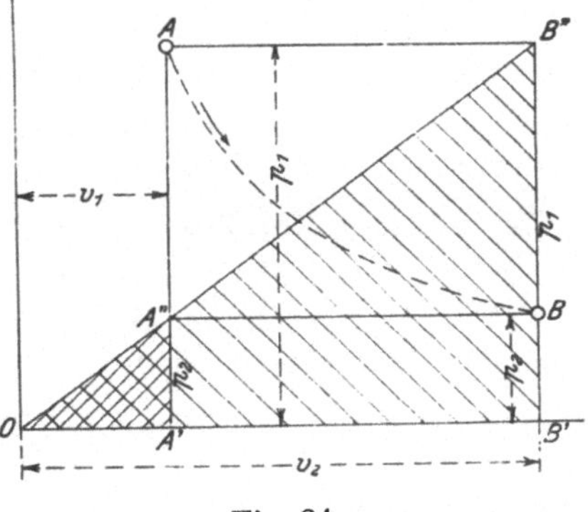

Fig. 24.

Die Druckvolumenkurve ist also
eine gleichseitige Hyperbel.
Sind Druck und Volumen in einem
Anfangszustand durch Punkt A
(Fig. 24) gegeben, so kann leicht
der Endpunkt B, der einer Raumzunahme von v_1 auf v_2 entspricht,
gefunden werden.

Ziehe durch A eine Horizontale und eine Vertikale und durch O
den Strahl OB''. Durch den Punkt A'', wo dieser die Vertikale
durch A trifft, ziehe eine Horizontale, die sich mit der Vertikalen
durch B'' in B trifft. Dies ist der gesuchte Endpunkt.

Beweis: Es verhält sich

$$B'B'' : A'A'' = OB' : OA',$$

oder

$$p_1 : p_2 = v_2 : v_1,$$

wie es verlangt ist.

Hieraus folgt die bekannte, vielbenützte Konstruktion, Fig. 24a für Expansion, Fig. 25 für Kompression von A aus.

Regel: Ziehe durch A eine Horizontale und Vertikale. Von O aus ziehe beliebige Strahlen und durch ihre Schnittpunkte mit jenen wieder Horizontale und Vertikale. Diese treffen sich in Punkten der Hyperbel.

Die absolute Gasarbeit L, die bei der Ausdehnung abgegeben, bei der Verdichtung aufgenommen wird, ist gleich der Fläche $ABB'A'$ (Fig. 24a). Gemäß den bekannten Eigenschaften der gleichseitigen Hyperbel ist diese Fläche

$$L = p_1 v_1 \ln \frac{p_1}{p_2}$$

oder

$$L = p_1 v_1 \ln \frac{v_2}{v_1}.$$

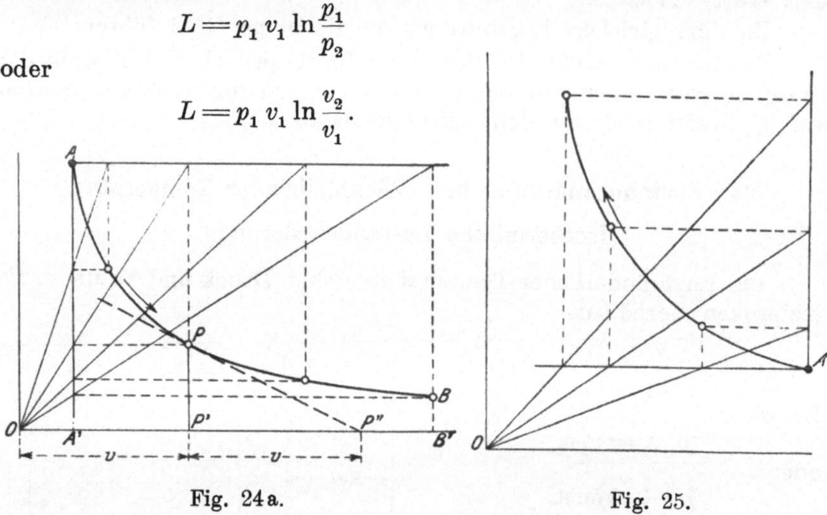

Fig. 24a.　　　　　　　　　　Fig. 25.

Für die Rechnung sind die Logarithmen mit der Basis 10 bequemer. Mit diesen wird

$$L = 2{,}303\, p_1 v_1 \log \frac{p_1}{p_2}$$

(für 1 kg Gas),

$$L_G = 2{,}303\, p_1 V_1 \log \frac{p_1}{p_2}$$

(für beliebige Gasmenge).

Die Wärmemenge, die von A bis B zuzuführen ist, folgt aus

$$Q = c_v \cdot (T_2 - T_1) + A L.$$

Wegen $T_2 - T_1 = 0$ fällt das erste Glied weg, es ist

$$Q = + A \cdot L.$$

Soll also bei der Ausdehnung die Temperatur nicht fallen, so muß eine Wärmemenge gleich dem Äquivalent der geleisteten absoluten Gasarbeit zugeführt werden.

Man kann dies auch so ausdrücken: Bei der isothermischen Expansion wird die gesamte zugeführte Wärme und nur diese in absolute Gasarbeit verwandelt.

Für Verdichtung, wobei L negativ ist, gilt

$$Q = - A \cdot L.$$

Soll demnach bei Verdichtung die Temperatur nicht steigen, so muß eine Wärmemenge gleich dem Äquivalent der absoluten Verdichtungsarbeit abgeleitet werden. — Bei der isothermischen Kompression wird die ganze absolute Verdichtungsarbeit in Wärme verwandelt und mit dem Kühlwasser abgeführt.

Soll die p, v-Kurve in allen Teilen der Hyperbel folgen, so muß in jedem Augenblick die dem Arbeitselement äquivalente Wärme zu- bzw. abgeleitet werden. Es muß gemäß Abschn. 23 $dQ = Ap\,dv$ sein, und zwar $+ dQ$ für $+ dv$ (Expansion) und $- dQ$ für $- dv$ (Kompression). Die für gleiche (kleine) Volumzunahmen erforderlichen Wärmemengen nehmen also proportional mit dem Drucke ab. — Bei der Verdichtung nehmen die abzuführenden Wärmemengen (für gleiche kleine Zusammendrückungen) im gleichen Verhältnis mit dem Druck zu.

Es ist schwierig, bei rasch verlaufenden Vorgängen, wie z. B. in Kompressoren, den isothermischen Verlauf zu verwirklichen. Das Gesetz der Wärmeentziehung ist hierzu zu verwickelt. Es bleibt nur übrig, wo diese Zustandsänderung erstrebenswert ist, gleichmäßige kräftige Kühlung anzuwenden.

Beispiel (vgl. auch Abschn. 3, Boylesches Gesetz).

1. Luft vom Drucke p_0 soll isothermisch auf den absoluten Druck p at verdichtet werden. Welche absolute Verdichtungsarbeit ist auf die Luft zu übertragen? Welche Wärmemenge ist während der Verdichtung aus der Luft abzuleiten? Als Bezugseinheit soll 1 cbm Druckluft dienen.

Es ist, da p in at abs. gegeben ist,

$$L = 2{,}303 \cdot 10\,000 \, p V \log \frac{p}{p_0},$$

oder mit $\qquad\qquad V = 1 \text{ cbm}$

$$L = 23\,030 \, p \log \frac{p}{p_0} \text{ mkg/cbm}.$$

$$Q = \frac{1}{427} \, L.$$

Es wird mit $p_0 = 1 \text{ kg/qcm}$ für

$p = 1{,}5$	3	6	9	15 kg/qcm abs.
$L = 6100$	32\,950	107\,400	197\,500	406\,000 mkg/cbm
$Q = 14{,}3$	77,2	252	463	952 kcal/cbm.

25. Zustandsänderung ohne Wärmezufuhr und Wärmeentziehung.

(Adiabatische Zustandsänderung.)

Wenn sich bei der mechanischen Verdichtung eines Gases die Temperatur nicht ändern soll, so muß ihm nach Abschn. 24 eine bestimmte Wärmemenge entzogen werden. Geschieht dies nicht, so steigt die Temperatur. Soll umgekehrt bei der Ausdehnung von gespanntem Gas die Temperatur unverändert bleiben, so ist ihm Wärme zuzuführen. Unterbleibt dies, so muß die Temperatur fallen.

In diesem Abschnitt handelt es sich um die Ermittlung der Temperaturänderungen, der Druckvolumenkurve und der Gasarbeit, wenn das Gas verdichtet wird oder sich ausdehnt, ohne daß es nach außen Wärme abgibt oder Wärme von außen aufnimmt.

Für die Ausdehnung und Verdichtung der Gase in den Motoren ist diese Zustandsänderung sehr wichtig. Wenn auch die Metallzylinder die Eigenschaft als Isolatoren für Wärme nicht besitzen und unter Umständen sogar absichtlich gekühlt oder erwärmt werden, so gilt doch die adiabatische Zustandsänderung als idealer Fall, weil bei ihr die Arbeitsabgabe ganz aus dem Wärmeinhalt des Gases erfolgt; der Wärmeaustausch zwischen Gas und Wänden ist bei dem raschen Gange der Maschinen während der Expansion nicht allzu erheblich.

Die Wärmegleichung

$$Q = c_v (T_2 - T_1) + A L$$

ergibt mit $Q = 0$

$$- c_v (T_2 - T_1) = A L.$$

Für $+ A L$ (Ausdehnung) muß daher $T_2 - T_1 < 0$, d. h. $T_2 < T_1$ sein. Die Temperatur sinkt. Die Ausdehnungsarbeit ist $\dfrac{c_v}{A} \cdot (T_1 - T_2)$, also gleich dem Arbeitsäquivalent der aus dem Gas verschwundenen Wärmemenge. Für $- A L$ (Verdichtung) muß $T_2 > T_1$ sein, damit die linke Seite negativ wird. Die Temperatur steigt. Die Vermehrung der Gaswärme, die der Erwärmung um $T_2 - T_1$ entspricht, nämlich $c_v (T_2 - T_1)$ ist gleich dem Wärmeäquivalent $A L$ der Verdichtungsarbeit L.

Bei der adiabatischen Zustandsänderung findet sich also die absolute Verdichtungsarbeit vollständig als Wärme im Gase wieder, während umgekehrt die bei der Ausdehnung verrichtete absolute Gasarbeit vollständig und ausschließlich aus der Eigenwärme des Gases stammt.

Gasarbeit, Druckvolumenkurve. Für den Anfangszustand gilt (Fig. 26)

$$p_1 v_1 = R T_1,$$

für das Ende

$$p_2 v_2 = R T_2.$$

Durch Subtraktion wird

$$T_2 - T_1 = \frac{p_2 v_2 - p_1 v_1}{R}.$$

Damit wird die Gasarbeit

$$L = \frac{c_v}{A\,R}\,(p_1 v_1 - p_2 v_2)$$

oder mit

$$\frac{c_v}{A\,R} = \frac{1}{k-1}$$

(s. Abschn. 22)

$$\boldsymbol{L = \frac{1}{k-1}\,(p_1 v_1 - p_2 v_2).}$$

Nun ist L gleich der Fläche $ABB'A'$ der p,v-Kurve. Diese Kurve muß gemäß der letzten Beziehung so beschaffen sein, daß ihre Fläche zwischen zwei Ordinaten p_1 und p_2 immer der $(k-1)$te Teil des Unterschieds der Koordinaten-Rechtecke $p_1 v_1$ (am Anfang) und $p_2 v_2$ (am Ende) ist. Dieser Gesetzmäßigkeit entspricht nur eine bestimmte Kurvengattung. Es läßt sich leicht noch eine andere Eigenschaft der p,v- Kurve finden.

Für eine elementare Zustandsänderung ist die Wärmegleichung (s. Abschn. 22)

$$dQ = c_v\,dT + A p\,dv.$$

Hier wird mit

$$dQ = 0.$$

$$c_v\,dT = -\,Ap\,dv.$$

Die Zustandsgleichung (s. Abschn. 22) lautet

$$p\,dv + v\,dp = R\,dT.$$

Eliminiert man dT aus beiden Beziehungen, so wird

$$-\,v\,dp = p\,dv \cdot \left(1 + \frac{A\,R}{c_v}\right).$$

Nach Abschn. 22 ist

$$\frac{A\,R}{c_v} = k - 1,$$

also

$$1 + \frac{A\,R}{c_v} = k;$$

hiermit wird

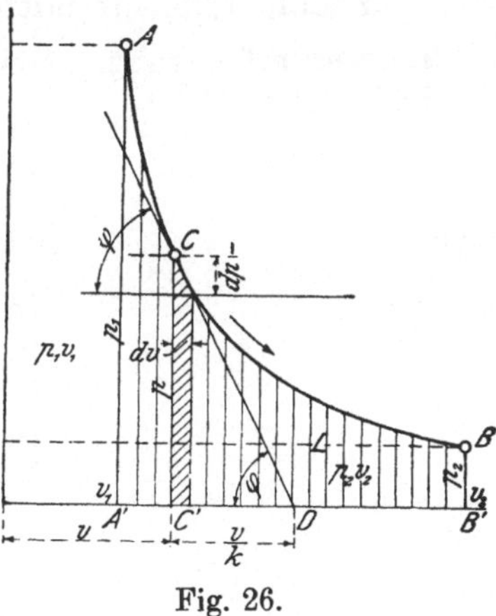

Fig. 26.

$$\boldsymbol{\frac{dp}{dv} = -\,k\,\frac{p}{v}} \;\; \cdot \cdot \cdot \cdot \cdot \cdot \cdot \cdot \cdot \cdot \cdot \cdot \;\; (1)$$

Diese Beziehung bestimmt die Richtung der Tangente an die

p, v-Kurve in einem beliebigen Punkte mit den Koordinaten p, v. Nach Fig. 26 ist

$$\operatorname{tg}\varphi = \frac{-dp}{dv},$$

daher

$$C'D = \frac{CC'}{\operatorname{tg}\varphi} = \frac{p}{\operatorname{tg}\varphi}.$$

Mit

$$\operatorname{tg}\varphi = \frac{kp}{v}$$

wird also

$$C'D = \frac{v}{k}.$$

$C'D$ ist die Projektion der Tangente CD auf die Abszissenachse (Subtangente). Diese ist also für alle Kurvenpunkte der $k$te Teil der jeweiligen Abszisse.

Diese geometrische Eigenschaft, wie auch die oben für die Fläche ermittelte, kommt den sogenannten allgemeinen Hyperbeln[1]) zu, deren Gleichung, mit p und v als Koordinaten, lautet

$$pv^k = \text{konst.} \quad\dots\dots\dots\dots \quad (2)$$

Diese Beziehung heißt auch das Poissonsche Gesetz. Wir werden sie stets als Gleichung der Adiabate, die Kurve selbst als Adiabate bezeichnen.

Für alle zweiatomigen Gase ist $k = \dfrac{c_p}{c_v}$ gleich groß, bei den gewöhnlichen Temperaturen $k = 1,4$ (s. Abschn. 12). Diese Gase haben also gleiche Adiabaten. (Dagegen ist für Methan $k = 1,31$, Äthylen 1,24, Argon 1,67.) Bei sehr hohen Temperaturen ist k kleiner, z. B. bei 1200° für Luft 1,35, für luftfreies Feuergas 1,27 (Taf. I).

Temperaturänderung. Aus den Zustandsgleichungen für Anfang und Ende folgt

$$\frac{T_2}{T_1} = \frac{p_2 v_2}{p_1 v_1}.$$

Wegen

$$p_1 v_1{}^k = p_2 v_2{}^k$$

$$\frac{p_2}{p_1} = \left(\frac{v_1}{v_2}\right)^k \quad \text{wird also}$$

$$\frac{T_2}{T_1} = \left(\frac{v_1}{v_2}\right)^{k-1} \quad \dots\dots\dots\dots \quad (3)$$

Mit

$$\frac{v_2}{v_1} = \left(\frac{p_1}{p_2}\right)^{\frac{1}{k}}$$

wird auch

$$\frac{T_2}{T_1} = \left(\frac{p_2}{p_1}\right)^{\frac{k-1}{k}} \quad \dots\dots\dots \quad (4)$$

---

[1]) Eine leichtverständliche mathematische Darstellung vgl. F. Ebner, Technisch wichtige Kurven.

Für unbeschränkt kleine Änderungen folgt durch Elimination von dv und v aus den Beziehungen in Abschn. 22

$$\frac{dT}{dp} = \frac{k-1}{k}\,\frac{T}{p} \quad \ldots \ldots \ldots \quad (5)$$

Mechanische Arbeit. Man kann diese entweder, wie im Anfang gezeigt, aus der Temperaturänderung bestimmen nach

$$L = \frac{c_v}{A}\,(T_1 - T_2) \quad \ldots \ldots \ldots \quad (6)$$

oder aus der Druck- und Volumänderung nach

$$L = \frac{1}{k-1}\,(p_1 v_1 - p_2 v_2) \quad \ldots \ldots \quad (7)$$

Unmittelbar aus der Druck- oder Volumänderung ergibt sich L, wenn in dieser Beziehung gemäß der p, v-Kurve

$$p_2 = p_1 \cdot \left(\frac{v_1}{v_2}\right)^k$$

gesetzt wird. Dann wird

$$L = \frac{p_1 v_1}{k-1} \cdot \left[1 - \left(\frac{v_1}{v_2}\right)^{k-1}\right], \quad \ldots \ldots \quad (8)$$

in gleicher Weise mit der Druckänderung

$$L = \frac{p_1 v_1}{k-1} \cdot \left[1 - \left(\frac{p_2}{p_1}\right)^{\frac{k-1}{k}}\right] \ldots \ldots \quad (9)$$

Je nach Umständen kommt der eine oder andere dieser vier Ausdrücke zur Anwendung. Sie gelten für 1 kg Gas. Für eine beliebige Gasmenge vom Volumen V (Gewicht G) ist überall v durch V zu ersetzen. Gleichung 9 kann auch in

$$L = \frac{p_1 v_1}{k-1} \cdot \left(1 - \frac{T_2}{T_1}\right) \ldots \ldots \ldots \quad (10)$$

umgeformt werden.

Beim Verdichtungsvorgang werden diese Ausdrücke negativ, weil $v_2 < v_1$, $p_2 > p_1$, $T_2 > T_1$. Bei praktischen Rechnungen hat es keinen Zweck, das negative Vorzeichen mitzunehmen. Man kann einfach die Vorzeichen in den Klammern umkehren und erhält dann z. B.

$$L_i = \frac{p_1 v_1}{k-1} \left[\left(\frac{p_2}{p_1}\right)^{\frac{k-1}{k}} - 1\right] \ldots \ldots \ldots \quad (9\,\text{a})$$

Konstruktion der Adiabate. Es sei ein Punkt A und der Exponent k gegeben. Die Kurve zu zeichnen.

1. Das Verfahren, die Punkte einzurechnen, führt im allgemeinen am raschesten zum Ziel und ist am genauesten. Es sei z. B. in

A, Fig. 27, $p_1 = 55$ mm, $v_1 = 23$ mm. Für $p = 40, 30, 20, 10$ mm wird dann die Abszisse $v = 23 \cdot \left(\dfrac{55}{40}\right)^{\frac{1}{1,4}} = 28,8$ mm (bzw. 35,8, 48,0, 79 mm).

Beliebige andere Adiabaten, z. B. durch A_1, erhält man aus AB dadurch, daß man die Abszissen $(C_1 P)$ von AB im Verhältnis $CA_1 : CA$ teilt und die Teilpunkte (P_1) verbindet. Fig. 27 enthält eine Schar von Adiabaten, zwischen denen man auf diese Weise leicht beliebige weitere Kurven einschalten kann.

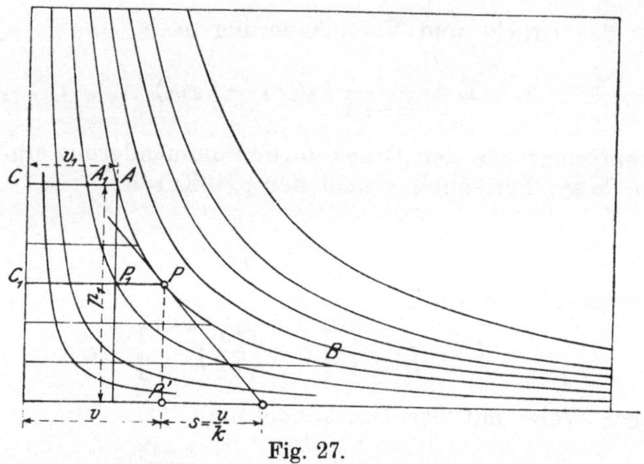

Fig. 27.

Da für einen bestimmten Wert von k die verhältnismäßige Raumänderung $v : v_0$ durch die verhältnismäßige Druckänderung bestimmt ist, so kann man bei gegebenem Anfangszustand p_0, v_0 die adiabatische Druckkurve aus Tabellen wie die nachstehenden, die für $k = 1,4$ gelten, einrechnen.

Ausdehnung.

$\dfrac{p}{p_0} =$	1	0,9	0,8	0,7	0,6	0,5	0,4	0,3	0,2	0,1	0,05	0,025
$\dfrac{v}{v_0} =$	1	1,078	1,173	1,290	1,440	1,640	1,924	2,363	3,157	5,180	8,498	13,942

Verdichtung.

$\dfrac{p}{p_0} =$	1	1,5	2	3	4	5	6	7	8	9	10	20	40
$\dfrac{v}{v_0} =$	1	0,748	0,610	0,457	0,372	0,317	0,279	0,249	0,227	0,209	0,193	0,118	0,0717

2. Graphisches Verfahren a) nach Brauer. (Fig. 28.) Von O aus ziehe man unter dem beliebigen Winkel α einen Strahl. Ein zweiter Strahl wird unter β zur Druckachse gezogen, wobei β (bzw. tg β) aus

$$\mathrm{tg}\,\beta = (1 + \mathrm{tg}\,\alpha)^k - 1$$

bestimmt werden muß. Dann befolgt man, von A ausgehend, die durch die Pfeile angegebene Zickzackkonstruktion. Die Parallelen müssen unter 45^0 geneigt sein.

Je größer man α wählt, um so weiter fallen die Punkte auseinander.

Für tg $\alpha = 0,2$ (oder $20:100$) wird z. B., mit $k = 1,4$, tg $\beta = 29,08:100$.

Die Konstruktion muß sehr sorgfältig ausgeführt werden, da sich alle kleinen Zeichenfehler auf die nachfolgenden Punkte fortpflanzen!

Ermittlung des Exponenten k aus einem Indikatordiagramm. Ziehe in dem betr. Punkte P die Tangente, Fig. 27. Der Abschnitt s zwischen dem Fußpunkt der Ordinate und dem Schnittpunkt der Tangente, dividiert in die Abszisse, ergibt den Exponenten

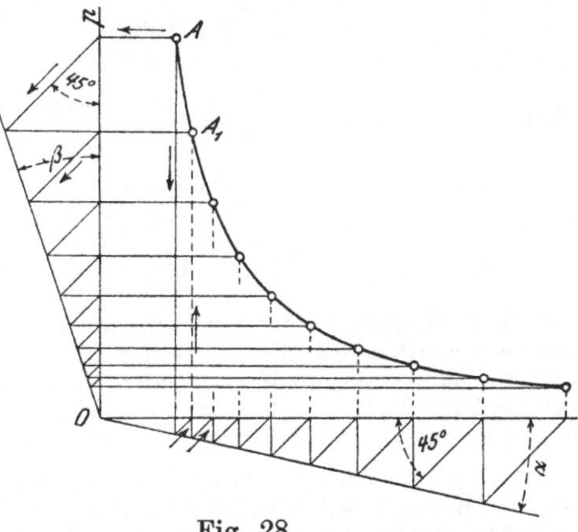

Fig. 28.

$$k = \frac{v}{s}.$$

Über ein anderes Verfahren vgl. 26.

Bei Indikatordiagrammen ist k an verschiedenen Stellen meist mehr oder weniger verschieden, d. h. der Verlauf nicht rein adiabatisch.

Beispiele. 1. Ein Leuchtgas-Luftgemisch von 0,9 at abs. und 50^0 wird bis auf den fünften Teil seines Raumes adiabatisch verdichtet. Wie groß ist der Druck und die Temperatur am Ende? $k = 1,38$.

$$\frac{p_2}{p_1} = \left(\frac{v_1}{v_2}\right)^{1,38}; \qquad p_2 = 0,9 \cdot 5^{1,38} = 8,295 \text{ at abs.};$$

$$\frac{T_2}{T_1} = \left(\frac{v_1}{v_2}\right)^{k-1}; \qquad T_2 = (273 + 50) \cdot 5^{0,38} = 595 \text{ abs.}; \qquad t_2 = 595 - 273 = \underline{322^0}.$$

2. Druckluft von 4 at Überdruck und 40^0 soll auf 0,5 at Überdruck in einem Zylinder expandieren. Um das Wievielfache ist ihr Volumen zu vergrößern, wie groß ist die Endtemperatur?

$$\frac{v_2}{v_1} = \left(\frac{p_1}{p_2}\right)^{\frac{1}{k}}$$

$$\log \frac{v_2}{v_1} = \frac{1}{1,41} \cdot \log \frac{4 + 1,033}{0,5 + 1,033} = 0,3659.$$

$$\underline{v_2 = 2,322\, v_1\,,}$$

$$\frac{T_2}{T_1} = \left(\frac{0,5 + 1,033}{4 + 1,033}\right)^{\frac{0,41}{1,41}} = \frac{1}{1,414}\,,$$

somit

$$T_2 = \frac{273 + 40}{1,414} = 221 \text{ abs.}, \quad t_2 = -52^0.$$

3. Bis zu welchem Druck muß ein Gemisch aus Luft und Benzindampf adiabatisch verdichtet werden, wenn infolge der Erhitzung gerade Selbstent-

zündung eintreten soll? Entzündungstemperatur rund 430°; Anfangstemperatur 100°; $k = 1,4$.

$$\frac{T_2}{T_1} = \left(\frac{p_2}{p_1}\right)^{\frac{k-1}{k}},$$

daher

$$\frac{p_2}{p_1} = \left(\frac{273 + 430}{273 + 100}\right)^{\frac{1,4}{0,4}} = 9,2.$$

Für

$$p_1 = 0,9 \text{ at abs.}$$

ist also

$$p_{2\,max} = 0,9 \cdot 9,2 = 8,3 \text{ at abs.}$$

oder

$$\underline{7,3 \text{ at Überdruck.}}$$

In Wirklichkeit darf bei Benzinmaschinen die Kompression nicht so hoch getrieben werden, da mit Sicherheit Vorzündungen zu vermeiden sind. Auch kann an einzelnen heißeren Stellen der Wandungen die Gastemperatur das berechenbare Maß übersteigen. Bei kleinerer Anfangstemperatur als 100° ist auch eine entsprechend höhere Verdichtung möglich.

4. Im Diesel-Motor wird Luft so hoch verdichtet, daß ihre Temperatur über die Entzündungstemperatur des Petroleums steigt. Wie groß ist der (kleinste) Verdichtungsraum im Verhältnis zum ganzen Raum des Zylinders zu nehmen und wie hoch steigt die Verdichtungsspannung, wenn die Endtemperatur 850° C sein soll? Anfangstemperatur 100°; $k = 1,4$.

Wegen

$$\frac{T_2}{T_1} = \left(\frac{v_1}{v_2}\right)^{k-1}$$

ist

$$\frac{v_1}{v_2} = \left(\frac{273 + 850}{273 + 100}\right)^{\frac{1}{0,4}} = 15,73,$$

oder

$$v_2 = 0,0636\,v_1,$$

d. h. 6,36 v. H. des Gesamtraumes, oder

$$100 \cdot \frac{v_2}{v_1 - v_2} = \frac{100}{14,73} = 6,8 \text{ v. H. des Hubraums.}$$

Ferner ist

$$\frac{p_2}{p_1} = \frac{v_1 \cdot T_2}{v_2 \cdot T_1} = 15,73 \cdot 3,01 = 47,4.$$

Mit

$$p_1 = 0,9 \text{ at abs.}$$

daher

$$\underline{p_2 = 42,8 \text{ at abs.}}$$

26. Verlauf der Druckkurven im allgemeinen. Polytropische Zustandsänderung oder Zustandsänderung mit unveränderlicher spezifischer Wärme.

Wird ein Gas unter gleichzeitiger, mehr oder minder ausgiebiger Kühlung mechanisch verdichtet, so wird stets die ganze absolute Gasarbeit in Wärme umgesetzt. Nach der allgemeinen Wärmegleichung für Gasverdichtung

$$Q = c_v (T_2 - T_1) - AL$$

(Abschn. 22) ist nämlich

$$AL = c_v (T_2 - T_1) - Q.$$

Bei Wärmeentziehung ist Q negativ, es wird dann

$$AL = c_v(T_2 - T_1) - (-Q) = c_v(T_2 - T_1) + Q,$$

in Worten: Die Summe der im Gase neu entstandenen Wärme $c_v \cdot (T_2 - T_1)$ und der fortgeleiteten Wärme Q ist gleich dem Wärmeäquivalent der abs. Gasarbeit AL.

Der Unterschied im Druckverlauf bei den verschiedenen möglichen Verdichtungsarten wird lediglich dadurch bedingt, wieviel von der jeweils aufgewendeten Verdichtungsarbeit als Wärme im Gase verbleibt und welcher Teil durch Leitung oder Strahlung fortgeleitet wird. Bei isothermischer Verdichtung (Abschn. 23) geht die ganze Verdichtungsarbeit als Wärme ins Kühlwasser, bei adiabatischer Verdichtung bleibt sie im Gase. Die beiden Verdichtungslinien verlaufen dementsprechend verschieden.

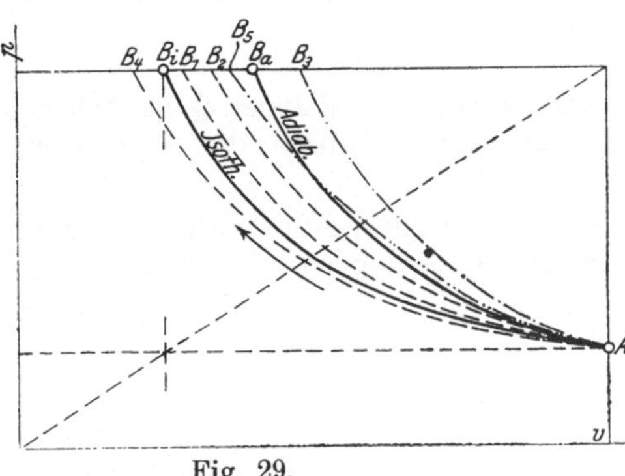

Fig. 29.

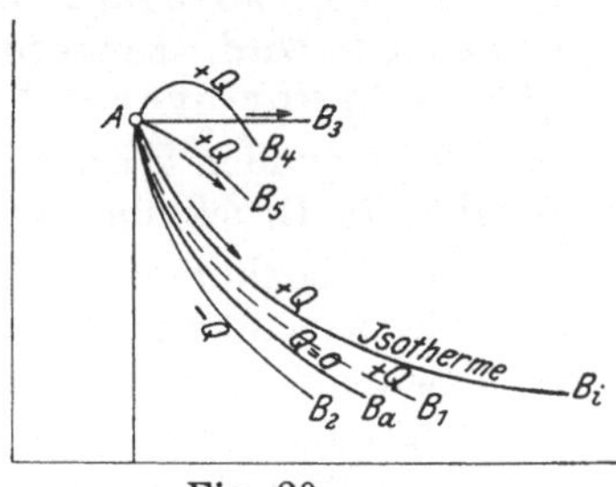

Fig. 30.

Bei vorhandener Kühlung entsteht ein Druckverlauf unter der Adiabate nach AB_1, AB_2; erst wenn so viel Wärme abgeleitet wird, als das Äquivalent der absoluten Verdichtungsarbeit beträgt, fällt die Verdichtungslinie auf die Isotherme AB_i, Fig. 29.

Ist die Kühlung so stark, daß während der ganzen Verdichtung die Temperatur stetig fällt, so entsteht AB_4.

Wird während der Verdichtung nicht gekühlt, sondern erwärmt, so erhält man AB_3. Selbst ein Verlauf nach AB_5 ist möglich, z. B. bei gekühlten Schleudergebläsen, wo das Gas im Inneren durch Reibung und Wirbel erhitzt und gleichzeitig von außen gekühlt wird.

Bei der Ausdehnung unter Wärmezufuhr wird, solange die Temperatur fällt $(T_2 < T_1)$, stets die ganze zugeführte Wärme (Q) und außerdem ein Teil der Eigenwärme des Gases, $c_v(T_1 - T_2)$, in mechanische Arbeit umgesetzt. Aus der Wärmegleichung für Ausdehnung

$$Q = c_v(T_2 - T_1) + AL$$

geht dies, wenn sie in der Form

$$AL = Q + c_v(T_1 - T_2)$$

geschrieben wird, unmittelbar hervor.

Auch hier hängt der jeweilige Verlauf der Druckkurven, Fig. 30, nur davon ab, wieviel von der Gasarbeit durch die äußere Wärmezufuhr und wieviel durch die Eigenwärme entsteht. Die Adiabate AB_a ergibt sich, wenn die ganze Gasarbeit von der Eigenwärme, die Isotherme AB_i, wenn sie von der äußeren Wärme geliefert wird. Wird zwar Wärme während der ganzen Ausdehnung zugeführt, aber nicht so viel, daß isothermischer Verlauf eintritt, so fällt die Drucklinie AB_1 zwischen Isotherme und Adiabate.

Wird aber so viel Wärme zugeführt, daß trotz der Ausdehnung die Temperatur steigt, z. B. bei Ausdehnung unter gleichem Druck nach AB_3, bei der Verbrennung im Diesel-Motor oder bei zu langsamer Verbrennung im Gasmotor nach AB_4 oder AB_5, so verläuft die Drucklinie oberhalb der Isotherme AB_i. Die Wärmegleichung in der Form

$$AL = Q - c_v\,(T_2 - T_1)$$

besagt jetzt, daß nicht die ganze zugeführte Wärme Q in Arbeit L verwandelt wird, sondern ein um die Zunahme der Eigenwärme $c_v\,(T_2 - T_1)$ geringerer Betrag.

Wird endlich Wärme abgeleitet, während das Volumen wächst, so fällt die Drucklinie AB_2 unter die Adiabate.

Die Druckkurven können überhaupt, je nach der Menge der für 1 kg Gas zugeführten Wärme und nach der Art ihrer Verteilung über die Zustandsänderung, die verschiedensten Formen annehmen.

Besonders einfache Kurven ergeben sich, wenn die Wärme Q in solcher Verteilung zugeführt (oder abgeleitet) wird, daß immer der gleiche Bruchteil ψQ davon zur Vermehrung der Eigenwärme, d. h. zur Temperaturerhöhung Verwendung findet. Der Rest $(1 - \psi)Q$ wird dabei in Arbeit verwandelt. Es ist dann

$$\psi Q = c_v\,(T_2 - T_1)$$

oder

$$Q = \frac{c_v}{\psi}\,(T_2 - T_1) = c(T_2 - T_1) \quad . \quad . \quad . \ (1)$$

Den **unveränderlichen Wert**

$$c = \frac{c_v}{\psi}$$

kann man als „spezifische Wärme" bezeichnen, da dies die Wärme ist, die in diesem Falle zur Temperatursteigerung (oder Verminderung) um je 1^0 verbraucht wird. Bei beliebiger Zustandsänderung ist dieser Wert für jeden einzelnen Grad ein anderer, die spez. Wärme ist „veränderlich", während sie in diesen besonderen Fällen unveränderlich ist.

Der Verlauf der entsprechenden Druckkurven ergibt sich leicht aus der Wärmegleichung in Verbindung mit der Zustandsgleichung. Die erstere

$$Q = c_v\,(T_2 - T_1) + AL$$

ergibt

$$A L = \frac{c_v}{\psi}(T_2 - T_1) - c_v(T_2 - T_1),$$

oder

$$A L = (c - c_v)(T_2 - T_1) \quad \dots \dots \dots (2)$$

Mit

$$T_1 = \frac{p_1 v_1}{R}, \qquad T_2 = \frac{p_2 v_2}{R}$$

wird hieraus

$$L = \frac{c - c_v}{A R}(p_2 v_2 - p_1 v_1),$$

oder mit

$$A R = c_p - c_v$$

$$L = \frac{c_v - c}{c_p - c_v}(p_1 v_1 - p_2 v_2) \quad \dots \dots \dots (3)$$

Die Druckvolumenkurve hat demnach, wie diejenige der adiabatischen Zustandsänderung, die Eigenschaft, daß ihre Fläche (L) zwischen zwei Ordinaten überall das gleiche Vielfache $\left(\dfrac{c_v - c}{c_p - c_v}\right)$ des Unterschieds der Koordinaten-Rechtecke $(p_1 v_1 - p_2 v_2)$ ist. Sie ist daher eine Kurve derselben Art, wie die Adiabate, d. h. eine allgemeine Hyperbel mit der Gleichung

$$\boldsymbol{p v^m = \text{konst.}}, \quad \dots \dots \dots (4)$$

wo m an Stelle von k getreten ist.

Die Fläche einer solchen Kurve ist nach Abschn. 24

$$L = \frac{1}{m - 1}(p_1 v_1 - p_2 v_2) \quad \dots \dots \dots (5)$$

oder mit $p_1 v_1 = R T_1$ und $p_2 v_2 = R T_2$

$$L = \frac{R T_1}{m - 1}\left(1 - \frac{T_2}{T_1}\right). \quad \dots \dots \dots (5a)$$

Zur Auswertung von m dient also die Beziehung

$$\frac{1}{m - 1} = \frac{c_v - c}{c_p - c_v}.$$

Daraus folgt

$$\boldsymbol{m = \frac{c_p - c}{c_v - c}} \quad \dots \dots \dots (6)$$

und umgekehrt

$$c = \frac{m c_v - c_p}{m - 1} = \boldsymbol{c_v \cdot \frac{m - k}{m - 1}} \quad \dots \dots \dots (6a)$$

Das Temperaturverhältnis ist

$$\frac{T_2}{T_1} = \frac{p_2\,v_2}{p_1\,v_1}$$

oder mit $p_1\,v_1{}^m = p_2\,v_2{}^m$

$$\frac{T_2}{T_1} = \left(\frac{p_2}{p_1}\right)^{\frac{m-1}{m}} = \left(\frac{v_1}{v_2}\right)^{m-1} \quad \cdots \cdots \quad (7)$$

und die Temperatursteigerung

$$T_2 - T_1 = T_1 \cdot \left[\left(\frac{p_2}{p_1}\right)^{\frac{m-1}{m}} - 1\right] \quad \cdots \cdots \cdots \quad (7\,\mathrm{a})$$

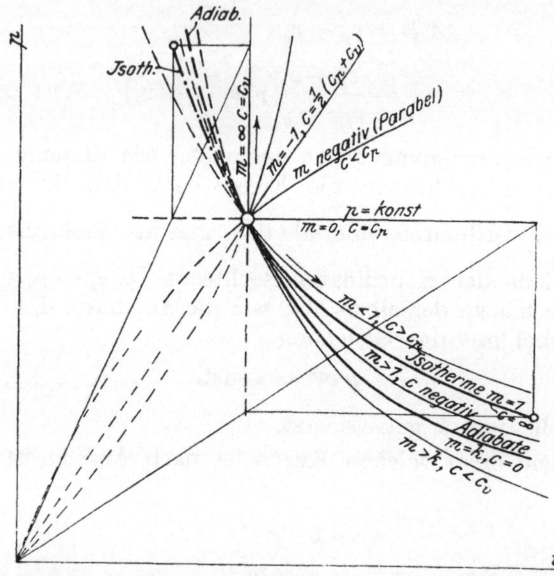

Fig. 31.

Für die Arbeit folgt aus Gl. 5

$$L = \frac{p_1 v_1}{m-1} \cdot \left[1 - \left(\frac{p_2}{p_1}\right)^{\frac{m-1}{m}}\right] = \frac{p_1 v_1}{m-1} \cdot \left[1 - \left(\frac{v_1}{v_2}\right)^{m-1}\right] \cdot \quad (8)$$

Das Verhältnis der zugeführten Wärme zur absoluten Gasarbeit wird aus Gl. 1 und 2

$$\frac{Q}{A\,L} = \frac{c}{c - c_v} = \frac{k - m}{k - 1} \quad \cdots \cdots \cdots \quad (9)$$

Allgemeine Bedeutung der polytropischen Zustandsänderung. Die früher behandelten Fälle der Zustandsänderungen können als besondere Fälle der polytropischen aufgefaßt werden. (Daher der

Name „polytropisch" für den allgemeineren Fall.) Es wird nämlich aus der Gleichung

$$p\,v^m = \text{konst.}$$

mit

$$m = 1 \quad pv = \text{konst.; isothermisch;} \qquad c = \pm\infty$$

$$m = k \quad pv^k = \text{konst.; adiabatisch;} \qquad c = 0$$

$$m = 0 \quad p = \text{konst.; konstanter Druck;} \qquad c = c_p$$

$$m = \pm\infty \quad v = \text{konst.; konst. Volumen;} \qquad c = c_v.$$

Fig. 31 zeigt diese Hauptfälle und eine Anzahl von Zwischenfällen.

Im Maschinenbetrieb (Motoren, Luftpumpen, Kompressoren) verlaufen die Zustandsänderungen nie genau adiabatisch oder isothermisch. Dagegen kann oft der wirklichen Drucklinie mit für Vorausberechnungen hinreichender Genauigkeit eine Polytrope unterstellt werden.

1. Bemerkung. Zur Untersuchung von indizierten Druckkurven und Bestimmung von m ist das graphische logarithmische Verfahren sehr geeignet. Aus

$$p\,v^m = C$$

folgt

$$\log p + m \log v = \log C.$$

Trägt man nun die Werte $\log p$ als Ordinaten (y), $\log v$ als Abszissen (x) auf, so erhält man, wenn wirklich die Druckkurve in ihrem Verlauf polytropisch ist, eine Punktreihe, die auf einer Geraden liegt. Denn für jeden Punkt gilt

$$y + m\,x = \text{konst.} = C_1.$$

Mit $x = 0$ wird $y_0 = C_1$, mit $y = 0$, $x_0 = C_1/m$, daher ist $C_1 = y_0 = m\,x_0$, $m = y_0/x_0$. m ist also das Steigungsverhältnis der Geraden gegen die Abszissenachse, Fig. 32.

Die in dieser Figur eingetragenen Punkte entsprechen Punkten der Expansionslinie des Gasmaschinendiagramms, Fig. 50. Sie liegen nicht genau auf einer Geraden, d. h. diese Kurve befolgt nicht genau das polytropische Gesetz. Die gestrichelte Gerade schmiegt sich den Punkten an, ihr entspricht nach Fig. 32 ein mittlerer Exponent $m = y_0/x_0 = 1,32$. —

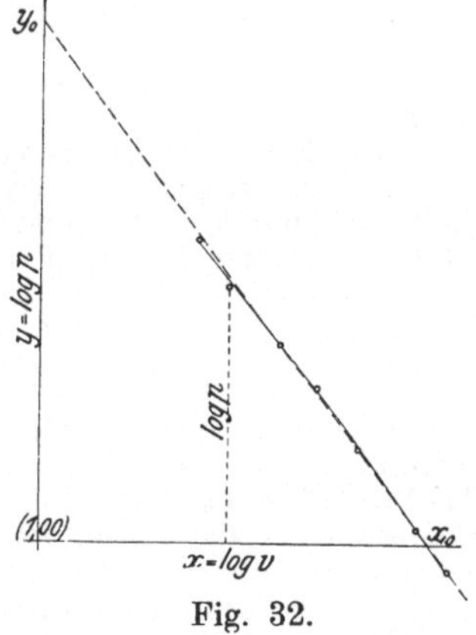

Fig. 32.

Die Maßstäbe der p, v-Kurve sind bei dem Verfahren gleichgültig, man kann $\log p$ und $\log v$ für p und v in mm, wie diese im Diagramm enthalten sind, entnehmen.

26a. Die logarithmische Polytropentafel.

Wählt man als Ordinaten und Abszissen der polytropischen Kurven statt der Werte p und v deren Logarithmen $\log p$ und $\log v$, so geht das Kurvenbündel Fig. 31 in ein Bündel von Geraden durch den Punkt mit den Anfangskoordinaten $\log p_0$ und $\log v_0$ über, da aus

$$p\cdot v^m = p_0\,v_0^m \quad \ldots \ldots \ldots \ldots \ldots \ldots (1)$$

durch Logarithmieren folgt

$$\log p + m \log v = \log p_0 + m \log v_0 \quad \dots \dots \dots (2)$$

Setzt man

$$\log p = y, \qquad \log v = x,$$

so wird hieraus

$$y + m x = y_0 + m x_0,$$

also die Gleichung einer Geraden durch den Punkt mit den Koordinaten x_0 und y_0 und mit der Neigung tg $\alpha = m$ gegen die Abszissenachse. Die Gasisotherme ist also wegen $m = 1$ eine Gerade unter 45^0 gegen die Achsen, die Gasadiabate eine Gerade mit der steileren Neigung $1,4 : 1$ oder dem Winkel von $54^0 \, 30'$ gegen die Abszissenachse. Eine Schar von Isothermen verschiedener Temperatur wird also im logarithmischen p, v Diagramm durch eine Schar von parallelen Geraden unter 45^0, eine Schar von Adiabaten durch eine Geradenschar unter $54^0 \, 30'$ dargestellt.

Schreibt man Gl. 1 in der Form

$$\frac{p}{p_0} = \left(\frac{v_0}{v}\right)^m, \quad \dots \dots \dots \dots (1\,a)$$

so wird

$$\log \frac{p}{p_0} = m \cdot \log \frac{v_0}{v}. \quad \dots \dots \dots \dots (3)$$

Setzt man nunmehr

$$\log \frac{p}{p_0} = y, \qquad \log \frac{v_0}{v} = x,$$

so erhält man aus Gl. 3

$$y = m x, \quad \dots \dots \dots \dots \dots (4)$$

die Gleichung einer Geraden durch den Ursprung, gültig für sämtliche Polytropen mit gleichem m. Drückt man also die Drücke und die Räume in Bruchteilen bzw. Vielfachen ihrer Anfangswerte aus, so erhält man an Stelle einer Schar von parallelen Geraden nur eine einzige Gerade mit der Neigung tg $\alpha = m$ durch den Ursprung ($\log p/p_0 = \log 1 = 0$, $\log v_0/v = \log 1 = 0$).

Die Polytropenscharen mit verschiedenen Werten von m werden also im logarithmischen Diagramm durch ein einziges Bündel von Geraden verschiedener Neigung durch den Ursprung dargestellt. Ein solches Strahlenbündel ist in Tafel II im rechten unteren Quadranten gezeichnet. Es stellen dar: die Gerade $O B_1$ die Gasadiabate mit $m = 1,4$, wobei $O A : A B_1 = 1,4$ ist; ferner $O B_8$ die Gasisotherme mit $m = 1$, wobei $O A = A B_8$ ist; außerdem sind noch die Polytropen für $m = 1,35$, $1,30$ (Heißdampfadiabate, Abschn. 38), $1,25$, $1,20$, $1,135$ (Sattdampfadiabate, Abschn 38) und $1,066$ (Sattdampfgrenzkurve, Abschn. 34) aufgetragen. Die Abszissen sind die Logarithmen der Zahlen $v/v_0 = 1$ bis 10 ($\log 1 = 0$ bis $\log 10 = 1$) und jeder Abszissenstrecke ist die zugehörige Zahl beigeschrieben (wie beim Rechenschieber). Als Ordinaten sind (nach unten) die Logarithmen der Druckverhältnisse $p/p_0 = 1$ bis $0,04$ aufgetragen, also $\log 1 = 0$ bis $\log 0,04 = -1,3979$.

Man kann nun leicht die verhältnismäßige Raumänderung für eine gegebene Druckänderung für eine beliebige Polytrope ablesen. Bei der adiabatischen Ausdehnung eines Gases auf den 8. Teil des Anfangsdruckes ($p/p_0 = 0,125$, Punkt A) wächst z. B. der Raum des Gases auf das $v/v_0 = 4,4$fache, Punkt B_1; bei der gleichen isothermischen Drucksenkung dagegen auf das 8fache, Punkt B_8; bei Ausdehnung mit $m = 1,135$ nimmt der Raum auf das 6,3fache zu, Punkt B_6.

Verlängert man das Geradenbüschel nach oben links in den ersten Quadranten, so erhält man die entsprechende Darstellung für die polytropische Verdichtung. Die Ordinaten sind die Logarithmen der Werte $\log p/p_0 = \log 1 = 0$ bis $\log p/p_0 = \log 25 = 1,3979$; die Abszissen (nach links) die Logarithmen der Raumverhältnisse 1 bis $0,10$, also der Werte 0 bis -1. Bei adiabatischer Verdichtung eines Gases auf den 9fachen Druck (Punkt D) wird z. B. der Raum

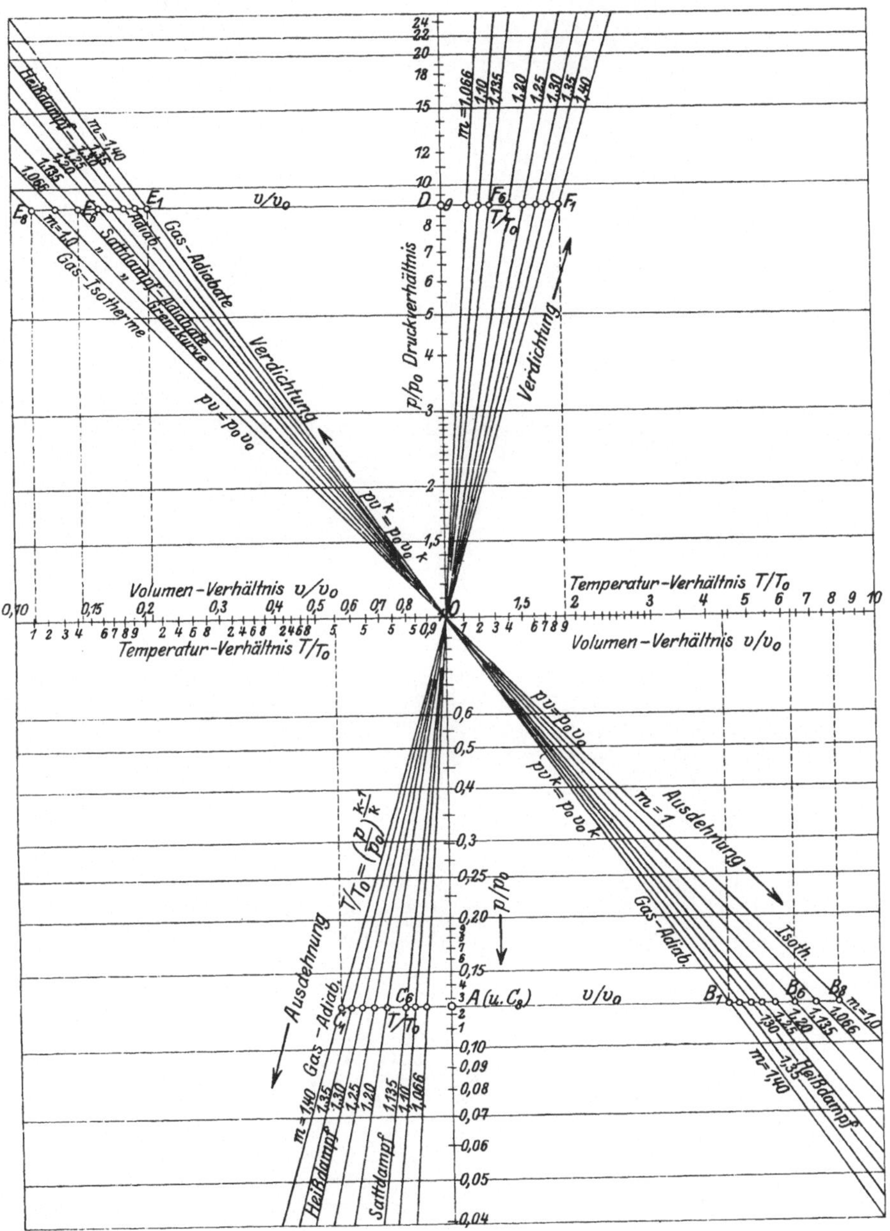
Heißdampf
m=1,40
1,35
1,30
1,25
1,20
1,135
1,066
m=1,0
Adiab.
Sattdampf-Adiabate
Grenzkurve
Gas-Isotherme
Gas-Adiabate
Verdichtung
$pv=p_0v_0$
$pv^k=p_0v_0{}^k$
Volumen-Verhältnis v/v_0
Temperatur-Verhältnis T/T_0
v/v_0
E_8 E_3 E_1 D F_6 F_1
p/p_0 Druckverhältnis
T/T_0
Verdichtung
m=1,066
1,10
1,135
1,20
1,25
1,30
1,35
1,40
24
22
20
18
15
12
10
9
8
7
6
5
4
3
2
1,5
0,70 0,15 0,2 0,3 0,4 0,5 0,6 0,7 0,8
1 2 3 4   6 7 8 9   2 4 6 8   2 4 6 8   2 4 6 8 5
Temperatur-Verhältnis T/T_0
0,9
1 2 3 4   6 7 8 9
Temperatur-Verhältnis T/T_0
1,5 2 3 4 5 6 7 8 9 10
Volumen-Verhältnis v/v_0
0
Ausdehnung
$pv=p_0v_0$
$pv^k=p_0v_0{}^k$
m=1
Ausdehnung
Gas-Adiab.
Isoth.
0,6
0,5
0,4
0,3
0,25
0,20
0,15
0,10
0,09
0,08
0,07
0,06
0,05
0,04
$T/T_0=\left(\frac{p}{p_0}\right)^{\frac{k-1}{k}}$
Ausdehnung
Gas-Adiab.
C_6
T/T_0
p/p_0
$A\,(u.\,C_8)$
v/v_0
B_1 B_6 B_8 m=1,0
1,20
1,25
1,135
1,066
1,30
1,35
m=1,40
Heißdampf
m=1,40
1,35
1,30
1,25
1,20
1,135
1,40
1,066
Heißdampf
Sattdampf

auf das 0,21fache, Punkt E_1, bei isothermischer Verdichtung auf das 0,111fache ($^1/_9$), Punkt E_8, bei $m = 1,135$ auf das 0,145fache (Punkt E_6) vermindert.

In gleicher Weise kann man die polytropische Druck-Temperaturkurve

$$\frac{T}{T_0} = \left(\frac{p}{p_0}\right)^{\frac{m-1}{m}} \quad \ldots \ldots \ldots \ldots \ldots (5)$$

im logarithmischen Diagramm darstellen. Es wird

$$\log\frac{T}{T_0} = \frac{m-1}{m}\,\log\frac{p}{p_0} \quad \ldots \ldots \ldots \ldots \ldots (6)$$

Trägt man von O, Tafel II, nach links die Werte $\log T/T_0$ von $T/T_0 = 1$ bis $T/T_0 = 0,1$ ab, nach unten wieder die Werte $\log p/p_0$, so wird Gl. 6 durch das Geradenbüschel OC_1 (mit $m = 1,4$, $(m-1)/m = {}^2/_7$) bis OC_8 ($m = 1$. $(m-1)/m = 0$) dargestellt. Man erhält hiermit die zu der obigen Drucksenkung $p/p_0 = {}^1/_8$ gehörige Temperatursenkung bei der adiabatischen Ausdehnung eines Gases aus der Strecke $A\,C_1$ zu $T/T_0 = 0,55$; für die Isothermen, deren Gerade mit der Ordinatenachse zusammenfällt, wird dagegen $T/T_0 = 1$. In gleicher Weise erhält man die Temperaturverhältnisse für polytropische Verdichtung, indem man das Geradenbüschel nach dem oberen rechten Quadranten verlängert und auf der Abszissenachse nach rechts die Werte von $\log T/T_0$ für $T/T_0 = 1$ bis 10 aufträgt. Adiabatische Verdichtung eines Gases auf den 9fachen Druck, Punkt D, ergibt z. B. eine 1,9fache Steigerung der absoluten Temperatur (Abszisse von F_1).

Allgemein erhält man, wie Tafel II zeigt, zusammengehörige Werte von p/p_0, v/v_0 und T/T_0, indem man von einem beliebigen Punkt der Druckachse (A bei Ausdehnung, D bei Verdichtung) wagrecht nach links und rechts bis zu den Geraden mit dem jeweils vorliegenden polytropischen Exponenten hinübergeht; die wagrechten Strecken bis dahin sind die Raum- und Temperaturverhältnisse, die zu dem durch die Ordinatenstrecke dargestellten Druckverhältnis gehören. — Ebenso kann auch v/v_0 oder T/T_0 ursprünglich gegeben sein und p/p_0, T/T_0 bzw. v/v_0 und p/p_0 gefunden werden.

26b. Die adiabatische Zustandsänderung bei sehr großen Unterschieden von Temperatur, Druck und Volumen, und bei sehr hohen Temperaturen.

Die adiabatische Zustandsänderung wurde in Abschn. 25 unter der Voraussetzung behandelt, daß das Verhältnis $c_p/c_v = k$, sowie c_p und c_v selbst von der Temperatur unabhängig seien. Je nach dem verlangten Genauigkeitsgrad ist diese Annahme bis zu mehreren hundert Grad Temperaturänderung statthaft.

Handelt es sich aber, wie in den Gas- und Ölmotoren, um Temperaturänderungen bis 1000^0 und darüber, so werden die gewöhnlichen Formeln ungenau. Denn in Wirklichkeit nimmt k gemäß der Beziehung

$$k = k_0 - \alpha\,T$$

mit zunehmender Temperatur ab.

Es ist nach Abschn. 12 u. 14 für Gase und Gasmischungen zwischen 500^0 und 2000^0 C

$$k_0 = 1,38 \qquad \alpha = \frac{0,25}{10\,000},$$

dagegen für technische Verbrennungsprodukte mit etwa 25 v. H. Luftüberschuß

$$k_0 = 1{,}35, \qquad \alpha \approx \frac{0{,}45}{10\,000}.$$

Handelt es sich um Zustandsänderungen bei sehr hoher Temperatur, so kann zwar k, wenn die Temperaturänderungen einige hundert Grad nicht übersteigen, unveränderlich wie sonst eingeführt werden. Aber sein Wert ist dann von den gewöhnlichen Werten nicht unerheblich verschieden, vgl. Abschn. 14 und Taf. I. Für Feuergase von 2000^0 ist z. B. $k \approx 1{,}26$ (statt 1,4), die Adiabate verläuft bei diesen hohen Temperaturen flacher.

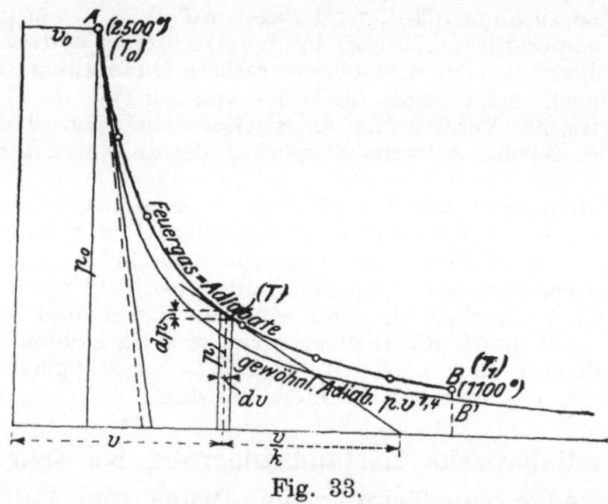

Fig. 33.

Den Einfluß der Veränderlichkeit von k auf den Verlauf der adiabatischen Druck-Volumenkurve läßt die folgende Überlegung erkennen. Nach Abschn. 25 besteht für eine unbeschränkt kleine adiabatische Zustandsänderung die Beziehung

$$\frac{dp}{dv} = - k \frac{p}{v}.$$

Dabei ist es ohne Belang, ob k über ein größeres Gebiet veränderlich oder unveränderlich ist, wenn nur sein augenblicklicher Wert entsprechend der Temperatur eingeführt wird.

Diese Beziehung führte zu der in Abschn. 24 angegebenen Tangentenkonstruktion der adiabatischen Druckkurve, die auch bei veränderlichem k Geltung behält.

Es sei nun in Fig. 33 die Kurve $A B'$ die Gasadiabate für unveränderliches $k = 1.40$, also die Hyperbel $p \cdot v^{1,4} = $ konst. — Die Adiabate der Feuergase verläuft ganz anders. Bei 2500^0 in A ist für diese $k \sim 1{,}30$, bei 1100^0 in B $k \sim 1{,}30$. Die Feuergas-Adiabate verläuft also bei A gemäß der in Fig. 33 eingezeichneten Tangentenrichtung merklich flacher. Da auch in B' die Tangente noch flacher als die der Hyperbel mit $k = 1{,}4$ verläuft, so besitzt die ganze Kurve AB' von Anfang bis Ende eine geringere Neigung gegen die Volumenachse. Sie liegt daher ganz über der Hyperbel mit $k = 1{,}4$. Sie läßt sich auch, wegen des veränderlichen Charakters von k, durch eine Hyperbel mit von 1,4 abweichendem Exponenten nicht genau ersetzen[1]).

27. Das Wärmediagramm und die Entropie der Gase.

Die Wärmemengen, die bei beliebigen Zustandsänderungen eines Gases von diesem aufgenommen oder abgegeben werden, lassen sich in ähnlicher Weise, wie dies mit der Gasarbeit im Druck-Volumendiagramm geschieht, durch Diagrammflächen zur Darstellung bringen. Bei den hierauf bezüglichen Ermittlungen tritt eine bisher nicht erwähnte Zustandsgröße, die Entropie der Gase, in die Erscheinung.

Auf dem folgenden Wege ergibt sich ein Verfahren zur Darstellung der Wärmemengen, das nicht nur auf Gase, sondern auch auf Dämpfe anwendbar und von allgemeiner Bedeutung ist.

Bei der Verrichtung mechanischer Arbeit, etwa durch gespannte Gase, ist die Kraft, der Gasdruck, das eigentlich treibende, arbeitende Element. Der Weg, beim Gase die Raumänderung, ist nur die unerläßliche Bedingung, daß die Kraft Arbeit leistet. Der Wert der absoluten Arbeit ist durch das Produkt $p\,dv$ aus absolutem Gasdruck und Raumänderung, bzw. durch $p_m\,(v - v_0)$ bei endlichen Zustandsänderungen mit veränderlichem oder unveränderlichem Druck bestimmt.

Nun ist auch die Wärme, wie die mechanische oder elektrische Energie, eine Energieform besonderer Art. Man kann daher fragen, welche Wärmegröße der treibenden Kraft der mechanischen, der Spannung der elektrischen Energie entspricht. Dies ist offenbar die Temperatur, das Maß für die „Spannkraft" der Wärme, für ihre „Intensität". Der Temperaturüberschuß über die Temperatur der Umgebung ist ja auch für den verfügbaren mechanischen Energiewert der Wärme die maßgebende Bestimmungsgröße, ganz wie der Überdruck des Gases für die Nutzarbeit. Ohne entsprechend hohe Temperaturen haben die größten Mengen von Wärmeenergie geringen oder gar keinen mechanischen Wert.

Will man nun den Absolutwert der Wärmeenergie, die Wärmemenge, als ein Produkt darstellen, in dem die absolute Temperatur T, entsprechend dem absoluten Druck der mechanischen Energie, als der eine Faktor auftritt, so hat man analog

$$dL = p\,dv$$

zu setzen
$$dQ = T\,dS.$$

---

[1]) Weiteres vgl. W. Schüle, Techn. Thermodynamik Bd. I, Abschn. 26.

Hierin ist dS die elementare Änderung derjenigen noch unbekannten Bestimmungsgröße der Wärmeenergie, die dem Weg oder der Raumänderung (dv) der mechanischen Energie entspricht.

Für endliche Wärmemengen Q, die mit veränderlicher Temperatur (entsprechend dem veränderlichen Druck) arbeiten, wäre analog

$$L = p_m (v - v_0)$$

zu setzen $\qquad\qquad Q = T_m (S - S_0),$

mit T_m als Mittelwert der veränderlichen Temperatur.

Die Temperatur T ist eine Größe, die an sich mit den besonderen **Eigenschaften der Körper** nichts zu tun hat. Körper der denkbar verschiedensten Art nehmen, miteinander in Berührung gebracht, gleiche Temperaturen an. Das gleiche gilt für den Druck und das Volumen. p, v und T sind nicht **Eigenschaften der Körper**, wie etwa das Gewicht, das optische, das elektrische, das elastische Verhalten, sondern sie sind allgemeine **Kennzeichen** für den augenblicklichen **Körperzustand**. Es fragt sich nun, ob die oben eingeführte Größe S auch von solcher Art ist oder nicht und welchen Wert sie besitzt.

Die bekannten Eigenschaften der Gase ermöglichen in einfacher Weise die Entscheidung dieser Frage, wenigstens für die Gase.

Ersetzt man in der Wärmegleichung der Gase dQ durch TdS, so wird

$$TdS = c_v dT + A p dv,$$

also $\qquad\qquad dS = c_v \dfrac{dT}{T} + A \dfrac{p dv}{T} \quad \ldots \ldots \ldots \quad \text{(I)}$

Setzt man im zweiten Gliede für T den Wert $\dfrac{pv}{R}$, so wird

$$dS = c_v \frac{dT}{T} + AR \frac{dv}{v} \quad \ldots \ldots \ldots \quad \text{(II)}$$

Eine dritte Form wird hieraus wegen

$$\frac{dv}{v} + \frac{dp}{p} = \frac{dT}{T} \quad \text{(Abschn. 23)}$$

und $\qquad\qquad c_p - c_v = AR \quad \text{(Abschn. 21)}$

$$dS = c_p \frac{dv}{v} + c_v \frac{dp}{p} \quad \ldots \ldots \ldots \quad \text{(III)}$$

Für eine ganz **beliebige** endliche Zustandsänderung zwischen T_0, v_0 als Anfangs-, T, v als Endwerten wird daher durch Addition der kleinen Änderungen dS_1, dS_2 usw. (Integration) in Gl. II der ganze Zuwachs, den die Größe S erfährt,

$$S - S_0 = c_v \ln \frac{T}{T_0} + AR \ln \frac{v}{v_0} \quad \ldots \ldots \quad \text{(IV)}$$

Gelangt also ein Gas auf ganz beliebigem Wege, deren es unendlich viele mit den verschiedensten Werten der zu- und abgeleiteten Wärmemengen gibt, vom Zustande T_0, v_0, p_0 in den Zustand T, v, p, so ändert sich die Größe S, wie diese Gleichung lehrt, immer um den **gleichen** Betrag. Ihre Änderung ist also in der Tat ein Kennzeichen für den Zustand B, genauer für den Unterschied dieses Zustandes gegenüber dem gegebenen Anfangszustand A; denn sie ist gänzlich unabhängig von dem zufälligen Wege, auf welchem B von A aus erreicht wird. Hierin unterscheidet sie sich scharf z. B. von der Wärmemenge Q und der Arbeit L, die in hohem Maße von den Zwischenzuständen abhängen, über welche das Gas von dem einen Zustand (A) in den anderen (B) übergeht. Für S ist wegen der Rolle, die diese Größe bei der Verwandlung von Wärme in Arbeit, also für den in Maschinen nutzbaren Arbeitswert der Wärme spielt, von Clausius der Name Entropie (Verwandlungsinhalt) eingeführt worden.

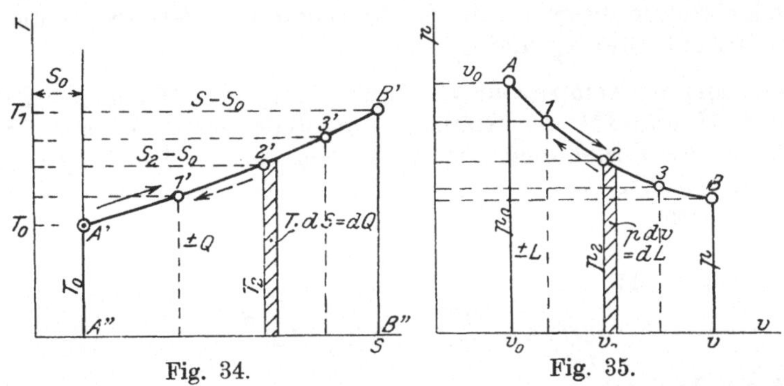

Fig. 34.   Fig. 35.

Trägt man als Ordinaten die **absoluten** Temperaturen T, als Abszissen die Entropiewerte S auf, so erhält man das sogenannte Wärmediagramm (T, S-Diagramm), auch Entropiediagramm schlechthin, Fig. 34. In diesem stellt gemäß $dQ = TdS$ ein schmaler Streifen zwischen zwei Ordinaten die Wärme dQ dar, die das Gas bei der entsprechenden kleinen Zustandsänderung aufnimmt (oder bei abnehmendem S abgibt). Die einer endlichen Zustandsänderung entsprechende Wärmezufuhr Q wird daher durch die Fläche $A'B'B''A''$ zwischen der Anfangs- und der Endordinate des Entropiediagramms dargestellt.

Liegt z. B. eine beliebige Druckkurve AB (Fig. 35) vor, so kann man nach der Gleichung IV der Gasentropie die Entropieänderungen (von A ab) für den Endpunkt B und für beliebige Zwischenpunkte auf AB berechnen. Diese Werte trägt man in Fig. 34 als Abszissen zu den (ebenfalls aus AB bestimmbaren) Temperaturen T als Ordinaten auf. Man erhält dann die Kurve $A'B'$, die man als „Abbildung" der Druckkurve AB im Entropiediagramm bezeichnen kann. Die auf dem Wege AB zuzuführende Wärme Q ist gleich der Fläche $A'B'B''A''$, wobei zu beachten ist, daß die Abszissenachse $A''B''$ durch den absoluten Nullpunkt der Temperatur geht. Fig. 34 und 35 entsprechen sich maßstäblich AB ist also eine unter kräftiger Wärmezufuhr verlaufende Zustandsänderung.

Der obige Ausdruck für die Entropieänderung läßt sich, mit dem gewöhnlichen Logarithmus, schreiben

$$S - S_0 = 2{,}303 \left(c_v \log \frac{T}{T_0} + AR \log \frac{v}{v_0} \right); \quad \dots \quad (1)$$

durch einfache Umformungen mit Hilfe der Zustandsgleichung und der Beziehungen zwischen k, c_p, c_v und AR erhält man auch

$$S - S_0 = 2{,}303 \left(c_p \log \frac{T}{T_0} - AR \log \frac{p}{p_0} \right), \quad \dots \quad (2)$$

oder $\qquad S - S_0 = 2{,}303 \left(c_p \log \frac{v}{v_0} + c_v \log \frac{p}{p_0} \right) \quad \dots \dots \quad (3)$

Je nachdem T und v, T und p oder p und v bekannt sind, kann der eine oder andere dieser Ausdrücke Anwendung finden. Sie gelten für unveränderliches c_p und c_v.

Für mit der Temperatur veränderliche spez. Wärmen behalten die Gl. I, II und III ihre Geltung. An Stelle der Gl. 1 bis 3 treten jedoch andere Beziehungen, je nach dem Gesetz der Abhängigkeit der spez. Wärmen von der Temperatur. Gilt z. B. wie bei zweiatomigen Gasen

$$c_v = c_{v_0} + bT,$$

so wird aus Gl. II

$$dS = c_{v_0} \frac{dT}{T} + b \, dT + AR \frac{dv}{v},$$

also durch Integration

$$S - S_0 = c_{v_0} \ln \frac{T}{T_0} + b(T - T_0) + AR \ln \frac{v}{v_0} \quad \dots \quad \text{(IVa)}$$

Für 1 kg Luft wird z. B. mit $c_{v_0} = 0{,}172$, $b = 0{,}0000 18 37$

$$S - S_0 = 0{,}396 \log \frac{T}{T_0} + 0{,}0000 18 37 \, (T - T_0) + 0{,}158 \log \frac{v}{v_0}. \quad (4)$$

Eine ausführliche Darlegung hierüber nebst Tafeln vgl. Z. Ver. deutsch. Ing. 1916, S. 630 u. f. W. Schüle, Die thermischen Eigenschaften der einfachen Gase und der technischen Feuergase zwischen 0° und 3000° C sowie Techn. Thermodyn. Bd. II, 4. Aufl.

Der Gültigkeitsbereich des Entropiebegriffs erstreckt sich gemäß seiner obigen Herleitung zunächst nur auf Gase, die der Zustandsgleichung $pv = RT$ folgen, und zwar auch auf solche Gase, deren spezifische Wärmen c_p und c_v mit der Temperatur veränderlich sind. Für diese Gase gibt es demnach eine Größe, die Entropie S, deren Änderung dS, mit der augenblicklichen Temperatur multipliziert, die dem Körper zugeführte oder entzogene Wärme dQ ergibt, so daß für beliebige unbeschränkt kleine Änderungen des Zustandes

$$dQ = TdS,$$

für endliche Zustandsänderungen jeder Art

$$Q = \int TdS$$

ist. Für isothermische Änderungen wird

$$Q = T \cdot (S - S_0).$$

Umgekehrt ist die Änderung der Entropie bei einer beliebigen kleinen Zustandsänderung mit der Wärmezufuhr dQ

$$dS = \frac{dQ}{T}$$

und für jede endliche Zustandsänderung

$$S - S_0 = \int \frac{dQ}{T}.$$

Bei adiabatischer Zustandsänderung wird wegen $dQ = 0$

$$dS = 0 \quad \text{und} \quad S - S_0 = 0.$$

Diese Zustandsänderung verläuft somit unter gleichbleibender Entropie (isentropisch). Wesentlich ist dabei, daß S eine reine Zustandsfunktion ist, d. h. unabhängig von dem Weg, auf dem die Wärme dQ oder Q zugeführt wird.

Auf die Vorgänge in den Kompressoren, Druckluftmotoren, Gas- und Ölmotoren kann man somit den Entropiebegriff und die im folgenden beschriebenen Entropiediagramme insoweit unbeschränkt anwenden, als man das Gasgesetz $pv = RT$ für die in diesen Maschinen arbeitenden gasförmigen Körper in Anwendung bringt.

Etwas vollkommen anderes und grundsätzlich Neues ist jedoch die Anwendung des Entropiebegriffs auf Körper, die dem Gasgesetz nicht genau oder gar nicht folgen, wie die überhitzten und gesättigten Dämpfe, die tropfbar flüssigen und die festen Körper. Eine etwaige Herleitung der Entropiefunktion aus den allgemeinen Zustandsgleichungen dieser Körper, wie bei den Gasen, kommt nicht in Frage, weil solche Gleichungen nur annähernd und in begrenzten Gebieten bekannt sind. In Wirklichkeit ist allerdings der Entropiebegriff auf Körper jeder Art und in allen Zustandsgebieten anwendbar, ähnlich wie der Energiebegriff. Aber um dies darzutun, bedarf es der Kenntnis einer neuen, allgemeinen Eigenschaft der Wärme, deren Ausdruck der sogenannte II. Hauptsatz der mechanischen Wärmetheorie ist (Abschn. 29). Für die Gase ist somit der letztere Satz bereits in dem Gasgesetz $pv = RT$ enthalten, ohne daß dies von vornherein ersichtlich wäre.

28. Entropie-Temperatur-Diagramme für die wichtigsten Zustandsänderungen.

1. Die isothermische Zustandsänderung. $(T = \text{konst.})$

Sind die Temperaturen, also die Ordinaten der Entropielinie, unveränderlich, so ergibt sich als Bild der Zustandsänderung eine der Abszissenachse parallele Gerade $A'B'$ (Fig. 36).

Die bei der Ausdehnung zuzuführende Wärme ist gleich dem Rechteck unter $A'B'$, also

$$Q = T(S - S_0).$$

Bei der Verdichtung ist dieselbe Wärmemenge

$$T(S_0 - S) = - T(S - S_0)$$

zu entziehen. Der Entropieunterschied für die zwei Zustände A' und B' ist wegen $\log \dfrac{T}{T_0} = 0$

$$S - S_0 = A R \ln \frac{v}{v_0}$$

oder mit $\dfrac{v}{v_0} = \dfrac{p_0}{p}$

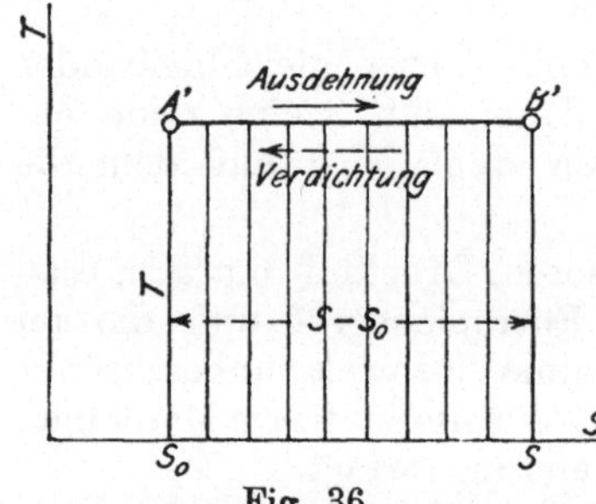

Fig. 36.

$$S - S_0 = A R \ln \frac{p_0}{p}.$$

Hiermit wird

$$Q = A R T \ln \frac{p_0}{p}$$

oder mit $p v = p_0 v_0 = R T$

$$Q = A p_0 v_0 \ln \frac{p_0}{p},$$

wie schon in Abschn. 23 abgeleitet.

2. Die adiabatische Zustandsänderung. (Fig. 37.)

Für diese gilt (Abschn. 24) $dQ = 0$, daher ist wegen

$$dQ = T dS$$

auch

$$dS = 0,$$

somit $S - S_0 = 0$ oder $S = \text{konst.}$

Während des Verlaufes dieser Zustandsänderung ändert sich also die Entropie nicht, sie wird deshalb auch als **isentropisch** bezeichnet (von gleichbleibender Entropie).

Im Entropie-Temperatur-Diagramm wird sie durch eine zur T-Achse parallele Gerade dargestellt. Diese ist die Abbildung der adiabatischen Druck-Volumenkurve im Arbeitsdiagramm. Sie zeigt die Abnahme bzw. Zunahme der Temperatur bei adiabatischer Ausdehnung bzw. Verdichtung. Gemäß der Gleichung der Gasentropie

$$dS = c_v \frac{dT}{T} + AR \frac{dv}{v}$$

ist mit $dS = 0$

$$dT = - \frac{ART}{c_v} \cdot \frac{dv}{v}.$$

Ist also dv positiv (Ausdehnung), so wird dT negativ (Abkühlung); ist dagegen dv negativ (Verdichtung), so wird dT positiv (Erhitzung). Dieses Ergebnis wurde in Abschn. 24 auf andere Weise gewonnen.

Die Gleichung der Druck - Volumenkurve folgt aus

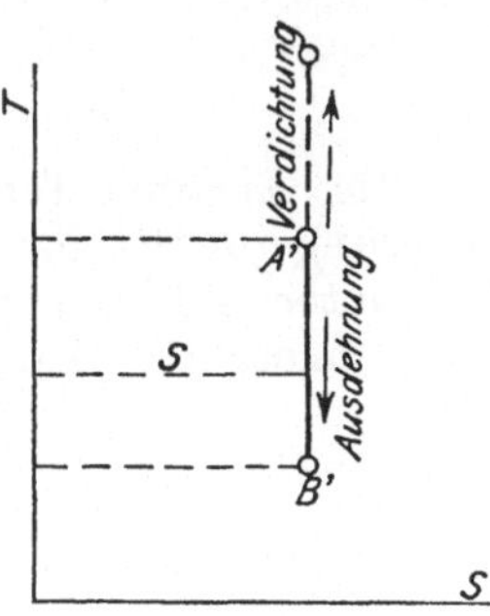

Fig. 37.

$$S - S_0 = 2{,}303 \left(c_v \log \frac{p}{p_0} + c_p \log \frac{v}{v_0} \right)$$

mit $S - S_0 = 0$ zu

$$\log \frac{p}{p_0} = - \frac{c_p}{c_v} \log \frac{v}{v_0}$$

oder mit $k = \dfrac{c_p}{c_v}$ $\dfrac{p}{p_0} = \left(\dfrac{v_0}{v} \right)^k$

$$p v^k = p_0 v_0{}^k. \quad \text{(Vgl. Abschn. 24.)}$$

In gleicher Weise folgen aus den beiden anderen Ausdrücken für die Entropie am Ende von Abschn. 27 die schon aus Abschn. 24 bekannten Beziehungen

$$\frac{T}{T_0} = \left(\frac{p}{p_0} \right)^{\frac{k-1}{k}} \quad \text{und} \quad \frac{T}{T_0} = \left(\frac{v_0}{v} \right)^{k-1}.$$

3. Zustandsänderung bei konstantem Druck. $(p = p_0.)$
Vgl. Abschn. 20.

Die allgemeine Formel

$$S - S_0 = 2{,}303\, c_v \left(\log \frac{p}{p_0} + k \log \frac{v}{v_0} \right)$$

geht mit $p = p_0$, also $\log \dfrac{p}{p_0} = 0$, über in

$$S - S_0 = 2{,}303\, c_p \log \frac{v}{v_0}$$

oder mit

$$\frac{T}{T_0} = \frac{v}{v_0}$$

$$S - S_0 = 2{,}303\, c_p \log \frac{T}{T_0}.$$

Im Entropie-Temperatur-Diagramm wird also diese Zustandsänderung durch eine logarithmische Linie dargestellt, $A'B'$ (Fig. 38). Die unter $A'B'$ liegende Fläche ist die während der Zustandsänderung zugeführte Wärme

$$Q_p = c_p\,(T - T_0).$$

4. Zustandsänderung bei konstantem Volumen. ($v = v_0$.)

Vgl. Abschn. 19.

In gleicher Weise wie bei 3. wird mit $v = v_0$, also $\log \dfrac{v}{v_0} = 0$

$$S - S_0 = 2{,}303\, c_v \log \frac{p}{p_0}$$

oder mit

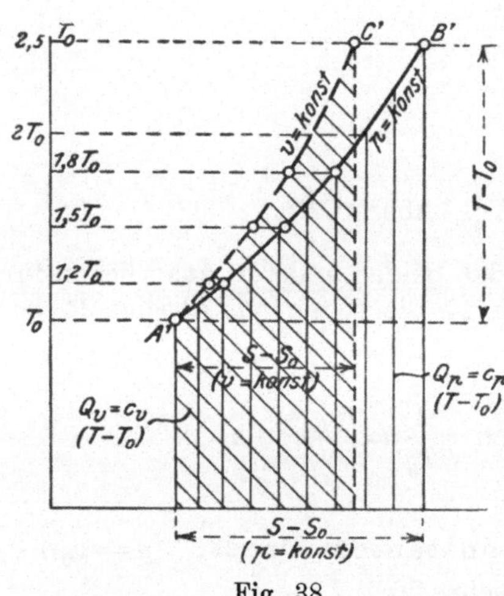

Fig. 38.

$$\frac{p}{p_0} = \frac{T}{T_0}$$

$$S - S_0 = 2{,}303\, c_v \log \frac{T}{T_0}.$$

Im Entropie-Temperatur-Diagramm ist diese Zustandsänderung wie 3. durch eine logarithmische Linie dargestellt, $A'C'$ (Fig. 38). Die Abszissen der Linie $v = $ konst. sind vom gleichen Ausgangspunkt A' an im Verhältnis c_v/c_p, also k mal kürzer als die entsprechenden für gleiche Temperatursteigerung T/T_0 für $p = $ konst. Die Kurve $v = $ konst. verläuft also **steiler**.

Die zugeführte Wärme $Q = c_v\,(T - T_0)$ wird durch die unter $A'C'$ liegende, schräg schraffierte Fläche dargestellt.

28a. Die Entropietafel für Gase bei großen Temperaturänderungen.

Die rechnerische Behandlung der adiabatischen Zustandsänderungen ist zwar, selbst bei veränderlicher spez. Wärme, verhältnismäßig einfach (s. Abschn. 24 und 26). Die Tatsache, daß sich bei dieser Zustandsänderung die Entropie nicht ändert, bietet indessen das

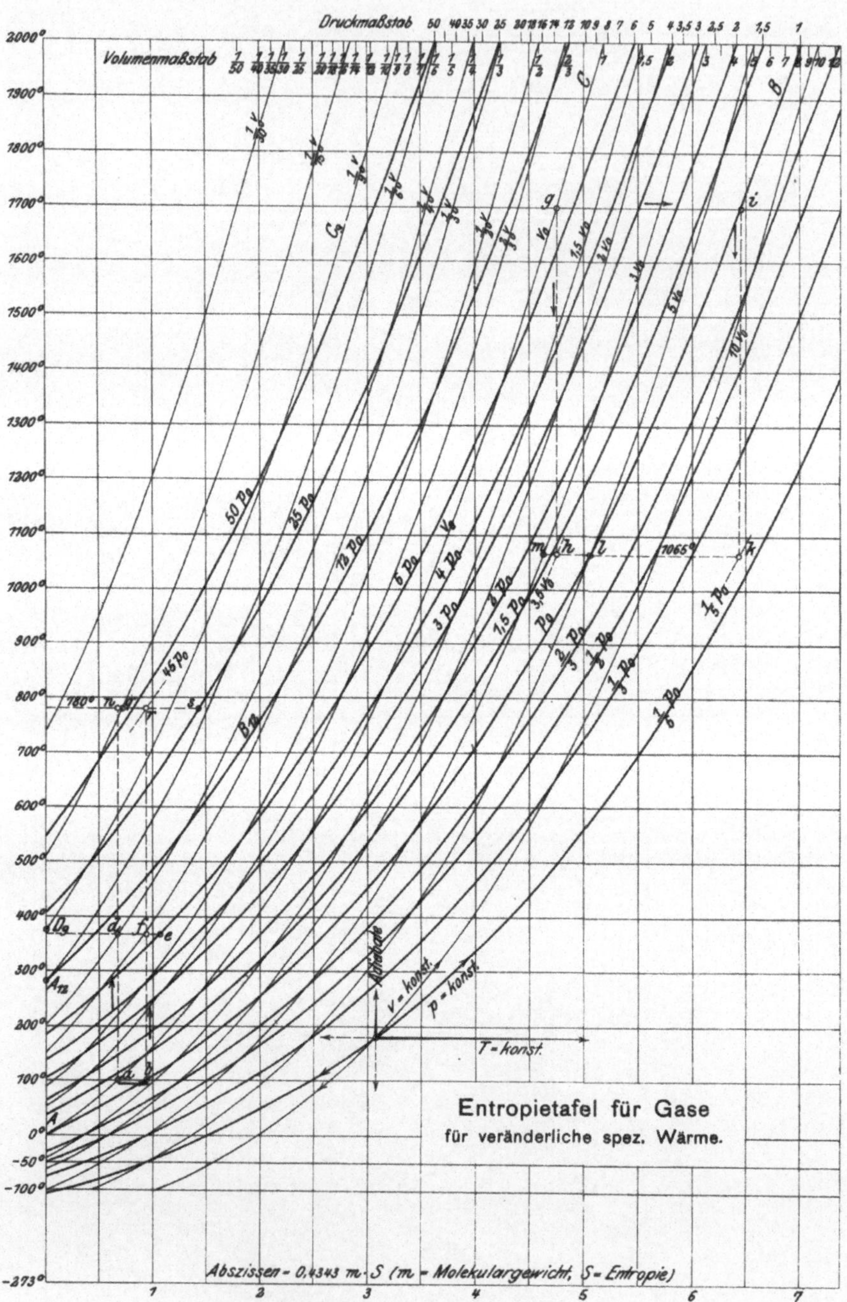
Druckmaßstab   50 40 35 30 25 20 18 16 14 12 10 9 8 7 6 5 4 3,5 3 2,5 2 1,5 1
Volumenmaßstab
Entropietafel für Gase
für veränderliche spez. Wärme.
Abszissen = 0,4343 m · S   (m = Molekulargewicht, S = Entropie)
v = konst.
p = konst.
T = konst.
Adiabate
1065°
780°

Mittel zu einer einfachen, rein graphischen Behandlungsweise in der sog. Entropietafel, Taf. III. Diese kommt in folgender Art zustande.

In Taf. III sind die Ordinaten die Gastemperaturen, die Abszissen die Entropiewerte. Die Entropie von 1 kg Gas von 0^0 und dem beliebigen Drucke p_0 bzw. Volumen v_0 werde gleich Null gesetzt, Punkt A. Wird das Gas von A aus unter konstantem Druck erwärmt, so ändert sich die Entropie mit der Temperatur nach der Kurve AB, vgl. Abschn. 28. Wird aber unter konstantem Volumen erwärmt, so wächst die Entropie nach AC. Wird dagegen vor der Wärmezufuhr das Gas adiabatisch verdichtet, z. B. auf den 12fachen Druck, also $12\,p_0$, so steigt die Temperatur von A bis zur Stelle A_{12}, wobei sich (nach Abschn. 24)

$$T_{12} = (OA_{12}) \text{ aus } \frac{T_{12}}{T_0} = \left(\frac{12\,p_0}{p_0}\right)^{\frac{k-1}{k}} = 12^{\frac{k-1}{k}}$$

ergibt (für veränderliche spez. Wärme s. Abschn. 26 b). Wird nun von A_{12} aus unter konstantem Druck erwärmt, so wächst die Entropie auf der Kurve $A_{12}B_{12}$. In dieser Weise kommen die „Kurven konstanten Druckes" $(A_n B_n)$ für die Drücke $n \cdot p_0$ $\Big($z. B. $n = 2, 3, 4 \ldots 30, 40, 50;$ $\frac{1}{2}, \frac{1}{6}\Big)$ zustande.

Wird in gleicher Weise von A aus zuerst nach AD_9 adiabatisch bis auf den neunten Teil des Anfangsvolumens, also $^1/_9\,v_0$, verdichtet, so steigt die Temperatur auf $T_9{}'$ gemäß

$$\frac{T_9{}'}{T_0} = \left(\frac{v_0}{^1/_9\,v_0}\right)^{k-1} = 9^{\,k-1}\,.$$

Die Erwärmung unter konstantem Volumen $(^1/_9\,v_0)$ ergibt die Kurve $D_9 C_9$. In dieser Weise sind auch die übrigen Kurven „konstanten Volumens" gezeichnet, jedoch unter Berücksichtigung der Änderungen von c_v und k mit der Temperatur.

Die Zwischenräume können natürlich, je nach dem verlangten Genauigkeitsgrad und den in Frage kommenden Ausdehnungs- und Verdichtungsverhältnissen, auch anders gewählt werden.

Die Verwendung der Tafel ist folgende. Man will z. B. ermitteln, wie hoch die Temperatur und der Druck steigt, wenn Luft von 100^0 und $p = 0{,}9$ kg/qcm abs. bis auf $^1/_4$ ihres Raumes adiabatisch verdichtet wird. — Die Kurve v_0 trifft die Wagerechte für 100^0 bei a. Die Vertikale ad (adiab. Verdichtungslinie) schneidet die Kurve $^1/_4\,v_0$ in d. Die Verdichtungstemperatur ist also (bei d) 370^0. Um die Drucksteigerung zu erhalten, geht man von b vertikal, bis zur Höhe von d, nach f. Dieser Punkt liegt auf einer nicht gezeichneten Linie gleichen Druckes zwischen 6 und 12 p_0. Da die Drucklinien alle kongruent, nur wagerecht verschoben sind, so kann man mit ef im Zirkel auf dem Druckmaßstab am oberen Ende von 6 an nach links den Druck finden, der f entspricht. Man erhält reichlich 6,9 p_0. Der Enddruck ist also rund $7 \cdot 0,9 = 6,3$ at abs.

Die **absolute Gasarbeit** für die adiabatische Zustandsänderung, die gleich der Änderung der Gasenergie ist, kann, sobald die Temperaturen aus Tafel III ermittelt sind, für eine Gasmenge von 1 cbm von 0^0, 760 mm aus Tafel I abgegriffen werden (Kurven für die Wärmeinhalte bei konstantem Volumen).

Tafel III ist für **veränderliche** spez. Wärmen entworfen. Sie gilt genau nur für die eigentlichen **Gase**. Für Feuergase kann sie mit um so größerer Annäherung verwendet werden, je mehr überschüssige Luft und je weniger Wasserdampf sie enthalten.

Eine größere Gasentropietafel des Verfassers für Gase und beliebige Feuergase bis 3000^0 ist in der Zeitschr. d. Ver. deutsch. Ingenieure 1916, S. 637 erschienen (vgl. auch Techn. Thermodyn. Bd. II, 4. Aufl. S. 312). Dort ist gezeigt, wie man für ein bestimmtes Feuergas oder für reine Luft je mit einer **einzigen** Entropiekurve konstanten Druckes und konstanten Volumens auskommen kann, wenn man in geeigneter Weise von dem in der obigen Tafel III angebrachten **Maßstab** Gebrauch macht.

Beispiele zur Entropietafel.

1. Luft von 100^0 wird auf den 15,73 ten Teil ihres Raumes adiabatisch verdichtet. Wie hoch steigen Druck und Temperatur? (Spez. Wärme veränderlich.)

Vertikale an. Um n zu erhalten, hat man von dem Teilpunkt 1/15 des oberen Volumenmaßstabes schätzungsweise das Stück bis zum Teil 1/15,73 (kurz vor $^1/_{16}$) abzugreifen. Mit dieser Strecke im Zirkel bestimmt man nq zwischen der Vertikalen durch a und der Kurve 1/15 v_0. Hierdurch ergibt sich n bei 780^0. Um die Drucksteigerung zu erhalten, geht man zunächst von a nach b (auf die Kurve p_0) und dann von b senkrecht nach oben bis auf die Höhe von 780^0, Punkt r. Dieser Punkt liegt zwischen den Druckkurven 50 p_0 und 25 p_0. Die ihm entsprechende Druckkurve erhält man z. B. durch Abtragen der Strecke sr vom Teilpunkt 25 der oberen Druckskala nach links; man kommt auf den Teil 45. Der Druck steigt also um das 45 fache.

2. Gase von 1700^0 dehnen sich adiabatisch auf den 3,5 fachen Raum aus. Wie tief fallen Temperatur und Druck?

Vertikale gh. Um h zu erhalten, greift man, da die Kurve 3,5 v_0 nicht eingezeichnet ist, auf dem oberen Volumenmaßstab die Strecke zwischen 3 und 3,5 ab. — Mit dieser Strecke im Zirkel bestimmt man mh zwischen der Vertikalen und der Kurve 3 v_0. h ergibt sich hiermit in einer Höhe von 1065^0. (Zweckmäßig ist es, die Hilfslinien auf Pauspapier zu ziehen.)

Den Druckabfall findet man, indem man zunächst von g nach der Kurve p_0 herübergeht (Punkt i) und von i vertikal herab bis zur Höhe von mh (Punkt k). Die dem Punkt k entsprechende Drucklinie könnte man finden, indem man mit lk auf dem Druckmaßstab nach rechts ginge. Dabei kommt man über die Tafel hinaus. Man kann aber ebensogut nach links abtragen und gelangt dadurch auf den Teilstrich 5. Der Druck fällt auf den fünften Teil seines Anfangswertes.

29. Das zweite Hauptgesetz der Wärme. (Zweiter Hauptsatz.)

Zwischen der Verwandlung von mechanischer Arbeit in Wärme z. B. bei der Reibung fester oder flüssiger Körper, und dem umgekehrten Vorgang, der Verwandlung von Wärme in mechanische Nutzarbeit, besteht ein tiefgreifender Unterschied, der aus folgendem erhellt.

Eine gegebene Menge mechanischer Arbeit, z. B. die von einem Wassermotor oder von einem fallenden Gewicht geleistete Arbeit oder die Bewegungsenergie von Massen läßt sich durch Bremsen der Vorrichtung bzw. durch vollständige Hemmung der Bewegung restlos in Wärme umsetzen und als solche kalorimetrisch nachweisen, wenn man nur sorgt, daß keine Wärme entweicht. Die mechanische Energie L findet sich dann als die äquivalente Wärme

$$Q = \frac{1}{427} L$$

vollständig wieder.

Dagegen kann man an jeder Dampf- oder Gasmaschine aufs leichteste feststellen, daß weder die indizierte und noch weniger die Nutzarbeit der Maschine das mechanische Äquivalent der vom Dampf oder Gas in den Zylinder mitgebrachten Wärme Q_1 ist. Diese Arbeit stellt vielmehr das Äquivalent einer bedeutend kleineren Wärmemenge dar. Von der ursprünglichen Wärme des Gases wird also, wie die Erfahrung zeigt, stets nur ein Bruchteil (bei der Dampfmaschine 5—20 v. H., bei der Gasmaschine bis 35 v. H.) in mechanische Arbeit verwandelt, und dies, obwohl alle möglichen Mittel angewendet werden — schon aus wirtschaftlichen Gründen —, um die Wärme so restlos wie möglich in Arbeit umzusetzen.

Will man also die Äquivalentzahl 1/427 aus der zugeführten Wärme- und gewonnenen Arbeitsmenge eines Wärmemotors bestimmen, so muß man auch die nicht verwandelten Wärmemengen bestimmen, die teils mit dem Abdampf, den Abgasen, dem Kühlwasser, teils durch direkte Leitung und Strahlung verloren gehen. Sind diese Mengen gleich Q_2, so gilt

$$Q_1 = AL + Q_2,$$

woraus sich A ergibt, wenn Q_1, Q_2 und L bekannt sind. Es leuchtet ein, daß einer genauen Bestimmung von A auf diesem Wege große Schwierigkeiten begegnen.

Die Frage ist nun, ob und warum es nicht möglich ist, nahezu die ganze zugeführte Wärme, abgesehen vom unvermeidlichen Entweichen einer geringen Wärmemenge, in Arbeit umzusetzen.

Der erste Hauptsatz besagt lediglich, daß, wenn auf irgendeinem beliebigen Wege durch Wärme Arbeit entstanden ist, zwischen dieser Arbeit L und dem verwandelten Teile Q der ganzen beteiligten, an den Arbeitskörper gebundenen Wärme Q_1, ein unveränderliches, von der Art und Weise der Arbeitsgewinnung unabhängiges Verhältnis besteht

$$\frac{L}{Q} = 427.$$

9*

Wie groß aber im allgemeinen der verwandelte oder verwandelbare Bruchteil Q von Q_1 sein kann, darüber sagt dieser Satz gar nichts aus. Die Annahme, daß die Arbeit $427 \cdot Q_1$ zu gewinnen sein müßte, würde sogar zu einer falschen und irreführenden Beurteilung der Wärmemotoren verleiten, da sie einen unter den gewöhnlich gegebenen Verhältnissen viel zu hohen Nutzen in Aussicht stellen würde. Andererseits sagt der erste Hauptsatz auch nichts dagegen aus, ob aus der Wärme Q_1 nicht doch ein erheblich größerer Gewinn unter veränderten Umständen zu erzielen sein würde. Tatsächlich können wir z. B. in der Gasmaschine einen wesentlich größeren Prozentsatz der zugeführten Wärme als Arbeit gewinnen als in der Dampfmaschine.

Nach dieser für die Technik ungemein wichtigen Richtung bedurfte das Äquivalenzgesetz einer Ergänzung, die sich als ein zweites, selbständiges Gesetz von überaus weittragender Bedeutung erwies.

Die Grundlage dafür ist bereits von Carnot gegeben worden, der erkannte, daß die Möglichkeit, überhaupt aus Wärme Arbeit zu gewinnen, unter allen Umständen an das Vorhandensein eines Temperaturunterschiedes gebunden ist. So unermeßlich groß das mechanische Äquivalent der in den Körpern unserer Umgebung enthaltenen, von der Sonne zugestrahlten Wärme ist, so vermögen wir doch so gut wie nichts davon für mechanische Arbeitsverrichtung nutzbar zu machen, weil alle diese Körper annähernd gleiche Temperatur besitzen. Wir müssen, wie ja die technische Erfahrung lehrt, künstlich möglichst große Temperaturunterschiede schaffen, indem wir Verbrennungsprozesse mit höchster Temperatursteigerung herbeiführen (Dampfkesselfeuerung, Verbrennungskraftmaschinen). Von der hierbei entwickelten hochtemperierten Wärme vermögen wir einen Bruchteil in Arbeit zu verwandeln, die der Motor nach außen abgibt.

Wie nun die Arbeitsfähigkeit der Wärme vom Temperaturgefälle abhängt (Carnotsche Funktion), konnte Carnot schon deshalb nicht allgemein entscheiden, weil hierzu die Kenntnis des Äquivalenzgesetzes notwendig ist. Nach der Entdeckung des letzteren war es der deutsche Physiker Clausius, der, an die Carnotschen Untersuchungen anknüpfend, den „zweiten Hauptsatz" der Mechanischen Wärmetheorie auffand. Nach der gleichen Richtung war in England W. Thomson erfolgreich tätig.

Clausius zeigte, daß allerdings nach dem Carnotschen Prinzip bei der Arbeitsleistung durch Wärme die Temperatur fallen muß, gleichzeitig aber nach dem Mayerschen Gesetz unter allen Umständen ein der Arbeit äquivalenter Teil der Wärme als solche verschwindet. Mit einem Temperaturfall muß zwar keine Arbeitsleistung verbunden sein, wie die gewöhnlichsten Erfahrungen über Wärmeleitung, und -strahlung lehren. Wenn aber die Wärme, durch besondere Einrichtungen (Maschinen) dazu gezwungen, beim Temperaturfall auch Arbeit verrichtet, dann verwandelt sich ein äquivalenter Bruchteil dieser Wärme in Arbeit und verschwindet als Wärme.

Bei der Leistung motorischer Arbeit durch Wärme geht diese von höherer zu tieferer Temperatur über; der Abdampf einer Dampfmaschine oder Dampfturbine ist stets kälter als der Frischdampf. Der umgekehrte Fall ist die Kälteerzeugung, bei der die Körper unter die Temperatur ihrer Umgebung abgekühlt werden. Man muß ihnen zu diesem Behuf einen Teil ihres Wärmeinhaltes entziehen und diesen Teil an die wärmere Umgebung abführen. Dabei müssen diese Wärmemengen, indem der Körper sich mehr und mehr abkühlt, von einem immer tieferen Temperaturniveau auf das der Umgebung „gehoben" werden. Um Wasser, nachdem es bis auf die Gefriertemperatur abgekühlt wurde, in Eis zu verwandeln, muß ihm noch die Schmelzwärme entzogen und diese muß von der Gefriertemperatur allermindestens bis auf die Umgebungstemperatur gebracht werden, damit sie an die Umgebung übergehen kann. Dieser „Wärmetransport" ist nun ebensowenig ohne Aufwand von mechanischer Arbeit möglich, als wie die Gewinnung motorischer Arbeit aus Wärme ohne Aufwand zusätzlicher Wärme. Ebenso kann auch Wärme von der gewöhnlichen Umgebungstemperatur nicht von selbst, d. h. nicht ohne Arbeitsaufwand, zu höherer Temperatur übergehen[1]).

Dieser Satz ist nun von Clausius als allgemein gültiger, von den besonderen Eigenschaften der Gase ganz unabhängiger Grundsatz, dem der Charakter eines Naturgesetzes zukommt, erkannt worden. Er bildet zusammen mit dem aus dem motorischen Kreisprozeß mit Gasen hervorgegangenen Satz, daß die Wärme unserer Umgebung keinen motorischen Arbeitswert besitzt, den Inhalt des II. Hauptsatzes der mechanischen Wärmetheorie.

Als Ausdruck dieses Hauptsatzes kann auch einer der beiden Sätze allein gelten, da einer aus dem anderen hervorgeht. Als allgemeinste Fassung gilt heute der Satz in der Form:

Eine Kraftmaschine, die ihre Leistung lediglich durch Verwandlung der gewöhnlichen Umgebungswärme, ohne Verbrauch von sonstigen Betriebsmitteln, verrichtet, ist nicht möglich.

Eine solche gedachte Kraftmaschine wird als Perpetuum mobile zweiter Art bezeichnet, weil sie unaufhörlich durch Verwandlung der unerschöpflichen Wärmevorräte der Umgebung Arbeit verrichten würde, ohne jedoch, wie das gewöhnliche Perpetuum mobile, dem Gesetz von der Erhaltung der Energie zu widersprechen. Der kürzeste und allgemeinste Ausdruck des II. Hauptsatzes lautet sonach:

Ein Perpetuum mobile zweiter Art ist naturgesetzlich unmöglich.

30. Der Carnotsche Kreisprozeß.

Um die wichtige Frage zu entscheiden, welche Arbeit L im günstigsten Falle aus einer Wärmemenge Q_1 gewonnen werden kann,

---

[1]) Vgl. Abschn. 44. „Die Wärmepumpe".

wenn ein Temperaturgefälle mit der festen oberen Grenze T_1 und der festen unteren Grenze T_2 verfügbar ist, denkt man sich folgendes Arbeitsverfahren mit einem beliebigen Gase als arbeitendem Körper ausgeführt.

Es sei z. B. 1 kg Luft vom Druck p_1 und der Temperatur T_1 gegeben, Punkt A Fig. 39. Diese Luftmenge dehne sich arbeitsverrichtend in einem für Wärme durchlässigen Zylinder mit Kolben isothermisch bis B aus. Dabei muß eine nach Abschn. 23 berechenbare Wärmemenge Q_1 zugeführt werden. Diese Wärme kann man sich aus einer verhältnismäßig so großen Menge heißer Flüssigkeit, die den Zylinder umspült, bezogen denken, daß die Temperatur der Heizflüssigkeit infolge der Wärmeabgabe nicht merkbar fällt.

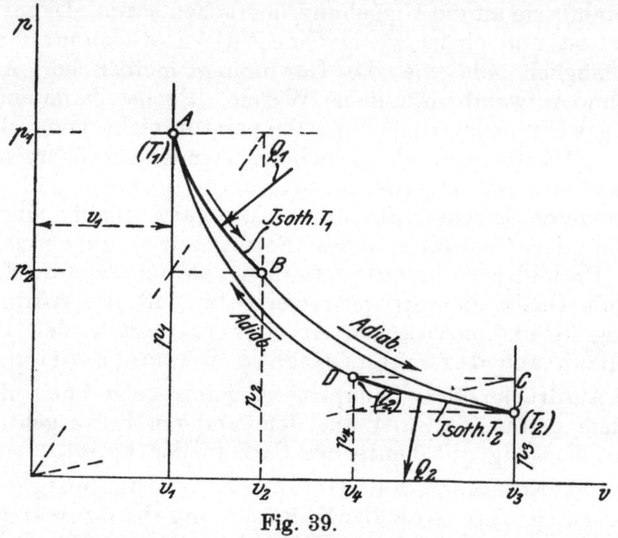

Fig. 39.

Von B an dehne sich das Gas ohne Wärmezufuhr oder -entziehung, also „adiabatisch", weiter arbeitsverrichtend aus, bis seine Temperatur auf die untere Grenztemperatur T_2 gefallen ist. Man hätte das Gas zu diesem Zweck in einen anderen, für Wärme undurchlässigen Arbeitszylinder zu schaffen.

Um nun das Gas aus dem Zustand C wieder in seinen Anfangszustand zurückzubringen, so daß ein geschlossenes Arbeitsdiagramm entsteht, das sich mit dem gleichen Gas unbeschränkt oft wiederholen läßt („Kreisprozeß"), verfährt man weiter wie folgt.

Zunächst wird das Gas bei der unveränderlichen unteren Temperatur T_2 verdichtet, wobei ihm eine nach Abschn. 23 berechenbare Wärmemenge Q_2 entzogen werden muß. Als Kühlkörper, der die Verdichtungswärme aufnehmen kann, ohne seine Temperatur T_2 merkbar zu ändern, kann man sich eine verhältnismäßig große Menge

Flüssigkeit von der Temperatur T_2 denken, die den Zylinder umspült, der nun wieder für Wärme durchlässig sein muß.

Um schließlich wieder den Anfangszustand der Luft zu erhalten, d. h. im Arbeitsdiagramm auf den Punkt A zurückzugelangen, verdichtet man zuletzt die Luft mittels des Arbeitskolbens adiabatisch. Man hat es in der Hand, den Endpunkt D der isothermischen Verdichtung so zu wählen, daß die von dort ausgehende Verdichtungs-Adiabate durch A geht. In A ist die Luft wieder in ihrem Anfangszustand. Der Kreislauf oder Kreisprozeß, den sie beschrieben hat, war nur ein Mittel, um die Arbeit L zu gewinnen, die durch die geschlossene Fläche $ABCD$ dargestellt wird. Da sich am Ende an der arbeitenden Luft nichts verändert hat, so muß die gewonnene Arbeit aus der Wärme stammen, die etwa im Lauf des Kreisprozesses verschwunden ist. Da Q_1 kcal zugeführt und Q_2 kcal abgeleitet worden sind, so sind $Q_1 - Q_2$ kcal verschwunden. Diese Wärme hat sich in die gleichwertige Arbeit L verwandelt und daher muß nach dem I. Hauptsatz sein:

$$AL = Q_1 - Q_2 = Q_1 \left(1 - \frac{Q_2}{Q_1} \right).$$

Die bei der isothermischen Ausdehnung (AB, Fig. 39) dem Gase zuzuführende Wärme ist nun nach Abschn. 23

$$Q_1 = A\,RT_1 \ln \frac{v_2}{v_1}.$$

Die bei der isothermischen Verdichtung (CD) abzuleitende Wärme ist ebenso

$$Q_2 = A\,RT_2 \ln \frac{v_3}{v_4}.$$

Für die Adiabaten BC und AD gilt nach Abschn. 24.

$$\frac{T_2}{T_1} = \left(\frac{v_2}{v_3} \right)^{k-1}$$

und

$$\frac{T_2}{T_1} = \left(\frac{v_1}{v_4} \right)^{k-1}.$$

Aus der Gleichheit folgt

$$\frac{v_2}{v_3} = \frac{v_1}{v_4} \quad \text{oder} \quad \frac{v_2}{v_1} = \frac{v_3}{v_4}.$$

Nun ist

$$\frac{Q_2}{Q_1} = \frac{T_2}{T_1} \cdot \frac{\ln \dfrac{v_3}{v_4}}{\ln \dfrac{v_2}{v_1}},$$

daher wegen der letzten Gleichung auch

$$\frac{Q_2}{Q_1} = \frac{T_2}{T_1},$$

somit

$$AL = Q_1\left(1 - \frac{T_2}{T_1}\right).$$

Der thermische Wirkungsgrad ist

$$\eta = \frac{AL}{Q_1} = 1 - \frac{T_2}{T_1}\,.$$

Der Bruchteil η der aufgewendeten Wärme Q_1, der durch den Carnot-Prozeß in mechanische Arbeit verwandelt werden kann, ist hiernach nur von dem Verhältnis der absoluten Temperaturen abhängig, zwischen denen der Prozeß verläuft.

Schreibt man

$$\eta = \frac{T_1 - T_2}{T_1},$$

so erkennt man, daß η nicht allein vom Temperaturgefälle, sondern auch von dem Absolutwert der oberen Temperatur abhängt.

Die ganze Wärme Q_1 könnte nur dann in Arbeit verwandelt werden, wenn $T_2/T_1 = 0$, d. h. $T_2 = 0$ wäre. Die Wärmeentziehung müßte bei einer Temperatur von -273^0 vor sich gehen können, was nicht möglich ist, da es so kalte Kühlkörper nicht gibt.

Die tiefsten Temperaturen, die für die Wärmeentziehung bei motorischen Prozessen in Frage kommen, sind die gewöhnlichen Kühlwassertemperaturen, also 5^0 bis 20^0, durchschnittlich 10^0, somit $T_2 = 273 + 10 = 283$.

Man erhält für 20^0 untere Temperatur, also $T_2 = 273 + 20 = 293$, bei oberen Temperaturen von

$t_1 =$	1200	1000	800	600	400	200	100^0
$T_1 =$	1473	1273	1073	873	673	473	373
$\eta =$	**0,81**	**0,77**	**0,73**	**0,66**	**0,56**	**0,38**	**0,21.**

Wäre also ein Carnotscher Kreisprozeß z. B. mit der Feuergastemperatur von 1200^0 C als oberer und der Kühlwassertemperatur von 20^0 als unterer Grenze praktisch durchführbar — was nicht der Fall ist —, so ließen sich 81 v. H. der aufgewendeten Wärme (d. h. der Verbrennungswärme) in mechanische Arbeit umsetzen.

Besitzt die Wärme, deren Umwandlung in Arbeit erstrebt wird, die gleiche Temperatur wie die Umgebung, ist also $T_1 = T_2$, so läßt sich mittels des Carnotschen Kreisprozesses überhaupt nichts davon in mechanische Arbeit umsetzen. Die Wärme unserer Umgebung besitzt somit keinen motorischen Arbeitswert.

Damit ist nicht gesagt, daß diese Wärmemengen überhaupt nicht in Arbeit umgesetzt werden können. Dies ist vielmehr, wie in Abschn. 25 gezeigt, sehr wohl möglich. Wenn man z. B. über Druckluft verfügt, und diese in einem Druckluftmotor isothermisch bei der Umgebungstemperatur arbeiten läßt, so läßt sich sogar die gesamte von außen zuzuführende Wärmemenge in Arbeit umsetzen. Dabei geht jedoch die Druckluft dauernd zu dem niedrigen Druck der Atmosphäre über und es wird daher nicht allein Wärme, sondern auch Druckluft verbraucht. Solche muß aber erst künstlich hergestellt werden, wozu mindestens der gleiche, in Wirklichkeit ein wesentlich höherer Arbeitsaufwand erforderlich ist, als im Motor wiedergewonnen wird.

Im Gegensatz zu diesem Verfahren befindet sich bei dem Carnotschen und jedem anderen Kreisprozeß die Arbeitsluft am Ende des Vorgangs genau wieder im Anfangszustand. Der Kreisprozeß kann also, nachdem einmal die arbeitende Druckluftmenge beschafft ist, beliebig oft mit der gleichen Luftmenge wiederholt werden, so daß der erste Arbeitsaufwand für die Herstellung der Druckluft gegenüber dem Arbeitsgewinn allmählich verschwindend klein wird. Auch kann dieser einmalige Aufwand nach beliebig oftiger Wiederholung des Kreisprozesses in einem Druckluftmotor wiedergewonnen werden. Bei dem Kreisprozeß wird somit überhaupt keine Druckluft, sondern nur die zugeführte Wärme (Q_1) verbraucht. Die gewonnene Arbeit im Betrage

$$L = \frac{\eta \, Q_1}{427}$$

stammt also vollständig aus dieser Wärme, die eine um $T_1 - T_2$ höhere Temperatur als die Umgebung besitzt. Der nicht in Arbeit umgewandelte Bruchteil $(1 - \eta)\, Q_1 = Q_2$ der zugeführten Wärme nimmt die tiefere Temperatur T_2 an und geht mit dieser in das gleichwarme Kühlwasser über. Es bleibt also bei dem Satze: **Wärme hat nur in dem Maße motorischen Arbeitswert, als sie höhere Temperatur als ihre Umgebung besitzt.**

Grundsätzlich ist es nun von größter Bedeutung, ob sich der Wirkungsgrad des Carnotschen Prozesses ändert, wenn man an Stelle eines idealen Gases ein wirkliches Gas mit seinen abweichenden Eigenschaften (z. B. mit veränderlicher spez. Wärme) oder gar gesättigte oder überhitzte Dämpfe als Arbeitskörper verwendet. Das Ergebnis einer dahingehenden Untersuchung ist, daß der Wirkungsgrad der gleiche bleiben muß, wenn nur zwischen gleichen Temperaturgrenzen T_1 und T_2 gearbeitet wird. Wäre dies nicht der Fall, so könnte man also mit Hilfe anderer Arbeitskörper kleinere oder größere Bruchteile von Q_1 in Arbeit verwandeln als mit Gasen. Durch geeignetes Zusammenarbeiten von Motoren und Kältemaschinen (mit Carnotschen Prozessen) würde man dann beliebig große Wärmemengen unserer Umgebung in Arbeit verwandeln, also ein Perpetuum mobile zweiter Art herstellen können. Dies ist aber nach dem II. Hauptsatz unmöglich.

Aus dieser allgemeinen Gültigkeit des Carnotschen Wirkungsgrades kann man weiterhin den für die praktische Wärmelehre sehr wichtigen Schluß ziehen, daß auch der **Entropiebegriff**, wie er in Abschn. 27 aus den Eigenschaften der Gase gewonnen wurde, für beliebige Körper Geltung behält. Dann ist also die bei einer beliebigen kleinen Zustandsänderung eines gesättigten oder überhitzten Dampfes zu- oder abgeleitete Wärmemenge ebenso wie bei den Gasen

$$dQ = T \cdot dS$$

und für isothermische Zustandsänderungen

$$Q = T \cdot (S_2 - S_1).$$

Für isothermische Zustandsänderungen läßt sich dies, wie folgt, zeigen Ist der arbeitende Körper ein **Gas**, so gilt im Carnotschen Kreisprozeß

$$\frac{Q_2}{Q_1} = \frac{T_2}{T_1} \quad \text{oder} \quad \frac{Q_1}{T_1} = \frac{Q_2}{T_2}.$$

$\frac{Q_1}{T_1}$ ist nach Abschn. 28 die Entropiezunahme infolge der isothermischen Wärmezufuhr Q_1, Q_2/T_2 die Entropieabnahme infolge der Wärmeentziehung Q_2; die Zunahme ist ebenso groß wie die Abnahme der Entropie.

Für einen **beliebigen** Arbeitskörper ist die Gültigkeit dieser Beziehung erst nachzuweisen. Zunächst gilt

$$\eta = \frac{T_1 - T_2}{T_1},$$

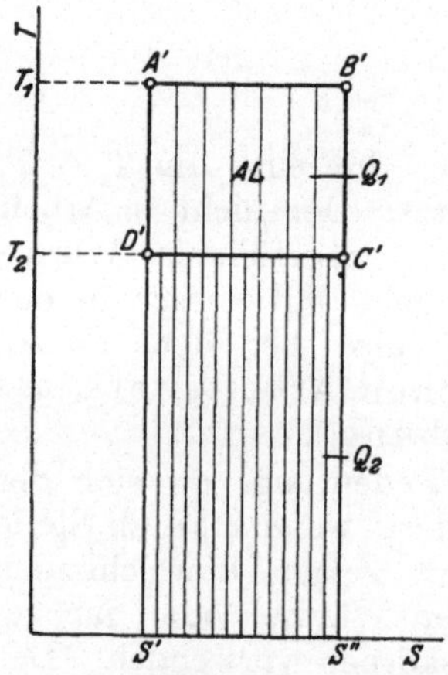

wie oben gezeigt. Ferner ist allgemein nach dem I. Hauptsatz

$$\eta = \frac{Q_1 - Q_2}{Q_1}.$$

Durch Gleichsetzen beider Werte erhält man

$$\frac{Q_1}{T_1} = \frac{Q_2}{T_2}.$$

Würde z. B. im Punkte A, Fig. 39, 1 kg heißes Wasser von der Siedetemperatur, in B trocken gesättigter Dampf vorliegen, so würde die Entropie der Gewichtseinheit des Wassers bei der Verdampfung wachsen um $S'' - S' = r_1/T_1$, weil $Q_1 = r_1$ und $T_1 = $ konst. ist.

Es wäre also

$$Q_1 = T_1 (S'' - S').$$

Fig. 40.

Für **beliebige** Zustandsänderungen kommt man zum Ziel, wenn man einen Kreisprozeß mit den betreffenden Zustandsänderungen als Kurven der Wärmezufuhr und -entziehung annimmt und diesen in sehr viele, sehr kleine Carnotsche Prozesse zerlegt.

Die Darstellung des Carnotschen Kreisprozesses Fig. 39 **im Entropie-Diagramm** zeigt Fig. 40. $A'B'$ stellt die isothermische Ausdehnung AB dar, $B'C'$ die adiabatische Ausdehnung BC (vgl. Abschn. 28, Fig. 36 u. 37), ebenso $C'D'$ die isothermische

Verdichtung CD, $D'A'$ die adiabatische Verdichtung DA. Die Strecke $A'B' = S'' - S'$ ist die Entropiezunahme Q_1/T_1, die Strecke $C'D'$ die Entropieabnahme Q_2/T_2. Das Rechteck $A'B'S''S'$ ist die zugeführte Wärme Q_1, das Rechteck unter $C'D'$ die abgeleitete Wärme Q_2, das Rechteck $A'B'C'D'$ also die in Arbeit verwandelte Wärme $Q_1 - Q_2$ oder die gewonnene Arbeit AL im Wärmemaß (in Kalorien). Das Entropiediagramm $A'B'C'D'$ behält seine Gestalt für jeden Arbeitskörper, während der Verlauf der Linien im Druckvolumendiagramm ganz verschieden ist, je nachdem ein Gas, ein gesättigter oder überhitzter Dampf arbeitet.

Anwendungen zur Lehre von den Gasen.

31. Arbeitsaufwand zur Herstellung von Druckluft.

Der Arbeitsvorgang in den Kolbenmaschinen zur Luftverdichtung (Kolbenkompressoren). Während des Hingangs des Kolbens, von links nach rechts (Fig. 41) füllt sich der Zylinder durch das Saugventil mit Luft von (annähernd) atmosphärischer Spannung p_0, Druckverlauf AB. Während des Rückgangs verdichtet der Kolben die Luft, wobei die Spannung stetig steigt, Druckverlauf BC. Das Druckventil öffnet sich (Punkt C), sobald die Zylinderspannung die Höhe des Gegendrucks p des Druckluftbehälters erreicht (bzw. um ein geringes übersteigt). Von da ab verdrängt der Kolben unter Überwindung des unveränderlichen Druckes p die Druckluft aus dem Zylinder und befördert sie in den Druckluftkessel. — Ist der Behälterdruck nicht p, sondern $p_1 < p$, so öffnet das Druckventil schon bei C_1, ist er $p_2 > p$, erst bei C_2. — Ist der Kessel anfänglich ohne Druckluft, so muß er allmählich aufgefüllt werden, wobei das Druckventil ganz nahe bei B, dann immer weiter von B entfernt, bei C_1, C, C_2 öffnet. Die Entnahme von Luft aus dem Kessel muß, wenn der Druck unveränderlich p bleiben soll, gleich der in gleicher Zeit vom Kompressor zugeschobenen Luftmenge sein.

Der Druckverlauf im Luftzylinder während eines Arbeitsspieles wird durch das geschlossene Diagramm $ABCD$ dargestellt. Nach Abschn. 17 ist die von der Kolbenstange auf die Luft während eines Spieles übertragene Arbeit, der **Arbeitsaufwand** (Betriebsarbeit), gleich der Fläche $ABCD$.

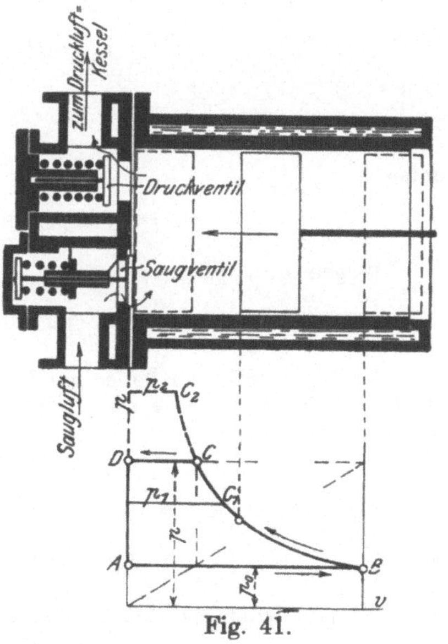

Die Größe dieser Fläche hängt außer von der Druckhöhe p, auf die gefördert wird, von dem besonderen Verlauf der Verdichtungslinie BC ab. Es sind verschiedene Fälle möglich.

1. Die Verdichtung erfolgt adiabatisch, also in einem ungekühlten Zylinder. Dann folgt BC dem Gesetz $p \cdot v^k =$ konst. (Adiabate). Die Lufttemperatur steigt von B bis C.

Fig. 41.

2. Die Verdichtung erfolgt ohne Temperatursteigerung, isothermisch. Dann muß nach Abschn. 23 der Zylinder gekühlt sein. Fig. 41.

3. In Wirklichkeit liegt bei gekühlten Kompressoren die Verdichtungslinie zwischen Isotherme und Adiabate. Denn es ist im allgemeinen selbst durch kräftige Kühlung nicht möglich, die Temperatursteigerung ganz zu verhindern. Der wirklichen Verdichtungslinie kann für viele Zwecke eine Polytrope mit $m \lessgtr \frac{k}{1}$ unterstellt werden.

Fig. 42 läßt erkennen, daß die Betriebsarbeit für gleiche Luftgewichte am größten für adiabatische, am kleinsten für isothermische Verdichtung ist. Der Unterschied wächst mit dem Druck. In der Praxis der Luftverdichtung sucht man daher dem isothermischen Vorgang möglichst nahe zu kommen. Bei der adiabatischen Verdichtung bleibt zwar die ganze abs. Verdichtungsarbeit als Wärme in der Luft. Bis zum Verwendungsort der Druckluft geht jedoch diese Wärme durch Leitung und Strahlung verloren, so daß sich am Ende die adiabatisch verdichtete Luft in keinem anderen Zustand befindet, als die isothermisch verdichtete, die mit kleinerem Arbeitsaufwand, also im allgemeinen billiger herzustellen ist.

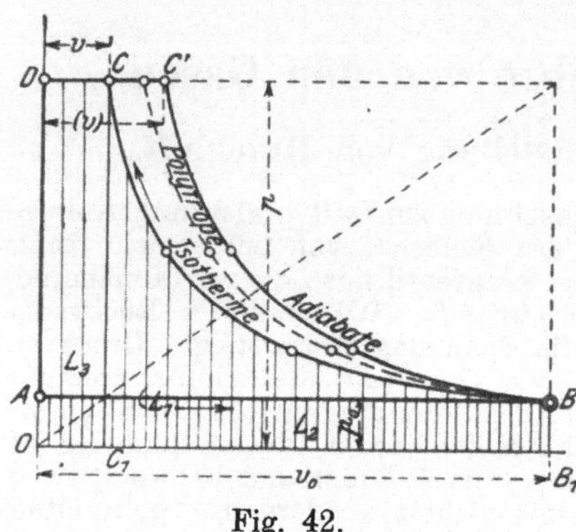

Fig. 42.

a) Isothermische Verdichtung. Die Arbeitsfläche L (theoretische Betriebsarbeit) besteht aus den drei Teilen $L_1 = BCC_1B_1$ (absolute Verdichtungsarbeit), $L_2 = ABB_1O$ (absolute Luftarbeit beim Ansaugen), $L_3 = CDOC_1$ (absolute Ausschubarbeit), Fig. 42. Es ist

$$L = L_1 + L_3 - L_2.$$

Hierin ist für 1 kg nach Abschn. 23

$$L_1 = 2{,}303 \, p_0 \, v_0 \log \frac{p}{p_0},$$

ferner

$$L_3 = pv$$
$$L_2 = p_0 v_0,$$

daher

$$L = 2{,}303 \, p_0 \, v_0 \log \frac{p}{p_0} + pv - p_0 v_0.$$

Wegen $pv = p_0 v_0$ (Isotherme) ist daher

$$L = 2{,}303 \, p_0 \, v_0 \log \frac{p}{p_0} \quad \dots \dots \dots \dots \quad (1)$$

für 1 kg Luft. Für ein beliebiges Luftgewicht G vom Anfangsvolumen V_0 ist die Arbeit G mal so groß, also wegen $Gv_0 = V_0$

$$L_G = 2{,}303 \, p_0 \, V_0 \log \frac{p}{p_0} \quad \dots \dots \dots \dots \quad (2)$$

Für 1 cbm Saugluft, $V_0 = 1$, ist also

$$\mathbf{L_0 = 2{,}303 \, p_0 \log \frac{p}{p_0}} \quad \dots \dots \dots \dots \quad (2\,a)$$

Für ein beliebiges Druckluftvolumen V wird wegen

$$pV = p_0 V_0$$

$$L_V = 2{,}303 \, pV \log \frac{p}{p_0},$$

daher für 1 cbm **Druckluft** ($V=1$) die Betriebsarbeit in mkg

$$L\,(\text{1 cbm}) = 2{,}303\,p \log \frac{p}{p_0} \quad (p \text{ in kg/qm}) \quad . \quad . \quad . \quad (3)$$

Die Betriebsarbeit ist, wie man sieht, bei isothermischer Verdichtung (aber **nur** bei dieser) gleich der absoluten Verdichtungsarbeit.

Die bei der isothermischen Verdichtung abzuleitende Wärme ist für 1 kg Luft $A\,L_1$ kcal (Abschn. 24), also im vorliegenden Falle das Wärmeäquivalent der Betriebsarbeit. Dies sind

$$Q = \frac{2{,}303}{427}\,p_0 v_0 \log \frac{p}{p_0}\ \text{kcal}$$

für 1 kg Luft, oder

$$Q_0\,(\text{1 cbm}) = \frac{1}{185}\,p_0 \log \frac{p}{p_0}\ \text{kcal}$$

für 1 cbm **Saugluft** oder

$$Q\,(\text{1 cbm}) = \frac{1}{185}\,p \log \frac{p}{p_0}\ \text{kcal}$$

für 1 cbm **Druckluft**.

b) **Adiabatische Verdichtung.** Hier ist

$$L_1 = \frac{1}{k-1}\cdot(pv - p_0 v_0)\ \text{(nach Abschn. 25)}$$

$$L_2 = p_0 v_0$$

$$L_3 = pv,$$

daher

$$L = L_1 + L_3 - L_2 = \frac{k}{k-1}\cdot(pv - p_0 v_0).$$

Es ist demnach

$$L = k L_1,$$

d. h. die **Betriebsarbeit** ist $k=1{,}4$ **mal so groß als die absolute Verdichtungsarbeit.** Diese ist nach Abschn. 24

$$L_1 = \frac{p_0 v_0}{k-1}\left[\left(\frac{p}{p_0}\right)^{\frac{k-1}{k}} - 1\right]$$

daher die Betriebsarbeit

$$L = \frac{k}{k-1}\,p_0 v_0 \left[\left(\frac{p}{p_0}\right)^{\frac{k-1}{k}} - 1\right] \quad . \quad . \quad . \quad . \quad (4)$$

Nach Abschn. 25 ist ferner

$$L_1 = 427\,c_v\,(T - T_0),$$

daher mit

$$\tau = T - T_0\ \text{(adiabatische Erwärmung)}$$

$$L = 427\,k c_v \tau \qquad \text{oder wegen } k = c_p/c_v$$

$$L = 427\,c_p\,\tau \quad . \quad . \quad . \quad . \quad . \quad . \quad . \quad . \quad . \quad . \quad . \quad . \quad (5)$$

Hierin ist wegen

$$\frac{T}{T_0} = \left(\frac{p}{p_0}\right)^{\frac{k-1}{k}}$$

$$\tau = T - T_0 = T_0 \cdot \left[\left(\frac{p}{p_0}\right)^{\frac{k-1}{k}} - 1\right] \quad . \quad . \quad . \quad . \quad . \quad (6)$$

Aus Gl. 4 erhält man auch mit $pv^k = p_0 v_0^k$ leicht

$$L = p\,v\cdot\frac{k}{k-1}\cdot\left[1 - \left(\frac{p_0}{p}\right)^{\frac{k-1}{k}}\right].$$

Für 1 cbm wird, wenn v durch V ersetzt wird und $V = 1$ gesetzt wird,

$$L\,(1\,\text{cbm}) = p\cdot\frac{k}{k-1}\cdot\left[1 - \left(\frac{p_0}{p}\right)^{\frac{k-1}{k}}\right]$$

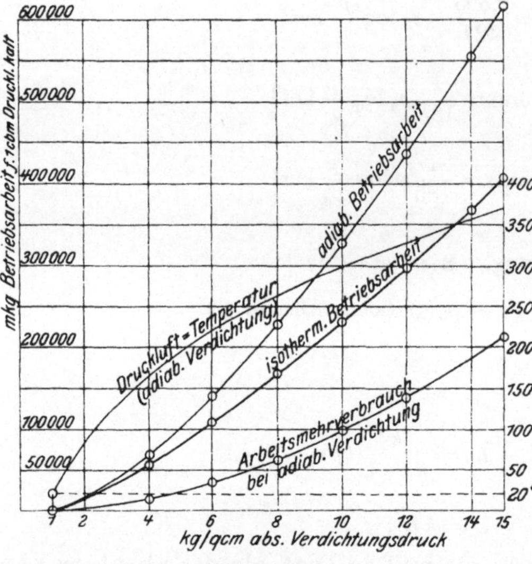

Fig. 43.

(theoretische Betriebsarbeit für 1 cbm warme Druckluft).

Auf 1 cbm kalte Druckluft von der Sauglufttemperatur berechnet wird die Betriebsarbeit, da die abgekühlte Luft ein im Verhältnis T_0/T kleineres Volumen besitzt (statt 1 cbm nur T_0/T cbm), im Verhältnis T/T_0 größer, also mit $k = 1{,}4$

$$L\,(1\,\text{cbm, kalt})$$
$$= 3{,}44\,p\left[\left(\frac{p}{p_0}\right)^{\frac{k-1}{k}} - 1\right] \quad (7)$$

(adiabatische Betriebsarbeit für 1 cbm kalte Druckluft).

Fig. 43 zeigt für Drücke von 1 bis 15 kg/qcm abs. die Betriebsarbeit für 1 cbm kalte Druckluft bei isothermischer und adiabatischer Verdichtung, sowie die Drucklufttemperatur für 20° Anfangstemperatur. Bei Verdichtungsdrücken über 5 at abs. übersteigt die adiabatische Drucklufttemperatur bereits 200°, der Betrieb wird also mit Rücksicht auf Kolbenschmierung und Stopfbüchsen schwierig. — Der Arbeitsmehrverbrauch bei adiabatischer Verdichtung gegenüber isothermischer erreicht bei 10 at abs. bereits 100000 mkg/cbm, oder im Wärmemaß 234 kcal/cbm.

c) **Polytropische Verdichtung.** Folgt die Verdichtungslinie der Polytrope $pv^m = \text{konst.}$ mit $m < k$, so wird in ganz gleicher Weise wie bei dem adiabatischen Vorgang die Betriebsarbeit

$$L = \frac{m}{m-1}\,(pv - p_0 v_0),$$

also auch hier

$$L = m\,L_1.$$

Die Betriebsarbeit wird m mal größer als die abs. Verdichtungsarbeit. Nach Abschn. 26 ist ferner

$$L_1 = 427\,(c_v - c)\,(T - T_0),$$

worin

$$c = c_v\,\frac{m-k}{m-1}.$$

Damit wird

$$L = 427\,m\,\frac{c_p - c_v}{m-1}\,(T - T_0)$$

oder mit

$$c_p - c_v = \frac{R}{427}$$

$$L = \frac{m}{m-1} R (T - T_0) \qquad \ldots \ldots \ldots \ldots (8)$$

Hierin ist $T - T_0$ bestimmt durch

$$\frac{T}{T_0} = \left(\frac{p}{p_0}\right)^{\frac{m-1}{m}};$$

hiermit wird

$$L = \frac{m}{m-1} R T_0 \left[\left(\frac{p}{p_0}\right)^{\frac{m-1}{m}} - 1\right].$$

Mit $R T_0 = p_0 v_0$ läßt sich auch schreiben

$$L = \frac{m}{m-1} p_0 v_0 \left[\left(\frac{p}{p_0}\right)^{\frac{m-1}{m}} - 1\right] \ldots \ldots \ldots (9)$$

Wird Gl. 8 in der Form geschrieben

$$L = \frac{m}{m-1} R T \left(1 - \frac{T_0}{T}\right),$$

so folgt, wenn man vom **Endzustand der Luft** ausgehen will,

$$L = \frac{m}{m-1} p v \left[1 - \left(\frac{p_0}{p}\right)^{\frac{m-1}{m}}\right] \text{ (für 1 kg) } \ldots (10)$$

Für eine **beliebige** Luftmenge ergibt sich die Betriebsarbeit durch Multiplikation mit dem Luftgewicht G, oder durch Ersatz von v bzw. v_0 durch V oder V_0. Damit wird für $V = 1$ cbm warme **Druckluft**

$$L \,(1 \text{ cbm warm}) = \frac{m}{m-1} p \left[1 - \left(\frac{p_0}{p}\right)^{\frac{m-1}{m}}\right]$$

oder

$$= \frac{m}{m-1} p \left(1 - \frac{T_0}{T}\right).$$

Für 1 cbm bis auf die **Anfangstemperatur** T_0 **abgekühlte Druckluft** wird wie oben unter b)

$$L \,(1 \text{ cbm kalt}) = \frac{m}{m-1} p \left(\frac{T}{T_0} - 1\right)$$

$$= \frac{m}{m-1} p \left[\left(\frac{p}{p_0}\right)^{\frac{m-1}{m}} - 1\right] \quad \ldots \ldots (11)$$

Für 1 cbm **Saugluft** wird dagegen aus Gl. 9

$$L \,(1 \text{ cbm Saugl.}) = \frac{m}{m-1} \cdot p_0 \left[\left(\frac{p}{p_0}\right)^{\frac{m-1}{m}} - 1\right] \ldots \ldots (11\,a)$$

Die für 1 kg **abzuführende Wärme** wird nach Abschn. 26

$$Q = c (T - T_0),$$

$$Q = c_v \cdot \frac{m-k}{m-1} \cdot (T - T_0).$$

Aus der Betriebsarbeit kann die erforderliche Wärmeabfuhr (innerhalb des Kompressors) mittels

$$Q = \frac{1}{427}\,\frac{m-k}{m\,(k-1)}\cdot L \quad\dots\dots\dots (12)$$

berechnet werden.

Leistungsbedarf. Die für eine stündliche Luftmenge von V cbm erforderliche Leistung in Pferdestärken ist wegen 1 PSh $= 3600 \cdot 75$ mkg

$$N_0 = \frac{L\cdot V}{3600\cdot 75} = \frac{L\cdot V}{270\,000}\ \text{PS}$$

(theoretische verlustfreie Leistung).

Für 1 cbm stündlich angesaugte Luft ist z. B. die erforderliche Leistung mit Gl. 9

$$N_0 = \frac{m}{m-1}\,\frac{p_0}{270\,000}\cdot\left[\left(\frac{p}{p_0}\right)^{\frac{m-1}{m}} - 1\right], \quad\dots\dots (13)$$

eine Beziehung, die mit $m = k$ auch für adiabatische Verdichtung gilt. Für isothermische Verdichtung ist dagegen

$$N_0 = 2{,}303\,\frac{p_0}{270\,000}\,\log\frac{p}{p_0} \quad\dots\dots\dots\dots\dots (14)$$

Bei ausgiebiger Kühlung kann der Exponent m durchschnittlich gleich 1,25 bis 1,30 gesetzt werden, bei langsamem Gang des Kompressors u. U. noch kleiner. In Wirklichkeit ist m nicht unveränderlich, d. h. die wirkliche Verdichtungslinie ist meist keine Polytrope im obigen Sinn. Am Anfang pflegt der Exponent größer, am Ende der Verdichtung kleiner zu sein, als dem durchschnittlichen Verlauf der Verdichtungslinie entspricht, wenn man diese durch eine Polytrope ausgleicht. Dies rührt von dem verschiedenen Temperaturunterschied und dem entsprechend verschiedenen Wärmeübergang

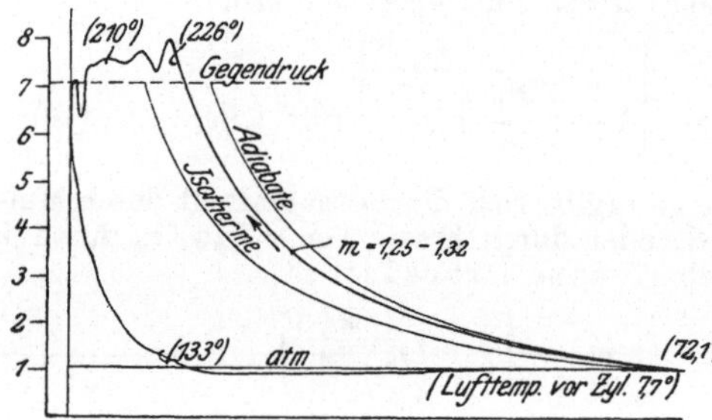

Fig. 44.

peraturunterschied und dem entsprechend verschiedenen Wärmeübergang zwischen Luft und Zylinderwand am Anfang und Ende her. Fig. 44 zeigt ein Indikatordiagramm[1]).

Einfluß der Kühlung. Der Arbeitsaufwand für die Herstellung von Druckluft stellt sich, wie schon aus Fig. 42 erhellt, um so günstiger, je kleiner der Exponent der Polytrope ausfällt, je stärker sich also der Einfluß der Kühlung während der Verdichtungsperiode äußert. Die Kühlung ist aber noch aus einem weiteren Grunde von günstigem Einfluß auf die Arbeit. Da sich der isothermische Vorgang nicht verwirklichen läßt, so erhitzen sich die Zylinderwände mit der Luft während der Verdichtungsperiode. Die in der folgenden Saugperiode in den Zylinder eintretende Frischluft findet daher warme Innenwände vor, an denen sie sich von T_0 auf T_0' erwärmt. Das spez. Ansaugevolumen v_0 wird dadurch vergrößert im Verhältnis $T_0' : T_0$. Nun ist die Gesamtarbeit, wie auch der Verdichtungsvorgang sich abspielen mag, nach Gl. 1, 4 und 9 dem Produkt $p_0 v_0$ proportional. Durch die Erwärmung beim Ansaugen wird demnach in jedem Falle die Arbeit im Verhältnis von

---

[1]) Nach F. L. Richter, F. A. 32.

$T_0' : T_0$ vergrößert. Durch den Einfluß der Kühlung wird nun T_0' gegenüber adiabatischer Verdichtung herabgesetzt und man hat gefunden, daß der hierdurch erzielbare Gewinn von gleicher Größenordnung sein kann, wie der aus der Erniedrigung der Verdichtungslinie herrührende, der allein im Diagramm sichtbar wird. Erwärmt sich z. B. die Saugluft von 15^0 auf 50^0, so nimmt der Arbeitsbedarf zu um das $(273 + 50):(273 + 15) = 1,12$ fache, d. h. um 12 v. H. gegenüber unveränderlicher Saugtemperatur. Ohne Kühlung würde sich aber die Saugluft bei höheren Verdichtungsgraden noch viel stärker erwärmen. Bei 6 at Überdruck beträgt die adiabatische Endtemperatur bereits ca. 220^0, so daß es denkbar ist, daß die Saugluft sich auf 100^0 oder mehr erwärmt, wenn nicht gekühlt wird. Der Arbeitsbedarf würde dann das $(273 + 100):(273 + 15) = 1,3$ fache betragen.

Beispiel. 1. Welche Betriebsarbeit in PS ist mindestens in einem Kompressor aufzuwenden, um stündlich 100 cbm Druckluft von 4 at Überdruck und Außenlufttemperatur herzustellen? Luftdruck 1,033 at abs.

a) bei isothermischer, b) bei adiabatischer, c) bei polytropischer Verdichtung mit $m = 1,22$.

Zu a)

$$L = 2,303\, p \log \frac{p}{p_0} = 2,303 \cdot (4 + 1,033) \cdot 10\,000 \cdot \log \frac{4 + 1,033}{1,033}$$
$$= 79\,712 \text{ mkg/cbm}$$

$$N_0 = \frac{79\,712 \cdot 100}{270\,000} = \underline{29,5 \text{ PS}_1}.$$

Stündlich im ganzen abzuführende Wärme

$$\frac{79\,712 \cdot 100}{427} = 18\,660 \text{ kcal.}$$

Zu b)

$$L = 3,44\, p \left[\left(\frac{p}{p_0} \right)^{\frac{k-1}{k}} - 1 \right] = 3,44 \cdot (4 + 1,033) \cdot 10\,000 \cdot \left[\left(\frac{5,033}{1,033} \right)^{\frac{0,41}{1,41}} - 1 \right]$$
$$= 101\,300 \text{ mkg/cbm}$$

$$N_0 = \frac{101\,300 \cdot 100}{270\,000} = \underline{37,5 \text{ PS}_1}.$$

Zu c)

$$L = \frac{m}{m-1}\, p \left[\left(\frac{p}{p_0} \right)^{\frac{m-1}{m}} - 1 \right] = \frac{1,22}{0,22} \cdot 50\,330 \cdot \left[\left(\frac{5,033}{1,033} \right)^{\frac{0,22}{1,22}} - 1 \right]$$
$$= 92\,000 \text{ mkg/cbm}$$

$$N_0 = \underline{34,1 \text{ PS}_1}.$$

Lufttemperatur beim Austritt aus dem Kompressor

$$T = T_0 \cdot \left(\frac{5,033}{1,033} \right)^{\frac{0,22}{1,22}} = T_0 \cdot 1,330.$$

Mit $t_0 = 20^0$ Anfangstemperatur wird

$$273 + t = (273 + 20) \cdot 1,33; \quad \underline{t = 117^0}.$$

Stündlich abzuführende Wärme

$$\frac{1}{427} \cdot \frac{m-k}{m(k-1)} \cdot LV = \frac{1}{427} \cdot \frac{1,22 - 1,41}{1,22 \cdot 0,41} \cdot 92\,000 \cdot 100 = -8180 \text{ kcal.}$$

Bei Erwärmung des Kühlwassers um 10^0 ist also eine stündliche K ü h l -
w a s s e r m e n g e von

$$\frac{8180}{10} = \underline{818\ 1}$$

erforderlich.

Zweistufige Kompression (Verbundkompressoren). Die Verwirklichung
der isothermischen Verdichtung, die auf der Wirksamkeit der Kühlung des

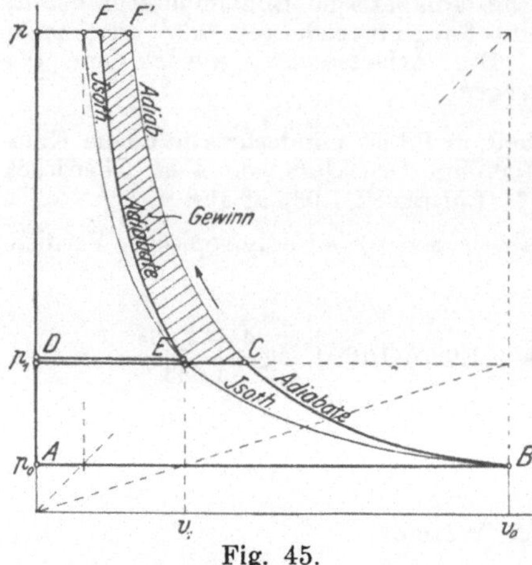

Fig. 45.

Zylinders beruht, wird um so schwie-
riger, je h ö h e r verdichtet wird.
Deshalb werden Kompressoren für
höhere Drücke zweistufig ausgeführt.
Im ersten Zylinder wird die Spannung nur bis zu einem Teil der gewünschten Druckluftspannung getrieben; diese Luft wird in einen
Zwischenbehälter ausgestoßen, dort
gekühlt (Zwischenkühlung) und dann
im zweiten Zylinder vollends verdichtet.

In Fig. 45 ist $ABCD$ das Diagramm des Niederdruckzylinders bei
adiabatischer Verdichtung BC. Die
warme Druckluft vom Druck p_1 und
Volumen CD wird nun in einem
Zwischenbehälter auf die Temperatur
bei B abgekühlt und schrumpft darin
auf das Volumen DE zusammen
(Kurve BE gedachte Isotherme).

Mit diesem Volumen wird sie vom Hochdruckzylinder angesaugt, Strecke DE,
und nach EF verdichtet (in Fig. 45 adiabatisch). Würde die Verdichtung
in einem einzigen Zylinder, also dem Niederdruckzylinder, adiabatisch erfolgen, so wäre der Arbeitsbedarf gleich $ABF''A$. Bei adiabatischer Verdichtung in z w e i Stufen mit Zwischenkühlung ist die Arbeit um die Fläche $CF''FE$
k l e i n e r. Werden nun außerdem noch die beiden Zylinder gekühlt, so wird
der Arbeitsbedarf weiter vermindert, weil die Verdichtungskurven zwischen
C und E, bzw. F' und F endigen (Polytropen).

32. Druckluft-Kraftübertragung.

Die an e i n e m Orte hergestellte Druckluft wird dem an einem entfernten
Orte stehenden Druckluftmotor durch eine Rohrleitung oder aus einem Vorrats-
behälter zugeführt. Es frägt sich, wieviel von der zur Herstellung der Druckluft im Kompressor aufgewendeten Arbeit im Motor wieder gewonnen werden
kann. Der Motor arbeite wie eine Dampfmaschine: Füllung auf dem Teile DE
des Hubes AF (Fig. 46), Expansion der Luft bis zum Hubende (EF), Ausströmen auf dem ganzen Kolbenrückweg (FA). Wird von Druckverlusten in
der Leitung ganz abgesehen, so nimmt das K o m p r e s s o r d i a g r a m m die Form
$ABCD$ an, worin der Punkt B festliegt durch die Beziehung

$$p v' = p_0 v_0, \qquad v_0 = v' \frac{p}{p_0},$$

da bei der Einströmung in den Motor die Luft, wie angenommen wird, die
gleiche Temperatur hat wie beim Ansaugen im Kompressor.

Je nach dem Verlauf der Verdichtungslinie BC und der Expansionslinie
EF werden die Flächen der übereinander gelegten Diagramme des Kompressors
und des Motors ($ABCD$ bzw. $DEFA$) mehr oder weniger verschieden. Am
größten wird der durch die Fläche $BFEC$ dargestellte Unterschied, d. h. der

„Arbeitsverlust der Kraftübertragung", wenn BC und EF beide adiabatisch verlaufen. — Verringert wird die Verlustfläche, wenn die Kompression von der Adiabate abweicht (Kühlung; Linie BC'); weiter verringert wird sie, wenn die motorische Expansion über der Adiabate verläuft. In gewissem Grade treffen in der Wirklichkeit beide Umstände zu, so daß die adiabatische Fläche $BCEF$ den größten Verlust darstellt, der unter ungünstigen Umständen, jedoch bei Expansion der Luft bis auf den Gegendruck, zu erwarten ist.

Verbessert wird der Wirkungsgrad der Übertragung auch dadurch, daß die Druckluft vor dem Eintritt in den Motor vorgewärmt wird. Dadurch rückt E weiter nach rechts (E'), die Motorfläche wird größer. Diese Verbesserung muß jedoch durch einen zusätzlichen Wärmeaufwand erkauft werden und es ist eine nur durch Kostenberechnung zu entscheidende Frage, ob die „Vorwärmung" wirtschaftlich vorteilhaft ist. Für den Betrieb des Motors ist sie günstig, weil durch sie eine zu starke Abkühlung der Luft bei der Expansion im Motor und die damit verknüpfte Ablagerung von Schnee aus der Luftfeuchtigkeit in den Steuerungskanälen vermieden wird.

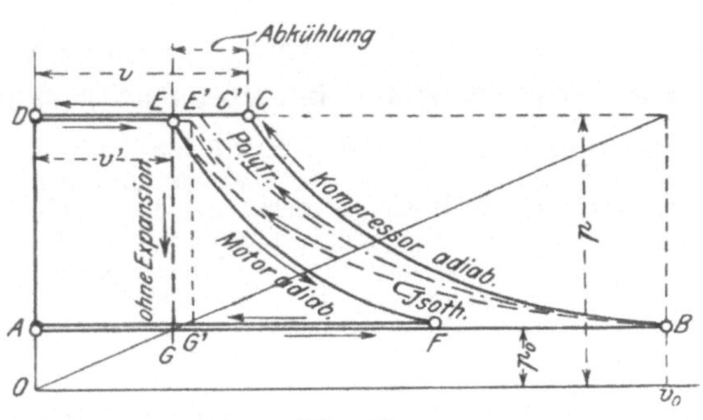

Fig. 46.

Bei Motoren, die nur mit geringer Expansion oder ohne solche arbeiten, fällt der letztere Umstand weg. Der Verlust wird in diesem Falle überhaupt sehr erheblich und (ohne Vorwärmung) durch die Fläche $BCEG$ dargestellt. Durch Vorwärmung kann hier die Fläche $EE'G'G$ gewonnen werden. Dabei ist

$$DE' = DE \cdot \frac{273 + t'}{273 + t_0},$$

wenn t_0 die Druckluft-Temperatur vor, t' die nach der Vorwärmung ist. Die gleiche Luftmenge (dem Gewicht nach) kann in diesem Falle infolge der Vorwärmung eine im Verhältnis $\frac{273 + t'}{273 + t_0}$ größere Arbeit verrichten.

Neuerdings hat sich die Anwendung der Verdichtung beim Kolbenrücklauf (wie bei den Dampfmaschinen) als ein geeignetes Mittel erwiesen, um die Ablagerung von Schnee in den Kanälen zu verhindern.

Der günstigste Prozeß (Idealprozeß) eines mit Druckluft betriebenen Motors ist nicht der adiabatische, sondern der isothermische, bei dem die Expansion der Luft mit gleichbleibender Temperatur gleich derjenigen der Umgebung vor sich geht. Bei adiabatischer Expansion sinkt mit dem Druck auch von Anfang an die Temperatur. Dies kann, wenigstens grundsätzlich, dadurch verhindert werden, daß während der Expansion stetig Wärme aus der Umgebung in das Gas tritt. An die Stelle des Kühlwassers beim Kompressor hat also beim Motor Erwärmungswasser von gewöhnlicher Temperatur zu treten. Erfolgt die Expansion so langsam, daß Gas- und Erwärmungswasser-Temperatur einander gleich bleiben, so expandiert das Gas isothermisch

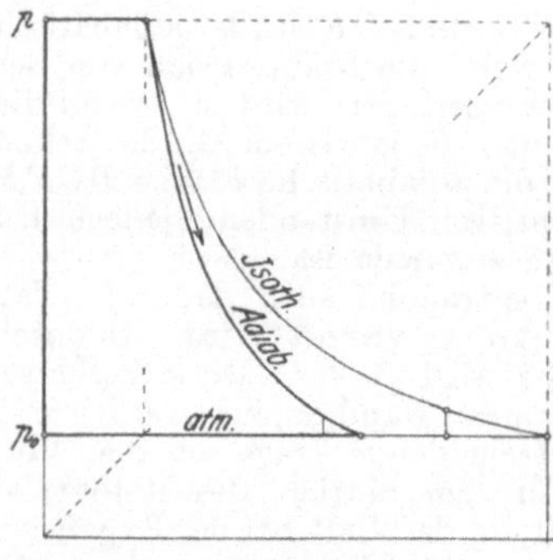

Fig. 47.

und verrichtet eine größere Nutzarbeit als bei adiabatischer Ausdehnung, Fig. 47.

Ähnlich wie beim Kompressor läßt sich auch beim Druckluftmotor durch zweistufige Expansion (Verbundanordnung) mit Zwischenerwärmung der ideale isothermische Prozeß besser verwirklichen und die Leistung der gleichen Luftmenge vergrößern.

Die Leistung eines Druckluftmotors mit Expansion bis zum Gegendruck kann auf gleiche Weise wie in Abschn. 31 die Betriebsarbeit des Kompressors berechnet werden. Inbesondere gelten die Formeln 2a für isothermische, 5 für adiabatische und 8 für polytropische Expansion der Druckluft.

33. Die Arbeitsweise der Verbrennungsmotoren nach dem Ottoschen Verfahren (Gas-, Benzin-, Spiritusmotoren).

In dem einfach- oder doppeltwirkenden Arbeitszylinder des Motors wird vom vorwärtsgehenden Kolben ein Gemenge von atmosphärischem oder kleinerem Druck, bestehend aus Luft und Brenngas (Leuchtgas, Generator- oder Kraftgas, Gichtgas, Benzindämpfen usw.) angesaugt, Linie ab (Fig. 48). Nachdem sich im rechten Totpunkt des Kolbens das Einlaßventil geschlossen hat, verdichtet der rückwärts laufende Kolben das Gemenge, Linie bc. Im linken Totpunkt ist der größte Verdichtungsdruck p_1 erreicht. Das Drucksteigerungsverhältnis p_1/p_0 hängt von dem Verhältnis der Räume V_c (Verdichtungsraum) und $V_c + V_h$ (V_h = Hubraum) ab. Im Augenblick der stärksten Verdichtung wird das Gemenge entzündet (meist elektrisch), wobei die Spannung infolge der Erhitzung fast augenblicklich, also bei unveränderlichem Gesamtraum der Verbrennungsprodukte, von p_1 auf p_2 steigt, Linie cd. Die Höhe von p_2 richtet sich nach der im Gemenge enthaltenen Brenngasmenge und dem Heizwert des Brenngases, oder einfach nach dem Heizwert des Gemenges, aber auch nach dem Anfangsdruck p_1 und der Anfangstemperatur T_1 (vgl. Abschn. 19). Die hochgespannten und glühenden Verbrennungsprodukte dehnen sich nun während des Kolbenhingangs von V_c auf $V_c + V_h$ aus, wobei der Druck allmählich von p_2 auf p_3 fällt, Linie de. Mit der Spannung p_3 treten die Verbrennungsgase nahe dem äußeren Totpunkt durch das Auslaßventil ins Freie, wobei die Spannung im Zylinder rasch bis p_4 fällt, Linie ef. Während des Rückweges schiebt der Kolben die noch im Zylinder befindlichen Gase von annähernd atmosphärischem Druck hinaus, bis auf den Rest V_c, der sich dann mit dem frischen Gemenge bei dem neuen Spiele vermischt. Ein Arbeitsspiel erfordert also vier Kolbenhübe. Die Maschine arbeitet „im Viertakt".

Zweitakt. Das ganze Verfahren läßt sich auch mit zwei Hüben des Kolbens erledigen, wenn man den Saughub und den Auspuffhub wegfallen läßt. Das Gemisch muß dann mittels besonderer Ladepumpen für Luft und Gas in der Nähe des äußeren Totpunktes in den Zylinder eingeblasen werden. Kurz vorher wird der Zylinder von den Abgasresten durch Ausblasen (Spülluft) gereinigt. Baulich ergeben sich hieraus zwar sehr erhebliche Verschiedenheiten der Motoren; die nachstehenden Erörterungen haben aber im allgemeinen für beide Arten Geltung.

Die bei einem Spiel an den Kolben abgegebene Nutzarbeit ergibt sich wie folgt, Fig. 49. Während der beiden aufeinanderfolgenden Hübe der Verdichtung (bc) und der Ausdehnung (de) wird nach Abschnitt 17 die Arbeit ($bcde$) an das Gestänge abgegeben.

Während des Ansauge- und Ausstoßhubes wird dagegen die durch das Rechteck $abfg$ dargestellte Arbeit seitens des Gestänges aufgewendet. In Fig. 49 findet das Ansaugen mit erheblichem Unterdruck statt, so daß diese Fläche wesentlich größer ausfällt als in Fig. 48 (vgl. Abschn. 17).

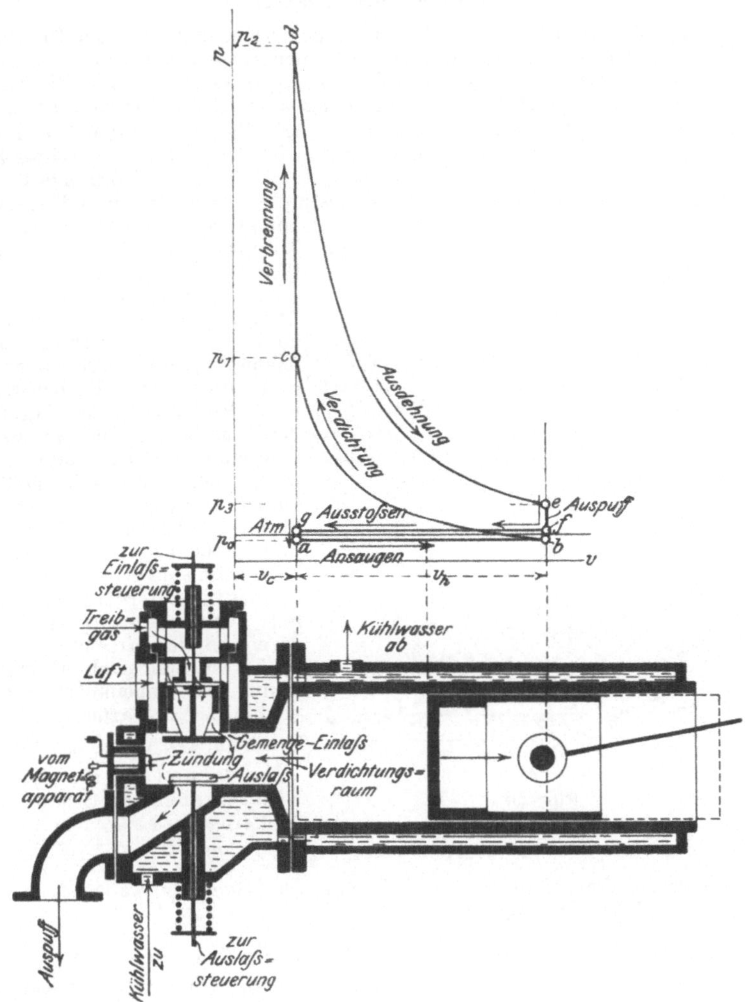

Fig. 48.

Die Nutzarbeit ist der Unterschied dieser beiden Flächen; sie wird, wie aus Fig. 49 zu entnehmen, auch durch den Unterschied der beiden schräg schraffierten, mit + und — bezeichneten, geschlossenen Teilflächen dargestellt. — Für die Arbeitsbestimmung aus Indikatordiagrammen ist die letztere Darstellung am bequemsten. Der Kurvenzug $cdefga'bc$ wird mit dem Planimeter von Anfang bis Ende durchfahren, wobei sich die Differenz $+f_1-f_2$ von selbst ergibt. Für die rechnerische Behandlung dagegen muß die andere Darstellungsweise gewählt werden. Es ist also die Nutzarbeit (theor. indiz. Arbeit)

$$L = \text{Fläche } (a_1 \, d \, e \, b_1) - \text{Fläche } (a_1 \, c \, b \, b_1)$$

(Ausdehnung und Verdichtung)

$$- \text{Fläche } (a_1 \, g \, f \, b_1) + \text{Fläche } (a_1 \, g \, a' \, b_1)$$

(Ausstoßen und Ansaugen).

Bezüglich der letzten Fläche ist zu bemerken, daß sich der Unterdruck p_0, der durch Drosseln des angesaugten Gemenges zustande kommt, nicht auf einmal nach $g\,a$, sondern nur allmählich nach $g\,a'$ einstellt. Für die Berechnung der theoretisch möglichen Leistung genügt aber diese Annahme vollkommen.

Diagramme mit starkem Unterdruck, wie Fig. 49, kommen bei normal belasteten Maschinen nicht vor, dagegen bei leerlaufenden oder schwach belasteten Maschinen, wenn sich die Regulierung nicht nur auf Verminderung der Gasmenge, sondern auch der Luftmenge erstreckt. Dem größeren Unterdruck entspricht dann eine geringere Menge brennbares Gemisch (Quantitätsregulierung).

Als idealer Fall ist für die Ausdehnung und Verdichtung adiabatischer Verlauf anzunehmen. Die nur aus Betriebsgründen, wie Kolbenschmierung, Verhindern des Erglühens der Wandungen und zu starker Erhitzung des angesaugten Gemenges notwendige kräftige Kühlung, vgl. Fig. 48, vermag auch in Wirklichkeit die Kurven $d\,e$ und $b\,c$ nicht sehr erheblich vom adiabatischen Verlauf abzulenken, wie das Indikatordiagramm Fig. 50 mit den gestrichelt eingezeichneten Adiabaten zeigt.

Es ist nun nach Abschn. 24, wenn man angenähert mit unveränd. spez Wärme c_v rechnet:

$$\text{Fläche}\,(a_1 \, d \, e \, b_1) = 427 \cdot c_v \cdot (T_2 - T_3),$$

wenn T_2 und T_3 die absoluten Temperaturen bei d und e sind.

Ferner ist

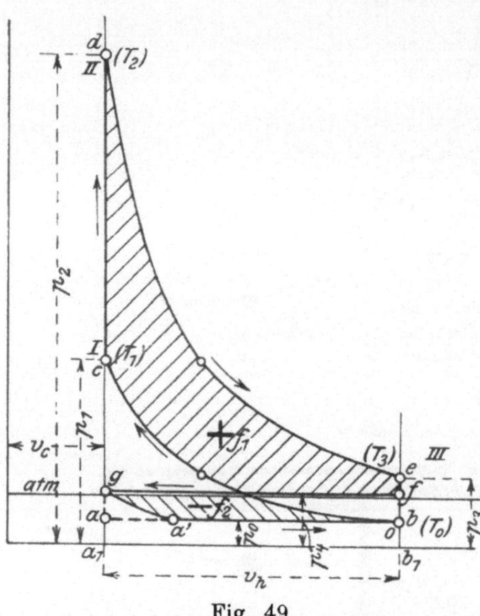

Fig. 49.

$$\text{Fläche } (a_1 \, c \, b \, b_1) = 427 \cdot c_v \cdot (T_1 - T_0).$$

Daher ist die nutzbare Gasarbeit aus 1 kg Gemenge während des Ausdehnungs- und Verdichtungshubes

$$L = 427 \cdot [c_v \cdot (T_2 - T_3) - c_v \cdot (T_1 - T_0)] \quad \ldots \ldots \ldots \quad (1)$$

Die negative Arbeit ist bei Normalleistung verhältnismäßig sehr klein, da hierbei mit möglichst geringer Drosselung gearbeitet wird. Für den hier betrachteten idealen Fall fällt sie dann grundsätzlich weg, weil sie einen Arbeitsverlust darstellt, von dem abgesehen werden soll. Gl. 1 stellt also den Arbeitsgewinn dar.

Die durch die Verbrennung auf der Strecke $c\,d$ im Gase entstandene Wärme ist, aus der Temperaturänderung $T_2 - T_1$ berechnet,

$$Q_v = c_v \cdot (T_2 - T_1).$$

Das absolute mechanische Äquivalent dieser Wärme wäre

$$L_0 = 427 \, c_v \cdot (T_2 - T_1) \quad \ldots \ldots \ldots \ldots \ldots \quad (2)$$

Dies ist die dem Prozeß als Wärme zugeführte Energie, von der ein möglichst großer Bruchteil in Arbeit verwandelt werden soll. Dieser Bruchteil, der „thermische Wirkungsgrad des Idealprozesses", ist

$$\eta_{th} = \frac{L}{L_0}.$$

Man erhält aus Gl. 1 und 2

$$\eta_{th} = \frac{L}{L_0} = \frac{c_v \cdot (T_2 - T_3) - c_v \cdot (T_1 - T_0)}{c_v \cdot (T_2 - T_1)} \quad \ldots \ldots (3)$$

oder, wenn die Werte c_v für die Temperaturgrenzen T_2 bis T_3, T_1 bis T_0, T_2 bis T_1 gleich gesetzt werden,

$$\eta_{th} = \frac{T_2 - T_3 - (T_1 - T_0)}{T_2 - T_1}.$$

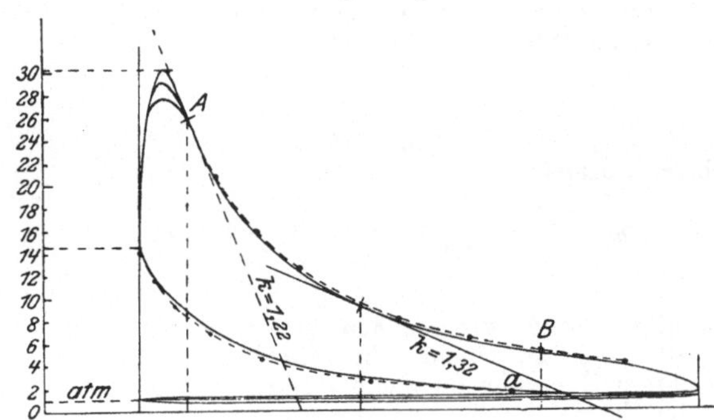

Fig. 50.

Die Temperaturen T_0 und T_1 einerseits, T_3 und T_2 anderseits stehen in der Beziehung

$$\frac{T_1}{T_0} = \frac{T_2}{T_3},$$

denn jedes dieser Verhältnisse ist gleich ε^{k-1}. Daraus folgt

$$\frac{T_1 - T_0}{T_1} = \frac{T_2 - T_3}{T_2}$$

oder

$$T_2 - T_3 = \frac{T_2}{T_1} \cdot (T_1 - T_0).$$

Führt man dies in η_{th} ein, so wird

$$\eta_{th} = \frac{T_1 - T_0}{T_1} = 1 - \frac{T_0}{T_1} \quad \ldots \ldots \ldots (3\,a)$$

Hierfür kann auch geschrieben werden

$$\eta_{th} = 1 - \frac{1}{\varepsilon^{k-1}}$$

oder

$$= 1 - \left(\frac{p_0}{p_1}\right)^{\frac{k-1}{k}} \quad \ldots \ldots \ldots (3\,b)$$

Wenn nun auch die hieraus zu errechnenden Werte von η_{th} zahlenmäßig wegen der starken Veränderlichkeit der spez. Wärmen nicht ganz richtig sein können, so lassen doch diese Ausdrücke den überragenden Einfluß des Verdichtungsverhältnisses ε bzw. der Drucksteigerung p_1/p_0 erkennen. Je höher die Kompression getrieben wird, desto größer wird η_{th}. Die Erklärung dafür ist, neben der obigen Herleitung, der Umstand, daß mit zunehmendem Verdichtungsgrad auch das räumliche Ausdehnungsverhältnis zunimmt, die Spannkraft der heißen Gase daher durch Expansion in höherem Grade ausgenützt wird. Tatsächlich wiesen schon die ersten Ottoschen Motoren einen dreimal kleineren Gasverbrauch[1]) auf als die älteren Lenoirschen Maschinen, die ohne Gemengeverdichtung arbeiteten, und alle späteren Erfahrungen haben bewiesen, daß aus der gleichen Gasmenge ein um so höherer Prozentsatz mechanischer Arbeit gewonnen wird, je höher die Kompression gesteigert wird.

Die heutigen mit Leuchtgas oder Kraftgas arbeitenden Motoren mit Verdichtung auf 12 bis 15 kg/qcm verwandeln unter günstigen Umständen bis ca. 34 v. H. des Heizwertes des verbrauchten Gases in indizierte Arbeit.

Für

$$\frac{p_0}{p_1} = \frac{1}{15}$$

würde nach obiger Formel

$$\eta_{th} = 1 - \frac{1}{15^{\frac{0,41}{1,41}}} = 0,54. \quad (= 54 \text{ v. H.})$$

Die große Abweichung zwischen dem errechneten Wert und dem tatsächlichen kommt allerdings zu einem sehr erheblichen Teil auf Rechnung der Wärmeverluste durch Übergang an das Kühlwasser; zum anderen aber auf die Ungenauigkeit der Formel infolge der Annahme unveränderlicher spez. Wärme.

Der Brennstoffverbrauch C_i für 1 PS$_i$h ergibt sich aus dem Heizwert H des Brennstoffs und dem thermischen Wirkungsgrad wie folgt. Bei vollständiger Verwandlung der Verbrennungswärme in Arbeit würden aus 1 kg (bzw. 1 cbm) Brennstoff 427 H mkg gewonnen. Durch das Verfahren im Gasmotor lassen sich höchstens η_{th} 427 H mkg gewinnen, mit C_i kg (cbm) Brennstoff also

$$427\, \eta_{th}\, C_i H \text{ mkg.}$$

Die aus C_i kg Brennstoff gewonnene Arbeit soll anderseits gleich 1 PS$_i$h = 75·3600 mkg sein. Daher ist

$$427\, \eta_{th}\, C_i H = 75 \cdot 3600,$$

somit
$$C_i = \frac{75 \cdot 3600}{427\, \eta_{th} H} \text{ kg (cbm) für 1 PS}_i\text{h.}$$

$$= \frac{632}{\eta_{th} H} \quad \cdots \cdots \cdots \cdots \cdots (4)$$

Der Brennstoffverbrauch ist dem thermischen Wirkungsgrad umgekehrt proportional (vgl. Abschn. 22).

Ist z. B. für Leuchtgas mit $H = 5000$ kcal/cbm $\eta_{th} = 0,25$, so wird

$$C_i = \frac{632}{0,25 \cdot 5000} = 0,506 \text{ cbm} = 506 \text{ l.}$$

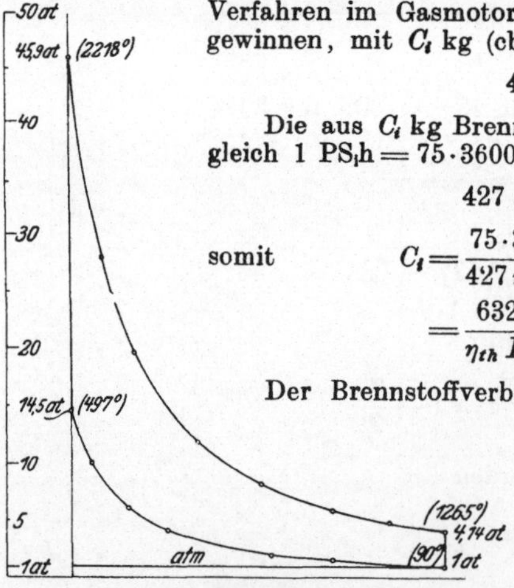

Fig. 51.

---

[1]) Wenn auch die Verdichtung nicht der einzige Grund dafür war.

Für Kraftgas mit $H = 1200$, $\eta_{th} = 0,22$ wäre

$$C_i = \frac{632}{0,22 \cdot 1200} = 2,39 \text{ cbm} = 2390 \text{ l.}$$

Über die Berechnung des theoretischen Verpuffungsdruckes vgl. Abschn. 19, Beispiel 2. — Bei Gasmotoren übersteigt die größte Spannung in der Regel 25 at nicht; vgl. übrigens das Indikatordiagramm Fig. 50, wo der Druck bis 30 at ansteigt.

Ein unter Berücksichtigung der Abhängigkeit der spez. Wärme c_v von der Temperatur berechnetes theoretisches Diagramm zeigt Fig. 51. Der thermische Wirkungsgrad beträgt 45%.

34. Die Arbeitsweise der Verbrennungsmotoren nach Diesel (Ölmotoren).

Auch diese Maschinen arbeiten, wie die Gasmaschinen, gewöhnlich im Viertakt[1]). Der Unterschied gegenüber dem Ottoschen Verfahren besteht darin, daß der Kolben beim ersten Hub nicht ein brennbares Gemisch ansaugt, sondern nur Luft. Diese wird beim zweiten Hub auf 30 bis 40 at, also sehr viel höher als das Gemisch in den Gasmaschinen, verdichtet, wobei sie sich sehr stark erhitzt (s. Abschn. 25, Beisp. 4). Nach Erreichung des höchsten Verdichtungsdruckes, also beim Beginn des dritten Hubes, wird eine größere oder kleinere Menge fein zerstäubtes Öl (Petroleum, Masut, Rohöl, Gasöl, Paraffinöl) mittels Preßluft eingeblasen.

Das Öl verbrennt so wie es eingeblasen wird in der glühenden Luft. Dabei steigt die Temperatur, der zugeführten Verbrennungswärme und dem Druckverlauf entsprechend. Die Einspritzung wird so geleitet, daß der Druck während der Verbrennung unverändert bleibt (Gleichdruckverfahren) oder sich wenigstens nicht erheblich ändert[2]).

Nach beendeter Einspritzung und Verbrennung expandieren die Verbrennungsprodukte bis nahe zum Ende des dritten Hubes und werden alsdann ausgestoßen.

Das Arbeitsdiagramm Fig. 52 entwickelt sich danach in folgender Weise. Von a bis b Ansaugen von Luft mit geringem Unterdruck. Der Kolben geht vom oberen bis zum unteren Totpunkt. — Von b bis c Verdichten auf 30 bis 40 at; die Luft erhitzt sich bis gegen 800°. Der Kolben geht vom unteren zum oberen Totpunkt. — In c Beginn, in d Ende der Einspritzung und Verbrennung. Linie cd grundsätzlich eine Gerade, in Wirklichkeit meist im Anfang kleine Druckerhöhung, dann Abfall mit allmählichem Übergang in die Expansionslinie. Von d bis e Expansion der glühenden Verbrennungsgase. Der Kolben geht vom oberen bis zum unteren Totpunkt. — In e Beginn des Auspuffs (in Wirklichkeit etwas früher), ef Linie des raschen Druckausgleichs durch Abströmen der gespannten Feuergase, fg Ausstoßlinie, Reinigung des Zylinders von Feuergasresten durch den aufwärtsgehenden Kolben.

Die bei einem Arbeitsspiel an den Kolben abgegebene Nutzarbeit L kann hier, da Ansaugen mit starkem Unterdruck nicht in Frage kommt, gleich der Fläche $bcde$ gesetzt werden. Diese besteht aus der Volldruckfläche $f_1 = (c_1 c d d_1)$, der Expansionsfläche $f_2 = (d_1 d e e_1)$ und der Kompressionsfläche $f_3 = (b c c_1 e_1)$. Es ist

$$L = f_1 + f_2 - f_3.$$

---

[1]) Für größere Leistungen wird auch der Zweitakt verwendet, dessen Ausführung hier geringere Schwierigkeiten bietet, als bei den Gasmaschinen.

[2]) Der Druckverlauf ist in hohem Grade abhängig vom Überdruck der Einblaseluft und von der Eröffnungsweise des Brennstoffventils. Fig. 53 zeigt normale Diagramme bei verschiedenen Belastungen (nach K. Kutzbach, Z. Ver. deutsch. Ing. 1907, S. 521).

Im einzelnen ist:

$$f_1 = p_1 \, (v_2 - v_c),$$

oder mit $p_1 v_2 = R T_2$, $p_1 v_c = R T_1$

$$f_1 = R \, (T_2 - T_1),$$

gültig für 1 kg des Zylinderinhaltes. Für 1 cbm Inhalt (0°, 760 mm) wäre dagegen

$$f_1 = \gamma_0 \, R \, (T_2 - T_1).$$

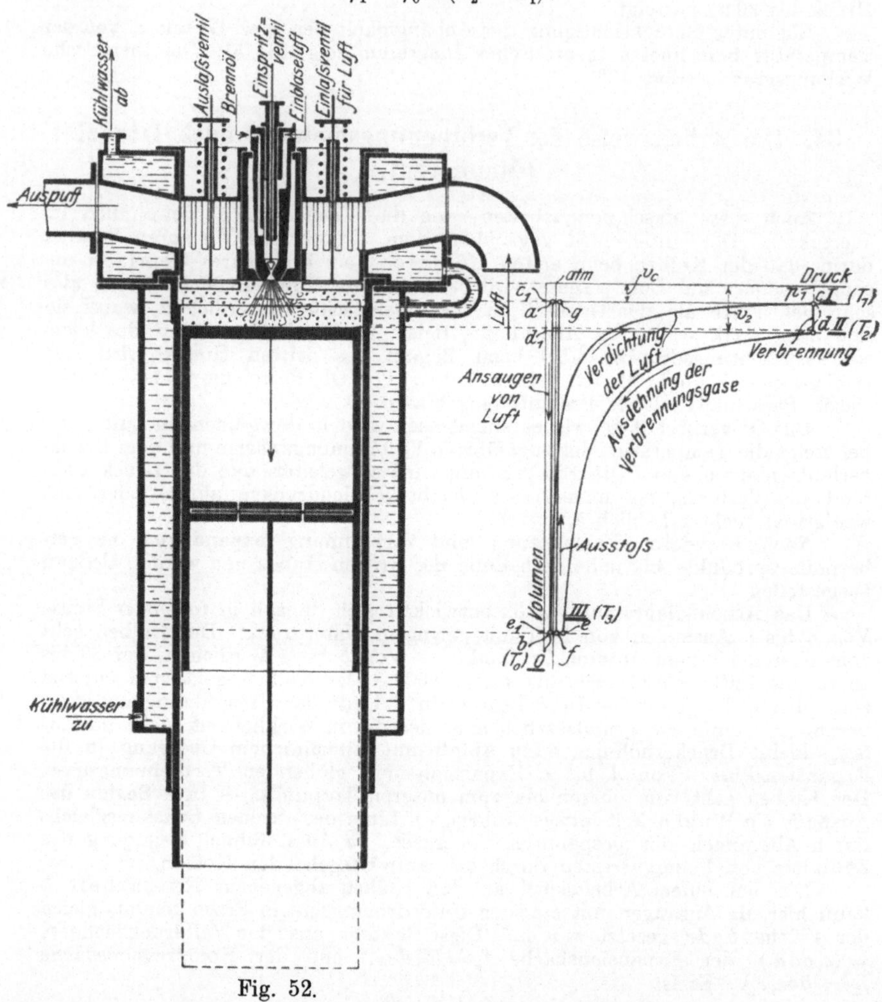

Fig. 52.

Ferner ist nach Abschn. 26

$$f_2 = 427 \cdot c_{v\,II}^{III} \cdot (T_2 - T_3)$$

und

$$f_3 = 427 \cdot c_{v0}^{I} \cdot (T_1 - T_0).$$

mit c_{v0}^{I} und $c_{v\,II}^{III}$ als mittleren spez. Wärmen zwischen den Temperaturen T_0 und T_1 bzw. T_2 und T_3.

Damit wird
$$L = R\,(T_2 - T_1) + 427\,[c_v{}_{II}^{III}\cdot(T_2 - T_3) - c_{v0}^{I}\cdot(T_1 - {}_0)]\,T.$$

Die Werte
$$c_v{}_{II}^{III}\cdot(T_2 - T_3) = Q_v{}_{II}^{III}$$

und
$$c_{v0}^{I}\cdot(T_1 - T_0) = Q_{v0}^{I}$$

sind die Wärmemengen, die unter konstantem Volumen dem kg Verbrennungsprodukte bzw. dem kg Luft zuzuführen bzw. zu entziehen wären, um die entsprechenden Temperaturänderungen herbeizuführen, die in Wirklichkeit durch adiabatische Abgabe bzw. Aufnahme von Arbeit entstehen. Sie können, sobald die Temperaturen T_0, T_1, T_2, T_3 bekannt sind, aus dem Wärmediagramm Tafel I (für 1 cbm 0^0 760) abgemessen werden. Die Arbeit L ist alsdann berechenbar.

Die während der Verbrennung $(c\,d)$ eintretende Temperatursteigerung $T_2 - T_1$ ist von der Wärmemenge abhängig, die durch Verbrennung von Brennöl mit 1 kg Luft frei wird. Nun sind zur vollständigen Verbrennung von 1 kg Petroleum (und Destillaten) nach Abschn. 9 theoretisch 14,5 kg Luft erforderlich, tatsächlich aber, bei 25 v. H. Luftüberschuß, mindestens $14{,}5 \cdot 1{,}25 = 18{,}2$ kg. Es können also praktisch mit 1 kg Luft nicht mehr als

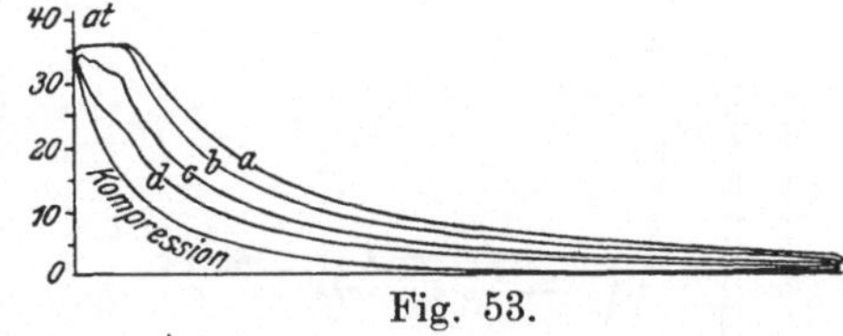

Fig. 53.

1/18,2 kg Petroleum verbrannt werden. Diese Petroleummenge kann eine Wärmemenge von rund

$$\frac{11\,000}{18{,}2} = 605 \text{ Cal}$$

entwickeln. So groß, oder bei größerem Luftüberschuß beliebig kleiner, kann die bei der Verbrennung unter konstantem Druck zugeführte Wärme Q_p sein. Die Temperatursteigerung $T_2 - T_1$ folgt hiermit aus

$$Q_p = c_p{}_I^{II}\cdot(T_2 - T_1).$$

sie wird am besten durch Abmessen aus Tafel I bestimmt (vgl. Abschn. 15a).

Der absolute Arbeitswert dieser Wärme ist $L_0 = 427\,Q_p$ mkg. Der thermische Wirkungsgrad des Diesel-Prozesses wird hiernach

$$\eta_{th} = \frac{L}{L_0}$$

oder
$$\eta_{th} = \frac{\dfrac{R}{427}\,(T_2 - T_1) + (Q_v)_{II}^{III} - (Q_v)_0^{I}}{Q_p}.$$

Werden alle Größen auf 1 cbm (0^0, 760 mm) bezogen, so ist der Faktor R im Zähler durch $\gamma_0 R$ zu ersetzen.

Die adiabatischen Temperaturänderungen $T_1 - T_0$ und $T_2 - T_3$ können bei veränderlicher spez. Wärme oder aus Tafel I und III ermittelt werden.

Zur Gewinnung eines vorläufigen Überblicks können die spez. Wärmen c_v und c_p unveränderlich angenommen werden. Dann wird

$$\eta_{th} = \frac{\dfrac{R}{427}\cdot(T_2 - T_1) + c_v\,[T_2 - T_3 - (T_1 - T_0)]}{c_p\,(T_2 - T_1)}$$
$$= \frac{R}{427\,c_p} + \frac{1}{k}\cdot\frac{T_2 - T_3 - (T_1 - T_0)}{T_2 - T_1}.$$

Mit

$$\frac{R}{427\,c_p} = \frac{k-1}{k} \quad \text{(nach Abschn. 23) wird hieraus} \quad \eta_{th} = 1 - \frac{1}{k}\cdot\frac{T_3 - T_0}{T_2 - T_1}\,.$$

Wird mit ε das Verdichtungsverhältnis $\dfrac{V_h + V_c}{V_c}$, mit φ das Verhältnis des

größten und kleinsten Verbrennungsraumes $\dfrac{V_2}{V_c}$ bezeichnet, so wird nach den

Formeln für die adiabatische Zustandsänderung (s. Abschn. 25)

$$\frac{T_1}{T_0} = \varepsilon^{k-1} \quad \text{und} \quad \frac{T_2}{T_3} = \left(\frac{\varepsilon}{\varphi}\right)^{k-1}.$$

Ferner ist für die Erwärmung unter konstantem Druck während der Verbrennung (Abschn. 20)

$$\frac{T_2}{T_1} = \frac{v_2}{v_c} = \varphi\,.$$

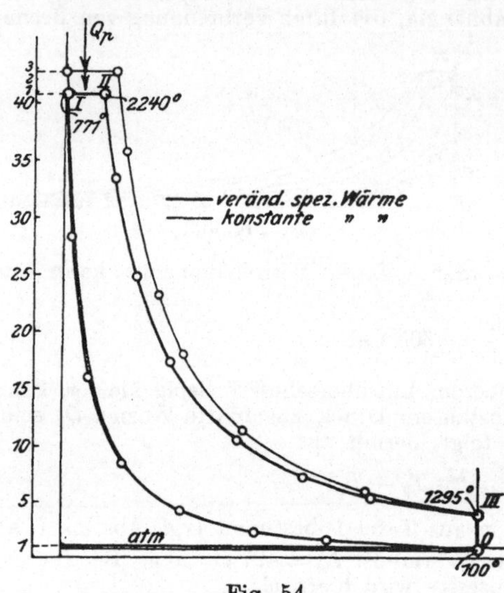

Fig. 54.

Wird geschrieben

$$\eta_{th} = 1 - \frac{1}{k}\cdot\frac{T_0}{T_1}\cdot\frac{\dfrac{T_3}{T_0} - 1}{\dfrac{T_2}{T_1} - 1},$$

so wird mit

$$\frac{T_3}{T_0} = \frac{T_1}{T_0}\cdot\frac{T_3}{T_2}\cdot\frac{T_2}{T_1} = \varphi^k$$

$$\eta_{th} = 1 - \frac{T_0}{T_1}\cdot\frac{\varphi^k - 1}{k\,(\varphi - 1)}$$

oder

$$= 1 - \frac{1}{\varepsilon^{k-1}}\cdot\frac{\varphi^k - 1}{k\,(\varphi - 1)}\,.$$

φ liegt zwischen 1 und rd. 3. Es wird für

$$\varphi = 1{,}5 \qquad\qquad \varphi = 3$$

$$\frac{\varphi^k - 1}{k\,(\varphi - 1)} = 1{,}09 \qquad 1{,}31\,.$$

Verglichen mit dem Wirkungsgrad des Ottoschen Prozesses $\left(1 - \dfrac{T_0}{T_1}\right)$

ist hiernach der des Diesel-Prozesses bei gleichem $\dfrac{T_0}{T_1}$, d. h. gleicher Verdichtungsspannung kleiner. Richtiger ist es aber, die beiden Prozesse bei gleichen Höchstdrücken zu vergleichen. Dabei stellt sich der Wirkungsgrad des Diesel-Prozesses etwas höher als der des Ottoschen Verfahrens. Ein theoretisches Spannungsdiagramm zeigt Fig. 54 ($\eta_{th} = 0{,}50$).

Praktisch ist der Diesel-Motor den mit schwerer verdampfbaren Ölen (Petroleum, Teeröle) arbeitenden Flüssigkeitsmotoren mit Verpuffung in noch weit höherem Grade überlegen. Während beim Diesel-Motor auch mit diesen Ölen bis 40 v. H. der Brennstoffwärme in indizierte Arbeit verwandelt werden, kommen jene wegen der unvollständigen Verbrennung noch nicht bis 20 v. H.

Für gasförmige Brennstoffe kommt das Verfahren nach Diesel nicht in Betracht. Die nach dem Ottoschen Verfahren arbeitenden Gasmaschinen ergeben fast ebenso gute Wärmeausnützung, obwohl sie mit kleineren Höchstdrücken arbeiten.

II. Die Dämpfe.

Der Wasserdampf.

35. Der gesättigte Wasserdampf. Druck und Temperatur; spezifisches Gewicht und Volumen.

Die Eigenschaften des Wasserdampfes zeigen sich am deutlichsten wenn seine Entstehung aus dem flüssigen Wasser verfolgt wird.

Soll Wasser in einem offenen Gefäß, also unter dem gleichbleibenden Luftdruck, durch Wärmezufuhr verdampft werden, so steigt seine Temperatur erst auf rd. 100°. Von da ab beginnt die Dampfentwicklung in der ganzen Masse. Der Druck dieses Dampfes ist gleich dem Atmosphärendruck, also 1,033 kg/qcm abs., seine Temperatur wie die des Wassers 100°. Sie steigt auch bei der stärksten Wärmezufuhr nicht weiter.

Liegt auf der Wasseroberfläche im geschlossenen Dampfkessel ein höherer Druck, so ist die Wassertemperatur, bei der die Verdampfung beginnt, und daher auch die Dampftemperatur höher. Das dem Kessel während des Betriebes zugeführte Speisewasser muß erst auf diese Temperatur erwärmt werden, ehe es an der Dampflieferung teilnimmt. Bei niedrigerem Druck, also z. B. auf Bergen im offenen Gefäß oder in einem geschlossenen Gefäß mit teilweisem Vakuum beginnt die Verdampfung schon unter 100°. Wasser von 20° siedet z. B., wenn der Druck bis 17,4 mm Hg erniedrigt wird.

Die Dampfentwicklung und damit auch die Existenz des Dampfes von bestimmtem Druck (p) ist also an ganz bestimmte vom Druck abhängige Temperaturen, die Siedetemperaturen, gebunden[1]). Umgekehrt entspricht auch jeder gegebenen Dampftemperatur ein ganz

---

[1]) Die Verdunstung ist ein Verdampfungsvorgang, bei dem lediglich die freie Oberfläche des Wassers beteiligt ist. Sie ist abhängig von dem Teildruck des Wasserdampfs in der umgebenden Luft und hört erst auf, wenn dieser Druck gleich dem zur Wassertemperatur gehörigen Siededruck wird (wenn also die umgebende Luft mit Wasserdampf gesättigt ist). Im offenen Gefäß beginnt daher die Verdunstung wegen der Kleinheit des Dunstdrucks der Luft schon lange vor dem Sieden.

bestimmter Siededruck. Der Dampf in dem Zustande, wie er sich aus dem flüssigen Wasser entwickelt, heißt gesättigt. Nur für solchen Dampf gelten die Erörterungen in diesem Abschnitt. Der Zusammenhang zwischen Dampfdruck p_s und Dampftemperatur t_s im Siedezustand geht aus Fig. 55 hervor, in der die Dampftemperaturen als Abszissen, die Drücke als Ordinaten aufgetragen sind (Dampfdruckkurve). Die Dampftabellen im Anhang enthalten ebenfalls die zusammengehörigen Werte von p_s und t_s. Die neuesten und wohl genauesten Versuche darüber stammen aus der Physikalisch-Technischen Reichsanstalt. Bis dahin waren im allgemeinen Gebrauch die Werte von Regnault, die recht genau mit den neuesten Ergebnissen übereinstimmen. Andere Versuchsreihen stammen von Battelli, von Ramsay und Young, von Cailletet, sowie aus dem Münchener Laboratorium für Technische Physik (Knoblauch, Linde und Klebe). Die in diesem Buche angegebenen Zahlen sind den erstgenannten Versuchsreihen entnommen.

Eine allgemeine Formel, durch welche die Versuchsergebnisse zwischen 0^0 und 374^0 (kritische Temperatur) oder auch nur zwischen 0^0 und 200^0 (übliche technische Grenzen) genau dargestellt werden, existiert nicht. Dagegen gibt es eine große Zahl von Formeln, die sich in einem engeren Gebiet dem Verlauf der Versuchskurve recht genau anpassen lassen. Eine solche Formel, die auch von der für technische Zwecke nötigen Einfachheit ist, lautet

$$\log p_s = A - \frac{B}{T_s},$$

oder
$$T_s = \frac{B}{A - \log p_s}.$$

Man überzeugt sich leicht von dem Genauigkeitsgrad und den Grenzen dieser Formel, wenn man die Werte von $\log p_s$ als Ordinaten zu den Werten von $1/T_s$, d. h. $1/(273 + t_s)$ als Abszissen aufträgt. Man findet dann, daß die Punkte auf weiten Strecken in der Grenze der zeichnerischen Genauigkeit auf Geraden liegen. Zwischen sehr weiten Grenzen treten indessen merkbare Krümmungen auf. Für die drei Gebiete zwischen etwa 20^0 und 100^0, zwischen 100^0 und 200^0 (15,8 at), zwischen 200^0 und 350^0 (168 at) können die nachstehenden Formeln angewendet werden (p_s in kg/qcm)

a) zwischen 20^0 und 100^0:

$$\log p_s = 5{,}9778 - \frac{2224{,}4}{T_s} \quad (p_s \text{ in kg/qcm}).$$

Bei sehr kleinen Drücken ist u. U. die Rechnung in mm Hg erwünschter. Dafür gilt

$$\log p_s = 8{,}8444 - \frac{2224{,}4}{T_s} \quad (p_s \text{ in mm Hg}).$$

b) zwischen 100^0 und 200^0:

$$\log p_s = 5{,}6485 - \frac{2101{,}1}{T_s}.$$

c) zwischen 200^0 (15,8 at) und 350^0 (168 at)

$$\log p_s = 5{,}451\,42 - \frac{2010{,}8}{T_s}.$$

Den Verlauf der Dampfdruckkurve bis zu dem höchsten für gesättigten Dampf möglichen Druck von 204 at (kritischer Dampfdruck) zeigt Fig. 55 (die ausgezogene Kurve nach Versuchen von Holborn und Baumann in der Physik.-Techn. Reichsanstalt).

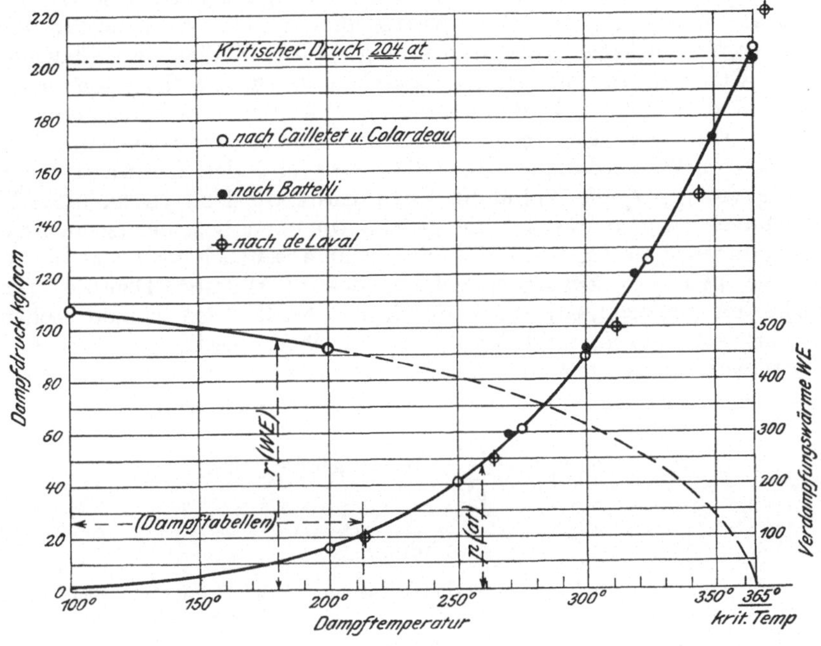

Fig. 55.

Spezifisches Volumen v_s und spezifisches Gewicht γ_s.

Je höher der Dampfdruck ist, um so dichter ist der Dampf; das gleiche Dampfgewicht nimmt einen kleineren Raum ein. Verhielte sich der gesättigte Dampf hinsichtlich des Zusammenhangs von Druck, Volumen und Temperatur wie ein Gas, so wäre

$$\frac{v_{s1}}{v_{s2}} = \frac{p_{s2}}{p_{s1}} \frac{T_{s1}}{T_{s2}}$$

oder

$$p_s v_s = R T_s.$$

Diese Beziehung gilt tatsächlich mit einer gewissen, nicht allzu geringen Annäherung. Setzt man für R die Konstante des gasförmigen Wasserdampfs $R = 47{,}1$, so erhält man

$$v_s = 47{,}1 \frac{T_s}{p_s} \quad (p_s \text{ in kg/qm}).$$

Wird hieraus mit den zusammengehörigen Sättigungswerten von p_s und T_s das Volumen berechnet, so findet man, daß sich stets ein etwas größerer Wert ergibt als aus den unmittelbaren Versuchen.

Die neuesten und genauesten Versuche, deren Ergebnisse in vorzüglicher Übereinstimmung mit den aus anderen Versuchswerten (Verdampfungswärme und Dampfspannungskurve) streng berechenbaren Werten stehen, sind im Laboratorium für Technische Physik in München ausgeführt worden[1]). Diese Werte sind den im Anhang enthaltenen Dampftabellen zugrunde gelegt.

Die Volumenwerte in den bekannten Dampftabellen von Zeuner sind aus den Versuchen Regnaults über Druck, Temperatur und Verdampfungswärme nach der streng gültigen Clapeyron-Clausiusschen Gleichung berechnet. Sie stehen in einer recht guten, wenn auch nicht absoluten Übereinstimmung mit den Münchener Werten. Ferner sind von Mollier[2]) auf Grund der Zustandsgleichung des überhitzten Wasserdampfs von Callendar und der Regnaultschen Werte von p_s, t_s die Volumina berechnet worden. Diese Berechnungsweise ist grundsätzlich die gleiche wie oben bez. des „gedachten Gasvolumens" gezeigt; sie gibt aber sehr wesentlich genauere Werte, da die genauere Zustandsgleichung des überhitzten Dampfes (an Stelle des gasförmigen) zugrunde liegt. Auch diese Zahlen stehen in einer sehr guten, wohl für alle technischen Zwecke ausreichenden Übereinstimmung mit den Versuchswerten [3]).

Nach Mollier gilt übrigens mit guter Annäherung

$$v_s = \frac{1{,}7235}{p^{\frac{15}{16}}} \quad (p \text{ in kg/qcm}),$$

$$\gamma_s = 0{,}5802\, p^{\frac{15}{16}}.$$

Für nicht zu weite Grenzen ist daher das spez. Gewicht ungefähr dem Druck proportional (in ganz roher Schätzung etwa die Hälfte der Zahl des absoluten Dampfdrucks in at).

In Fig. 55a sind die Dampfdrücke als Ordinaten, die spez. Volumina und die spez. Gewichte als Abszissen aufgetragen. Die Linie des Volumens (sog. Grenzkurve) ist eine hyperbelartige Kurve, die des Gewichts eine fast gerade, durch den Ursprung gehende Linie.

---

[1]) Forsch.-Arb., Heft 21, Knoblauch, Linde und Klebe, Die thermischen Eigenschaften des gesättigten und des überhitzten Wasserdampfs, I. Teil, und R. Linde, II. Teil. Daselbst finden sich auch sehr eingehende kritische Betrachtungen über andere Versuchsergebnisse. Vgl. auch Z. Ver. deutsch. Ing. 1911, W. Schüle, Die Eigenschaften des Wasserdampfs nach den neuesten Versuchen, sowie Forsch. Arb. 220, Eichelberg, Die therm. Eigenschaften des Wasserdampfs im techn. wichtigen Gebiet. — Ferner Bd. II, 4. Aufl., Abschn. 8 u. 9.

[2]) R. Mollier, Neue Tabellen und Diagramme für Wasserdampf. Berlin: Julius Springer, 1906.

[3]) Die neuesten und genauesten Werte bis 60 at Dampfdruck enthalten die „Tabellen und Diagramme für Wasserdampf" von Knoblauch, Raisch und Hausen (München 1923).

Feuchter oder nasser Dampf. Alles Vorhergehende bezieht sich auf reinen, sog. trockenen Sattdampf. Schon bei der Dampferzeugung werden aber mehr oder weniger Flüssigkeitsteilchen in den Dampfraum mitgerissen, die als Tröpfchen im Dampfe schweben und so einen Teil der Dampfmasse bilden. Wo dies auch nicht der Fall ist, entstehen doch bei der geringsten Wärmeabgabe des Dampfes an die Gefäßwände, z. B. in allen Rohrleitungen und in den Dampfmaschinenzylindern, solche Wasserteilchen durch Rückverwandlung (Kondensation) eines Teils des reinen Dampfs. Denn wie bei der Verdampfung jedes Flüssigkeitsteilchens vom Dampfe Wärme aufgenommen (verbraucht) wird, ohne daß Druck und Temperatur zu

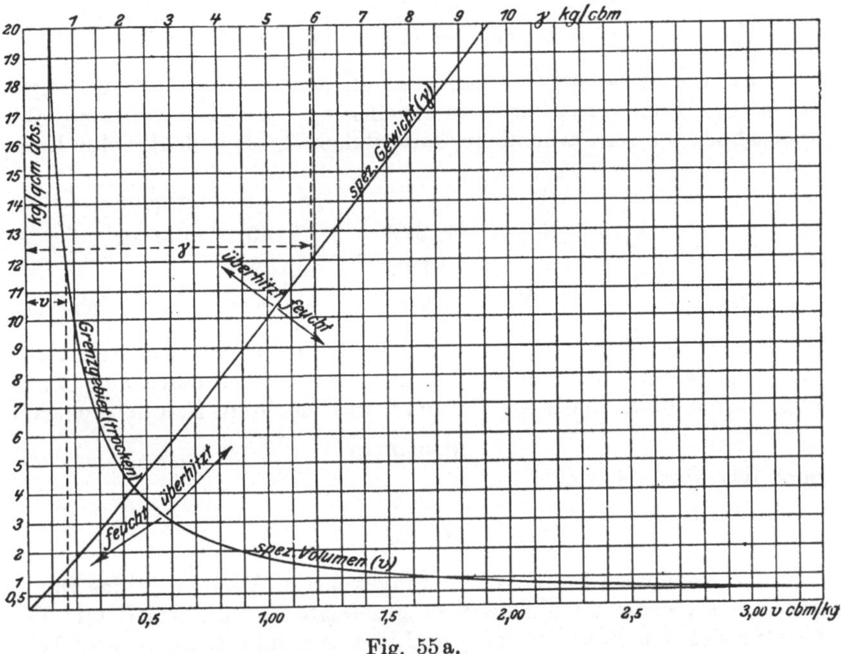

Fig. 55 a.

steigen brauchen, so kann umgekehrt der Dampf Wärme nach außen abgeben, ohne daß sich p und t zu ändern brauchen; dabei geht aber eine der abgegebenen Wärmemenge genau entsprechende Gewichtsmenge Dampf in den flüssigen Zustand über. (Hierüber vgl. unten „Verdampfungswärme"). Daher existiert der Sattdampf praktisch immer als ein Gemenge von reinem Dampf mit Flüssigkeit. Er wird dann als **feuchter** oder, je nach dem Grade, als **nasser** Dampf bezeichnet. Seine Zusammensetzung wird in Gewichtsteilen angegeben. Das Gewicht x des reinen Dampfs in 1 kg feuchtem Dampf heißt **verhältnismäßige Dampfmenge** oder **Dampfgehalt** (auch spezifische Dampfmenge). Die Flüssigkeit in 1 kg Dampf wiegt dann $1 - x$ kg; dies ist die **Dampfnässe** oder **Feuchtigkeit**. Sowohl x

als $1-x$ werden häufig in Prozenten angegeben. $x = 0{,}9$, also $1-x = 0{,}1$ entspricht 90 v. H. Dampfgehalt und 10 v. H. Feuchtigkeit.

Das Volumen v von 1 kg feuchtem Dampf ist kleiner als das des trockenen Dampfs v_s. Denkt man sich nämlich einen Teil des letzteren bei unveränderlichem Druck kondensiert, so findet eine Raumverminderung (ohne Gewichtsverminderung) statt, da das Niederschlagswasser einen viel kleineren Raum einnimmt als der Dampf, aus dem es entstand. — Der Raum, den x kg trockener Dampf einnehmen, ist $x \cdot v_s$, während die übrigen $1-x$ kg Wasser den Raum $(1-x) \cdot 0{,}001$ cbm beanspruchen (1 kg Wasser $= 1\,\mathrm{l} = 0{,}001$ cbm). Daher nimmt 1 kg feuchter Dampf den Raum ein

$$v = x\,v_s + (1-x) \cdot 0{,}001.$$

Ist, wie bei allem Gebrauchsdampf, der Dampfgehalt vorwiegend, so ist $0{,}001 \cdot (1-x)$ sehr klein gegen $x \cdot v_s$. Es ist z. B. bei $x = 0{,}75$, was schon eine sehr erhebliche Dampffeuchtigkeit bedeutet, für Dampf von

$p =$ 0,1	8	15	kg/qcm
$v_s =$ 14,92	0,246	0,136	cbm/kg
$x v_s =$ 11,2	0,185	0,102	„
$0{,}001 \cdot (1-x) =$ 0,00025	0,00025	0,00025	„ Wasser.

Selbst im ungünstigsten Fall, bei 15 at, macht der Rauminhalt der Flüssigkeit noch nicht $^1/_4$ v. H. des Gesamtraumes aus. Es genügt also weitaus, das spez. Volumen des feuchten Dampfs zu setzen

$$v = x v_s,$$

oder das spez. Gewicht

$$\gamma = \frac{\gamma_s}{x}.$$

Der feuchte Dampf ist im umgekehrten Verhältnis des Dampfgehaltes schwerer als der trocken gesättigte Dampf. Druck und Temperatur des feuchten Dampfes sind identisch mit denen des trockenen gesättigten Dampfes.

36. Wärmemengen bei der Dampfbildung und der Kondensation des Dampfes.

Die näheren Umstände, unter denen die Überführung des Wassers in Dampf oder des Dampfes in Wasser erfolgt, sind nicht ohne Einfluß auf die verbrauchten bzw. frei werdenden Wärmemengen. Im nachstehenden wird vorausgesetzt, daß beide Vorgänge sich unter unveränderlichem Druck, dem Siededruck p_s, abspielen.

Das flüssige, kalte Wasser soll unter einen Druck gleich dem gewünschten Siededruck gesetzt und dann unter diesem Druck durch Wärmezufuhr verdampft werden. Der Fall liegt im Dampfkessel vor, wo das kalte Wasser durch die Speisepumpe erst auf den Kesseldruck gebracht (und in den Kessel geschafft) wird, wonach erst die Wärmeaufnahme beginnt. Von der zur Förderung des Wassers aus der Atmosphäre in den Kessel nötigen Arbeit, dem Speisungsaufwand, wird als Anteil an dem gesamten Energieaufwand der Dampferzeugung zunächst abgesehen.

Ein Beispiel für den entgegengesetzten Vorgang ist die Kondensation des Dampfes in den Kondensatoren der Dampfmaschinen. Dort erfolgt die Verwandlung des (niedrig gespannten) Dampfes in Wasser und dessen weitere Abkühlung unter dem unveränderlichen Kondensatordruck (Unterdruck).

Der Vorgang der Dampferzeugung aus kaltem Wasser zerfällt dann in zwei Abschnitte, die Erwärmung des Wassers bis zur Siedetemperatur und die Verdampfung, Fig. 56; ebenso sind bei der Kondensation zu unterscheiden die Verwandlung des Dampfes in Wasser von der Siedetemperatur und die Abkühlung des Wassers (im Normalfall bis 0°).

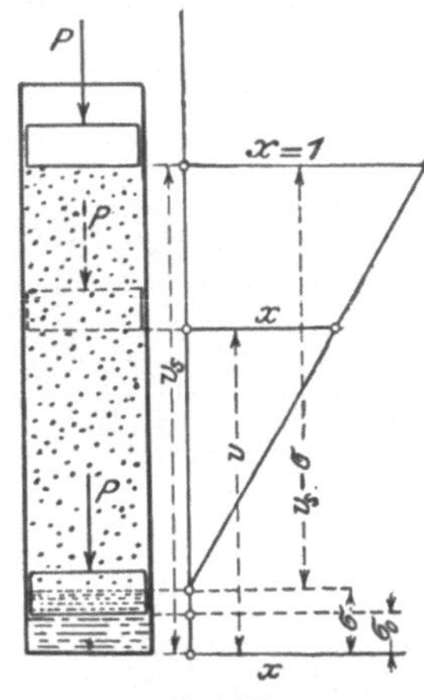

a) **Erwärmung bis zur Siedetemperatur.** Die Wärmemenge, die zur Erwärmung von 1 kg Wasser von 0° bis zu der dem jeweiligen Siededruck entsprechenden Temperatur erforderlich ist, heißt Flüssigkeitswärme, q. Man kann, mit c als spez. Wärme des flüssigen Wassers, setzen

$$q = c_m \cdot t.$$

Die spez. Wärme c kann als unabhängig vom Druck angenommen werden. Dagegen nimmt sie mit der Temperatur von etwa 20° bis zu den höchsten Temperaturen, unter denen flüssiges Wasser bestehen kann (374°), stetig zu.

Zwischen 0° und 100° sind die Unterschiede sehr gering. Die mittlere spez. Wärme c_m ist daher in diesem Gebiete nahezu identisch mit der wahren spez. Wärme c; jedenfalls kann man in diesem Gebiet für alle praktischen Zwecke setzen

$$c = c_m = 1.$$

Damit wird auch

$$q \cong t.$$

Dagegen wird bei höheren Temperaturen

$$q > t,$$

wenn auch innerhalb des praktisch verwerteten Temperaturgebietes der Unterschied nicht groß ist. Bei 200° hat man z. B.

$$q = 203,1 \text{ kcal.}$$

Fig. 57 zeigt die Veränderung von c mit der Temperatur zwischen 0° und 300° (87,4 at Siededruck). In den Tabellen I und II im Anhang sind die Werte von q zwischen 0° und 220° enthalten.

Nach Dieterici[1]) ist zwischen $40°$ und $300°$ die wahre (augenblickliche) spez. Wärme

$$c = 0{,}9983 - 0{,}0001037\,t + 0{,}000002073\,t^2,$$

und die mittlere spez. Wärme

$$c_m = 0{,}9983 - 0{,}00005184\,t + 0{,}0000006912\,t^2.$$

Etwas abweichend von diesen Werten ist nach den Versuchen in der Physik. Technischen Reichsanstalt[2]) für

$0°$	$5°$	$10°$	$15°$	$20°$	$25°$	$30°$	$35°$	$40°$	$50°$
$c = [1{,}005]$	$1{,}0030$	$1{,}0013$	$1{,}0000$	$0{,}9990$	$0{,}9983$	$0{,}9979$	$0{,}9979$	$0{,}9981$	$0{,}9996$

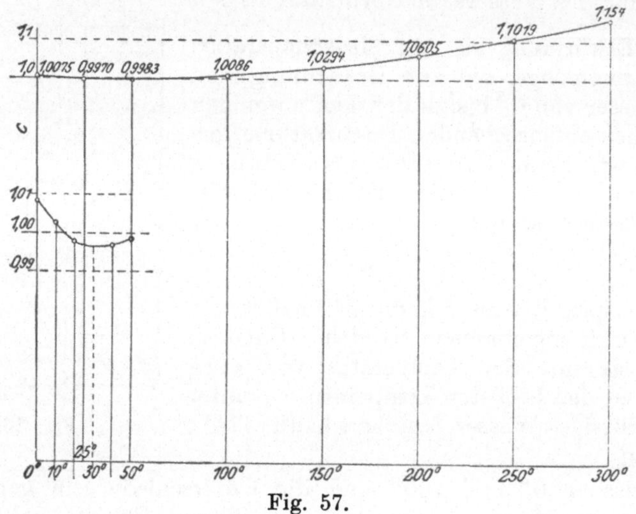

Fig. 57.

Gleichzeitig mit der Temperatur nimmt bei der Erwärmung auch das Volumen σ des Wassers zu[3]). Bis $100°$ beträgt die Zunahme 4,33 v. H. des Volumens bei $4°$, bis $200°$ 15,7 v. H., bis $300°$ schon 38,7 v. H. Die mittleren Ausdehnungskoeffizienten für je $1°$ betragen also bis zu diesen Temperaturen $0{,}0433/96 = 1/2218$, bzw. $1/1248$, bzw. $1/766$, zeigen also eine bedeutende Zunahme mit der Temperatur.

Der Unterschied zwischen dem Volumen v_s des gesättigten Dampfes von $t_s°$ und dem des Wassers von $0°$ (σ_0) ist die Raumvergrößerung infolge der Erwärmung und Verdampfung $(v_s - \sigma_0)$, während die Raumvergrößerung durch die Verdampfung allein $v_s - \sigma$ ist. Für sehr viele Fälle, und immer dann, wenn die Differenz $v_s - \sigma$ vor-

---

[1]) Z. Ver. deutsch. Ing. 1905, S. 362.
[2]) Holborn, Scheel und Henning, Wärmetabellen, S. 60.
[3]) Bekannt ist die für das Naturleben so wichtige Abweichung hiervon zwischen $0°$ und ca. $4°$, wo das Volumen bei der Erwärmung abnimmt, bei der Abkühlung zunimmt.

kommt, ist es innerhalb der gebräuchlichen Dampfdrücke völlig ausreichend, $\sigma = 0,001$ zu setzen, bei Drücken über 3 at bis 15 at, wenn
man will, $\sigma = 0,0011$ (cbm/kg).

In den Tabellen I und II im Anhang ist σ nicht in cbm/kg, sondern in Liter/kg angegeben.

Die verhältnismäßige Raumvergrößerung bei der Dampfbildung ist v_s/σ.
Dieser Wert ist bei 100^0 gleich $1,674/0,00104 = 1610$, bei 200^0 gleich $0,1287/0,00116$
$= 111$; dagegen bei 50^0 gleich $12,02/0,00101 = 11\,900$!

Bei der Raumvergrößerung des Wassers während der Erwärmung unter
dem Siededruck leistet das Wasser die Ausdehnungsarbeit $p_s (\sigma - \sigma_0)$, in Fig. 56
die Hubarbeit des Kolbens zwischen σ_0 und σ. Dieser Teil, der nach der Erwärmung nicht mehr als Wärme im Wasser, sondern als äußere potentielle
Energie vorhanden ist, ist nur ein sehr kleiner Bruchteil der Flüssigkeitswärme.
Selbst bei 200^0 (15,83 at) ist erst

$$A\,p_s\,(\sigma - \sigma_0) = \frac{15,8 \cdot 10000 \cdot (1,1566 - 1,0001)}{427 \cdot 1000} = 0,058\ \text{kcal.},$$

gegen $q = 203,1$ kcal.

b) **Verdampfung.** Nachdem die Siedetemperatur erreicht ist,
beginnt die Verdampfung. Die gesamte, von da ab zugeführte Wärme
wird zur Dampfbildung verbraucht, ohne daß die geringste Temperaturänderung eintritt. Die Wärmemenge r, die nötig ist, um 1 kg Wasser
von der dem Siededruck entsprechenden Siedetemperatur vollständig
in Dampf überzuführen, heißt Verdampfungswärme[1]). Nach
vollendeter Dampfbildung ist diese Wärme im Dampf nicht mehr
als Wärme vorhanden, die fühlbare Wärme des Dampfes ist nicht
größer als die des siedenden Wassers, da die Temperatur unverändert
geblieben ist.

Bei der Verdampfung wird eben die Wärme r ganz in Arbeit
umgesetzt. Einerseits ist die äußere Arbeit zu leisten, die zur
Überwindung des Druckes p_s bei der Raumvergrößerung $v_s - \sigma$ notwendig ist, also $p_s (v_s - \sigma)$ mkg (in Fig. 56 die Hubarbeit des Kolbens
von σ bis v_s). Ihr entspricht die gleichwertige Wärmemenge $A\,p_s\,(v_s - \sigma)$,
die als „äußere Verdampfungswärme" bezeichnet wird.

Durch diesen Betrag wird jedoch der Verbrauch r, wie die Versuche
zeigen, noch lange nicht gedeckt. Es verschwindet also von der zugeführten Wärme noch außerdem der Betrag

$$r - \frac{1}{427}\,p_s\,(v_s - \sigma) = \varrho\ \text{kcal}$$

im Dampf.

Dies ist nur durch den Umstand zu erklären, daß zur Lösung
des inneren (molekularen) Zusammenhanges der Flüssigkeit, wie sie
zur Dampfentwicklung nötig ist, die mechanische Arbeit $427\,\varrho$ mkg
verbraucht wird.

---

[1]) Früher „latente Wärme", weil sie als Wärme bei der Verdampfung verschwindet und erst bei der Kondensation des Dampfes wieder zum Vorschein
kommt.

Demgemäß hat man sich die Verdampfungswärme r als Summe einer „äußeren" und einer „inneren" Verdampfungswärme zu denken,

$$r = \frac{1}{427}\, p_s\,(v_s - \sigma) + \varrho.$$

Von diesen beiden Teilen ist die innere Verdampfungswärme trotz der sehr bedeutenden Raumvergrößerung bei der Verdampfung der weitaus größere. Aus Fig. 58 ist dies ersichtlich. Die gestrichelte Linie zerlegt r in die beiden Teile.

Hiernach ist nun der gesamte Wärmebedarf zur Herstellung von 1 kg trockenen, gesättigten Dampfes aus Wasser von 0^0 bei Verdampfung unter dem unveränderlichen Siededruck

$$\lambda = q + r.$$

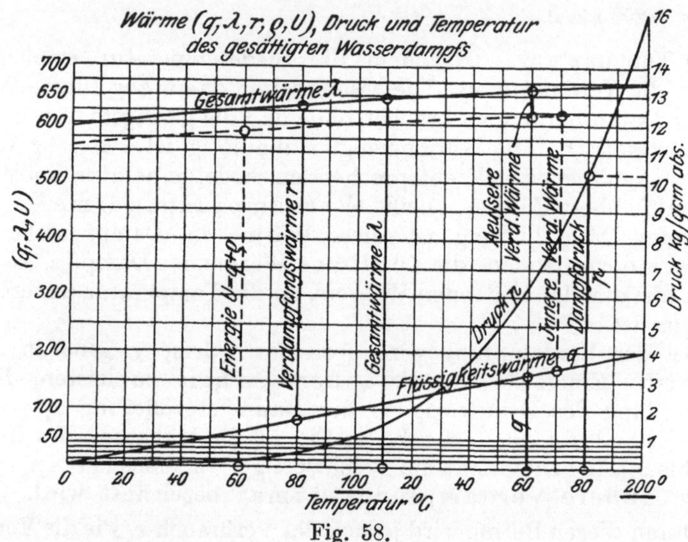

Fig. 58.

Dieser Wert wird als Gesamtwärme bezeichnet. Es ist die Wärmemenge, die aus der Feuerung eines Dampfkessels in jedes dem Kessel zugeführte kg Speisewasser übergehen muß, wenn dieses mit 0^0 in den Kessel eintritt und den Kessel als trockener Dampf verläßt.

Kommt, wie immer, das Speisewasser mit mehr als 0^0 in den Kessel, so ist der Wärmeaufwand λ' um die Flüssigkeitswärme q_0 des Speisewassers bei der Temperatur t_0 kleiner als der obige, von 0^0 an gerechnete Wert, also

$$\lambda' = \lambda - q_0.$$

Tritt der Dampf feucht aus dem Kessel aus, so ist ein weiterer Betrag abzuziehen, vgl. unten.

Werte der Verdampfungs- und Gesamtwärme.

Die weitaus zuverlässigsten älteren Werte von λ stammten aus Versuchen von Regnault. Sie waren in den Zeunerschen Dampftabellen aufgenommen und können mit großer Annäherung durch die bekannte Gleichung

$$\lambda = 606,5 + 0,305\, t_s$$

dargestellt werden. Für die Verdampfungswärme r folgte hieraus, wenn man $q \simeq t$ setzte,

$$r = \lambda - q = 606,5 - 0,695\, t_s,$$

oder noch etwas genauer, da für höhere Temperaturen $q > t$ ist,.

$$r = 607 - 0,708\, t_s.$$

Man erkennt daraus, daß r im Verhältnis zur Flüssigkeitswärme groß ist. Für $t_s = 100^0$ hat man z. B.

$$q = 100$$
$$r \simeq 536,$$

d. h. zur Verdampfung von 1 kg Wasser von 100^0 ist 5,36 mal so viel Wärme erforderlich, als zur Erhitzung von 0^0 auf 100^0, und der gesamte Wärmeaufwand zur Verdampfung von 1 kg Wasser von 0^0 unter atmosphärischem Druck beträgt rd. 636,5 kcal.

Ferner zeigten die Versuche, wie die Gleichung für r lehrt, daß die Verdampfungswärme um so kleiner wird, je höher die Dampftemperatur, also der Dampfdruck ist. Bei 200^0 erhält man $r = 465,4$ kcal, also 71 kcal weniger als bei 100^0.

Dagegen nimmt λ von den kleinsten bis zu den höchsten gebräuchlichen Dampfdrücken stetig zu, wenn auch verhältnismäßig langsam. Bei 200^0 hat man $\lambda = 667,5$ gegen 636,5 bei 100^0. Innerhalb der im Dampfkesselbetrieb gebräuchlichen Drücke zwischen 5 und 15 at ändert sich also λ nur sehr wenig, d. h. der Wärmeaufwand für die Dampferzeugung ist bei allen Drücken fast gleich groß.

Die neuesten und wohl genauesten Versuche über die Verdampfungswärme stammen aus der Physikalisch-Technischen Reichsanstalt[1]). Sie bestätigen in überraschend genauer Weise die Regnaultschen Gesamtwärmen, die über 100^0 nur um 0,4 v. H. kleiner, zwischen 70^0 und 100^0 um weniger als 0,1 v. H. kleiner, und erst unterhalb 50^0 um 0,6 bis 1 v. H. größer sind. Die Tabellen im Anhang enthalten diese Werte von r (bis 180^0) und als Gesamtwärmen λ die Summen aus diesen und den Werten von q nach. Dieterici.

Zwischen 100^0 und 200^0 kann man r sehr angenähert berechnen nach

$$r = 539 - 0,712\,(t - 100)$$
$$\boldsymbol{r = 610,2 - 0,712\, t}$$

und λ aus

$$\lambda = 639 + 0,311\,(t - 100)$$

oder

$$\boldsymbol{\lambda = 608 + 0,311\, t.}$$

Für Drücke über 25 at vgl. die Dampftabellen im Anhang.

---

[1]) F. Henning, Die Verdampfungswärme des Wassers usw. zwischen 30^0 und 180^0. Z. Ver. deutsch. Ing. 1909, S. 1768.

Energie des Dampfes. Bei der Verdampfung wird die Arbeit (in kcal) $Ap\,(v_s - \sigma)$ nach außen abgegeben (äußere Verdampfungswärme), während der Teil ϱ der Verdampfungswärme, der zur Leistung innerer Arbeit verbraucht wird, als Spannungsenergie im Dampf verbleibt. Auch die Flüssigkeitswärme q ist nach der Verdampfung, und zwar als Wärme, im Dampf noch enthalten. Von der gesamten dem Dampf zugeführten Wärme befindet sich also die Menge $q + \varrho$ als Energieinhalt im Dampf.

Man bezeichnet

$$q + \varrho = U$$

als Energie des Dampfes (auch innere Energie).

Von Bedeutung ist dieser Wert insbesondere bei der adiabatischen Ausdehnung des Dampfes, deren Arbeit ganz aus U bestritten wird und bei der Kondensation von Dampf bei unveränderlichem Gesamtraum. In Fig. 58 finden sich die Werte von U für trocken gesättigten Dampf bei den verschiedenen Temperaturen.

Die als Raumarbeit bei der Verdampfung nach außen abgegebene Wärme $Ap\,(v_s - \sigma)$ ist nicht als verloren zu betrachten. Wenn nämlich der Dampf unter unveränderlichem Druck wieder verflüssigt wird, so leistet der äußere Druck p_s bei der Raumverminderung die Arbeit $p_s\,(v_s - \sigma)$, die im Dampfe in Wärme übergeht, ganz ähnlich wie bei der Abkühlung eines Gases (Abschn. 20), vgl. auch Fig. 21. Nur infolge dieses Umstandes wird bei der Kondensation des Dampfes unter dem Siededrucke genau die gleiche Wärme aus dem Dampf frei (bzw. muß ihm entzogen werden, um ihn zu verflüssigen), wie bei der Verdampfung unter dem gleichen Druck aufzuwenden war.

Findet jedoch die Verdampfung unter konstantem Druck, also bei wachsendem Volumen statt, dagegen die Verflüssigung unter unveränderlichem Volumen, daher bei sinkendem Druck, so wird im letzteren Falle eine um den Wert $Ap_s\,(v_s - \sigma)$ geringere Wärmemenge frei. Dafür entsteht im Dampfraum ein Unterdruck, vermöge dessen der äußere Luftdruck noch Arbeit zu leisten vermag.

Speisungsaufwand und Wärmeinhalt bei konstantem Druck.

Der Speisungsaufwand, d. h. die zum Hineindrücken des Wassers in den Kessel aus der Atmosphäre erforderliche Arbeit, ohne Rücksicht auf die Nebenverluste bei diesem Vorgang, beträgt im Wärmemaß

$$A\,(p - p_0)\,\sigma_0 \text{ kcal,}$$

wenn p_0 der äußere Luftdruck in kg/qm ist.

Dieser Wert ist gegenüber den Wärmemengen, die bei der Dampfbildung auftreten, äußerst gering. Für $p = 20 \cdot 10000$, d. h. 20 at, wird er erst

$$\frac{19 \cdot 10000 \cdot 0{,}001}{427} = 0{,}45 \text{ kcal/kg}\,.$$

Da der Speisungsaufwand nur mittelbar, unter Umständen auch gar nicht aus der vom Dampf im Kessel aufgenommenen Wärme λ bestritten wird, außerdem in Wirklichkeit, ausgedrückt in Wärme aus der Kesselfeuerung, ein großes Vielfaches des ideellen Wertes betragen kann[1]), so ist es üblich und der Klarheit der Verhältnisse wegen zweckmäßiger, ihn nicht dem Energieaufwand für die Verdampfung zuzurechnen.

---

[1]) z. B., wenn Dampf aus dem Kessel verwendet wird, um eine Dampfspeisepumpe (Kolbenpumpe) zu betreiben, oder wenn eine Speisepumpe von der Transmission aus angetrieben wird.

Unter „Wärmeinhalt bei konstantem Druck" versteht man die Größe

$$J = U + Apv.$$

Setzt man

$$U = q + \varrho, \qquad v = v_s$$

für trockenen Dampf, so wird

$$J = q + \varrho + Apv_s$$

oder

$$= q + \varrho + Ap\,(v_s - \sigma) + Ap\sigma$$

Die Summe der drei ersten Werte ist λ, so daß man erhält

$$J = \lambda + Ap\sigma;$$

der „Wärmeinhalt" ist also um den kleinen Wert $Ap\sigma$, d. h. fast genau um den Speisungsaufwand, größer als die Gesamtwärme.   Im vorliegenden Zusammenhang erscheint die Bezeichnung „Wärmeinhalt" nicht glücklich, weil λ, und nicht J, die in 1 kg Dampf aus der Feuerung eingehende und darin enthaltene Wärme darstellt.

Dagegen ist es nötig, bei der Aufzeichnung und Handhabung der von Mollier zuerst angewandten JS-Tafel mit J und nicht mit λ zu rechnen.

Die Dampftabellen enthalten dagegen, wie Zeuners Tabellen, die Werte von λ.

Feuchter Dampf.   Die im feuchten Dampf enthaltenen Wärmemengen sind, für die Gewichtseinheit, geringer als im trockenen Dampf. Da 1 kg reiner Dampf die Gesamtwärme $q + r$ erfordert, so müssen für den Dampfgehalt von x kg in 1 kg feuchtem Dampf $(q + r)\,x$ kcal aufgewendet werden; außerdem für den Feuchtigkeitsgehalt von $(1 - x)$ kg $(1 - x)\,q$ kcal Flüssigkeitswärme. Daher ist die Gesamtwärme von 1 kg feuchtem Dampf, gerechnet von 0^0 an, $(q + r)\,x + q\,(1 - x)$ oder

$$\lambda_f = q + xr.$$

Mit v als Volumen des Dampfes erhält man auch

$$\lambda_f = q + x\varrho + Ap\,(v - \sigma),$$

da q, die Flüssigkeitswärme, im feuchten Dampf in gleichem Betrag aufzuwenden ist wie im trockenen, während als innere Verdampfungswärme nur $x\varrho$ kcal und als äußere Verdampfungswärme nur $Ap\,(v - \sigma)$ kcal nötig sind.

Verglichen mit der Gesamtwärme $q + r$ des trockenen Dampfes ist die des feuchten um $(q + r) - (q + xr)$, also um $(1 - x)\,r$ kcal kleiner.   Hat man nun Speisewasser von t_0^0, so ist der gesamte Wärmeaufwand zur Herstellung von 1 kg feuchtem Dampf mit x Gewichtsteilen Dampfgehalt

$$\lambda_f' = \lambda - q_0 - (1 - x)\,r,$$

worin λ, q_0 und r den Dampftabellen zu entnehmen sind.

Man erhält z. B. für Dampf von 9 at Überdruck mit 5 v. H. Feuchtigkeit bei $t_0 = 15^0$ Speisewassertemperatur wegen $p_s = 9 + 1 = 10$ (bei 735,5 mm Barometerstand)

$$\lambda_f' = 663,8 - 15,05 - 0,05 \cdot 482,6$$
$$= \underline{624,6} \text{ kcal/kg.}$$

Die Energie des feuchten Dampfes erhält man als Summe der Flüssigkeitswärme q und der inneren Verdampfungswärme $x\varrho$

$$U_f = q + x\varrho.$$

Beispiele. 1. Ein Dampfkesselmanometer zeigt auf 7,5 kg/qcm. Wie hoch ist die Dampftemperatur, wenn das Barometer zur gleichen Zeit auf 710 mm Hg steht?

Die absolute Dampfspannung ist

$$p = 7,5 + \frac{710}{735,6} = 7,5 + 0,966 = \underline{8,466} \text{ kg/qcm abs.}$$

Nach den Dampftabellen ist daher

$$t = 172,2 - 2,6 \cdot \frac{0,034}{0,4} \text{ (Interpolation von 8,5 rückwärts)} = \underline{172,0^0}.$$

2. Wieviel wiegen 10 cbm feuchter Dampf von 7 at Überdruck mit 12 v. H. Feuchtigkeit?

1 cbm trockener Dampf von $7 + 1,033 = 8,033$ at abs. wiegt nach Tabelle $4,082 + 0,232 \cdot \dfrac{0,033}{0,5} = 4,235$ kg.

Mit $x = 1 - 0,12 = 0,88$ ist daher das Gewicht von 1 cbm des feuchten Dampfes $\dfrac{4,235}{0,88} = 4,81$ kg. Es wiegen somit 10 cbm 48,1 kg.

3. Eine 1000 PS-Dampfturbine verbrauche stündlich für 1 PS 7 kg gesättigten Dampf. Wenn nun der Dampf sowohl im Hochdruck- als im Niederdruckgebiet mit 100 m/Sek. axialer Geschwindigkeit aus den Leiträdern austritt, wie groß müssen die Leitradquerschnitte sein a) im Hochdruckgebiet bei 7 kg/qcm und $x = 0,95$, b) im Niederdruckgebiet bei 0,08 kg/qcm abs. und $x = 1$?

Stündliches Dampfgewicht $1000 \cdot 7 = 7000$ kg, sekundliches Dampfgewicht $\dfrac{7000}{3600} = 1,945$ kg.

a) Volumen von 1 kg bei 7 at abs. gleich 0,2778 cbm für trockenen Dampf. Für den feuchten Dampf $0,95 \cdot 0,2778 = 0,2638$ cbm, daher von 1,945 kg gleich $\underline{0,513 \text{ cbm/Sek.}}$ Bei 100 m Geschwindigkeit ist also ein Querschnitt von $\dfrac{0,513}{100} \cdot 10\,000 = \underline{51,3 \text{ qcm}}$ erforderlich.

b) Bei 0,08 at abs. ist das spez. Volumen des trockenen Dampfes 18,45 cbm/kg. Daher ist der Querschnitt $\dfrac{18,45 \cdot 1,945}{100} \cdot 10\,000 = \underline{3590 \text{ qcm}}$, also rd. 70 mal größer als im Hochdruckgebiet.

4. Ein Dampfkessel liefert den Dampf für eine 100 PS-Dampfmaschine, die für 1 PSh 9 kg Dampf von 8 kg/qcm abs. verbrauche. Welche Wärmemenge muß aus der Feuerung stündlich auf das Kesselwasser übergehen? Temperatur des Speisewassers 15⁰.

Stündliche Dampflieferung 900 kg. Nach der Tabelle Gesamtwärme des trockenen Dampfes bei Speisewasser von 0⁰ gleich 660,9 kcal; bei 15⁰ Wassertemperatur $660,9 - 15 = \underline{645,9}$ kcal. Der Dampf muß somit in der Stunde $900 \cdot 645,9 = \underline{581\,310}$ kcal aufnehmen. Bei 70 v. H. Kessel-Wirkungsgrad und Kohle von 7000 kcal/kg Heizwert entspricht dies einer stündlichen Kohlenmenge von $\dfrac{581\,310}{0,7 \cdot 7000} = 118,5$ kg.

5. Ein mittels **Niederdruck-Dampfheizung** zu erwärmender Raum brauche stündlich 100 000 kcal. Wieviel Kilogramm Dampf von 0,2 at Überdruck müssen stündlich in die Heizkörper eintreten,

    a) wenn das Niederschlagswasser mit der dem Dampfdruck entsprechenden Siedetemperatur in den Kessel zurücklaufen würde?

    b) wenn das Wasser mit 80^0 aus den Heizkörpern abfließt, und bis zum Kessel, in den es zurückgeleitet wird, weitere 30^0 verliert?

a) Die Verdampfungswärme r wird als Verflüssigungswärme jedem Kilogramm Heizdampf entzogen. Dies sind für Dampf von $1{,}033 + 0{,}20 = 1{,}233$ at abs. $r = 536{,}5$ kcal. Daher muß der Heizkörper stündlich $100\,000/536{,}5 = \mathbf{186{,}5\,kg}$ Dampf erhalten. Wenn weder vom Kessel zum Heizkörper, noch von da zurück zum Kessel Wärmeverluste auftreten, so wird die Dampfwärme in vollem Maße nutzbar gemacht und der Wirkungsgrad der Heizung ist gleich 1. Der Kessel hat stündlich 100 000 kcal. aus der Feuerung aufzunehmen.

b) Der Gewinn an Wärme aus 1 kg Dampf ist $536{,}5 + 105 - 80 = 561{,}5$ kcal. Da jedoch das 50^0 warme Dampfwasser zurückgespeist wird, so sind im Kessel auf 1 kg Dampf nur $536{,}5 + 105 - 50 = 591{,}5$ kcal zu übertragen, also stündlich $\dfrac{100\,000 \cdot 591{,}5}{561{,}5} = 105\,100$ kcal. Der Wirkungsgrad der Heizung, ohne Zuleitung und Kessel, beträgt $561{,}5/591{,}5 = 0{,}95$.

37. Feuchtigkeitsänderungen des gesättigten Dampfs bei beliebigen Zustandsänderungen. Kurven gleicher Feuchtigkeit (oder gleicher Dampfmenge).

Der Zustand des feuchten Dampfs ist bestimmt durch seinen **Druck** (Sättigungsdruck) und den verhältnismäßigen **Dampf-** oder **Feuchtigkeitsgehalt** (x bzw. $1 - x$). Da mit dem letzteren Werte auch das spez. Volumen $v \simeq x\,v_s$ festliegt, so ist der Dampfzustand auch durch **Druck und Volumen** gegeben. Trägt man in ein Koordinatensystem mit p als Ordinaten, v als Abszissen zusammengehörige Werte von p und v ein, Fig. 59, so kommt der Punkt A bei **feuchtem** Dampf innerhalb der Grenzkurve zu liegen. Denn bei gleichem Druck hat der feuchte Dampf ein kleineres Volumen (CA) als der trockene (CA_s). Der Dampfgehalt x wird durch das Verhältnis $CA : CA_s$ dargestellt, der Feuchtigkeitsgehalt $1 - x$ durch $AA_s : CA_s$.

Genauer ist nach Abschn. 35
$$v = x\,v_s + (1 - x)\,\sigma\,,$$
daher
$$x = \frac{v - \sigma}{v_s - \sigma}\,.$$

Trägt man in Fig. 59 noch die Volumina σ von 1 kg Wasser ein, die den verschiedenen Drucken bzw. Dampftemperaturen entsprechen, so wird
$$x = \frac{A_w A}{A_w A_s}\,.$$

Der Unterschied ist für Wasserdampf bei allen praktisch vorkommenden Spannungen verschwindend[1]). Die Kurve der Wasservolumina heißt **untere Grenzkurve**.

---

[1]) Vgl. dagegen für Kohlensäure Fig. 68.

Dehnt sich der Dampf von A an nach einem beliebigen Gesetze aus, Linie $A A_1$, so ändert sich im allgemeinen der Feuchtigkeitsgrad.

In A_1 Fig. 59 ist z. B. die Feuchtigkeit $\dfrac{A_1 A_{s1}}{C_1 A_{s1}}$ kleiner als in A. Es hat also von A bis A_1 eine Verdampfung von Flüssigkeit stattgefunden.

Denkt man sich eine Linie $A A_1'$ so eingetragen, daß A_1' die Strecke $C_1 A_{s1}$ im gleichen Verhältnis teilt, wie A die Strecke $C A_s$, so ist längs $A A_1'$ die Feuchtigkeit unveränderlich. In Fig. 59 stellt $A A_1'$ die Linie mit 35 v. H. Feuchtigkeit ($x = 0{,}65$) dar. Ist diese Linie einmal vorhanden, so läßt sich ohne weiteres erkennen, ob sich bei irgendeiner von A ausgehenden Zustandsänderung Dampf niederschlägt oder ob Feuchtigkeit verdampft. — Auf der strichpunktierten Linie $A B_1$ findet z. B. Vergrößerung des Feuchtigkeitsgrades statt; ebenso auf einer Vertikalen von A nach unten (Abkühlung bei konstantem Volumen). Auf einer Wagerechten durch A nach rechts findet, wie selbstverständlich, Verdampfung statt.

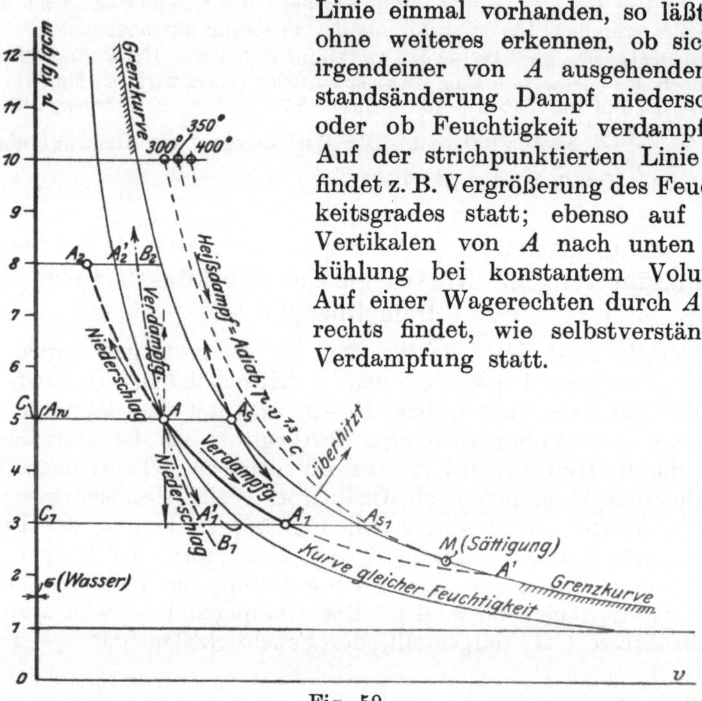

Fig. 59.

Bei Verdichtung von A aus nach $A A_2$ tritt Dampfniederschlag ein, nach $A B_2$ dagegen Verdampfung.

Bei der Ausdehnung und Verdichtung von feuchtem Dampf kann also je nach dem Verlauf der Zustandsänderung entweder Verdampfung oder Dampfniederschlag eintreten.

Die gleiche Art der Zustandsänderung (stetige Kurve durch A), die bei Ausdehnung Niederschläge bewirkt, ergibt bei Verdichtung Dampftrocknung, und umgekehrt.

Ursprünglich trockener Dampf, Punkt A_s, wird bei Ausdehnung, die unterhalb der Grenzkurve verläuft, stets feucht; bei Verdichtung kann er überhitzt werden (z. B. bei adiabatischer Zustandsänderung).

Die Kurven gleicher Feuchtigkeit sind der Grenzkurve ähnlich, folgen also ebenfalls der Beziehung $p^{\frac{15}{16}} \cdot v = \text{konst}.$

Beispiel. In das Diagramm einer mit gesättigtem Dampf betriebenen Kondensations-Dampfmaschine, Fig. 65, Abschn. 41 ist die Volumenkurve des trocken gesättigten Dampfs eingetragen, gemäß der durch einen Versuch bestimmten, bei 1 Hub in die Maschine eintretenden Dampfmenge. Die wahre Kurve der Dampfvolumina im Zylinder verläuft, wie man erkennt, ganz im Gebiet des feuchten Dampfs. Die verhältnismäßigen Dampfgehalte x sind als Ordinaten zu den jeweiligen Kolbenstellungen eingetragen.

38. Der überhitzte Wasserdampf. Entstehung. Wärmeinhalt. Wahre und mittlere spezifische Wärme bei konstantem Druck. Zustandsgleichung. Grenzkurve.

Wenn dem gesättigten (und trockenen) Dampf, wie er vom Dampfkessel geliefert wird, an einer vom Wasserspiegel entfernten Stelle noch weiter Wärme aus Feuergasen zugeführt wird, so vergrößert sich sein Volumen, und seine Temperatur steigt über die zum Kesseldruck gehörige Sättigungs-Temperatur. Dabei soll, wie dies immer bei der praktischen Überhitzung zutrifft, der Raum, in dem der Dampf die zusätzliche Wärme aufnimmt (Überhitzer), in freier Verbindung mit dem Dampfraum des Kessels stehen.

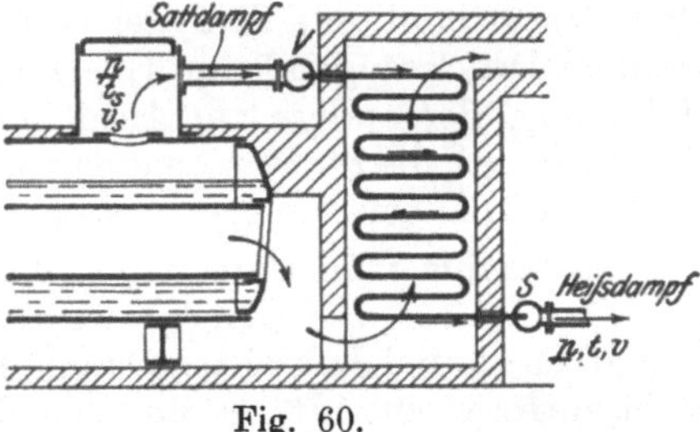

Fig. 60.

Dann herrscht auch im Überhitzer der gleiche Druck wie im Kessel.

Fig. 60 zeigt, unter Hinweglassung aller für den praktischen Betrieb erforderlichen Absperrventile, die Anordnung. Aus dem Dom tritt der Sattdampf in einen Verteilkörper V, an den eine Reihe nebeneinander liegender Rohrschlangen angeschlossen ist. Diese bilden den eigentlichen Überhitzer. Die Überhitzerrohre vereinigen sich beim Austritt aus dem Heizraum in einem Sammler S, an den die Heißdampfleitung anschließt. Der Dampf tritt in den Verteiler V mit der Kesseltemperatur t_s, erhitzt sich beim Durchströmen der Rohre von oben nach unten und tritt in den Sammler mit der Temperatur $t > t_s$ ein. Da gleichzeitig sein Volumen von v_s auf v wächst, so verläßt er die Überhitzerrohre mit größerer Geschwindigkeit, als er ihnen aus V zuströmte.

Ob zur Überhitzung die Abgase des Kessels verwendet werden oder eine besondere Feuerung angeordnet ist, bleibt selbstverständlich für die Eigenschaften des Heißdampfes, um die es sich hier allein handelt, ganz gleich.

Überhitzter Dampf oder Heißdampf ist demnach Dampf, dessen Temperatur höher ist als die seinem Drucke gemäß den Dampftabellen entsprechende Sättigungstemperatur. Hat z. B. Dampf von 9 at abs. eine Temperatur von 300^0, so ist er um $300 - 174,6 = 125,4^0$ überhitzt; ist bei gleicher Temperatur der Druck nur 5 at abs., so beträgt die Überhitzung $300 - 151,1 = 148,9^0$.

Der überhitzte Zustand läßt sich auch aus dem spez. Volumen oder spez. Gewicht erkennen, da ja das Dampfvolumen bei der Überhitzung wächst bzw. das spez. Gewicht abnimmt. Dampf ist überhitzt, wenn ein bestimmtes Gewicht bei gleichem Druck einen größeren Raum einnimmt, als es als Sattdampf gemäß den Tabellen einnehmen würde; oder wenn im gleichen Raume dem Gewicht nach weniger Dampf enthalten ist, als der Raum bei gleichem Druck Sattdampf fassen könnte. So ist z. B. der atmosphärische Wasserdampf gewöhnlich im überhitzten Zustand; erst bei der beginnenden Wolken- und Nebelbildung tritt er in das Sättigungsgebiet ein. (Überhitzter Dampf heißt auch ungesättigt.)

Gesamtwärme. Die Herstellung des Heißdampfes setzt das Vorhandensein von Sattdampf vom gleichen Druck voraus, erfordert also in jedem Falle zunächst den Wärmeaufwand für Sattdampf, $q + r$ kcal. Dazu tritt die Überhitzungswärme.

Das allgemeine Verhalten des in der Überhitzung begriffenen Dampfes stimmt mit dem der Gase überein. Ein Teil der unter konstantem Druck zugeführten Überhitzungswärme wird zur Temperatursteigerung, der andere zur Ausdehnungsarbeit verbraucht. Die ganze Wärmemenge, die zur Erwärmung von 1 kg Dampf um je 1^0 aufzuwenden ist, heißt wie bei den Gasen spez. Wärme bei konstantem Druck, c_p.

Man nahm früher an, daß c_p unabhängig von der Temperatur und dem Drucke sei und den Wert 0,48 besitze. Durch die Versuche von Knoblauch und Jakob[1]) ist endgültig entschieden, daß diese Annahme nicht entfernt zutrifft. c_p ist vielmehr um so größer, je höher bei gleicher Temperatur der Druck ist; bei gleichem Druck wird c_p vom Sättigungspunkt aus mit steigender Temperatur zunächst kleiner, um dann von 250 bis 300^0 an wieder langsam zuzunehmen. Fig. 12 Abschn. 13 läßt diese Art der Abhängigkeit erkennen.

Die Überhitzungswärme richtet sich nach dem Mittelwert der spez. Wärme zwischen den betreffenden Temperaturen, wie dies für den Fall der Veränderlichkeit der spez. Wärme in Abschn. 11 ausgeführt ist. Aus den Kurven Fig. 12 sind von Knoblauch die Werte $(c_p)_m$ für die verschiedenen Drücke und Temperaturen berechnet worden, vgl. die umstehende Zahlentafel[1]). Die Zahlen gelten zwischen der Sättigungstemperatur, die unter dem Druck vermerkt ist, und den Heißdampftemperaturen in der ersten Vertikalspalte.

Der Wärmeinhalt kann nun nach

$$\lambda = q + r + (c_p)_m \cdot (t - t_s)$$

berechnet werden. $q + r$ ist aus den Dampftabellen zu entnehmen. Unmittelbar kann $\lambda (= i)$ aus der Tafel V entnommen werden.

---

[1]) Vgl. Abschn. 13. — Zahlentafel nach Knoblauch und Raisch, Z. V. d. J. 1922 S. 418.

Mittlere spez. Wärme c_{pm} für überhitzten Wasserdampf.

$p =$	0,5 at	1	2	4	6	8	10	12	14	16	18	20
$t_s =$	80,9° C	99,1	119,6	142,9	158,1	169,6	179,1	187,1	194,2	200,5	206,2	211,4
$c_{ps} =$	0,479	0,487	0,499	0,525	0,551	0,578	0,605	0,633	0,663	0,694	0,726	0,760
120°	0,473	0,486	—	—	—	—	—	—	—	—	—	—
140	0,471	0,481	0,494	—	—	—	—	—	—	—	—	—
160	0,469	0,476	0,490	0,517	—	—	—	—	—	—	—	—
180	0,468	0,474	0,487	0,512	0,538	0,569	—	—	—	—	—	—
200	0,467	0,473	0,485	0,507	0,530	0,556	0,584	0,615	0,653	—	—	—
220	0,467	0,473	0,483	0,503	0,524	0,546	0,570	0,596	0,625	0,657	0,692	0,733
240	0,467	0,472	0,482	0,500	0,519	0,539	0,559	0,581	0,605	0,631	0,659	0,689
260	0,467	0,472	0,481	0,497	0,515	0,533	0,551	0,570	0,590	0,611	0,635	0,658
280	0,468	0,472	0,480	0,496	0,512	0,527	0,544	0,562	0,579	0,597	0,617	0,636
300	0,469	0,473	0,480	0,495	0,510	0,524	0,539	0,555	0,570	0,585	0,603	0,619
320	0,470	0,473	0,480	0,494	0,503	0,521	0,535	0,548	0,563	0,577	0,592	0,607
340	0,470	0,474	0,481	0,493	0,507	0,518	0,532	0,545	0,557	0,570	0,583	0,597
360	0,471	0,474	0,481	0,494	0,506	0,516	0,529	0,540	0,552	0,565	0,576	0,588
380	0,472	0,475	0,482	0,494	0,505	0,515	0,527	0,538	0,548	0,560	0,570	0.581
400	—	—	0,483	0,494	0,505	0,514	—	—	—	—	—	—
450	—	—	0,485	0,495	0,505	0,513	—	—	—	—	—	—
500	—	—	0,487	0,497	0,505	0,513	—	—	—	—	—	—
550	—	—	0,490	0,499	0,506	0,513	—	—	—	—	—	—

Die Zustandsgleichung. Während bei Sattdampf einem bestimmten Druck p nur eine einzige Temperatur und, wenn der Dampf trocken ist, ein einziges Volumen zugehört, kann Heißdampf von bestimmtem Druck jede Temperatur besitzen, die höher ist als die zu seinem Druck p gehörige Sattdampftemperatur, und jedes Volumen, das größer ist als das seinem Drucke entsprechende Sattdampfvolumen. Die drei Zustandsgrößen p, v, T sind unter sich, wie bei den Gasen, durch eine Beziehung, die Zustandsgleichung des Heißdampfes, verbunden. Der Heißdampf verhält sich zwar im allgemeinen wie die Gase. Die bekannte Gasgleichung

$$pv = RT$$

gibt jedoch keine hinreichende Übereinstimmung mit den Versuchsergebnissen, besonders nicht in der Nähe des Sättigungsgebietes.

Nach den Versuchen in München ist es möglich geworden, Gleichungen aufzustellen, die mit großer Genauigkeit innerhalb des Versuchsgebietes, wohl auch eine erhebliche Strecke darüber hinaus, Gültigkeit besitzen.

Nach Mollier (Callendar) ist

$$p\,(v - 0{,}001) = 47{,}1\,T - 0{,}075\,p \left(\frac{273}{T}\right)^{\frac{10}{3}}$$

Nach Eichelberg[1]), der insbesondere die Münchener Versuche über die spezifische Wärme zur Aufstellung seiner Zustandsgleichung verwendet hat, gilt

$$pv = 47{,}06\,T - \frac{1{,}139\,p}{(T/100)^3} - \frac{11615\left(\frac{p}{10000} + 2\right)^{2{,}2}}{(T/100)^{14}}\,.$$

Eine umfassende Darstellung der gesamten Zustands- und Wärmeverhältnisse des Wasserdampfs unter Berücksichtigung der neuesten Versuchsergebnisse des Münchener Laboratoriums für technische Physik über die spez. Wärme des überhitzten Wasserdampfs bis 60 at und 450° enthalten die „Tabellen und Diagramme für Wasserdampf" von Knoblauch, Raisch u. Hausen (1923). Daselbst wird auch eine genaue Zustandsgleichung des überhitzten Wasserdampfs mitgeteilt von der Form:

$$v = \frac{RT}{p} - \frac{C \cdot \varphi'(p)]}{A\,[\varphi\,(p)]^2} \cdot \left[T \cdot \ln\frac{1}{T - \varphi(p)} - \varphi(p)\right] + \psi(p),$$

worin $\varphi(p)$ und $\psi(p)$ einfache Funktionen von p sind.

Als Näherungsgleichung, die für die meisten technischen Rechnungen, insbesondere die Berechnung des spez. Volumens oder Gewichts aus Druck und Temperatur, völlig ausreicht, gibt R. Linde (frühere Gleichung von Tumlirz)

$$\boldsymbol{pv = 47{,}1\,T - 0{,}016\,p,}$$

oder $p\,(v + 0{,}016) = 47{,}1\,T$ (p in kg/qm).

In dieser Form hat die Gleichung Ähnlichkeit mit der Gasgleichung. Sie unterscheidet sich von dieser nur durch das Glied $0{,}016\,p$

---

[1]) Eichelberg, Forsch. Arb. 220, sowie Techn. Termodyn., Band II, Abschn. 9.

bei v. — Das zu einem Druck p und einer Temperatur T gehörige spez. Volumen ist somit

$$v = \frac{47{,}1\,T}{p} - 0{,}016,$$

das spez. Gewicht $\gamma = \dfrac{1}{v}$. Für p in kg/qcm wird

$$\gamma = \frac{10\,000}{\dfrac{47{,}1\,T}{p} - 160}.$$

Diese Beziehungen verlieren ihre Gültigkeit **vollständig**, sobald der Dampf bei einer Zustandsänderung in das **Sattdampfgebiet** eintritt. Dies ist der Fall, wenn p und v oder p und T oder v und T Werte annehmen, die sich gemäß den für Sattdampf gültigen **Dampftabellen** entsprechen. — In Fig. 55a trennt die Kurve, welche die zusammengehörigen Werte p_s und v_s gemäß den Dampftabellen wiedergibt, das Gebiet der überhitzten von dem der feuchten Dämpfe. Sie heißt daher auch **Grenzkurve**. Ihre Gleichung lautet sehr angenähert

$$p^{\frac{15}{16}} \cdot v_s = 1{,}7235. \quad (p \text{ in kg/qcm.})$$

Beispiele. 1. Welche Wärmemenge wird zur Überhitzung von 1 kg Sattdampf von 10 kg/qcm abs. bis auf 350^0 gebraucht? Um wieviel v. H. ist also die Gesamtwärme dieses Heißdampfs größer als die des Sattdampfs von 10 kg/qcm?

Die Temperatur des Sattdampfes ist $179{,}1^0$, die Überhitzung also $t - t_s = 350 - 179{,}1 = 170{,}9^0$. Die spez. Wärme zwischen $179{,}1^0$ und 350^0 ist bei 10 at $(c_p)_m = 0{,}530$, daher die Überhitzungswärme $0{,}530 \cdot 170{,}9 = 90{,}7$ kcal.

Die Gesamtwärme des Sattdampfes ist 663,8, daher die des Heißdampfes $\lambda = 663{,}8 + 90{,}7 = 754{,}5$ kcal; die letztere ist um $\dfrac{90{,}7 \cdot 100}{663{,}8} = 13{,}6$ v. H. größer.

2. Der in den Dampfmaschinen verwendete Heißdampf hat in der Regel nicht über 350^0 Temperatur. Wievielmal größer ist also höchstens das Volumen dieses Heißdampfes gegenüber Sattdampf von gleichem Druck bei 1, 4, 8, 13 kg/qcm abs.?

Es ist $v = \dfrac{47{,}1\,T}{p} - 0{,}016$, also mit $T = 273 + 350 = 623$ abs.

$p = 10\,000$	40\,000	80\,000	130\,000 kg/qm
$v = 2{,}918$	0,717	0,351	0,210 cbm/kg.

Für Sattdampf ist

$v_s = 1{,}722$	0,471	0,246	0,156,

die Volumvergrößerung also

$\dfrac{v}{v_s} = 1{,}69$	1,52	<u>1,43</u>	1,35.

Überschlägig kann auch, wie bei den Gasen, $\dfrac{v}{v_s} = \dfrac{T}{T_s}$ gesetzt werden. Für 8 at würde hiernach mit $T_s = 273 + 169{,}5 = 442{,}5$ das Verhältnis $\dfrac{v}{v_s} = \dfrac{623}{442{,}5} = 1{,}41$.

39. Entropie des Wasserdampfes.

Bei der Behandlung der Zustandsänderungen der Gase läßt sich auch ohne den Entropiebegriff auskommen. Seine Entwicklung aus dem bekannten Verhalten der Gase konnte daher an den Schluß des Abschnitts über die Gase gestellt werden. Für die Zustandsänderungen der Dämpfe liegen nun die Verhältnisse mit Bezug auf die Entropiegröße gerade umgekehrt wie bei den Gasen. Erst wenn man den Begriff der Entropie als bekannt und auf die Dämpfe anwendbar voraussetzt, lassen sich die Zustandsänderungen der Dämpfe, besonders in Hinsicht der verarbeiteten Wärmemengen, theoretisch verfolgen. Die allgemeine Bedeutung des Entropiebegriffes und seine Anwendbarkeit auf alle Arten und Zustände von Körpern folgte aus dem zweiten Hauptsatz der Mechanischen Wärmetheorie (Abschn. 29). Daß der Entropiebegriff, wie er oben bei den Gasen gewonnen worden ist (Abschn. 27), sich auch auf Dämpfe jeden Zustandes anwenden läßt, ist eben der Ausdruck des zweiten Hauptsatzes für die Zustandsänderungen der Dämpfe. Diese haben erst vollkommene Aufklärung erfahren, nachdem Clausius den zweiten Hauptsatz gefunden und den Entropiebegriff daraus entwickelt hatte.

a) Sattdampf.

Nach Abschn. 27 u. 30 erhält man die Wärmemenge, die der Gewichtseinheit (des Gases, bzw. Dampfes) bei einer beliebigen kleinen Zustandsänderung zuzuführen oder zu entziehen ist, aus

$$dQ = TdS.$$

Hierin ist T die augenblickliche absolute Temperatur, dS die kleine Änderung der Entropie S (Zunahme oder bei Wärmeentziehung Abnahme).

Die Entropie S ist eine Größe, die nur vom augenblicklichen Zustand des Dampfes abhängt, also durch die diesem Zustande entsprechenden Werte von p, v, T eindeutig bestimmt ist. Wie der Dampf in diesen Zustand gelangt, ist für S ganz gleichgültig. Wenn es daher auch nicht möglich ist, so wie bei den Gasen den Wert von S aus den allgemeinen Beziehungen zwischen p, v, T und Q herzuleiten, weil diese ihren genauen Formen nach nicht bekannt sind, so kann man dazu ebensogut eine beliebige spezielle Zustandsänderung benutzen, deren Verlauf bekannt ist. Setzt man für einen beliebigen Anfangszustand, z. B. bei Dämpfen für Wasser von 0^0, die Entropie gleich S_0 oder gleich Null, so läßt sich aus den durch Versuche genau bekannten Vorgängen bei der Verdampfung unter konstantem Druck die Änderung $S - S_0$ der Entropie zwischen zwei beliebigen Zuständen bestimmen.

Der Zuwachs der Entropie für einen sehr kleinen Teil der Zustandsänderung ist allgemein

$$dS = \frac{dQ}{T}.$$

Zunächst ist das Wasser bis auf die Siedetemperatur T_s zu erhitzen. Setzt man die spez. Wärme des flüssigen Wassers $c = \text{konst.} = 1$

voraus, so sind zur Erwärmung um dT Gerade

$$dQ = c\,dT = dT \text{ kcal}$$

erforderlich. Dabei wächst die Entropie gemäß

$$dS = \frac{dQ}{T}$$

um
$$dS = \frac{dT}{T}.$$

Durch Summation der kleinen aufeinanderfolgenden Zuwächse $\dfrac{dT_1}{T_1}, \dfrac{dT_2}{T_2}, \dfrac{dT_3}{T_3} \ldots$ (Integration) von 0^0 bis zur Siedetemperatur T_s folgt

$$S_w = \ln \frac{T_s}{273}$$

(Entropievermehrung des flüssigen Wassers) oder

$$S_w = 2{,}303 \log \frac{T_s}{273}.$$

Im Entropie-Temperaturdiagramm (s. Abschn. 28) wird also die Wassererhitzung durch eine logarithmische Linie dargestellt (wie bei den Gasen die Erwärmung unter konstantem Volumen oder Druck), Fig. 61. Die Fläche unter $A_0 A_1$ ist gleich der Flüssigkeitswärme q.

Während der nun folgenden Verdampfung unter konstantem Druck steigt die Temperatur nicht mehr; diese isothermische Zustandsänderung entspricht im Diagramm der Geraden $A_1 A_2$, die Entropie wächst von S_w auf S um S'. Die dabei vom Dampf aufgenommene Wärme, also die Verdampfungswärme r, wird durch die unter $A_1 A_2$ liegende Rechteckfläche dargestellt. Diese hat den Inhalt $T_s S'$, also ist

$$r = T_s S'$$

$$S' = \frac{r}{T_s}$$

(Entropievermehrung während der Verdampfung).

Der gesamte Entropiezuwachs vom flüssigen Wasser von 0^0 bis zum trockenen Dampf von $T_s = 273 + t_s$ ist also

$$S = 2{,}303 \log \frac{T_s}{273} + \frac{r}{T_s}$$

(Entropie des trockenen Sattdampfes).

Die Entropie des feuchten Dampfes mit x Gewichtsteilen Dampf auf 1 kg ergibt sich aus der Überlegung, daß zwar die gesamte Flüssigkeitswärme q für 1 kg aufzuwenden ist, für den Verdampfungsvorgang aber nur xr kcal. Während der Verdampfung von x Gewichtsteilen Wasser von der Siedetemperatur T_s nimmt demnach die Entropie zu um

$$S'_x = \frac{x\,r}{T_s},$$

somit ist der ganze Unterschied gegenüber Wasser von 0^0

$$S_x = 2{,}303 \log \frac{T_s}{273} + \frac{x\,r}{T_s}.$$

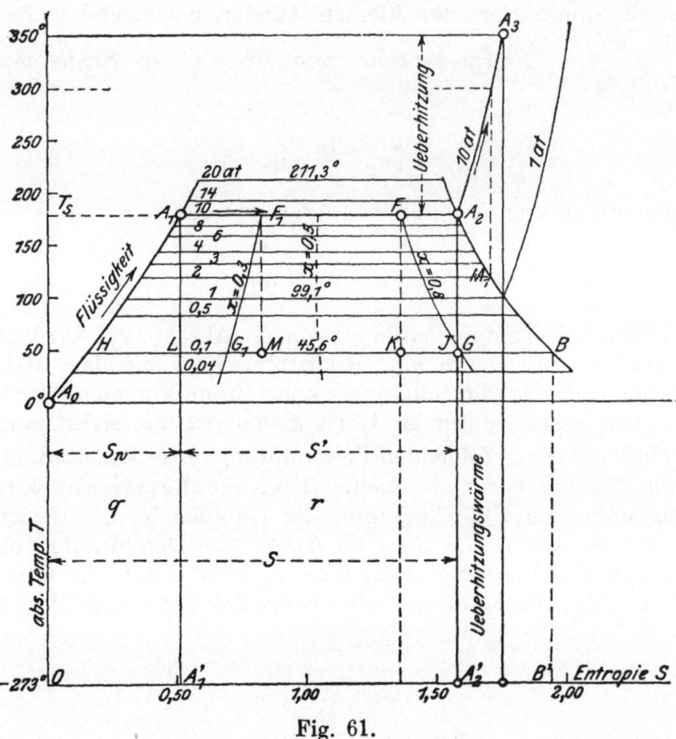

Fig. 61.

In Fig. 61 ist das Verhältnis der Strecken $A_1 F = x\,r/T_s$ und $A_1 A_2 = r/T_s$ gleich dem Dampfgehalt x des feuchten Dampfes.

Berechnet man auf diese Weise die Entropie des **trockenen Sattdampfes** für verschiedene Drücke und trägt diese Werte als Abszissen zu den Temperaturen als Ordinaten auf, so ergibt sich die Kurve $A_2 B$ („obere Grenzkurve" im Entropie-Temperaturdiagramm).

Ferner erhält man durch Teilung der zwischen der oberen und unteren Grenzkurve liegenden Abszissen-Strecken die Kurven gleicher Feuchtigkeit (oder Dampfmenge), von denen drei, für $x = 0{,}8$, $0{,}5$ und $0{,}3$ in Fig. 61 eingetragen sind.

Entropie - Temperaturtafel
für gesätt. u. überhitzten Wasserdampf.
(nach den Münchener Versuchen über c_p)

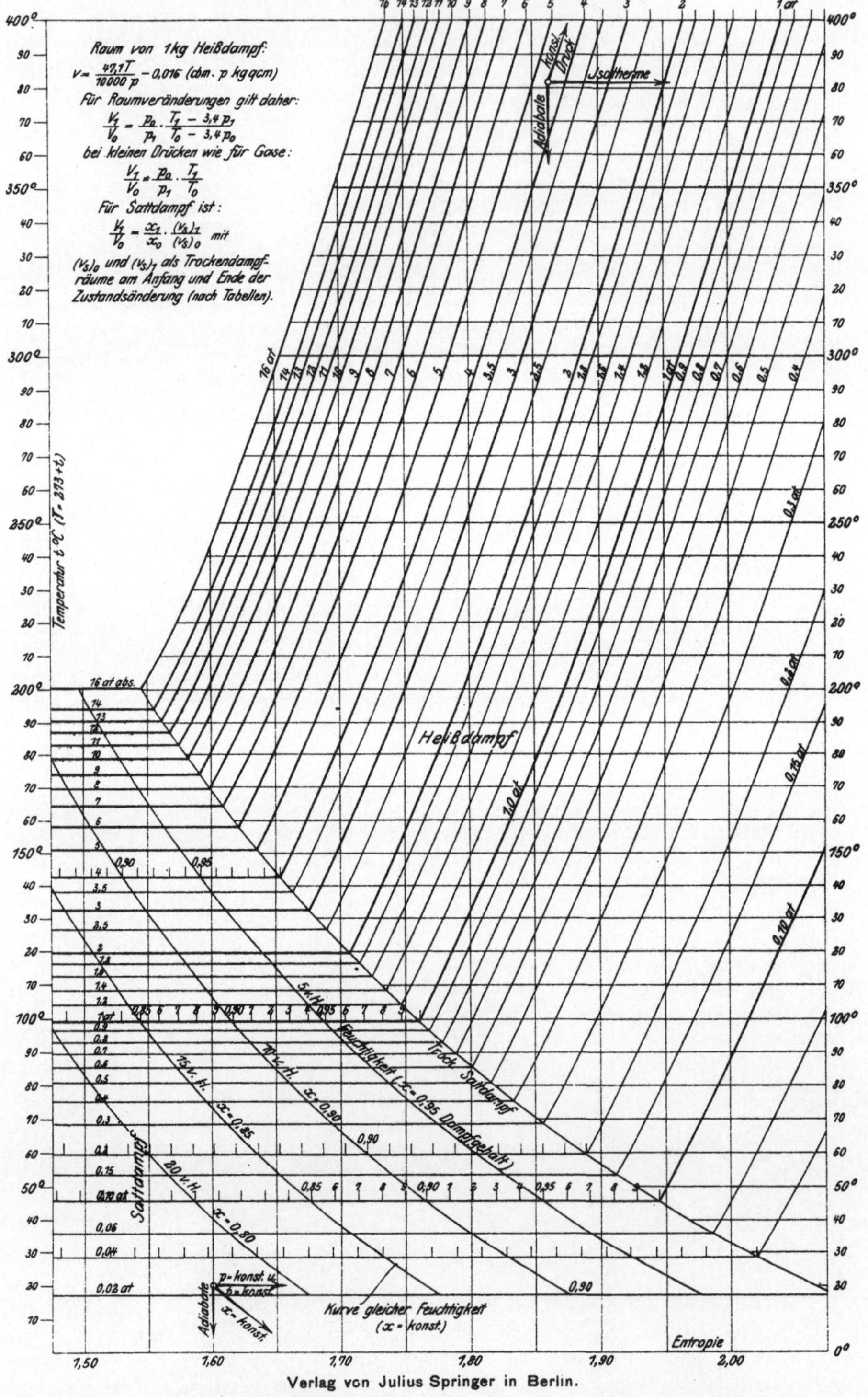

In Tafel IV S. 181 ist die obere Grenzkurve (für trockenen Sattdampf) in größerem Maßstabe aufgetragen. Zwischen die eingezeichneten Kurven gleicher Feuchtigkeit können beliebige andere eingeschaltet werden. Die untere Grenzkurve (für flüssiges Wasser) ist des größeren Maßstabes wegen in Tafel IV weggelassen.

Die unter einer beliebigen Kurve im TS-Diagramm liegende Fläche bis zur Abszissenachse (-273^0) ist die bei der Zustandsänderung nach dieser Kurve zugeführte oder (bei abnehmender Entropie) entzogene Wärme, genau wie bei den Gasen. Demgemäß stellt in Fig. 61 dar: Fläche $OA_0A_1A_1'$ die Flüssigkeitswärme bei der Temperatur T_s; Rechteck $A_1A_2A_2'A_1'$ die Verdampfungswärme r; Fläche $OA_0A_1A_2A_2'$ die Gesamtwärme λ des trockenen Dampfes, die Fläche unter OA_0A_1F die Gesamtwärme des feuchten Dampfes von der Temperatur T_s und dem Dampfgehalt 0,8; die Fläche unter A_0HK die Gesamtwärme des feuchten Dampfes vom Zustand bei K (Dampfgehalt $HK:HB$); die Fläche unter FG die bei der Ausdehnung unter konstanter Dampfnässe von F nach G zuzuführende Wärme, die gleiche Fläche die bei der Verdichtung mit konstanter Dampfnässe von G nach F zu entziehende Wärme; desgleichen die Fläche $A_2BB'A_2'$ die Wärmemenge, die dem trockenen Dampf vom Anfangszustand $A_2(T_s)$ zuzuführen ist, wenn er bei der Expansion bis B trocken bleiben soll.

Überträgt man irgendeine Kurve eines Druck-Volumendiagramms ins TS-Diagramm, so stellt die unter der Kurve des TS-Diagramms liegende Fläche die Wärme dar, die bei der Zustandsänderung nach jener Druckvolumen-Kurve zuzuführen oder zu entziehen ist.

b) Überhitzter Dampf.

Wäre die spez. Wärme c_p des Heißdampfes unveränderlich, so ließe sich die Entropie aus der Zustandsänderung bei konstantem Druck, dem gewöhnlichen Überhitzungsvorgang, ohne weiteres bestimmen. Mit

$$dQ = c_p dT = T dS$$

wäre
$$dS = c_p \cdot \frac{dT}{T}.$$

Bezogen auf trockenen Sattdampf als Ausgangszustand würde sich hieraus durch Summation bis zur jeweiligen Überhitzungstemperatur ergeben:

$$S - S_s = c_p \ln \frac{T}{T_s}.$$

Im Entropiediagramm wäre also A_2A_3 eine logarithmische Linie, wie bei den Gasen, und wie die Flüssigkeitslinie A_0A_1. Sie würde etwa doppelt so steil als die letztere ansteigen, weil c_p für Heißdampf rd. halb so groß ist (0,5), als für Wasser ($c = 1$).

In Wirklichkeit trifft diese Voraussetzung über c_p nicht zu. Besonders in der Nähe der Sättigung nimmt c_p mit wachsender Überhitzung erst stark ab, um dann wieder zuzunehmen (Abschn. 13.) Die obige Rechnung gibt daher die Verhältnisse nur überschlägig richtig. Da das Veränderungsgesetz von c_p verwickelt und durch eine einfache Formel nicht darstellbar ist, so können auch die richtigen Entropiewerte nicht ohne weiteres in einer allgemeinen Formel ausgesprochen werden. Die Versuche von Knoblauch und Jakob ermöglichen aber die zahlenmäßige Berechnung der Entropie für alle in Betracht kommenden Drücke und Temperaturen ohne Aufstellung einer Formel. Für eine kleine Zustandsänderung unter konstantem Druck gilt, ob c_p veränderlich oder unveränderlich ist

$$dQ = c_p\, dT = T\, dS,$$

daher

$$dS = \frac{c_p}{T} \cdot dT.$$

Ist nun, Fig. 62, DE die Kurve, die für einen bestimmten Druck das Veränderungsgesetz von c_p wiedergibt, so kann man für beliebig viele Punkte dieser Kurve die Quotienten c_p/T ausrechnen. Trägt man diese als Ordinaten zu den Temperaturen als Abszissen auf, so erhält man die Kurve FG.

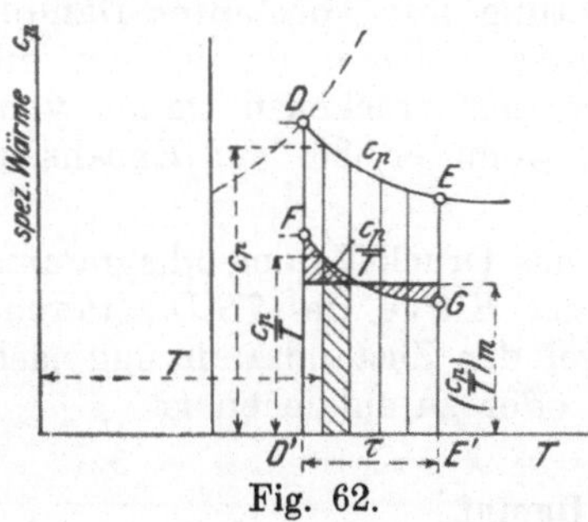

Das Flächenelement dieser Kurve zwischen zwei Ordinaten hat die Größe $\frac{c_p}{T} \cdot dT$, ist also gleich der elementaren Entropieänderung.

Fig. 62.

Die Fläche $FGE'D'$ ist somit gleich der ganzen Änderung der Entropie während der Überhitzung um τ^0. Diese Fläche kann entweder planimetriert oder durch Zerlegung in schmale Streifen berechnet werden. Ist ihre mittlere Höhe $\left(\frac{c_p}{T}\right)_m$, so ist der Entropiezuwachs während der Überhitzung um τ^0

$$S - S_s = \left(\frac{c_p}{T}\right)_m \cdot \tau.$$

Auf diesem Wege sind die Kurven konstanten Druckes im Heißdampfgebiet der Texttafel IV punktweise aus den von Knoblauch und Jakob durch Versuche ermittelten Kurven der spezifischen Wärme c_p bestimmt worden.

Nachdem es gelungen war, die spezifischen Wärmen und sämtliche Zustandsgrößen des Wasserdampfs, einschließlich der Entropie, auch analytisch darzustellen, können die Entropiewerte auch auf rein rechnerischem Wege ermittelt und Entropietafeln hiernach aufgetragen werden. Die „Tabellen und Diagramme für Wasserdampf" von Knoblauch, Raisch und Hausen enthalten die dazu erforderlichen Zahlenwerte mit der größten heute bekannten Genauigkeit.

40. Ausdehnung und Verdichtung des Dampfes im wärmedichten Gefäß (adiabatische Zustandsänderung).

a) Sattdampf.

Mit Bezugnahme auf den vorangehenden Abschnitt läßt sich leicht erkennen, daß feuchter Dampf mit überwiegendem Dampfgehalt bei adiabatischer Ausdehnung noch feuchter, dagegen bei adiabatischer Verdichtung trockener wird. Denn es fehlt hier die bei der Ausdehnung erforderliche Wärmezufuhr bzw. die bei der Verdichtung nötige Wärmeentziehung, um die Niederschläge bzw. die Trocknung zu verhindern. Mit Bezugnahme auf Abschnitt 39 ist daher sicher, daß die Dampfadiabate bei Ausdehnung schneller fällt, bei Verdichtung schneller steigt als die Kurven gleicher Feuchtigkeit.

Genaueres ergibt sich über die Feuchtigkeitsänderung und damit für die Volumenänderung bei gegebener Druckänderung, wenn man vom Entropiediagramm ausgeht. Die adiabatische Zustandsänderung wird hier durch eine vertikale Gerade dargestellt (unveränderliche Entropie; vgl. Abschn. 28); Linie A_2G, Fig. 61 entspricht z. B. der Expansion von anfänglich trockenem Sattdampf von 10 auf 0,1 at abs. Die Feuchtigkeit am Ende ist $1 - x = JB/BH = $ rd. 0,2. — Linie FK stellt die Expansion von 10 auf 0,1 at bei 20 v. H. anfänglicher Feuchtigkeit dar. Die Feuchtigkeit am Ende ist $1 - x = KB/BH = 0,326$. — Für Zwischenpunkte läßt sich der Dampf- oder Feuchtigkeitsgehalt in gleicher Weise abmessen.

Geht man jedoch von heißem Wasser von der Siedetemperatur aus, Punkt A_1, Linie A_1L, so findet Verdampfung statt. Die bei der adiabatischen Raumvergrößerung gebildete Dampfmenge beträgt $HL/HB = $ rd. 0,2 Bruchteile der Dampfmasse. Die Temperatur sinkt in allen drei Fällen nach den Dampftabellen von $179,1^0$ auf $45,4^0$.

Übrigens findet Dampfbildung, also nicht Dampfniederschlag wie bei anfänglich vorwiegendem Dampfgehalt, auch schon bei Dampf vom Zustande F_1 statt $(x = 0,3)$. Denn die Kurve gleicher Dampfmenge F_1G_1 läuft von der adiabatischen Vertikalen F_1M nach links, nicht mehr, wie bei FG, nach rechts. Dem Punkt M entspricht ein größerer Dampfgehalt als dem Punkt G_1, die Dampfmenge nimmt von anfänglich 30 v. H. auf $HM/HB = 0,38$ zu.

Die der Ausdehnung nach FK entsprechende Druckvolumenkurve (Dampfadiabate) kann nun leicht gezeichnet werden. Ist $v_0 = x_0 (v_s)_0$ das Anfangsvolumen, $v = xv_s$ ein beliebiges Endvolumen, so ist die verhältnismäßige Raumvergrößerung

$$\frac{v}{v_0} = \frac{x}{x_0} \cdot \frac{v_s}{(v_s)_0}.$$

Die spez. Volumina v_s und $(v_s)_0$ des trockenen Dampfes sind aus den Dampftabellen entsprechend der Anfangstemperatur t_0 und der Endtemperatur t (oder nach p und p_0) zu entnehmen, während x_0 gegeben und x aus dem Entropiediagramm abzugreifen ist. Wenn das Entropie-Temperaturdiagramm vorliegt, kann also eine beliebige Dampfadiabate mit Hilfe einfachster Zahlenrechnungen verzeichnet werden, indem die zu beliebigen Drücken $p \lessgtr p_0$ gehörigen Werte des Volumens

$$v = v_0 \cdot \frac{x}{x_0} \cdot \frac{v_s}{(v_s)_0}$$

berechnet werden.

Kurve AB, Fig. 63, stellt die Adiabate von anfänglich trockenem Sattdampf bei Ausdehnung von 10 auf 0,5 at abs. dar. Die Raumvergrößerung für den Druckabfall von 10 auf 3 at wäre z. B. nach den Dampftabellen

$$\frac{(v_s)_3}{(v_s)_{10}} = \frac{0,619}{0,198} = 3,12 ,$$

wenn der Dampf trocken bliebe. Nach der Entropietafel besitzt er aber, nachdem er sich auf 3 at (132,9°) ausgedehnt hat, nur noch $x = 0,925$ Dampfgehalt. Im gleichen Verhältnis ist auch sein Raum kleiner (s. Abschn. 35), also ist das Ausdehnungsverhältnis nur $0,925 \cdot 3,12 = 2,886$, somit $(EF) = 2,886 \cdot (DA)$.

Die absolute Ausdehnungsarbeit wird ganz auf Kosten der Eigenwärme (Energie) des Dampfes geleistet, da ja keine Wärmezufuhr stattfindet. Die Energie ist nach Abschn. 36 am Anfang $U_0 = q_0 + x_0 \varrho_0$, am Ende $U = q + x \varrho$. Der Unterschied $U_0 - U$ stellt das Wärmeäquivalent der Dampfarbeit L dar. Sonach ist

$$L = 427 \cdot [q_0 + x_0 \varrho_0 - (q + x \varrho)] \text{ mkg/kg}.$$

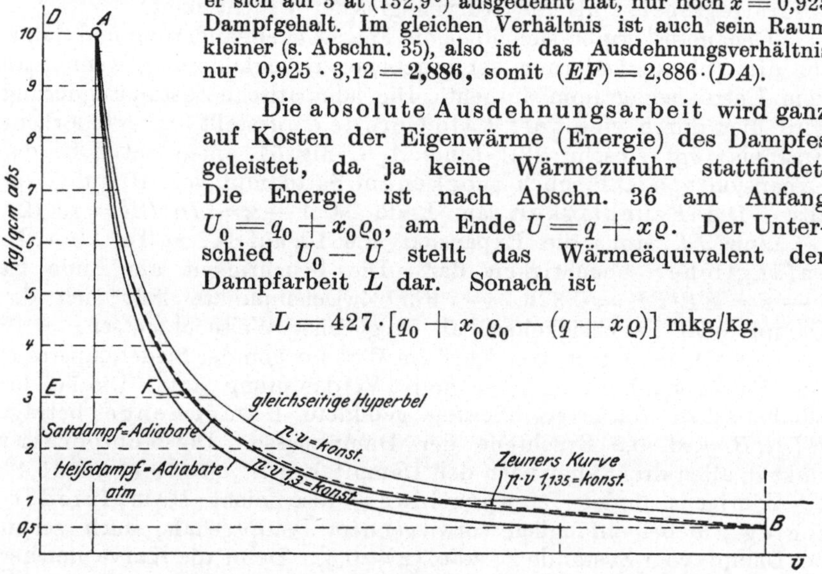

Fig. 63.

q_0, ϱ_0, q und ϱ können, wenn der Anfangsdruck p_0 und der Enddruck p gegeben sind, aus den Dampftabellen entnommen werden. Der Dampfgehalt x am Ende ist, wie oben gezeigt, aus der Entropietafel zu entnehmen. Ganz dasselbe gilt für die Verdichtungsarbeit.

In Fig. 63 ist die unter der Kurve AB liegende Fläche bis zur v-Achse die Dampfarbeit bei Ausdehnung von 10 auf 0,5 at. Mit $x_0 = 1$ (trockener Dampf) ergibt die Entropietafel $x = 0,849$. Mit den übrigen Werten aus der Dampftabelle ist daher

$$L = 427 [181,2 + 436,4 - 80,8 - 0,849 \cdot 511,9] = 427 \cdot 103,3.$$

Es werden also 103,3 kcal. in **absolute** Dampfarbeit umgesetzt, also $L = 44\,200$ mkg geleistet.

Näherungsgleichungen nach Zeuner. Für Dampf vom anfänglichen Dampfgehalt x ist die Dampfadiabate angenähert darstellbar durch die Hyperbel

$$p\,v^{1,035\,+\,0,1\,x} = \text{konst.}$$

Für anfänglich trockenen Dampf gilt also mit $x = 1$

$$p\,v^{1,135} = \text{konst.}$$

Bei $x = 0,8$ Anfangsdampfgehalt ist z. B.

$$p\,v^{1,115} = \text{konst.}$$

Es ist klar, daß der Exponent der adiabatischen Kurve **größer** sein muß, als derjenige der Kurven gleichen Dampfgehaltes (1,0667), weil das Volumen im adiabatischen Fall mit sinkendem Druck weniger rasch zunimmt. Mit wachsender **anfänglicher** Feuchtigkeit nehmen jedoch die Entropiekurven $x = \text{konst.}$ bei Drücken über 1 at einen wesentlich steileren Verlauf, d. h. die Kurven gleicher Feuchtigkeit **nähern** sich dem adiabatischen Verlauf. Daher ist die von **Zeuner** angegebene Verkleinerung des adiabatischen Exponenten bei zunehmender anfänglicher Dampfnässe erklärlich.

Die Beziehungen sind bis etwa $x = 0,7$ und höchstens 20 fache Druckänderung anwendbar. Fig. 63 zeigt die Näherungskurve für trockenen Dampf (gestrichelt). Die Dampfarbeit ist, wie in früheren Fällen (Abschn. 25) die Gasarbeit, mit $1,035 + 0,1\,x = m$

$$L = \frac{p_0 v_0}{m-1} \cdot \left[1 - \left(\frac{p}{p_0}\right)^{\frac{m-1}{m}} \right]$$

$$= \frac{p_0 v_0}{m-1} \cdot \left[1 - \left(\frac{v_0}{v}\right)^{m-1} \right].$$

Für das obige Beispiel wird nach dieser Formel

$$L = \frac{10\,000 \cdot 10 \cdot 0,198}{0,135} \cdot \left[1 - \left(\frac{0,5}{10}\right)^{0,119} \right] = 44\,000 \text{ mkg.}$$

gegen 44 200 mkg oben.

b) Heißdampf.

Die **Druckvolumenkurve** befolgt bei adiabatischer Zustandsänderung mit guter Annäherung das hyperbolische Gesetz

$$p\,v^{1,3} = \text{konst.} \quad \dots \dots \dots \quad (1)$$

Danach fällt und steigt die Adiabate des Heißdampfes **rascher** als die des Sattdampfes, aber nicht ganz so rasch wie die der Gase. Denn der Exponent 1,3 liegt zwischen dem der Gase 1,4 und dem des Sattdampfes 1,135. In Fig. 63 ist auch die Heißdampfadiabate aufgetragen.

Die **Temperatur** sinkt bei adiabatischer Ausdehnung, während sie bei der Verdichtung **steigt**, wie bei den Gasen. Durch unmittelbare Versuche fanden **Hirn** und **Cazin**, daß die verhältnismäßige

Temperatur- und Druckänderung der Beziehung

$$\frac{T}{T_0} = \left(\frac{p}{p_0}\right)^{0,236} \quad\ldots\ldots\ldots \quad (2)$$

folgen.

Am raschesten erhält man die Temperaturänderung aus den Entropietafeln.

Die absolute Dampfarbeit folgt, wenn von Gl. 1 ausgegangen wird, wie bei den Gasen als Fläche der Hyperbel zwischen zwei Ordinaten

$$L = \frac{p_0 v_0}{m-1} \cdot \left[1 - \left(\frac{p}{p_0}\right)^{\frac{m-1}{m}}\right],$$

also mit $m = 1,3$

$$L = \frac{10}{3} p_0 v_0 \cdot \left[1 - \left(\frac{p}{p_0}\right)^{0,231}\right] \quad\ldots\ldots \quad (3)$$

oder

$$L = \frac{10}{3} p_0 v_0 \cdot \left[1 - \left(\frac{v_0}{v}\right)^{0,3}\right] \quad\ldots\ldots \quad (3\,\text{a})$$

je nachdem das Ausdehnungsverhältnis der Drücke $\left(\dfrac{p}{p_0}\right)$ oder der Räume $\left(\dfrac{v_0}{v}\right)$ gegeben ist.

Beispiel. Welche absolute Arbeit gibt 1 kg Heißdampf von 400° bei Ausdehnung von 10 at abs. auf 0,5 at ab, vorausgesetzt, daß der Dampf am Ende noch überhitzt wäre?

Nach der Zustandsgleichung ist

$$p_0 v_0 = 47,1 \cdot (273 + 400) - 0,016 \cdot 10000 \cdot 10 = 30098$$

somit

$$L = \frac{10}{3} \cdot 30098 \cdot \left[1 - \left(\frac{0,5}{10}\right)^{0,231}\right] = \underline{50105 \text{ mkg/kg}}$$

(gegen 44200 mkg bei Sattdampf).

Bei gleichem Anfangs- und Endvolumen ist zwar die adiabatische Arbeit des Heißdampfs kleiner als die des Sattdampfs. Denn die unter der steiler abfallenden Heißdampfadiabate liegende Arbeitsfläche ist bei gemeinsamem Ausgangspunkte A die kleinere, Fig. 63. Für das gleiche Dampfgewicht ist aber, wie das letzte Beispiel und die Formel lehrt, die Heißdampfarbeit größer wegen des größeren Wertes von v_0 in dem Produkte $p_0 v_0$.

Übergang in den Sättigungszustand. Bei adiabatischer Ausdehnung nähert sich der Heißdampf mit sinkendem Druck immer mehr dem Sättigungszustand. Sobald er in diesen eintritt, verliert die Gleichung $pv^{1,3} = \text{konst.}$ ihre Gültigkeit und der Dampf expandiert nach $pv^{1,135} = \text{konst.}$ weiter.

In Fig. 59 ist die Heißdampfadiabate für 10 at und 300° Anfangstemperatur eingetragen. Sie schneidet die Grenzkurve bei M. Bei 2,3 at hat der Dampf also die Überhitzung völlig verloren. Je höher die Anfangstemperatur ist, z. B. 350°, 400°, Fig. 59, um so länger bleibt er überhitzt.

Aus dem Entropiediagramm Fig. 61 geht das gleiche noch einfacher und bestimmter hervor. Die Expansion beginnt auf dem Punkt der Linie $A_2 A_3$ gleichen Druckes (10 at) bei 300° und verläuft nach der gestrichelten Vertikalen, die bei M_1 auf der Grenzkurve endigt. Bei Expansion bis auf den dem Punkt M_1 entsprechenden Druck wird also der Heißdampf eben gesättigt. Nach der Tafel sind dies 2,0 at abs., entsprechend 120°.

41. Wirkliche Zustandsänderung des Dampfes bei der Ausdehnung und Verdichtung in den Dampfmaschinen.

a) Sattdampf.

Die Indikatordiagramme von Dampfmaschinen zeigen, daß bei Sattdampfbetrieb die Ausdehnungslinie durchschnittlich das Gesetz

$$p\,v = \text{konst. (gleichseitige Hyperbel)}$$

befolgt, wonach also der Druck im gleichen Verhältnis abnimmt, wie der Raum zunimmt.

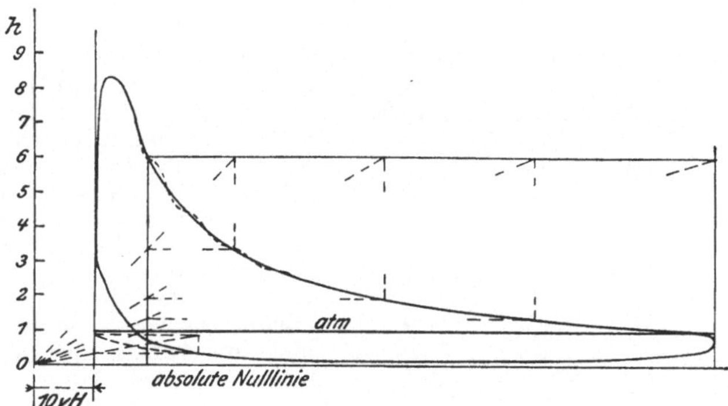

Fig. 64.

Es kommt nicht selten vor, daß die Diagrammlinien genau nach diesem Gesetze verlaufen. Fig. 64 zeigt z. B. das Diagramm einer Ventildampfmaschine, bei dem dies zutrifft. (Zylinderdurchm. 310, Hub 520 mm, 115 Umdr. i. d. M., Mantel- und Deckelheizung.) Um den Verlauf richtig beurteilen zu können, genügt das vom Indikator gelieferte Diagramm allein nicht. Es muß auch die verhältnismäßige Größe des schädlichen Raumes bekannt sein; außerdem der Federmaßstab (Schreibstiftweg für 1 kg/qcm) und der Barometerstand, um die absolute Nullinie ziehen zu können. Auch müssen die Absperrorgane für den Dampfeinlaß und -auslaß und der Dampfkolben dicht sein. — Bei dem Diagramm Fig. 64 sind diese Voraussetzungen erfüllt.

Bei der gleichen Maschine erweist sich der Verlauf der Expansionslinie als abhängig von der Größe der Füllung. Bei großer Füllung verläuft sie häufiger unter, bei kleiner über der Hyperbel. Auch der Umstand, ob die Maschine mit Auspuff oder Kondensation arbeitet, ist von Einfluß, desgleichen die Mantel- und Deckelheizung.

Bei Sattdampfbetrieb ist der Zylinderdampf zu Beginn der Expansion immer von recht erheblicher Feuchtigkeit (häufig 20 v. H. und mehr). Denn wenn auch der Dampf der Maschine trocken zufließt, so schlägt sich doch während der Einströmung ein Teil an den Zylinderwandungen nieder, die kälter als der Frischdampf sind. Dem feuchten Dampf mit $x_0 = 0{,}8$ anfänglichem Dampfgehalt würde nun nach Zeuner in einem die Wärme nicht leitenden Gefäße die Expansionslinie (Adiabate) $pv^{1,115} = $ konst. entsprechen. Die gleichseitige Hyperbel fällt aber langsamer als diese Kurve, und daraus folgt, daß der Dampf während der Expansion Wärme aus den Wänden aufnimmt.

Würde der Feuchtigkeitsgehalt während der Expansion unverändert bleiben, was nach Abschn. 37 Wärmezufuhr erfordert, so müßte die Expansionslinie nach $pv^{1,067} = $ konst. verlaufen, also noch unterhalb der gleichseitigen Hyperbel. Daher nimmt der Dampfgehalt fortwährend zu, die Feuchtigkeit ab, wenn das Indikatordiagramm nach der noch flacheren Kurve $pv = $ konst. verläuft. Fig. 65 zeigt dies für ein Diagramm der obigen Maschine maßstäblich.

Die bei der Einströmung an den Wänden niedergeschlagene Feuchtigkeit behält ihre anfängliche Temperatur länger, als der bei der Ausdehnung sich rasch abkühlende Dampf. Da gleichzeitig der Druck fällt, so tritt eine sehr schnell verlaufende Verdampfung dieser Niederschläge ein (Nachverdampfen), die noch durch die Wärme der bei der Einströmung erhitzten Wände unterstützt wird.

Die Verdichtungslinie im Dampfzylinder folgt im Gegensatz zur Expansionslinie nur ausnahmsweise der gleichseitigen Hyperbel. Ohne Wärmeabgabe während der Verdichtung würde sie nach dem Gesetz $pv^{1,135} = $ konst.

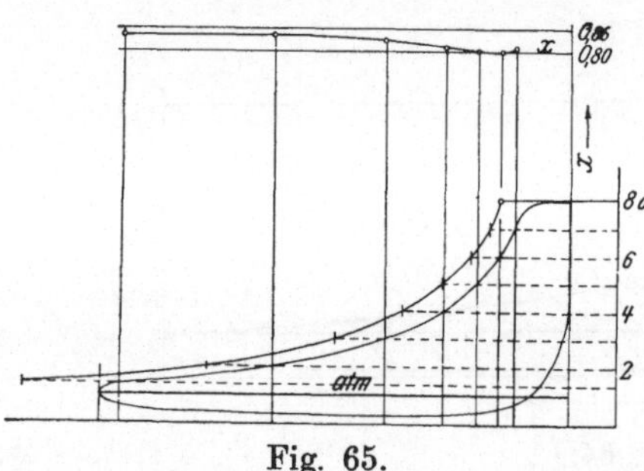

Fig. 65.

verlaufen, also schneller ansteigen als die Hyperbel. Letztere würde also Wärmeentziehung während der Verdichtung voraussetzen. Da jedoch die Wände, wie Versuche von Callendar und Nicolson bewiesen haben, selbst während der vorhergegangenen Ausströmung nicht erheblich unter ihre Mitteltemperatur abgekühlt werden, so geben sie besonders im Anfang der Kompression Wärme an den Dampf ab. Somit ist ein weit steilerer Verlauf der Verdichtungslinie als nach $pv = $ konst. wahrscheinlich. Tatsächlich verläuft in der Mehrzahl der Fälle die Verdichtungslinie erheblich über der Hyperbel, was sich besonders in einem viel höheren Enddruck äußert, als $pv = $ konst. entsprechen würde (Fig. 64 und 66).

Man findet nicht selten in der technischen Literatur die Ausdehnungslinie nach $pv = $ konst. als „Isotherme" bezeichnet, obwohl jeder weiß, daß dem kleineren Druck bei feuchtem Dampf auch die kleinere Temperatur entspricht. Diese Ausdrucksweise ist um so mehr störend, als die Isotherme des Sattdampfs gar nicht durch eine Kurve, sondern durch eine zur Volumenachse parallele Gerade dargestellt wird. Diese ebenso überflüssige als falsche Bezeichnungsweise, die aus der Theorie der Gase entlehnt ist, sollte vermieden werden. Nicht besser ist die in diesem Zusammenhange selbst in maßgebenden technischen Werken zu findende Bezeichnung „Mariottesche Linie".

b) Heißdampf.

Die wirkliche Ausdehnungslinie verläuft bei Heißdampfbetrieb anders und zwar fällt sie rascher als bei Sattdampf, Fig. 66. Dies ist ganz im Einklang mit der Tatsache, daß im wärmedichten Gefäß der gleichen Volumvergrößerung bei Heißdampf ein stärkerer Druckabfall entspricht als bei Sattdampf. Wenn nun auch der Wärmeaustausch zwischen Dampf und Wandungen die Verhältnisse ändert, so bleibt doch dieser grundsätzliche Unterschied bestehen.

Bei Sattdampf verläuft die Ausdehnungslinie über der Dampfadiabate. Bei Heißdampf ist das gleiche der Fall. Sucht man Hyperbeln mit gebrochenen Exponenten zu ziehen, die sich den Linien der Indikatordiagramme möglichst anschließen, so findet man, daß die Exponenten sich zwischen 1,25 und 1 bewegen, niemals aber den adiabatischen Wert 1,3 erreichen.

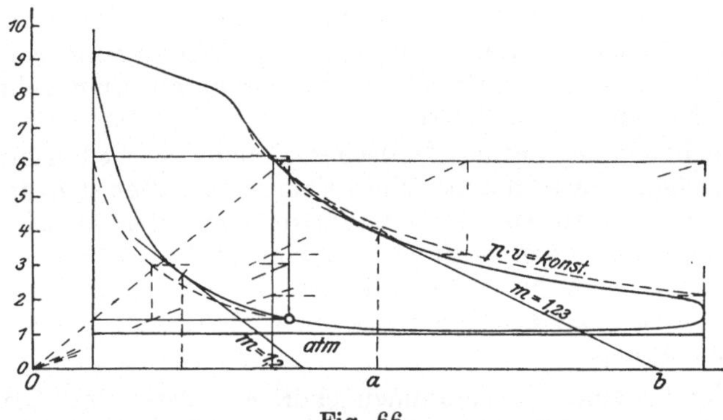

Fig. 66.

Bei der Beurteilung der wirklichen Ausdehnungslinien ist wohl zu beachten, daß der Heißdampf schon beim Beginn der Ausdehnung weitaus nicht mehr die Temperatur besitzt, mit der er dem Zylinder aus der Leitung zuströmt. Er wird durch den Einfluß der kälteren Zylinderwände während des Einströmungsvorganges bedeutend abgekühlt. Bei nur geringer anfänglicher Überhitzung geht diese durch die Eintrittsabkühlung ganz verloren, so daß die Ausdehnung mit trockenem oder feuchtem Sattdampf beginnt. In solchen Fällen verläuft die Expansionslinie wie bei Sattdampf, manchmal recht genau, als gleichseitige Hyperbel.

Bei starker Überhitzung, wobei mehr die Überhitzungsgrade als die Dampftemperatur maßgebend sind, geht die Abkühlung nicht bis zur Sättigung, so daß die Ausdehnung mit Heißdampf beginnt, dessen Temperatur je nach den besonderen Umständen mehr oder weniger unter der Zuflußtemperatur liegt. In dieser Hinsicht spielen die Größe der Füllung und die Art des Betriebs (Auspuff, Kondensation, Einzylinder- oder Verbundmaschine) die Hauptrolle.

In den seltensten Fällen wird der Dampf bis zum Ende der Ausdehnung überhitzt bleiben. Der Übergang in den Sattdampfzustand, der in Abschn. 37 behandelt ist, findet je nach den Umständen in größerer oder kleinerer Entfernung vom Anfang der Expansion statt. Dann wird der Verlauf überhaupt ein anderer. Für die Verdichtungslinie gilt im allgemeinen dasselbe wie bei Sattdampf. (Vgl. Fig. 66, Heißdampfmaschine mit Auspuff.)

42. Die Dämpfe der Kohlensäure (CO_2), des Ammoniaks (NH_3) und der Schwefligen Säure (SO_2). Gemeinsame Eigenschaften aller Dämpfe. Kritische Temperatur. Verflüssigung der Gase.

Das allgemeine Verhalten dieser Stoffe stimmt mit dem des Wasserdampfes überein, jedoch nur dem Wesen nach. Hinsichtlich der Höhe der Sättigungstemperaturen und -drücke bestehen sehr erhebliche Unterschiede.

Während Wasser unter atmosphärischem Druck einer Temperatur von 100^0 bedarf, um als trockener oder nasser Sattdampf bestehen zu können, befinden sich diese Stoffe unter atmosphärischem Druck schon bei 0^0 im überhitzten Zustand. Als feuchte Dämpfe können sie unter diesem Drucke erst bei rd. -80^0 (CO_2), -35^0 (NH_3), -8^0 (SO_2) bestehen. Diese Temperaturen sind die „Siedetemperaturen" bei atmosphärischem Druck, wenn man den Verdampfungsvorgang im Auge hat, die „Verflüssigungstemperaturen", wenn man an den umgekehrten Vorgang, die Kondensation, denkt.

Unter höherem als atmosphärischem Druck liegt die Verflüssigungstemperatur beim Wasserdampf höher. Ebenso verhalten sich die anderen Dämpfe. Setzt man sie also unter Druck mit der Absicht, sie zu verflüssigen, so genügen dazu um so geringere Abkühlungen, je höher der Druck ist. Bei hinreichend hohem Druck verflüssigen sie sich schon bei $+15^0$. Es gehören dazu bei CO_2 51,6 at, bei NH_3 7,7 at, bei SO_2 2,9 at abs.

In Fig. 67 sind die zusammengehörigen Werte von Druck und Siedetemperatur eingetragen (Dampfspannungskurven).

Bei 0^0 besitzen hiernach die gesättigten Dämpfe von CO_2 bereits einen Druck von 35 at, NH_3 von 4,4 at, SO_2 von 1,6 at abs.

Grenzkurve. Wie der Wasserdampf, so befinden sich die Dämpfe überhaupt im „überhitzten" Zustand, wenn ihre Temperatur höher ist, als die zu ihrem Druck gehörige Sattdampf- oder Verflüssigungstemperatur.

Wird ein beliebiger überhitzter Dampf vom Zustand A (vgl. Fig. 68) etwa bei unveränderlicher Temperatur so weit verdichtet, bis in B der Sättigungsdruck eben erreicht ist, so ist $B_0 B$ das spez. Volumen des trokkenen Sattdampfes. Trägt man die durch Versuch oder sonstwie zu ermittelnden spez. Volumina als Abszissen zu den zugehörigen Sättigungsdrücken als Ordinaten auf, so erhält man eine Kurve GG, die schon beim Wasserdampf als Grenzkurve bezeichnet wurde. Sie läßt erkennen, ob der Dampf in irgendeinem durch Druck und Volumen gekennzeichneten Zustande überhitzt, trocken gesättigt oder feucht ist. Punkte A rechts der Kurve bedeuten überhitzten, Punkte B auf der Kurve trockenen, Punkte links von der Kurve feuchten Sattdampf. Der „Dampfgehalt" im letzteren Falle wird durch das Verhältnis $B' B_1 : B' B$, der Feuchtigkeitsgehalt durch $B_1 B : B' B$ ausgedrückt.

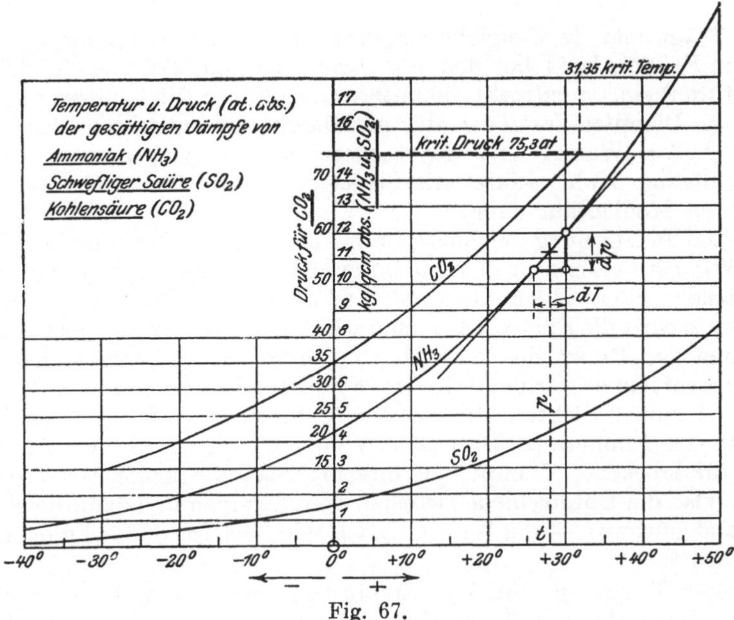

Fig. 67.

Fig. 68.

Trägt man in die gleiche Figur noch die spez. Volumina $B_0 B'$ der reinen Flüssigkeit bei den jeweiligen Sättigungsdrücken (und Temperaturen) ein, so entsteht die untere Grenzkurve $G'G'$. Diese scheidet die von Dämpfen freie von der mit Dämpfen vermischten Flüssigkeit (z. B. heißes Wasser mit der Siedetemperatur von nassem Dampf oder flüssige Kohlensäure mit Siedetemperatur vom gleich warmen feuchten Kohlensäuredampf).

Die in Fig. 68 gezeichnete Grenzkurve gehört der Kohlensäure an. Wie man erkennt, gehen die untere und die obere Grenzkurve stetig ineinander über. Rückt man auf $G'G'$ dem höchsten Punkte K immer näher, so wird die Flüssigkeit immer wärmer, ihr Druck und ihr Volumen nehmen zu. Rückt man auf GG von unten immer höher, so wird der Sattdampf immer wärmer, sein Druck steigt, sein Volumen wird kleiner, er wird immer dichter. Im Punkte K („kritischer Punkt") sind die Werte von Temperatur, Druck und Volumen gleich groß für Flüssigkeit und für trockenen Dampf. In diesem Zustande (kritischer Zustand) fallen also die Unterschiede zwischen dem flüssigen und dampfförmigen Zustand ganz weg. — Für Wasser liegt K sehr hoch ($p_k \simeq 224$ kg/qcm abs. $t_k = 374^0$).

Der Vorgang der Verflüssigung eines Dampfes vom überhitzten Zustand aus (z. B. von Kohlensäure von 1 at abs. und 15^0) spielt sich gemäß Fig. 68 wie folgt ab. Von A aus wird der Dampf zunächst auf irgendeinem Wege AB (z. B. isothermisch, also unter kräftiger Wärmeabfuhr) verdichtet; dabei wird je nach dem Verlauf der Verdichtungslinie der Sattdampfzustand B bei höherem oder weniger hohem Drucke und entsprechender Temperatur erreicht. Von B ab braucht der Druck nicht weiter gesteigert zu werden. Dagegen ist zur nunmehr einsetzenden Verflüssigung die Entziehung der Verdampfungswärme r erforderlich. Diese hat für jeden Stoff und für jeden Druck, wie beim Wasserdampf, andere Werte. Mit der zunehmenden Verflüssigung nimmt das Volumen ab; der zur vorangegangenen Verdichtung benützte Kolben muß dementsprechend weiter vorrücken; dabei bleibt mit der Temperatur auch der Druck des Gemisches von Flüssigkeit und Dampf unverändert. Bei der praktischen Ausführung wird im Zylinder wesentlich nur verdichtet, während die Abkühlung und Verflüssigung in einem besonderen Kühlgefäß (Kondensator) unter unveränderlichem Druck erfolgt. Ist das Volumen bis $B_0 B'$ verkleinert und die ganze, der vorliegenden Gewichtsmenge entsprechende Verdampfungswärme ins Kühlwasser übergetreten, so liegt dampffreie Flüssigkeit von der dem Druck entsprechenden Siedetemperatur vor.

Bei der Verdichtung des überhitzten Dampfes oder Gases von A aus kann es je nach dem Anfangszustand und dem besonderen, von der Kühlung abhängigen Verlauf der Verdichtungslinie leicht vorkommen, daß die Grenzkurve überhaupt nicht getroffen wird, z. B. wenn Kohlensäure von gewöhnlicher Temperatur ohne hinreichende Kühlung verdichtet wird. Wenn bei der Verdichtung keine niedrigeren Temperaturen als $31,3^0$ erreicht werden, so ist es auch durch den stärksten Druck nicht möglich, die Verflüssigung einzuleiten, da nirgends der Grenzzustand des trockenen Sattdampfes erreicht wird. Bei höherer Temperatur als der dem Punkte K entsprechenden „kritischen Temperatur", die nur von der Natur des Körpers abhängt, ist die Verflüssigung schlechthin unmöglich, wenn der Druck auch noch so hoch getrieben wird.

Soll daher eine Dampfart verflüssigt werden, deren kritische Temperatur tiefer liegt als die gewöhnlichen Kühlwasser- oder Lufttemperaturen, so muß ihre Temperatur künstlich unter den kritischen Wert erniedrigt werden.

Je tiefer die Temperatur des überhitzten Dampfes unter der kritischen Temperatur liegt, bei um so kleinerem Druck kann die Verflüssigung erfolgen. Die Zahlentafel enthält die kritischen Werte für Cl_2, CO_2, NH_3, SO_2 und H_2O. Als Verflüssigungsdrücke kommen höhere Drücke als der kritische nicht in Frage.

Möglichkeit der Verflüssigung von Gasen. Bevor der Begriff der kritischen Dampftemperatur gefunden und der oben besprochene Verlauf der Grenzkurve durch Versuche mit Kohlensäure und späterhin mit anderen Dämpfen bekannt geworden war, war es nicht gelungen, die gewöhnlichen Gase in den flüssigen Zustand überzuführen. Wenn aber die Gase nichts anderes als hoch überhitzte Dämpfe sind, so mußte es möglich sein, sie nach Abkühlung unter ihre kritische Temperatur zu verflüssigen. Die praktische Schwierigkeit liegt nur darin, daß die kritischen Temperaturen der eigentlichen Gase, wie Sauerstoff, Stickstoff, Luft, Wasserstoff außerordentlich tief liegen, vgl. untenstehende Zahlentafel. Ehe es möglich war, bis zu so tiefen Temperaturen zu gelangen, konnte die Verflüssigung der Gase auch durch die höchsten Drücke nicht gelingen.

Kritische Zustandswerte (und Siedepunkte (t_s)
bei atmosphärischem Druck).

Stoff	$t_k{}^0$	p_k kg/qcm	v_k l/kg	t_s bei 760 mm
Cl_2	$+ 141$	83,9		$- 36,6$
CO_2	$+ 31{,}35$	75,3	2,16	$- 78$
NH_3	$+ 132{,}9$	116,2	5,22	$- 33,7$
SO_2	$+ 156$	81,5	1,92	$- 8$
H_2O	$+ 374$	224,2	2,9	$+ 100$
O_2	$- 118{,}8$	51,35	—	$- 183,0$
N_2	$- 147{,}1$	34,59	3,216	$- 195,6$
H_2	$- 242$	11	—	$- 252,8$
Luft	$- 140$	40,4	2,835	$- 191$
CO	$- 141$	37,2	—	$- 190$

Nachdem es im Juli 1908 Prof. Kamerlingh Onnes in Leiden gelungen ist, das Helium zu verflüssigen [1]), können heute alle bekannten Gase verflüssigt

---

[1]) H. Kamerlingh Onnes, Untersuchungen über die Eigenschaften der Körper bei niedrigen Temperaturen, welche Untersuchungen unter anderem auch zur Herstellung von flüssigem Helium geführt haben. (Communic. Leiden Laborat. Suppl. No. 35, Nobelpreisrede.)

werden. Onnes fand für Helium eine kritische Temperatur von — 268°, einen kritischen Druck von ca. 2,3 at. Unter atmosphärischem Druck erfolgte die Verflüssigung bei — 268,5°. Bei Verdampfung fiel die Temperatur bis — 270°. Der tiefste Druck, bei dem noch flüssiges Helium erhalten wurde, war 0,15 mm Hg, wobei die Temperatur nur noch 1,15° vom absol. Nullpunkt entfernt war.

Der Vorgang der Verdampfung unter gleichbleibendem Druck ist hinsichtlich der dabei in Betracht kommenden Wärmevorgänge bei allen Dämpfen grundsätzlich identisch mit dem der Verdampfung des Wassers (Abschn. 35). Die Absolutwerte von q, r, ϱ, λ sind aber für verschiedene Dampfarten sehr verschieden. Während z. B. die Verdampfungswärme r für Wasserdampf ungefähr 500 kcal/kg beträgt, ist sie für Ammoniak (in genügender Entfernung vom kritischen Punkt) nur etwa 300 kcal, für SO_2 rd. 90 kcal, für CO_2 nur 65 kcal.

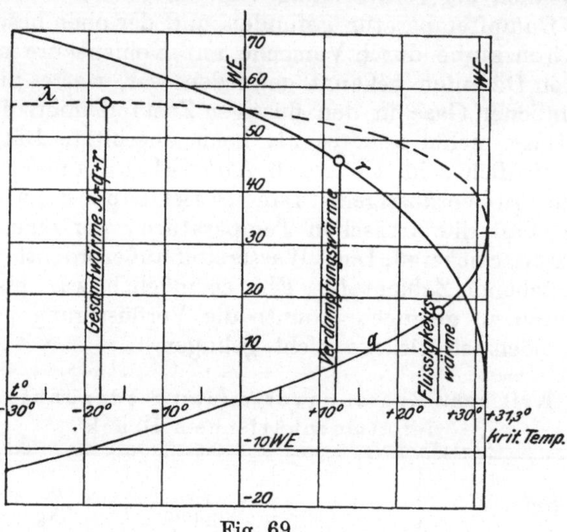

Fig. 69.

Bezüglich r ist eine Erscheinung sehr bemerkenswert, die beim Wasserdampf wegen der großen Entfernung vom kritischen Zustand nicht zum Ausdruck kam, daß nämlich r gegen diese Stelle hin immer kleiner wird, um schließlich im kritischen Punkte selbst Null zu werden. Fig. 69 zeigt die Abnahme der Verdampfungswärme mit zunehmender Temperatur für Kohlensäure.

Umgekehrt nimmt die Flüssigkeitswärme in steigendem Maße zu, um im kritischen Punkte ihren höchsten Wert zu erreichen. Die Gesamtwärme λ erreicht einen größten Wert noch vor dem kritischen Punkt, worauf sie wieder abnimmt, um im kritischen Punkt gleich der Flüssigkeitswärme zu werden, Fig. 69.

Bei Beachtung des über den kritischen Zustand oben Gesagten und der Fig. 68 ist dies begreiflich. Die Raumzunahme bei der Verdampfung wird nach oben immer kleiner, um im kritischen Punkt

Null zu werden. Daher wird dort die äußere Verdampfungswärme Null. Aber auch die innere Verdampfungswärme verschwindet im kritischen Punkte, weil die Flüssigkeit ihren Aggregatzustand behält. Die Gesamtwärme ist dann gleich der Flüssigkeitswärme.

Das gleiche Verhalten wird auch der Wasserdampf in der Nähe der kritischen Stelle zeigen[1]). Eine erschöpfende experimentelle Feststellung fehlt jedoch.

Dampftabellen für NH_3, CO_2, SO_2 sind im Anhang enthalten.

43. Kälteerzeugung.

Um die Temperatur eines festen, flüssigen oder gasförmigen Körpers von G kg Gewicht um τ^0 zu erniedrigen, muß ihm für jedes Kilogramm und jeden Grad Abkühlung die Wärmemenge c (spez. Wärme) entzogen werden; im ganzen also die Wärme $Q = G \cdot c \cdot \tau$. Diese Wärme wird in Anbetracht der Wirkung, die ihre Wegschaffung aus dem Körper in diesem hervorbringt, als „Kälte" bezeichnet. Wärmemengen, die zum Zwecke der Abkühlung aus Körpern fortgeschafft werden, werden auch Kältemengen genannt.

Zur Überführung von flüssigen Körpern in den festen Zustand, ebenso zur Verflüssigung von Dämpfen sind nach der Abkühlung auf die Erstarrungs- bzw. Verflüssigungstemperatur noch weitere erhebliche Wärmemengen aus den Körpern zu entfernen, um die Erstarrung oder Verflüssigung, d. h. die Änderung des Aggregatzustandes herbeizuführen. (Schmelzwärme, Verdampfungswärme.) Dabei ändert sich, wenn der Druck unverändert bleibt, die Temperatur trotz der Wärmeentziehung so lange nicht, bis das letzte Teilchen den neuen Aggregatzustand angenommen hat.

Zur Überführung von 1 kg Wasser von 0^0 in Eis von 0^0 ist z. B. eine Kälteleistung (Wärmeentziehung) von rd. 80 kcal erforderlich. Um also aus Wasser von $+ t^0$ Eis von $- t_1^0$ herzustellen, müssen $Q = t + 80 + 0,5\, t_1$ kcal fortgeschafft werden, nämlich t kcal für die Abkühlung von t^0 auf 0^0, 80 kcal Schmelzwärme für die Erstarrung, $0,5\, t_1$ kcal für die Abkühlung des Eises von 0 auf $- t_1^0$, da das Eis eine spez. Wärme von 0,5 kcal/kg besitzt. (Praktisch werden rd. 120 kcal. gerechnet, mit Rücksicht auf Nebenverluste; für Wasser von $+ 20^0$ und Eis von $- 5^0$ wären theoretisch $20 + 80 + 0,5 \cdot 5 = 102,5$ kcal nötig.)

Die Abkühlung fester und flüssiger Körper wird durch Ableitung ihrer Eigenwärme an kältere Körper bewerkstelligt. Dabei erwärmen sich die kälteren Körper B auf Kosten der wärmeren Körper A. So nimmt bei der künstlichen Eisgewinnung die unter 0^0 abgekühlte Sole (B) Wärme aus dem gefrierenden Wasser (A) auf und wird dadurch wärmer. Das Wasser bzw. Gemisch aus Wasser und Eis behält dagegen trotz der starken Wärmeabgabe seine Temperatur von 0^0, bis alles Wasser zu Eis geworden ist. Dann sinkt auch die Eistemperatur bis nahe auf die Soletemperatur. Die erwärmte Sole muß immer von neuem durch kalte ersetzt werden (Zirkulation).

Die Sole selbst wird durch noch kältere Körper C (Kälteträger), mit denen sie in leitender Verbindung steht, auf ihre tiefe Temperatur gebracht und die aus dem Gefrierbehälter ablaufende erwärmte Sole muß sich immer von neuem an den Kälteträgern abkühlen.

---

[1]) Vgl. Z. Ver. deutsch. Ing. 1911, S. 1506: W. Schüle, Die Eigenschaften des Wasserdampfes usw., wo eine ausführliche Darstellung der Verhältnisse im kritischen Gebiet des Wasserdampfs gegeben ist. Ferner Techn. Thermod. Bd. II, 4. Aufl., Abschn. 63.

Die eigentliche **Kälteerzeugung** besteht nun in der Beschaffung der Kälteträger C, d. h. in der Herstellung und dauernden Erhaltung tiefer Temperaturen in diesen Körpern.

Da kältere Körper nicht vorhanden sind, so muß den Kälteträgern, um sie zu solchen zu machen, ihre natürliche Wärme und im weiteren die Wärme, die sie fortlaufend aus den abzukühlenden Körpern aufnehmen, auf eine andere Weise als durch Wärmeleitung entzogen werden.

Als Kälteträger sind **Gase** und **Dämpfe** deshalb geeignet, weil sie auch auf anderem Wege als durch Wärmeleitung abgekühlt werden können, nämlich durch Verwandlung eines Teiles ihrer Eigenwärme in mechanische Arbeit. Die letztere kann entweder, wie bei den Gasen, nach außen abgegeben werden, oder wie bei den Dämpfen, auch zur Verrichtung innerer Arbeit (Verdampfung) dienen.

Als Kälteträger sind heute bei der technischen Kälteerzeugung ausschließlich die Dämpfe von **Ammoniak** (NH_3), **Kohlensäure** (CO_2) und **schwefliger Säure** (SO_2), neuerdings auch der **Wasserdampf** (H_2O) in Verwendung.

Auch auf Dämpfe ist das bei den Gasen beschriebene Verfahren anwendbar. Die Eigenschaften der Dämpfe erlauben jedoch eine erhebliche Vereinfachung jenes Verfahrens.

Mit Gasen kann nämlich die angestrebte tiefe Temperatur **nur durch arbeitsverrichtende adiabatische Expansion** des vorher verdichteten Kälteträgers (Luft) in einem **besonderen Expansionszylinder** erreicht werden. **Feuchte Dämpfe** können dagegen ohne Expansionszylinder, einfach durch **Drosseln von hohem auf niedrigen Druck abgekühlt** werden.

Dabei geht allerdings die Expansionsarbeit verloren, die bei gleicher Expansion in einem Zylinder gewonnen und zur Verminderung der Betriebsarbeit des Prozesses verwendet werden könnte. Dieser Umstand verliert aber dadurch an Bedeutung, daß die anfängliche Feuchtigkeit bis zur reinen Flüssigkeit getrieben wird.

Nach der Drosselung ist die Flüssigkeit mit Dampf vermischt. Nur der noch **flüssige Teil** kommt als Kälteträger in Betracht. Indem dieser dem abzukühlenden Körper Wärme entzieht, verdampft er selbst und behält seine tiefe Temperatur, bis alle Flüssigkeit dampfförmig geworden ist. Weiter wird die Wärmezufuhr (Kälteleistung) nicht getrieben.

Für die Kälteleistung der Dämpfe ist demnach die **Verdampfungswärme** der Flüssigkeit maßgebend, während die Kälteleistung der Gase durch ihre spez. Wärme c_p bedingt ist.

Bei den Dämpfen geht die Kälteerzeugung unter unveränderlicher Temperatur vor sich. Dies ist ein grundsätzlicher Vorteil gegenüber den Gasen, bei denen während dieses Vorganges die Temperatur steigt.

Demgemäß ergibt sich nun das nachstehende Verfahren, Fig. 70.

Ein Kompressor saugt Ammoniakdämpfe (oder SO_2, CO_2-Dämpfe) im nahezu **trocken** gesättigten Zustande an und verdichtet sie bis zu einem solchen Druck, daß die Temperatur des gewöhnlich zur Verfügung stehenden Kühlwassers (10 bis 20°) genügt, um die verdichteten Dämpfe bei unveränderlichem Druck zu verflüssigen. Nach Abschn. 42 muß also für Kühlwasser von 15° die größte Kompressorspannung bei NH_3 mindestens 7,45 kg/qcm abs. betragen. Die Verflüssigung erfolgt nicht im Kompressorzylinder selbst, sondern in einer Rohrspirale (oder in einem System von Spiralen) in der Druckleitung des Kompressors (Fig. 70). Die Spiralen liegen entweder in einem Gefäß, das vom Kühlwasser durchströmt wird, oder an der freien Luft und werden dann vom Kühlwasser berieselt (Tauchkondensator und Berieselungskondensator).

Das flüssige Ammoniak strömt nun aus dem Kondensator durch ein von Hand verstellbares Ventil (Regelventil, Drosselventil) in eine zweite Rohrspirale, die in der **Saugleitung** des Kompressors liegt, in der also ein Druck gleich dem Ansaugedruck des Kompressors herrscht. Dieser Druck ist durch die Temperatur in der zweiten Spirale bestimmt und diese ist wieder durch den

Verwendungszweck der Kälte bedingt, also vorgeschrieben. Sie wird bei Maschinen zur Raumkühlung und Eisgewinnung ungefähr — 7 bis 10° gewählt (die als „Normalwerte" zu betrachtenden Temperaturen von Sole und Kühlwasser sind in Fig. 70 eingeschrieben). Bei Ammoniak ist demgemäß die Ansaugespannung, der Druck im Refrigerator, durch das Drosselventil auf etwa 3 kg/qcm abs. einzustellen.

In dieser zweiten Spirale geht die eigentliche Kälteerzeugung vor sich. Sie liegt in einem Gefäß, das von Salzwasser (Sole) durchströmt wird, und die Sole gibt, indem das Ammoniak durch die Spirale strömt, einen Teil ihrer Eigenwärme an das kältere Ammoniak ab. Dieses verdampft infolge der Wärmezufuhr bei unveränderlicher Temperatur, während die Sole infolge der Wärmeabgabe an das Ammoniak sich nahe bis zur Temperatur des letzteren abkühlt. Die Sole läuft mit etwa — 2° zu und mit — 5° ab; sie wirkt trotz ihrer

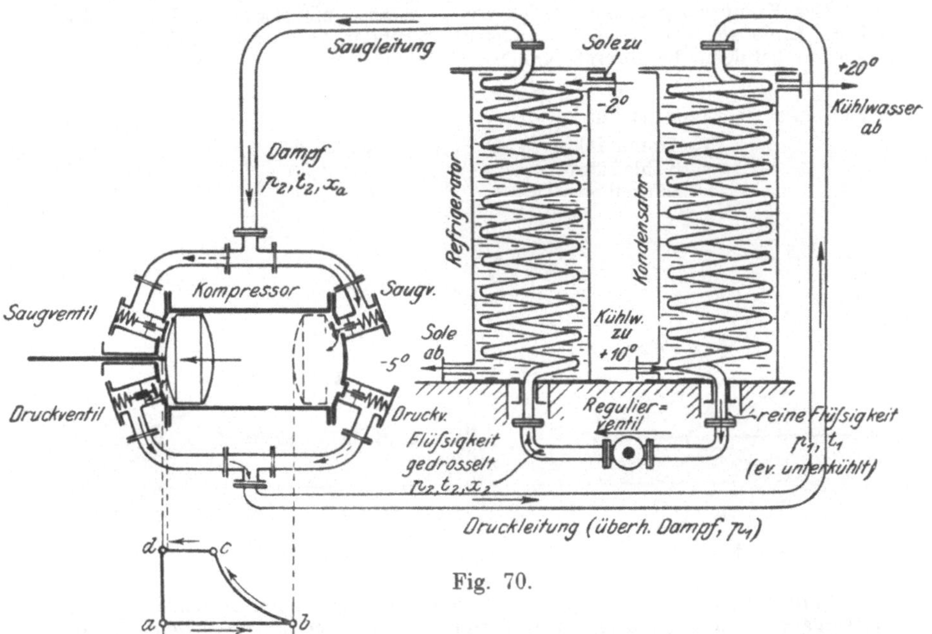

Fig. 70.

„Kälte" auf das noch kältere Ammoniak wie ein Heizkörper und bringt den beim Drosseln flüssig gebliebenen Teil des Ammoniaks zum Verdampfen. Das Solegefäß mit der Verdampferspirale heißt „Refrigerator" (Kälteerzeuger).

Die ablaufende kalte Sole führt die Kälte ihrem Verwendungszwecke zu (Eisgewinnung, Raumkühlung, Gefrierwirkung), d. h. sie entzieht auf ihrem weiteren Wege den abzukühlenden Körpern Wärme. Diese werden kälter, während sich die Sole durch die Wärmeaufnahme bis — 2° erwärmt. Mit dieser Temperatur fließt sie dem Refrigerator wieder zu, um von neuem abgekühlt zu werden. Auch das dampfförmig gewordene Ammoniak wird wieder verdichtet, verflüssigt und gedrosselt, worauf es wieder im Refrigerator als Kälteträger wirksam wird.

Der Vorgang kann an Hand der schematischen Fig. 70 verfolgt werden. Er beginnt mit der Verflüssigung des oben aus dem Refrigerator austretenden nahezu trockenen Ammoniakdampfes vom Druck p_2 und der Temperatur t_2. Dieser wird durch die Saugleitung vom (doppeltwirkenden) Kompressor angesaugt und beim nächsten Kolbenhub verdichtet und in die Druckleitung geschoben. Als überhitzter Dampf vom Drucke p_1 strömt er durch diese Leitung dem Kondensator zu, in den er oben eintritt. Dort verwandelt er sich durch die Wärmeabgabe an das Kühlwasser in flüssiges Ammoniak vom gleichen Drucke, das den Kondensator unten mit der dem Druck p_1 entsprechenden Siedetemperatur, unter Umständen auch mit tieferer Temperatur (unterkühlt) verläßt. Durch das Regulierventil, das nach Bedarf eingestellt werden kann, strömt die Flüssigkeit dem Refrigerator zu. Ihr Druck wird durch die Drosselung auf p_2, ihre Temperatur auf die zugehörige Siedetemperatur t_2 erniedrigt und ein kleiner Teil wird dampfförmig. Die oben mit $-2°$ zufließende Sole bringt das Ammoniak zum Verdampfen, kühlt sich dabei ab und verläßt als Kälteträger den Refrigerator unten.

Der Arbeitsaufwand ist mit der zum Betriebe des Kompressors erforderlichen Arbeit identisch. Von Nebenverlusten abgesehen erhält man sie aus dem Druckverlauf im Kompressor (Kompressordiagramm).

Der Kompressor sauge Dampf von p_2 at abs. mit etwa 5 v. H. Feuchtigkeit an, Linie ab, Fig. 71. Bei der darauf folgenden adiabatischen Verdichtung. Linie bc, befolgen die Dämpfe annähernd das Gesetz

$$p v^k = \text{konst.},$$

wobei etwa zu setzen ist für

$$\text{Ammoniak} \quad \ldots \ldots \ldots \quad k = 1,323,$$
$$\text{Kohlensäure} \quad \ldots \ldots \ldots \quad k = 1,30,$$
$$\text{Schweflige Säure} \quad \ldots \ldots \quad k = 1,26.$$

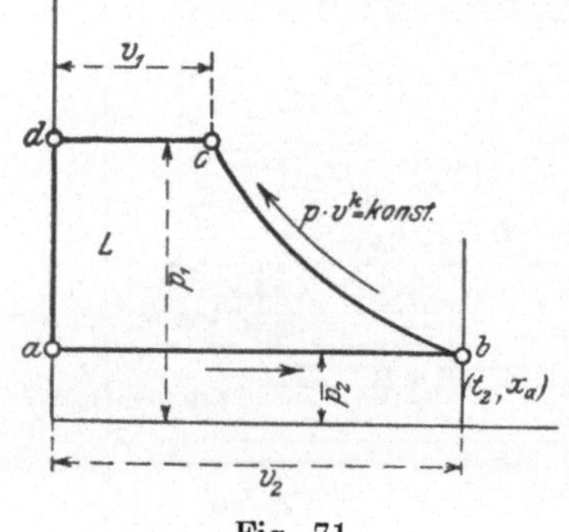

Fig. 71.

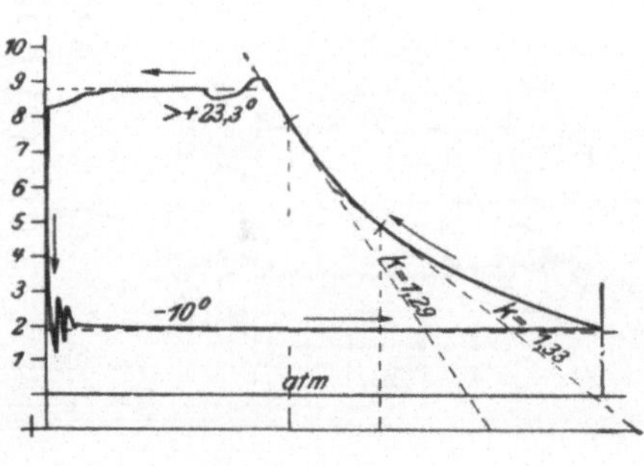

Fig. 72.

Voraussetzung für einen solchen Verlauf ist sogenannter „trockener" Kompressorgang, d. h. Beginn der Verdichtung mit annähernd trockenem Dampf, wobei dann die Verdichtungslinie zum größten Teile im Überhitzungsgebiet verläuft.

Bei zu großer Nähe des kritischen Punktes, was z. B. bei Kohlensäure vorkommt, weicht die Adiabate erheblich von $p v^k$ ab.

Die der Fläche des theoretischen Diagramms, Fig. 71, entsprechende Kompressorleistung (Saugen, Verdichten, Hinausschieben) ist, wie in früheren Fällen (vgl. Abschn. 31),

$$L = \frac{k}{k-1} p_2 v_2 \left[\left(\frac{p_1}{p_2} \right)^{\frac{k-1}{k}} - 1 \right],$$

gültig für 1 kg.

Fig. 72 zeigt das Indikatordiagramm eines Ammoniakkompressors[1]). Entsprechend dem Ansaugedruck von rund 2,9 at abs. ist die Ansaugetemperatur rund $-10°$. Am Ende der Verdichtung im Zylinder ist wegen der Überhitzung die Ammoniaktemperatur entsprechend dem Drucke von rund 9,8 at abs. höher als 23,3° (im Druckrohr gemessen 36,6°).

---

[1]) Zeitschr. f. d. gesamte Brauwesen, 29. Jahrg., S. 355.

Die Kondensatortemperatur ist gemäß dem Druck von rund 9,2 at abs. am Ende des Druckhubes rund $+21,3^0$.

Der Exponent der Verdichtungslinie ergibt sich nach dem Tangentenverfahren an zwei Stellen zu 1,29 bzw. 1,33.

Kälteleistung von 1 kg Kälteflüssigkeit. Die im Refrigerator seitens der Kälteflüssigkeit (NH_3, SO_2, CO_2) aus der Sole aufgenommene, zur Verdampfung verbrauchte Wärme ist die Kälteleistung der Kälteflüssigkeit. Sie kann als Verdampfungswärme der in der letzteren enthaltenen reinen Flüssigkeit bestimmt werden, nachdem der Anfangs- und der Endzustand (Dampfgehalt) des Gemisches im Refrigerator bekannt ist.

Der Anfangszustand der Verdampfung ist identisch mit dem Endzustand der Drosselung. Dieser kann aus dem Zustande der ungedrosselten Flüssigkeit berechnet werden, wenn der Anfangs- und Enddruck (p_1 und p_2) der Drosselung bekannt ist. Es ist, wenn vor der Drosselung reine Flüssigkeit von der dem Druck p_1 entsprechenden Siedetemperatur t_1 vorliegt, der Dampfgehalt der abgedrosselten Flüssigkeit

$$x_2 = \frac{q_1 - q_2}{r_2},$$

da bei der Drosselung die Gesamtwärme unverändert bleibt, also

$$q_1 = q_2 + x_2\, r_2$$

sein muß.

Bei gegebenen Werten von p_1 und p_2 können alle Größen aus den Dampftabellen entnommen werden, womit x_2 berechenbar ist.

Ist nach der Verdampfung der Dampfgehalt x_a (rund 0,95), so wird im Refrigerator von 1 kg Kälteflüssigkeit der Gewichtsteil

$$(1 - x_2) - (1 - x_a) = x_a - x_2 \text{ kg}$$

in Dampf verwandelt. Hierzu muß seitens der Sole die Wärmemenge (Verdampfungswärme)

$$r_2\,(x_a - x_2) = Q_k$$

geliefert werden. Dies ist die gesuchte Kälteleistung von 1 kg Kälteflüssigkeit. Mit dem Werte von x_2 wird

$$Q_k = x_a\, r_2 - q_1 + q_2.$$

Wäre es möglich, die Flüssigkeit ohne teilweise Verdampfung von dem hohen auf den niedrigen Druck zu bringen ($x_2 = 0$), und würde außerdem im Refrigerator alle Flüssigkeit verdampft ($x_a = 1$), so würde $Q_k = r_2$, d. h. die Kälteleistung von 1 kg gleich der Verdampfungswärme bei der Refrigeratortemperatur. In Wirklichkeit wird immer $Q_k < r_2$ und im besten Falle ($x_a = 1$)

$$Q_k = r_2 - (q_1 - q_2),$$

d. h. die Kälteleistung ist mindestens um den Unterschied der oberen und unteren Flüssigkeitswärmen kleiner als die Verdampfungswärme der Flüssigkeit vom Ansaugedruck.

Aus der Kälteleistung Q_k von 1 kg ergibt sich das für 1 kcal Kälteleistung erforderliche Gewicht der Kälteflüssigkeit gleich $1/Q_k$.

Der Hubraum der Kompressoren ist durch den Rauminhalt der anzusaugenden Dämpfe bedingt. Ist nun v_2 das zum Ansaugedruck p_2 gehörige Volumen von 1 kg trockenem Dampf (nach den Tabellen), so besitzt 1 kg der angesaugten Dämpfe bei $x_a = 0,95$ Dampfgehalt ein Volumen von $0,95\,v_2$ cbm. Für 1 kcal Kälteleistung muß also der Kompressor ein Saugvolumen von

$$V\,(1 \text{ kcal.}) = \frac{0,95\,v_2}{Q_k} \text{ cbm}$$

bewältigen.

Bei vorgeschriebener stündlicher Kälteleistung ergibt sich hiermit das in 1 Stunde vom Kompressor zu verarbeitende Volumen und weiterhin bei gegebener Umdrehungszahl auch das (theoretisch erforderliche) Hubvolumen des Kompressors.

Vergleich von NH_3-, SO_2-, CO_2-Maschinen. Mit der abgekürzten Formel für die Kälteleistung von 1 kg

$$Q_k = 0,95\, r_2 - (q_1 - q_2)$$

ergibt sich für eine untere Temperatur $t_1 = -8^0$ und eine obere $t_2 = +20^0$ nach den Dampftabellen

$$\text{für } NH_3 \quad Q_k = 0,95 \cdot 321,1 - (18,66 + 7,08) \eqsim 279 \text{ kcal/kg}$$
$$\text{für } SO_2 \quad Q_k = 0,95 \cdot 93,02 - (6,68 + 2,54) \eqsim 79 \quad "$$
$$\text{für } CO_2 \quad Q_k = 0,95 \cdot 60,34 - (12,82 + 4,19) \eqsim 40 \quad "$$

Ammoniak ergibt also bei gleichem Gewicht weitaus die größte Kälteleistung.

Die bei gleicher Umdrehungszahl für dieselbe Kälteleistung erforderlichen Hubräume der Kompressoren verhalten sich wie die Werte von $\dfrac{v_2}{Q_k}$. Diese sind (für die obigen Temperaturgrenzen)

$$\text{für } NH_3 \text{ gleich } \frac{0,402}{279} = \frac{1}{694},$$

$$\text{für } SO_2 \text{ gleich } \frac{0,3047}{79} = \frac{1}{259},$$

$$\text{für } CO_2 \text{ gleich } \frac{0,0135}{40} = \frac{1}{2961}.$$

Die Hubräume verhalten sich also wie

$$\frac{1}{694} : \frac{1}{259} : \frac{1}{2961}$$

oder wie

$$4,27\,(NH_3) : 11,4\,(SO_2) : 1\,(CO_2).$$

Weitaus die kleinsten Kompressoren (dem Hubraum nach) verlangt also die Kohlensäure, die größten die Schweflige Säure, während Ammoniak dazwischen steht.

Die **Kondensatorspannung** (p_1) und die **Refrigeratorspannung** (p_2) betragen für die oben angenommenen Temperaturen

$$\text{bei } NH_3 \quad p_1 = 8,8 \quad p_2 = 3,2 \text{ kg/qcm abs.,}$$
$$\text{bei } SO_2 \quad p_1 = 3,35 \quad p_2 = 1,14 \quad "$$
$$\text{bei } CO_2 \quad p_1 = 58,1 \quad p_2 = 28,7 \quad "$$

Mit den weitaus höchsten Spannungen arbeitet demnach die Kohlensäuremaschine, mit den niedrigsten die Schwefligsäuremaschine.

Kälteleistung für 1 PS_i-Stunde. Die wirtschaftlich wichtigste Größe bei Kälteerzeugungsanlagen ist die für eine bestimmte Kälteleistung aufzuwendende mechanische Arbeit. Es ist nun nicht üblich, die Anzahl Pferdestärken, die zur Bewältigung einer bestimmten Wärmemenge in gegebener Zeit erforderlich sind, anzugeben, sondern umgekehrt die **Kälteleistung (in kcal), die durch 1 PS_i während einer Stunde erzielt wird.**

Ist Q die gesamte stündliche Kälteleistung, N_i die indizierte Kompressorleistung, so ist Q/N_i der Wert, um dessen Ermittlung es sich handelt.

Die theoretische Kompressorarbeit für 1 kg Kälteflüssigkeit ist

$$L = \frac{k}{k-1} p_2 v_2 \left[\left(\frac{p_1}{p_2}\right)^{\frac{k-1}{k}} - 1 \right] \text{mkg} .$$

Die mit dieser Arbeit theoretisch erzielte **Kälteleistung** ist

$$Q_k \cong x_a r_2 - (q_1 - q_2) \text{ kcal} .$$

Mit 1 mkg wird nun eine Kälteleistung von $\frac{Q_k}{L}$ kcal erzielt. Da 1 $PS_l h$
$= 75 \cdot 3600 = 270\,000$ mkg ist, so ergibt diese Arbeit eine Kälteleistung von

$$270\,000 \, \frac{Q_k}{L} \text{ kcal}/PS_l h$$

Dies ist der gesuchte Wert $\frac{Q}{N_t}$. Mit den Werten Q_k und L wird

$$\frac{Q}{N_t} = 270\,000 \cdot \frac{x_a r_2 - (q_1 - q_2)}{\frac{k}{k-1} p_2 v_2 \left[\left(\frac{p_1}{p_2}\right)^{\frac{k-1}{k}} - 1 \right]} .$$

Für die Verhältnisse des obigen Beispiels ist bei NH_3 mit

$$p_1 = 8,79 \cdot 10\,000 \text{ kg/qm}, \quad p_2 = 3,18 \cdot 10\,000, \quad v_2 = 0,95 \cdot 0,402 \text{ cbm/kg}$$

$$L = \frac{1,323}{0,323} \cdot 3,18 \cdot 10\,000 \cdot 0,95 \cdot 0,402 \cdot \left[\left(\frac{8,79}{3,18}\right)^{0,244} - 1 \right] = 13\,970 \text{ mkg/kg} .$$

bei SO_2

$$L = \frac{1,26}{0,26} \cdot 1,14 \cdot 10\,000 \cdot 0,95 \cdot 0,3047 \cdot \left[\left(\frac{3,35}{1,14}\right)^{0,206} - 1 \right] = 3970 \text{ mkg/kg} ,$$

bei CO_2

$$L = \frac{1,30}{0,30} \cdot 28,7 \cdot 10\,000 \cdot 0,95 \cdot 0,0135 \cdot \left[\left(\frac{58,1}{28,7}\right)^{0,231} - 1 \right] = 2822 \text{ mkg/kg} .$$

Daraus folgt mit den oben für Q_k ermittelten Werten

$$\begin{array}{cccc} & \text{für} \quad NH_3 & SO_2 & CO_2 \\ \frac{Q}{N_t} = & 5390 & 5370 & 3820 \text{ kcal}/PS_l h . \end{array}$$

Für andere Werte der oberen und unteren Temperaturen würden sich auch andere (größere oder kleinere) spezifische Kälte-Leistungen ergeben. Die obere Temperatur ist durch das Kühlwasser, die untere durch den Verwendungszweck der Kälte bedingt. Die angenommenen Werte von $+20^0$ und -8^0 dürften mittleren Verhältnissen entsprechen.

Der für Kohlensäure errechnete Wert ist wegen zu großer Nähe des kritischen Punktes weniger sicher als die anderen, immerhin dürfte der theoretische Prozeß für die vorliegenden Verhältnisse bei CO_2 am ungünstigsten sein.

Die **praktisch** erreichten und erreichbaren Kälteleistungen sind erheblich **kleiner** als die errechneten theoretischen Werte. Mit den besten Ammoniakmaschinen wurden unter günstigsten Umständen bis 4500 $kcal/PS_h$, mit SO_2- und CO_2-Maschinen bis höchstens 4000 kcal erreicht.

Unter gewöhnlichen Betriebsverhältnissen sind die verschiedenen Maschinensysteme, vorausgesetzt, daß sie richtig verwendet sind und baulich auf der Höhe stehen, in bezug auf Kälteleistung wenig verschieden. Auch ist selbstverständlich die Kälteleistung nicht der einzige Maßstab für die praktische Beurteilung der Maschine.

Die wichtigsten Ursachen der Verminderung der praktischen Kälteleistung gegenüber den theoretischen Beträgen sind:

1. Das unvermeidliche Temperaturgefälle zwischen Kälteflüssigkeit und Kühlwasser bzw. Sole.
2. Die Ventilwiderstände. Sie äußern sich in Vergrößerung des wirklichen Kompressordiagramms gegenüber dem theoretischen.
3. Die Undichtigkeit der Kolben und Ventile.
4. Die Verluste durch Wärmeleitung und Wärmestrahlung.

Infolge der Reibungswiderstände der bewegten Teile wird außerdem der Kraftbedarf größer als die (wirkliche) indizierte Kompressorleistung. Der mechanische Wirkungsgrad ist etwa 0,85 bis (höchstens) 0,95.

Unterkühlung. Die Dampftemperatur t_1 im Kondensator kann nicht kleiner sein als die Temperatur des abfließenden Kühlwassers. Dagegen kann das flüssig gewordene Ammoniak (oder SO_2, CO_2) eine niedrigere Temperatur besitzen, als der im oberen Teile der Kondensatorspirale befindliche nasse Dampf; selbstverständlich nur unter der ja in Wirklichkeit erfüllten Bedingung, daß sowohl die Kälteflüssigkeit als auch das Kühlwasser in strömender Bewegung ist (vgl. den verwandten Vorgang der Überhitzung des Dampfes). Die Flüssigkeitstemperatur t_1' kann ihrerseits nicht kleiner werden als die Zuflußtemperatur des Kühlwassers. Die „Unterkühlung" $t_1 - t_1'$ kann also der Temperaturdifferenz des ab- und zufließenden Kühlwassers nahekommen.

In den obigen Berechnungen wurde überall angenommen, daß die Temperatur des flüssigen Kälteträgers vor dem Durchtritt durch das Regelventil gleich der dem Dampfdruck p_1 entsprechenden Dampftemperatur sei; demgemäß wurde in der Beziehung für die Kälteleistung

$$Q_k = x_a r_2 - (q_1 - q_2)$$

für q_1 die Flüssigkeitswärme nach den Dampftabellen eingeführt. In Wirklichkeit kann diese Flüssigkeitswärme um den Betrag $c\,(t_1 - t_1')$ kleiner sein als q_1, also

$$q_1' = q_1 - c\,(t_1 - t_1'),$$

worin c die spez. Wärme der Flüssigkeit unter dem herrschenden Kondensatordruck ist. Dann wird aber die Kälteleistung

$$Q_k = x_a r_2 - (q_1' - q_2),$$

also größer als ohne die Unterkühlung. Diese bedeutet demnach eine Verbesserung des Prozesses.

Um die Unterkühlung möglichst groß zu machen, werden auch besondere „Flüssigkeitskühler" angewendet. Die aus dem Kondensator kommende Kälteflüssigkeit durchfließt dabei noch vor dem Durchtritt durch das Regelventil eine zweite Kühlschlange.

Flüssigkeitskühler haben sich besonders bei Kohlensäuremaschinen als nützlich erwiesen.

44. Die Wärmepumpe.

Die zu technischen Zwecken, z. B. zur Heizung von Räumen, zur Herstellung von warmem oder heißem Wasser, zur Verdampfung und Destillation von Flüssigkeiten, zum Eindampfen von Lösungen, zum Trocknen fester Körper gebrauchte Wärme muß eine höhere Temperatur (t_1) als die in den Körpern der Umgebung (Luft und Wasser) enthaltene Wärme (t_0) besitzen. Es gibt zwei ganz verschiedene Verfahren, um Wärme von höherer Temperatur herzustellen.

Das erste, bisher ausschließlich verwendete Verfahren besteht in der Herbeiführung von solchen chemischen Reaktionen, meist Verbrennungsvorgängen, die unter Entwicklung von Wärme höherer Temperatur verlaufen. Das zweite, erst in neuester Zeit praktisch ausgebildete Verfahren beruht auf der Eigenschaft der Gase und Dämpfe, sich bei ihrer mechanischen Verdichtung zu erwärmen. Nach Abschn. 25 steigt die Temperatur eines Gases, wenn es ohne Wärmeabgabe von p_0 auf p_1 verdichtet wird, im Verhältnis $T_1/T_0 = (p_1/p_0)^{\frac{k-1}{k}}$ mit $k = 1,4$. Man erhält z. B. für

$p_1/p_0 =$	1,2	1,5	2	3	8	22	30
$T_1/T_0 =$	1,054	1,123	1,220	1,369	1,866	2,034	2,642

und mit $t_0 = 20^0$, $T_0 = 293$

$t_1 - t_0 =$	15,7^0	36	64,2	108	153 7	303	481,3.

Verdichtet man gesättigten Wasserdampf derart, daß er gesättigt bleibt, so steigt seine Temperatur gemäß den Dampftabellen, z. B. bei einem Anfangszustand von 100^0 und 1,033 at abs. und Verdichtung bis

$p_1 =$	1,2	1,5	2	3	8	12	30 at
auf $t_1 =$	104,2^0	110,7	119,6	132,9	169,6	187,1	232,9,
also um $t_1 - t_0 =$	4,2^0	10,7	19,6	32,9	69,6	87,1	132,9^0.

Zur mechanischen Verdichtung von Gasen und Dämpfen muß nun mechanische Arbeit aufgewendet werden, und dieser Arbeitsaufwand (L_1), der bei der Verdichtung in innere Wärme des verdichteten Körpers übergeht (Abschn. 26), ist die eigentliche Ursache der Erwärmung. Man kann daher dieses Verfahren, Wärme von höherer Temperatur herzustellen, auch als mechanische Wärmeerzeugung bezeichnen, zum Unterschied von der gewöhnlichen chemischen Wärmeerzeugung.

Nun kann man aber mechanische Arbeit auch unmittelbar, nämlich durch Reibung oder Stoß fester Körper oder durch Wirbelbewegung in flüssigen und gasförmigen Körpern in Wärme umsetzen. Wie bekannt, braucht man zur Erzeugung von 1 kcal Wärmeenergie auf diesem Wege 427 mkg mechanische Energie. Drückt man die letztere gleichfalls im Wärmemaß aus (Abschn. 21a), so erhält man also 1 kcal Wärme durch Aufwendung von 1 kcal mechanischer Energie. Dies ist das Gesetz von der Erhaltung der Energie (Abschn. 21).

Selbstverständlich gilt dieses Gesetz auch im Falle der Wärmeerzeugung durch Gasverdichtung, und es ist daher auf keine Weise möglich, mit einem Aufwand von 1 kcal mechanischer Arbeit mehr als 1 kcal neu erzeugter Wärme zu gewinnen. Wohl aber kann vorhandene Wärme, z. B. die Wärme der Umgebung, die eine Temperatur von etwa 20^0 hat, auf höhere Temperatur, z. B. 100^0 oder 1000^0 gebracht werden, wobei sich ihr Energiewert nicht ändert. Denn der Energiewert von z. B. 100 kcal Wärme ist genau ebenso groß, ob diese Wärme eine Temperatur von 20^0 hat und z. B. in 5 l kaltem Wasser enthalten ist oder ob sie 1000^0 warm und in heißem Feuergas enthalten ist. Aber nach dem 2. Hauptsatz der mechanischen Wärmetheorie ist es nicht möglich, vorhandene Wärme, z. B. 100 kcal, auf höhere Temperatur, z. B. von 20^0 auf 100^0 oder 1000^0 zu bringen, ohne einen bestimmten Aufwand von mechanischer Arbeit. Dieser Aufwand wächst mit der Temperatursteigerung, ähnlich wie der Arbeitsbedarf einer Wasserpumpe mit der zu überwindenden Förderhöhe, und man bezeichnet daher Vorrichtungen zur Förderung vorhandener Wärmemengen von einem tieferen zu einem höheren Temperaturniveau als Wärmepumpen. Der Arbeitsvorgang und Arbeitsbedarf solcher Wärmepumpen wird im folgenden für Luft und gesättigten Wasserdampf als Betriebsstoffe ermittelt.

Bei Verwendung von Luft oder einem beliebigen anderen Gas verdichtet man z. B. 1 kg von $t_0 = 20^0$ und $p_0 = 1$ at abs. adiabatisch so hoch, daß die verdichtete Luft $t_1 = 45^0$ warm ist, wobei ihr Druck auf $p_1 = 1,33$ at steigt. Man kann dann dieser warmen Luft bei dem unveränderlichen Druck p_1 die Wärmemenge $Q_1 = c_p (t_1 - t_0) = 0,24 \cdot 25 = 6$ kcal entziehen. An Betriebsarbeit für den Kompressor sind nach Abschn. 31

$$L_1 = 427\, c_p (t_1 - t_0) = 427 \cdot 6 \text{ mkg}$$

oder
$$A L_1 = 6 \text{ kcal}$$

aufzuwenden. Somit hätte man mit 1 kcal Arbeitsaufwand auch nur 1 kcal Wärme gewonnen, wie es dem Energiegesetz entspricht. Dies hätte man einfacher mittels Abbremsung des Antriebsmotors des Kompressors, also ohne den letzteren erreichen können. Nun ist aber zu beachten, daß die abgekühlte Druckluft, die bei 20^0 Temperatur noch einen Druck $p_1 = 1,33$ at hat, vermöge ihres Überdrucks von $p_1 - p_0 = 0,33$ at noch eine gewisse Arbeitsfähigkeit besitzt. Verwendet man sie zum Betrieb eines Druckluftmotors, in dem sie die Arbeit L_2 leistet, und läßt man diesen Motor auf den Kompressor arbeiten, so braucht der eigentliche Antriebsmotor des Kompressors nur noch die Arbeit $L_1 - L_2$ zu leisten. Man hat also zum Betrieb der aus Kompressor, Druckluftmotor und Betriebsmotor bestehenden Einrichtung, die die Wärmepumpe darstellt, nur die Arbeit $L_1 - L_2$ von außen zuzuführen. Somit erhält man mit einem Aufwand von nur $L = L_1 - L_2$ mkg oder AL kcal mechanischer Arbeit die gleiche Wärme Q_1 wie vorher ohne den Druckluftmotor. Mit 1 kcal Arbeitsaufwand wird also jetzt die Wärmemenge

$$\frac{Q_1}{AL} = \frac{A L_1}{A L_1 - A L_2} \text{ kcal}$$

gewonnen. Dieser Wert ist auf alle Fälle, da $L_2 < L_1$ ist, positiv und größer als 1. Er stellt die Wärmemenge dar, die von der Wärmepumpe nach außen als gebrauchsfähige Wärme für je 1 kcal der im Antriebsmotor aufgewendeten mechanischen Arbeit abgegeben wird. Es fragt sich nun, woher der Überschuß dieser Wärme über das Wärmeäquivalent von 1 kcal aufgewendeter Arbeit herrührt und wie groß er ist.

Die Arbeit L_2 des Druckluftmotors ist bei adiabatischer Ausdehnung der Druckluft im Verhältnis T_0/T_1 kleiner als die Betriebsarbeit des Kompressors, weil das Gesetz der Ausdehnungskurve das gleiche ist wie das der Verdichtungskurve und zwischen gleichen Druckgrenzen gearbeitet wird, dagegen das Anfangsvolumen der nur $t_0{}^0$ warmen Druckluft des Motors im Verhältnis T_0/T_1 kleiner ist, als das Endvolumen der $t_1{}^0$ warmen Druckluft des Kompressors. Es ist also

$$AL_2 = \frac{T_0}{T_1} c_p (T_1 - T_0),$$

während $AL_1 = c_p(T_1 - T_0)$ war, und man erhält

$$AL = AL_1 - AL_2 = c_p(T_1 - T_0) \cdot \left(1 - \frac{T_0}{T_1}\right).$$

Ferner wird $\qquad \dfrac{Q_1}{AL} = 1 + \dfrac{T_0}{T_1 - T_0} \text{ kcal.}$

Der Überschuß der gewonnenen Wärme über 1 kcal Arbeitsaufwand beträgt also $T_0/(T_1 - T_0)$ kcal.

Man erhält mit $t_0 = 20^0$, $T_0 = 293$ für

$T_1 - T_0 =$	2^0	5^0	10^0	20^0	40^0	100^0	300^0	1000^0
$Q_1/AL =$	147,5	59,6	30,3	15,6	8,3	3,93	1,94	1,293 kcal
$T_0/(T_1 - T_0) =$	146,5	58,6	29,3	14,6	7,3	2,93	0,94	0,293 „

Die Beträge der 2. Reihe stellen die gesamten Wärmemengen dar, die mit 1 kcal Arbeitsaufwand gewonnen werden; sie überschreiten diesen Arbeitsaufwand von 1 kcal um die Beträge der 3. Reihe. Die letzteren Beträge können daher nur aus Wärme stammen, die in der Betriebsluft schon vor ihrer Verdichtung vorhanden war und durch die Wärmepumpe von t_0 auf $t_1{}^0$, also von 20^0 auf 22^0, 25^0 usw. „gehoben" wurde.

Dies geht noch klarer hervor, wenn man den Vorgang im Druckluftmotor genauer betrachtet. Mit der adiabatischen Ausdehnung der Luft in diesem Motor ist nämlich ein Temperatursturz der Luft von t_0 auf einen Wert t' verbunden, den man wie folgt erhält. Die Betriebsarbeit des Druckluftmotors beträgt

$$AL_2 = c_p \cdot (T_0 - T') \text{ kcal.}$$

Für die gleiche Arbeit wurde oben der Ausdruck

$$AL_2 = c_v \frac{T_0}{T_1} (T_1 - T_0)$$

ermittelt. Durch Gleichsetzen ergibt sich

$$T_0 - T' = \frac{T_0}{T_1}(T_1 - T_0)$$

oder

$$T' = \frac{T_0^2}{T_1}.$$

Die Abkühlung im Druckluftmotor ist also im Verhältnis T_0/T_1 geringer als die Erwärmung im Kompressor. Im Motor fällt daher die Temperatur unter die Außentemperatur. Es wird bei $t_0 = 20^0$ für $p_1/p_0 =$

	1,2	1,5	2	3	8	12	30
$t' =$	$+5,1^0$	-8^0	$-32,7^0$	$-58,9^0$	$-115,9^0$	$-128,9^0$	$-162,1^0$.

Die kalte Auspuffluft des Motors muß nun, um sie für eine Wiederholung des Prozesses brauchbar zu machen, zunächst wieder von t' auf t_0 erwärmt werden, wozu ihr die Wärmemenge $Q_2 = c_p(t_0 - t')$ zugeführt werden muß. Diese Wärme muß der vorhandenen Umgebungswärme entnommen werden und stellt die Wärmemenge Q_2 dar, die von t_0 auf t_1 „gehoben" wird. Es ist mit dem Wert von $t_0 - t'$

$$Q_2 = c_p \frac{T_0}{T_1}(T_1 - T_0) \quad \text{und} \quad \frac{Q_2}{AL} = \frac{T_0}{T_1 - T_0}.$$

Daran ändert sich grundsätzlich nichts, wenn man, anstatt die kalte Auspuffluft zu erwärmen und sie dann dem Kompressor wieder zuzuführen, zur technischen Vereinfachung neue, schon t_0^0 warme Luft vom Kompressor aus dem unerschöpflichen Vorrat der Atmosphäre ansaugen läßt. Mit dieser Luft würde dem Kompressor die gleiche, aus der Umgebung stammende Wärmemenge Q_2 zugeführt, da sie sich im gleichen Zustand befindet, wie die im Druckluftmotor abgekühlte und dann durch Wärmezufuhr von außen wieder auf t_0 erwärmte Auspuffluft. Der Unterschied besteht nur darin, daß die Auspuffluft anstatt in einer Heizvorrichtung in der freien Atmosphäre von t' auf t_0 erwärmt wird und daß nicht sie selbst, sondern eine an anderer Stelle befindliche gleichgroße Luftmenge vom Kompressor angesaugt wird.

Zwischen den Größen Q_1, Q_2 und L besteht übrigens nach dem Gesetz von der Erhaltung der Energie die Beziehung

$$Q_1 - Q_2 = AL_1 - AL_2 = AL$$

wie sich auch durch Einsetzen der obigen Einzewlerte bestätigen läßt. Schreibt man

$$Q_1 = Q_2 + AL,$$

so erkennt man unmittelbar, daß die der warmen Druckluft entzogene Wärme Q_1 aus den beiden Anteilen Q_2 und AL besteht, von denen der erste aus der Umgebung, der zweite aus der aufgewendeten Arbeit des Antriebsmotors stammt. Der Nutzen des Vorgangs besteht also wesentlich nur darin, daß die vorhandene Wärme Q_2 der

Umgebung auf die höhere Temperatur t_1 gebracht wird. Damit verbunden ist allerdings die Erzeugung einer neuen Wärmemenge AL von gleicher Temperatur, aber — bei mäßiger Erwärmung — von nur verhältnismäßig geringer Menge.

Durch die Arbeits-, Temperatur- und Wärmeverluste in den 3 Maschinen wird selbstverständlich der Vorgang in dem Sinne beeinflußt, daß ein erheblich größerer Arbeitsaufwand (L) für die Förderung gegebener Wärmemengen nötig ist, als oben unter Weglassung aller Verluste berechnet wurde.

Mit gesättigtem Wasserdampf erhält man folgenden Vorgang. Man entnimmt einem größeren Heißwasserbehälter mit Dampfraum (Kessel) 1 kg trockenen gesättigten Dampf von t_0^0 und p_0 at (z. B. 100^0 und 1,033 at abs.) und verdichtet in einem Kompressor diesen Dampf auf p_1 at (z. B. 1,5 at), wobei seine Temperatur — nach Beseitigung der verhältnismäßig kleinen Überhitzungswärme — auf die dem Druck von 1,5 at entsprechende Sättigungstemperatur $t_1 (= 110,7^0)$ steigt. Diesem verdichteten Sattdampf kann man nun, ohne daß sich sein Druck und seine Temperatur ändern, die Verdampfungswärme $r (= 532$ kcal) entziehen, wobei er sich in heißes Wasser von $t_1 = 110,7^0$ verwandelt. Diesem Heißwasser kann man auch noch die Flüssigkeitswärme über 100^0 entziehen, also rd. $t_1 - t_0 (= 10,7$ kcal) oder, wenn es sich um eine andere Flüssigkeit als Wasser handelt, $c \cdot (t_1 - t_0)$ kcal mit c als spez. Wärme der Flüssigkeit zwischen den Temperaturen t_1 und t_0. Im ganzen läßt sich also aus dem verdichteten Dampf die Wärme

$$Q_1 = r + c \cdot (t_1 - t_0)$$

gewinnen.

Der Arbeitsbedarf L des Dampfkompressors für 1 kg Dampf kann wie der eines Luftkompressors aus der Formel Gl. 4 Abschn. 31 berechnet werden,

$$L = \frac{k}{k-1} \cdot p_0 v_0 \left[\left(\frac{p_1}{p_0}\right)^{\frac{k-1}{k}} - 1 \right],$$

worin man, wenn es sich um anfänglich trocken gesättigten Dampf handelt, $k = 1,3$ zu setzen hat, da sich der Dampf bei der Verdichtung überhitzt; bei anfänglich mäßig feuchtem Dampf ist dagegen etwa $k = 1,13$. Für geringe Verdichtungsgrade kann man die Kompressorarbeit einfach als Volldruckarbeit

$$L = (p_1 - p_0) v_0 = \Delta p \cdot v_0$$

ansetzen oder im Wärmemaß

$$AL = A \Delta p \cdot v_0,$$

mit v_0 als Mittelwert des Sättigungsvolumens von 1 kg im Anfangs- und Endzustand. Ein Arbeitsgewinn durch Expansion, wie bei der Verwendung von Luft, kommt hier nicht in Betracht. Man erzielt daher mit einem Aufwand von 1 kcal mechanischer Arbeit den Wärmegewinn

$$\frac{Q_1}{AL} = \frac{r + c\,(T_1 - T_0)}{A\,\Delta p \cdot v_0}\ \text{kcal}.$$

Diesen Wert kann man nach Entnahme von r, T_1 und $v_0\,(= v_s)$ aus den Dampftabellen leicht berechnen. Man erhält für das obige Beispiel mit $v_0 = 1{,}45$ und $c = 1$

$$\frac{Q_1}{AL} = \frac{539 + 10{,}7}{10\,000 \cdot 0{,}467 \cdot 1{,}45} \cdot 427 = 34{,}8\ \text{kcal}.$$

Davon entstammen 1 kcal der aufgewendeten Arbeit und 33,8 kcal dem Wärmevorrat des Kessels.

Übersichtlicher wird der Ausdruck für Q_1/AL, wenn man die für alle Dämpfe gültige Beziehung

$$\frac{r}{v_s} = AT \cdot \frac{\Delta p}{\Delta T},$$

die sog. Clapeyron-Clausiussche Gleichung einführt. Aus dieser erhält man $A\,\Delta p\,v_s = r \cdot \dfrac{T_1 - T_0}{T_0}$ und somit für kleine Werte von $\Delta T = T_1 - T_0$

$$\frac{Q_1}{AL} = \frac{T_0}{T_1 - T_0} + c \cdot \frac{T_0}{r}.$$

Im obigen Beispiel wird hiermit

$$\frac{Q_1}{AL} = \frac{100 + 273}{10{,}7} + \frac{100 + 273}{539} = 35{,}5\ \text{kcal}.$$

Wie man aus dem Vergleich der Formeln für Q_1/AL für Dampf und Luft entnimmt, erhält man mit beiden Betriebsmitteln für 1 kcal Arbeitsaufwand annähernd den gleichen Wärmegewinn, wenn die Temperaturen die gleichen sind. Die Werte für Dampf werden gegenüber Luft von Umgebungstemperatur bei gleichem $T_1 - T_0$ nur dadurch größer, daß die Temperatur T_0, wenn man mit Dampf von 1 at Anfangsdruck arbeitet, $273 + 100 = 373$ ist, dagegen bei Luft 293. Das Verfahren mit Dampf hat im übrigen den Vorzug, daß kein Expansionsmotor gebraucht wird und daß mit Wasserdampf bei gleichem Fördervolumen des Kompressors sehr viel größere Wärmemengen verarbeitet werden können als mit Luft. Der mit Wasserdampf geführte Prozeß läßt noch deutlicher erkennen, daß die von der Wärmepumpe geförderte Wärme Q_1 zum weit überwiegenden Teile (Q_2) von einer vorhandenen Wärmequelle geliefert werden muß, da jedes Kilogramm des vom Kompressor angesaugten Dampfes im Kessel erst aus heißem Wasser durch Zuführung der Verdampfungswärme hergestellt werden muß. Das Verfahren lediglich zur Dampferzeugung verwenden zu wollen, hat daher keinen Sinn, da man dabei an Wärme so gut wie nichts ersparen, andererseits aber die wertvollere mechanische Arbeit aufwenden müßte. Dagegen wird die Wärmepumpe mit Wasserdampf als Betriebsmittel neuerdings dazu benutzt, um die bei den Eindampfprozessen der chemischen Großindustrie oder bei Trocknungsprozessen (z. B. in der Brikettfabrikation) mit den Schwaden, d. h. dem Abdampf entweichenden bedeutenden Mengen latenter Dampfwärme zurückzugewinnen und dadurch den Wärmeverbrauch der Prozesse wesentlich einzuschränken. Bei den Eindampfprozessen führt man die wiedergewonnene Wärme Q_1 dem Verdampfungsgefäß wieder zu, was wegen der höheren Temperatur t_1 dieser Wärme möglich ist; ebenso bei der Herstellung von destilliertem Wasser.

Für Heizungszwecke kann man die Wärmepumpe verwenden, indem man den Kompressor, wie bei den bekannten Kältemaschinen, mit sog. Kaltdämpfen (SO_2, NH_3) betreibt, die schon bei den gewöhnlichen Umgebungstemperaturen verdampfen, so daß die für den Prozeß erforderlichen Wärmemengen Q_2 aus der Umgebung, z. B. aus kaltem Wasser von $10—20^0$, bezogen werden können. Diese Wärme wird dann durch die Kompression auf eine um $30—40^0$ höhere Temperatur gebracht und dadurch zur Raumheizung befähigt.

Wirtschaftlich ist dieses Heizungsverfahren im Vergleich zur gewöhnlichen Art der Heizung nur dann, wenn mechanische Arbeit oder elektrische Energie aus Wasserkräften zur Verfügung steht und Brennstoffe schwer zu beschaffen sind. Muß dagegen die Wärmepumpe mittels einer Dampf- oder Gasmaschine betrieben werden, so ist das Verfahren unwirtschaftlich, weil zum Betriebe dieser Maschinen Wärmemengen von mindestens dem $10—15$fachen des Wärmeäquivalents der Kompressorarbeit aufgewendet werden müssen.

Gegenüber der elektrischen Widerstandsheizung ergibt die Heizung mittels einer durch einen Elektromotor angetriebenen Wärmepumpe immer eine Ersparnis an elektrischer Energie.

45. Destillieren und Abdampfen mittels Wärmepumpe.

Unter Destillieren versteht man die Verdampfung einer Flüssigkeit mit unmittelbar darauf folgender Verflüssigung der Dämpfe. Wasser wird destilliert, um es von den in ihm gelösten festen Stoffen, die bei der Verdampfung zurückbleiben, zu befreien. Unter Abdampfen einer Lösung, z. B. einer wäßrigen Kochsalzlösung, versteht man die Verdampfung eines Teiles des Lösungsmittels (Wassers) zum Zwecke der Erzielung einer stärkeren Lösung. Dabei können die entwickelten Wasserdämpfe (Brüden) entweder verflüssigt werden, wie beim Destillieren, oder ins Freie entweichen.

Beiden Vorgängen gemeinsam ist die Erzeugung von Wasserdämpfen, die für je 1 kg Dampf die Aufwendung einer Wärmemenge gleich der Gesamtwärme λ (Flüssigkeitswärme und Verdampfungswärme) erfordert. Diese Wärme ist jedoch nicht verloren, sondern in vollem Betrage in den Dämpfen als fühlbare und latente Wärme enthalten. Sie wird den Dämpfen bei deren Verflüssigung entzogen und kann dabei wiedergewonnen werden. Man kann sie darauf zu anderen Zwecken weiterverwenden, aber auch daran denken, sie wiederum dem Verdampfungsgefäß zwecks Erzeugung neuen Dampfes (bzw. Destillats) zuzuführen. Daraus wird ersichtlich, daß das Destillieren, zum Unterschied von der Dampferzeugung, grundsätzlich keinen Wärmeaufwand bedingt, wenn nur das Destillat bis auf die Anfangstemperatur des Rohwassers zurückgekühlt gedacht wird. Praktisch steht jedoch der Wiederverwendung des Wärmeinhalts der Brüden zur Erzeugung neuer Dämpfe der Umstand im Wege, daß die Temperatur der verflüssigten Brüden höchstens gleich der Temperatur des verdampfenden Wassers, aus dem sie entstanden sind, sein kann. Zwecks Zurückführung dieser Wärme in das Verdampfungsgefäß müßte aber ihre Temperatur mindestens um einige (5 bis 10) Grade höher sein als die Siedetemperatur. Man umgeht diese Schwierigkeit in den sogenannten Mehrkörper-Verdampf-Apparaten dadurch, daß die aus dem ersten Verdampfer aufsteigenden Brüden als Heizmittel einem zweiten Verdampfer zugeführt werden, in dem ein tieferer Druck, also auch eine tiefere Siedetemperatur herrscht als im ersten, so daß die ersten Brüden im Heizkörper des zweiten Verdampfers verflüssigt werden und ihre Verflüssigungswärme an den Inhalt dieses Verdampfers abgeben können. Dieses Kondensat der ersten Brüden ist gleichzeitig das Destillat des ersten Verdampfers. Im zweiten Verdampfer wird ebensoviel Dampf entwickelt, als in seinem Heizkörper verflüssigt wurde, und dieser Dampf kann wiederum einem dritten Verdampfer mit noch tieferem Druck und tieferer Temperatur zugeführt werden, wobei er wiederum gleich viel neuen Dampf bildet. Bei drei hintereinander geschalteten Verdampfern erhält man also die dreifache Menge (3 kg) Destillat als bei einem einzigen, ohne mehr Wärme (λ) aufwenden zu müssen. Während man mit einem Verdampfer zur Herstellung von 1 kg Destillat λ kcal braucht, braucht man daher bei einem Dreikörper-Verdampfer für 1 kg nur $\lambda/3$ kcal. Grundsätzlich könnte man sich beliebig viele Verdampfer hintereinander denken und so schließlich zu einem verschwindend kleinen Wärmeaufwand kommen. Durch praktische Rücksichten ist aber die Zahl der Verdampfer auf nur wenige beschränkt.

Beispiel. Im ersten Verdampfer mögen $p_1 = 2$ at abs. herrschen, entsprechend einer Siedetemperatur von rd. 120°. Im zweiten Verdampfer soll die Temperatur um 20° tiefer liegen, also 100° betragen. Dann herrscht darin ein Druck von rd. 1 at abs. Im dritten Verdampfer sei die Temperatur 80°, dann ist der Druck darin nur 0,48 at abs. (also Unterdruck).

In ganz anderer Weise wird das zur Wiederverwendung der Brüdenwärme erforderliche Temperaturgefälle durch die Anordnung einer Wärmepumpe am Verdampfer erzielt (Fig. 73). Die heißen Brüden vom Druck p_1 und der Temperatur t_{s_1} werden von einem Kompressor (bei genügend großen Brüdenmengen am besten von einem Turbokompressor) angesaugt und auf einen höheren Druck p_2 verdichtet. Dabei steigt ihre Temperatur auf $t_2 > t_{s_1}$. Wurden die Brüden im trockenen Sattdampfzustand angesaugt, so werden sie bei der adiabatischen Verdichtung überhitzt. In diesem Zustand werden sie nun durch die Druckleitung des Verdichters dem im Verdampfer angebrachten Heizkörper zugeführt, durch den sie nicht nur ihre Überhitzungswärme, sondern auch ihre Verflüssigungswärme an den Verdampferinhalt abgeben können. Wesentlich ist dabei, daß der Druck p_2 im Heizkörper um so viel höher als p_1 ist, daß auch nach Abgabe der Überhitzungswärme die Sattdampftemperatur t_{s_2} noch hoch genug ist, um den erforderlichen Wärmedurchgang durch die Heizflächen zu erzielen. Weitaus der größte Teil der zu übertragenden Wärme besteht ja aus der Verflüssigungswärme, die nach Abkühlung des überhitzten Dampfes bis auf t_{s_2} abgegeben wird. Um Heizflächen von ausführbarer Größe zu erhalten, muß man Sattdampf-

temperaturgefälle $t_{s_2} - t_{s_1} = \varDelta t$ von der Größenordnung von minde-
sten 6 bis 10^0 anwenden.

Fig. 73 zeigt die schematische Anordnung eines Verdampfers mit Wärmepumpe (Kompressionsverdampfer). Das zu destillierende Wasser oder die einzudickende Lösung, die sich im Verdampfer befindet, wird zunächst mittels Frischdampf auf die Siedetemperatur t_{s_1} (z. B. 100^0) gebracht. Darauf wird der gleichfalls angewärmte Kompressor in Gang gesetzt. Dieser saugt die Brüden aus dem Dampfraum des Verdampfers ab und drückt sie in den Heizkörper. Dort verflüssigen sie sich unter Abgabe ihrer Überhitzungs- und Verdampfungswärme. Das heiße Kondensat läuft in den Unterteil des Verdampfers und von dort in den Vorwärmer, wo es seine Flüssigkeitswärme an das aus einem hoch gelegenen Behälter zufließende Rohwasser abgibt. Dabei erwärmt sich dieses annähernd bis auf t_{s_1} und gelangt nach seinem Durchgang durch den Vorwärmer in den Verdampfer. Das Kondensat des Heizkörpers kühlt sich dagegen annähernd bis auf Außentemperatur ab und fließt aus dem Vorwärmer dem Behälter für destilliertes Wasser zu. Wird Dünnlauge eingedickt, so verläuft der Vorgang grundsätzlich ebenso. Die Flüssigkeit im Verdampfer wird dabei aber immer reicher an den in der Dünnlauge gelösten Stoffen, die nicht mit verdampfen. Ist die gewünschte Konzentration erreicht, so wird die Dicklauge

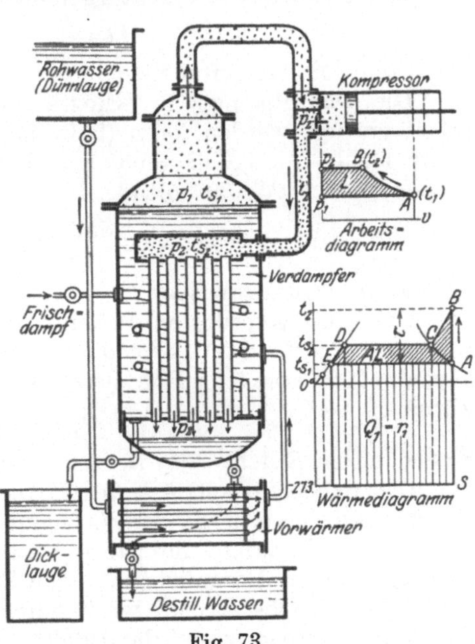

Fig. 73.

in das dafür bestimmte Gefäß abgelassen.

Der unmittelbare Wärmeaufwand besteht nur in der Wärmemenge, die zum ersten Anwärmen des Verdampferinhalts erforderlich ist; sie spielt bei dem Vorgang nur eine untergeordnete Rolle. Maßgebend für die Wirtschaftlichkeit des Verfahrens ist der Arbeitsverbrauch des Kompressors. Ohne Rücksicht auf etwaige Arbeitsverluste ist die Betriebsarbeit des Kompressors nach Abschn. 31 in kcal für 1 kg angesaugten Dampf

$$A L = A \frac{k}{k-1} p_1 v_{s_1} \cdot \left[\left(\frac{p_2}{p_1} \right)^{\frac{k-1}{k}} - 1 \right] \quad \ldots \ldots \ldots (1)$$

14*

Einfacher (jedoch bei kleinen Werten von p_2/p_1 nicht genauer) erhält man sie aus dem JS-Diagramm für Wasserdampf (Abschn. 40) gemäß

$$A L = i_2 - i_1$$

als Unterschied der Wärmeinhalte im End- und Anfangszustand der adiabatischen Verdichtung.

Die Verdichtungstemperatur folgt nach Abschn. 52 aus

$$t_2 - t_{s_1} = \tau = T_1 \cdot \left[\left(\frac{p_2}{p_1} \right)^{0,236} - 1 \right]. \quad \dots \dots (2)$$

Genauer erhält man sie, besonders bei höheren Drücken und stärkerer Verdichtung aus der TS-Tafel für Wasserdampf.

Das Sattdampftemperaturgefälle

$$\Delta t = t_{s_2} - t_{s_1}$$

folgt aus den Dampftabellen.

Die Dampfmenge in Kilogramm, die mit 1 kcal Kompressorarbeit erzeugt werden kann (bzw. die destillierbare Wassermenge) ist gleich $1/AL$. Mit 1 PSh $= 632,3$ kcal Arbeit können also $632,3/AL$ kg Wasser, mit 1 kWh $= 859,4$ kcal

$$G = \frac{859,4}{A L} \text{ kg/kWh} \quad \dots \dots \dots (3)$$

Wasser destilliert werden.

Über die geförderten Wärmemengen erhält man den besten Überblick durch das Wärmediagramm, Nebenfigur zu Fig. 73. Zur Verdampfung von 1 kg Rohwasser ist erforderlich die Verdampfungswärme

$$Q_1 = r_1,$$

Fläche unter EA bis zur Abszissenachse.

Die Betriebsarbeit AL des Kompressors wird durch die Fläche $EABCD$ dargestellt, da der Wärmeinhalt i_1 des verdichteten Dampfes im Zustand B durch die ganze Fläche unter $BCD\,0^0$, derjenige des angesaugten Dampfes durch die Fläche unter $AE\cdot0^0$ dargestellt wird. Die gleiche Arbeit wird durch die schraffierte Fläche des Druckvolumendiagramms dargestellt.

Von dem verdichteten Heizdampf kann im Verdampfer eine Wärmemenge gleich der ganzen Fläche unter $BCDE$ abgegeben werden, also um AL kcal mehr als die Verdampfungswärme r_1. Die verfügbare Heizwärme reicht also auch unter Berücksichtigung mäßiger Wärmeverluste zur Verdampfung aus, so daß bei hinreichend hoher Verdichtung auch praktisch ein kontinuierlicher Betrieb ohne Zufuhr von zusätzlicher Heizwärme möglich ist. In Wirklichkeit ist die verfügbare Heizwärme noch größer, da die Verlustarbeit im Kompressor den Wärmeinhalt der verdichteten Dämpfe erhöht.

Mit AL kcal Arbeit werden r_1 kcal Wärme von der tieferen Temperatur t_{s_1} auf die höhere t_2 (bzw. t_{s_2}) gefördert, mit 1 kcal Arbeit also

$$W = r_1/A L \text{ kcal.} \quad \dots \dots \dots (4)$$

Fig. 74 zeigt den Verdichtungsvorgang maßstäblich für einen bestimmten Fall im TS-Diagramm. Im Verdampfer herrsche ein Druck von 1 at abs., entsprechend einer Siedetemperatur von 99,1°. Der Zustand der angesaugten trocken gesättigten Brüdendämpfe ist durch Punkt A dargestellt. Das Sattdampftemperaturgefälle soll 20° betragen, also die Sattdampftemperatur im Heizkörper 119,1°, entsprechend einem Druck von 1,97 at. Punkt C stellt den trocknen Sattdampfzustand im Heizkörper dar. CB ist die Linie gleichen Druckes von 1,97 at im Heißdampfgebiet. Die adiabatische Verdichtung von A aus wird durch die Lotrechte durch A dargestellt, die im Punkte B von der Überhitzungskurve getroffen wird. Die Temperatur steigt also bei der Verdichtung auf 166°, und der Dampf ist daher bei seinem Eintritt in den Heizkörper um $199,1 - 166 = 46,9°$ überhitzt. Für die Verdichterarbeit ergibt Gl. 1

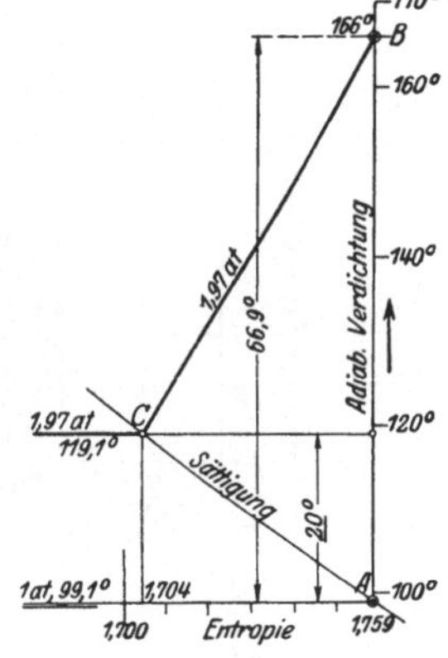

Fig. 74.

$$A L = 29,9 \text{ kcal/kg}.$$

Somit können mit 1 kWh $859,4 / 29,9 = 28,7$ kg Wasser destilliert werden. Da die Verdampfungswärme bei 1 at $r = 538,8$ kcal beträgt, so werden mit 1 kcal Arbeit $538,8 / 29,9 = 18$ kcal Wärme gefördert.

In gleicher Weise sind nun für die Sattdampftemperaturgefälle von 5° bis 30° und für Anfangsdrücke von $p_1 = 0,5$ bis 10 at abs. die durch 1 kWh destillierbaren Wassergewichte, sowie die durch 1 kcal Arbeit geförderten Wärmemengen berechnet und in Fig. 75 als Ordinaten zu den Sattdampftemperaturgefällen als Abszissen aufgetragen worden. Man erkennt an dem Verlauf der zwei hyperbelartigen Kurvenscharen, daß beide Werte um so größer sind, je kleiner das Temperaturgefälle ist, und daß sie besonders bei den kleinen Gefällen mit wachsendem Gefälle sehr rasch abnehmen. Mit wachsendem Druck im Verdampfer nehmen dagegen beide Werte zu, so daß der Arbeitsverbrauch bei gleichem Temperaturgefälle um so kleiner ist, je höher der Druck ist. Auch die gesamten Temperatursteigerungen sind in Fig. 75 als Ordinaten aufgetragen. Die Überhitzungsgrade sind die Strecken zwischen diesen Kurven und der gestrichelt eingetragenen Geraden der Sattdampftemperaturgefälle. Die Überhitzung ist also bei gleichem Betrag des letzteren um so geringer, mit je höheren Drücken im Verdampfer gearbeitet wird.

Beim Abdampfen von Lösungen ändern sich die Verhältnisse insofern, als der Siedepunkt der Lösungen höher ist als der des Wassers und mit zunehmender Konzentration der Lösung steigt. Im Verlauf des Abdampfens wird also das Sattdampftemperaturgefälle immer kleiner, so daß man, um auch gegen das Ende des Abdampfens noch den erforderlichen Wärmedurchgang zu erzielen, von Anfang an mit höherem Temperaturgefälle, also ungünstiger als beim Destillieren, arbeiten muß.

Die wirklichen Leistungen fallen natürlich mit Rücksicht auf die unvermeidlichen Arbeitsverluste im Kompressor und auf Wärmeverluste geringer aus als die obigen verlustfreien Werte. So erhielt Ombeck[1]) bei einer Lindeschen Destillationsanlage mit Wärmepumpe bei einem Verdampferdruck von 1,07 at und einer Drucksteigerung von 0,202 at (entsprechend einem Temperaturgefälle von 4,8°) mit 1 kWh (am Schaltbrett) 60,3 kg Destillat, während sich ohne

---

¹) Versuche an Wasserdestillationsanlagen mit Wärmepumpe. Z. V. d. I. 1921, S. 64.

Verluste etwa 120 kg ergeben müßten. Außerdem waren für 1 kg Destillat etwa 1,5 kcal Zusatzwärme erforderlich. — Bei einem Temperaturgefälle von 7,8° ergab sich eine Leistung von 34,7 kg/kWh und keine Zusatzwärme. Ohne Verlust würden sich etwa 70 kg Destillat ergeben. — Stodola fand bei einer Eindampfanlage von Wirth für Natronablauge eine mittlere Verdampferleistung von 18,8 kg/kWh und am Ende des Versuchs eine solche von 14,2 kg/kWh[1]).

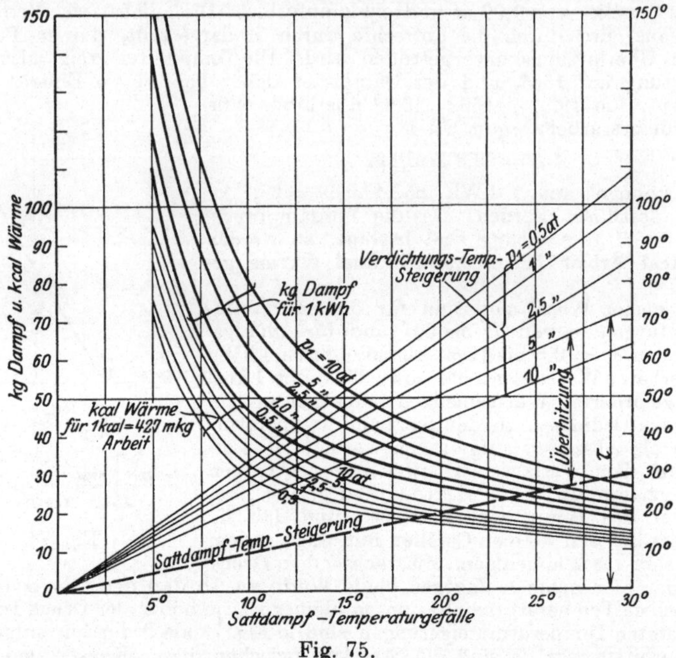

Fig. 75.

46. Drosselungsabkühlung der Gase und Luftverflüssigung nach Linde.

Ein Vorgang, bei dem ein gas- oder dampfförmiger Körper von hohem auf niedrigen Druck gebracht wird, ohne Ausdehnungsarbeit zu verrichten, etwa durch Überströmung aus einem Raum in einen anderen mit kleinerem Druck oder durch Verengungen in Rohrleitungen, wird als **Drosselung** des Gases oder Dampfes bezeichnet.

Ein Gas, das ganz genau der Zustandsgleichung $pv = RT$ folgt, ändert bei der Drosselung seine Temperatur nicht, wie tief auch der Druck sinken mag, im vollen Gegensatz zu dem Verhalten bei der arbeitsverrichtenden, adiabatischen Drucksenkung der Gase, wo die Temperatur auf Kosten der Arbeitsleistung bedeutend fällt (Abschn. 25). Dagegen zeigen überhitzte und gesättigte Dämpfe, z. B. der Wasserdampf, auch bei der Drosselung eine Abkühlung, die aller-

---

[1]) **Wirth**: Erfahrungen an Eindampfanlagen mit Wärmepumpe. Z. V. d. I. 1922, S. 160. — Daselbst finden sich weitere Versuchsergebnisse.

dings gegenüber derjenigen bei der adiabatischen, arbeitsverrichtenden Dehnung gering und um so kleiner ist, je höher die Anfangstemperatur liegt. Nun befolgen tatsächlich auch die sogenannten beständigen Gase, wie die Luft und ihre Bestandteile Stickstoff und Sauerstoff, die Gasgleichung nicht ganz genau, besonders bei hohen Drücken nicht. Nach Abschn. 42 ist bekannt, daß auch diese Körper nichts anderes als Dämpfe sind, die sehr weit von ihrem Sättigungszustand entfernt sind. Danach kann man erwarten, daß auch diese Gase eine, wenn auch sehr kleine Abkühlung bei der Drosselung erfahren. Dies ist in der Tat der Fall, wie zuerst Versuche von Thomson und Joule gezeigt haben, bei denen Luft von etwa 5 at auf 1 at gedrosselt und bei 0^0 Anfangstemperatur ein Temperaturabfall von $0,27^0$ für je 1 at Druckabfall, also eine gesamte Abkühlung von

$$\Delta t = 0,27 \, (p_1 - p_2)$$

gefunden wurde. Außerdem zeigte sich, daß die Abkühlung mit dem Quadrat der absoluten Anfangstemperatur abnahm, so daß man setzen kann

$$\Delta t = 0,27 \, (p_1 - p_2) \left(\frac{273}{T}\right)^2.$$

Während sich also z. B. bei 10 at Druckabfall und 0^0 Anfangstemperatur eine Abkühlung um $2,7^0$ ergeben wird, wird dieselbe bei 100^0 Anfangstemperatur und gleichem Druckabfall nur noch $1,4^0$, bei $- 50^0$ Anfangstemperatur dagegen 4^0 betragen.

Diese Erscheinung ist neuerdings durch Versuche im Münchener Laboratorium für technische Physik bis zu Drücken von 150 at und Temperaturen von $- 55^0$ bis $+ 250^0$ sehr genau untersucht worden. Diese Versuche haben zwar bei hohen Drücken und tiefen Temperaturen erhebliche Abweichungen von der obigen Formel ergeben, jedoch das Wesentliche der Erscheinung vollkommen bestätigt.

Auf diese Drosselungsabkühlung hat nun C. Linde sein Verfahren der Verflüssigung der Luft begründet (1895), das im folgenden kurz erläutert ist.

Von einem Kompressor wird hochverdichtete Luft (100 bis 200 at) erzeugt. Diese Druckluft wird, wie bei den mit Dämpfen arbeitenden Kältemaschinen, durch ein in die Druckleitung eingeschaltetes Drosselventil auf einen geringeren (immer noch hohen) Druck abgedrosselt. Die gedrosselte Luft wird vom Kompressor wieder angesaugt, von neuem verdichtet und alsdann wieder gedrosselt. Sie beschreibt so einen sich immer wiederholenden Kreislauf zwischen den gleichen Drücken.

Wird nun z. B. auf 100 at verdichtet und auf 20 at gedrosselt, so entsteht ein Temperaturabfall von ungefähr

$$\Delta t = 0,27 \cdot 80 = 21,6^0$$

Hatte also die Druckluft z. B. 25^0, so hat die gedrosselte Luft nur noch eine Temperatur von $25 - 21,6 = 3,4^0$. Diese kältere Luft wird nun im Gegenstrom zu der vom Kompressor kommenden (wärmeren) Druckluft zum Kompressor zurückgeleitet. Die Druckleitung steckt zu diesem Zweck als konzentrische engere Röhre in der weiteren Rückleitung, die nach außen sehr gut isoliert ist. Durch große Länge (100 m) der Leitungen ist für wirksamen Wärmeaustausch gesorgt. Wäre dieser Austausch vollkommen, so würde die gedrosselte Luft ihre ganze „Kälte" an die Druckluft abgeben und sich selbst bis zur Anfangstemperatur der Druckluft erwärmen. Die letztere dagegen würde sich bis auf die Anfangstemperatur der gedrosselten Luft abkühlen und mit dieser Temperatur, also im obigen Falle mit 3,4°, am Drosselventil ankommen. Bei der Durchströmung durch dieses kühlt sie sich, da der Druckabfall der gleiche ist, wieder um rund 21,6° ab, so daß sie im gedrosselten Zustande nach dem zweiten Kreislauf eine Temperatur von nur $3,4 — 21,6 = — 18,2$° besitzt. Wieder gibt diese Luft bei der Rückleitung ihre Kälte an die zuströmende Druckluft ab. Wirkt der Gegenstromapparat vollkommen, so erwärmt sie sich bis zur Anfangstemperatur der Druckluft, während sich diese bis $— 18,2$° abkühlt. Wird der Kreislauf oft wiederholt, so kühlt sich die gedrosselte Luft immer weiter ab und kommt schließlich in den Zustand der gesättigten Dämpfe. Sie schlägt sich dann teilweise als Feuchtigkeit nieder, die sich in einem hinter dem Ventil angebrachten Gefäß sammelt.

Durch Einführung frischer Luft in den Kreislauf wird erreicht, daß trotz der Abkühlung und Verwandlung eines Teiles der Luft in Flüssigkeit die Drücke erhalten bleiben und immer neue Luft zur Verflüssigung gelangt.

Man hat also zwei Perioden, die des Anlaufs- und die des Beharrungszustandes zu unterscheiden. Der Anlauf kann Stunden in Anspruch nehmen, da nicht nur die Luft, sondern auch die Leitung und die Isolationsmasse abzukühlen sind und vollkommene Isolation nicht möglich ist[1]).

47. Abweichungen von der Zustandsgleichung der Gase.

Bei näherer experimenteller Untersuchung des Boyleschen sowohl wie des Gay-Lussacschen Gesetzes in sehr weiten Grenzen des Druckes hat sich gezeigt, daß beide Gesetze auch für die beständigsten Gase nur Näherungen vorstellen, die allerdings bei den gewöhnlichen Drücken und Temperaturen recht weitgehend sind. Die Gasgleichung $pv = RT$ gehört also streng genommen keinem wirklichen, sondern einem idealen Gase an. Dies wird auch bewiesen durch das Vorhandensein des Drosseleffektes nach Thomson-Joule. Auf Grund der mechanischen Wärmetheorie läßt sich nämlich nachweisen, daß bei einem Körper, der die Zustandsgleichung $pv = RT$ befolgt, die innere Energie nur eine Funktion der Temperatur, also unabhängig vom Volumen und Druck ist. Daraus folgt dann weiter, daß bei einem idealen Gas der oben beschriebene Effekt nicht auftreten kann; umgekehrt läßt der Nachweis dieses Kühleffektes den Schluß zu, daß der betreffende Körper der Zustandsgleichung der idealen Gase nicht genau folgt.

Eine Betrachtung von Fig. 68 läßt die Art der Abweichungen vom Gasgesetz noch näher erkennen.

Denkt man sich z. B. in Fig. 68 die Isothermen über 35° bis zum Drucke von 1 at oder noch weiter nach rechts verlängert, so unterscheidet sich auch die Kohlensäure nur noch wenig von einem Gase. Noch viel geringer würde bei gleich niedrigem Druck der Unterschied bei höherer Temperatur. Die nach oben konkave Isotherme kann in diesen Gebieten angenähert durch die gleichseitige Hyperbel

$$pv = \text{konst.}$$

---

[1]) Eine ausführliche Theorie dieses Verflüssigungsverfahrens enthält Bd. II der Technischen Thermodynamik.

dargestellt werden. Dies wird aber, wie der Augenschein lehrt, um so weniger möglich, je höher bei gleicher Temperatur der Druck ist[1]). Denn bei Drücken in der Nähe des kritischen wird die Kurve zunächst konvex nach oben, um später wieder konkav zu werden. In diesem Gebiet versagt die Hyperbel, also das Boylesche Gesetz, vollständig.

Je höher übrigens die Temperatur, bei gleichem Druck, gewählt wird, um so weniger scharf wird die Einknickung in Höhe des kritischen Druckes, auf um so weitere Gebiete bleibt das Boylesche Gesetz anwendbar. Fig. 68 läßt erkennen, wie stark die 100^0-Isotherme für CO_2 (bei Drücken von 50 bis 100 at) noch vom Gasgesetz abweicht, obwohl sie in erheblicher Entfernung von der kritischen Isotherme liegt.

Ähnliches gilt in diesen Gebieten bezüglich des Gay-Lussacschen Gesetzes. Bei gleichem Druck ist das Volumen nicht mehr genau der absoluten Temperatur proportional, wie schon aus den bekannten Beziehungen für den überhitzten Wasserdampf hervorgeht. Für diesen ist nach der Tumlirz-Lindeschen Gleichung für $p =$ konst.

$$(v + 0,016) : (v_1 + 0,016) = T : T_1 ,$$

also nicht mehr

$$v : v_1 = T : T_1$$

wie im Gaszustand. Auch die Drucksteigerung durch Erwärmung bei unveränderlichem Raume folgt nicht mehr den absoluten Temperaturen.

Eine Zustandsgleichung der wirklichen Gase, die das ganze Gebiet der möglichen Drücke und Temperaturen — ausgenommen das der feuchten Dämpfe — umfassen soll, muß daher von wesentlich verwickelterer Form sein, wie schon aus dem Verlauf der Isothermen zu entnehmen ist. Eine solche allgemeine Zustandsgleichung, die sogar noch für den flüssigen Zustand gelten soll, ist z. B. die van der Waalssche Gleichung[2])

$$\left(p + \frac{a}{v^2}\right)(v - b) = RT .$$

---

[1]) Über genaue Werte von pv bei Drücken bis rd. 100 at und Temperaturen von 0^0 bis 200^0 C für Luft, Helium und Argon vgl. die Wärmetabellen d. Phys. Techn. Reichsanstalt.

[2]) Dies ist die älteste und leichtest verständliche derartige Beziehung. Außer ihr existieren noch viele andere, meist wesentlich kompliziertere Zustandsgleichungen. Am bekanntesten ist von diesen die Gleichung von Clausius, die aus der von van der Waals dadurch entstanden ist, daß a nicht als Konstante, sondern als Funktion der Temperatur betrachtet wurde. Eine Form, die allen Körpern gerecht wird, existiert nicht, wahrscheinlich aus dem Grunde, weil bei der Verdichtung der Gase, noch ehe die Sättigungsgrenze erreicht wird, sich mehr und mehr zusammengesetzte Moleküle bilden, eine chemische Veränderung, durch die auch das Volumen und der Druck geändert wird. Diese Vorgänge sind aber wesentlich abhängig von der besonderen Natur des Gases.

Als Isothermen $(T=\text{konst.})$ ergibt diese Gleichung Kurven, die mit den beobachteten Isothermen auch im kritischen Gebiete dem allgemeinen Verlaufe nach übereinstimmen. Eine genaue zahlenmäßige Übereinstimmung leistet jedoch die Gleichung nicht.

Die Form der van der Waalsschen Gleichung läßt sich wie folgt begründen. Die Gasgleichung

$$pv = RT,$$

die aus dem Boyleschen und Gay-Lussacschen Gesetz entstanden ist, kann auch aus der kinetischen Gastheorie hergeleitet werden, wenn zwei Voraussetzungen gemacht werden: erstens die, daß der Raum, den die Gasteilchen selbst in einem Gasvolumen V einnehmen, sehr klein ist gegenüber V; zweitens die Annahme, daß die gegenseitigen Anziehungskräfte der Gasteilchen verschwindend klein sind und den Gasdruck nicht beeinflussen. Wird nun das Gas in einen Zustand viel größerer Dichte als gewöhnlich versetzt, so wird der freie Raum kleiner, die Moleküle rücken einander näher und ihre Stöße, die den Gasdruck hervorrufen, werden häufiger. Der Gasdruck wird dadurch ebenso vergrößert, als ob das Volumen v selbst verkleinert würde. Daher rührt die Korrektion $-b$ bei v. b steht in gewissem Zusammenhang mit dem Molekülvolumen w, ohne mit diesem identisch sein zu müssen. Nach van der Waals ist $b = 4\,w$, nach anderen $4\sqrt{2}\,w$ oder w.

Im dichteren Gas beeinflussen aber auch die stärker werdenden Anziehungskräfte den Gasdruck und dieser wird kleiner, als er bei gleichem Volumen und gleicher Temperatur sonst wäre. Daher rührt die Korrektion a/v^2 an p.

Der allgemeine Verlauf der Isothermen nach van der Waals stimmt mit demjenigen der Isothermen der Kohlensäure nach Fig. 68 überein, im besonderen bestehen jedoch erhebliche Abweichungen[1]).

____

[1]) Ausführliche Darlegungen über die van der Waalssche Gleichung vgl. d. Verfass. Techn. Thermodyn., Bd 2.

III. Strömende Bewegung der Gase und Dämpfe.

48. Allgemeine Zustandsverhältnisse in Flüssigkeits- und Gasströmen.

Der innere Zustand eines strömenden Körpers ist in gleicher Weise durch Druck, spez. Volumen oder spez. Gewicht und Temperatur bestimmt, wie im ruhenden Körper. Die Beziehungen zwischen diesen drei Größen (Zustandsgleichung) bestehen unabhängig von der jeweiligen Geschwindigkeit.

Der einfachste Fall einer Strömung ist die Parallelströmung. Man kann sich vorstellen, daß in einer geraden, gleichweiten Rohrleitung alle Teilchen sich nur in der Rohrrichtung und mit gleichen Geschwindigkeiten fortbewegen, Fig. 76, I. Diese Strömung, wie jede andere, heißt stationär, wenn die Geschwindigkeit zeitlich unverändert bleibt.

Infolge des Einflusses der Wandungen herrscht tatsächlich in keiner Rohrleitung über den ganzen Querschnitt gleiche Geschwindigkeit. Gegen die Wandungen hin ist immer die Geschwindigkeit kleiner als in der Rohrmitte, unmittelbar an der Wand ist die Stromgeschwindigkeit in jedem Falle gleich Null, weil eine dünne Flüssigkeitsschicht an der Wand haftet. Die Geschwindigkeit verteilt sich also nach Fig. 76, II. Die durch den Querschnitt F sekundlich strömende Menge wäre im Falle I $V = F \cdot c$, im Falle II ist sie als Summe aller Beträge $c \cdot df$ über den ganzen Querschnitt anzusehen.

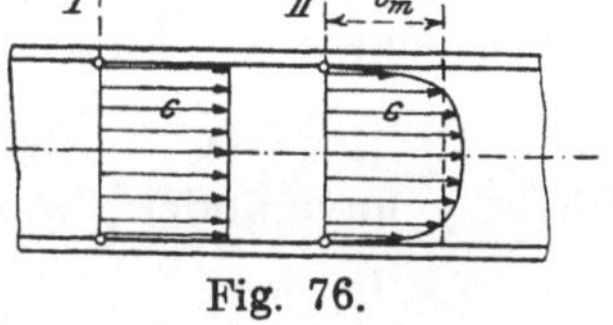

Fig. 76.

Will man z. B. die durch weite Leitungen, Kanäle und Schächte gehenden Luftmengen aus der Strömungsgeschwindigkeit berechnen, so muß man diese stets an mehreren Punkten eines Querschnitts messen.

Diejenige überall gleich große Geschwindigkeit c_m, bei der die gleichen Mengen durch den Querschnitt gingen, wie bei den in Wirklichkeit verschiedenen Geschwindigkeiten, heißt die mittlere Geschwindigkeit. Es gilt

$$V = F \cdot c_m.$$

Man hat durch Versuche und Erfahrungen gefunden, daß Parallelströmung in längeren Rohrleitungen und Kanälen in dem Sinne, daß alle Teilchen wirklich gerade und parallele Bahnen beschreiben, nur bei ganz geringen Geschwindigkeiten oder in engen Leitungen möglich ist. Bei den üblichen Fortleitungsgeschwindigkeiten und Rohrweiten pflegt die ganze strömende Masse in wirbelnde Bewegung zu geraten. In vielen praktischen Fällen ist zudem die Strömung schon beim Eintritt in die Leitungen wirbelig, und im Verlauf der Leitungen selbst finden sich mannigfache Gelegenheiten zur Störung der Strömung, wie die Rauhigkeit der Wände, die Ventile, Krümmer, Abzweigstücke. Die Natur einer solchen gleichzeitig fortschreitenden und wirbelnden Bewegung zeigen die aus den Schornsteinen austretenden Rauchströme (turbulente Strömung).

Auch bei vollständig wirbeliger Strömung kann man mit einer mittleren Strömungsgeschwindigkeit rechnen. Es ist diejenige Geschwindigkeit, die man erhält, wenn man das sekundlich durchfließende Volumen V mit dem Querschnitt der Leitung dividiert

$$c_m = \frac{V}{F} = \frac{G_{sec}\, v}{F} = \frac{G_{sec}}{\gamma\, F},$$

mit v als spez. Volumen, γ als spez. Gewicht im Querschnitt F. Geht die Strömung in einer Leitung von veränderlichem Querschnitt vor sich, so ändert sich die mittlere Stromgeschwindigkeit von Querschnitt zu Querschnitt. Im Beharrungszustand der Strömung (stationäre Strömung) fließt nämlich sekundlich durch jeden Querschnitt das gleiche Gewicht. Es gilt also

$$F_1 c_1 \gamma_1 = F_2 c_2 \gamma_2 = F_3 c_3 \gamma_3 \quad \text{(Kontinuitätsgleichung)} \qquad (1)$$

Bleibt γ unverändert, wie bei tropfbaren Flüssigkeiten, so wird

$$F_1 c_1 = F_2 c_2$$
$$c_2 : c_1 = F_1 : F_2.$$

Die mittleren Geschwindigkeiten verhalten sich dann umgekehrt wie die Querschnitte. Für kleine Druckänderungen gilt dies mit großer Annäherung auch bei Gasen und Dämpfen.

Die Bahnen der einzelnen Teilchen (Stromlinien) sind in einem Falle wie Fig. 77 gekrümmt. Streng genommen sind daher die Geschwindigkeitsrichtungen in den einzelnen Punkten eines Querschnitts verschieden, was aber nur bei sehr raschen Querschnittsänderungen von Bedeutung ist.

Druckverhältnisse in Beziehung zu den Geschwindigkeiten.

Unter dem absoluten Druck p einer strömenden Flüssigkeit ist der Druck zu verstehen, den ein von der Strömung mitgeführtes Meßinstrument für absoluten Druck anzeigen würde.

Ein Barometer in einem Freiballon, der mit der Luftströmung treibt, ist ein Beispiel dafür.

Der Überdruck oder Unterdruck in einer Strömung ist, wie bei ruhender Flüssigkeit, der Unterschied zwischen dem absoluten Druck der Flüssigkeit und dem augenblicklichen Barometerstand.

Den so gemessenen absoluten Druck, Überdruck oder Unterdruck bezeichnet man als **statischen Druck** der Flüssigkeit. Es ist der Druck, der in die Zustandsgleichung des strömenden Körpers einzuführen ist.

In Kanälen und Leitungen ist dieser Druck identisch mit dem Druck, den die Wände von .seiten des Gases erfahren. Man kann daher den statischen Druck ermitteln, indem man die Wandung anbohrt und an die Bohrung ein Manometer ansetzt, dessen Anschlußbohrung mit der inneren Rohrwand abschließt, Fig. 100.

Genaue Messungen haben übrigens ergeben, daß dieser Meßmethode kleine, durch die Strömung veranlaßte Fehler anhaften. Mäßige Abrundung der inneren Kante erhöht die Genauigkeit.

In einer Leitung mit veränderlichem Querschnitt nach Fig. 77 ist der statische Druck[1]) in jedem Querschnitt ein anderer. Die strömenden Massenteile erfahren nämlich auf dem Wege von F_1 nach F_2 eine Geschwindigkeitszunahme und die hierzu aufzuwendende Arbeit muß von dem statischen Druck geleistet werden, der demzufolge abnimmt.

Ein Massenelement m, das von zwei unendlich benachbarten Querschnitten begrenzt wird, erleidet auf der Rückseite den Druck fp in der Stromrichtung, auf der Vorderfläche $f(p + dp)$ gegen den Strom, so daß der treibende Druck in der Stromrichtung $-fdp$ ist. Ist dw die Zunahme der Geschwindigkeit[2]) zwischen den beiden Querschnitten, so ist die Beschleunigung dw/dt, somit $m\,dw/dt$ der Beschleunigungsdruck. Man hat daher

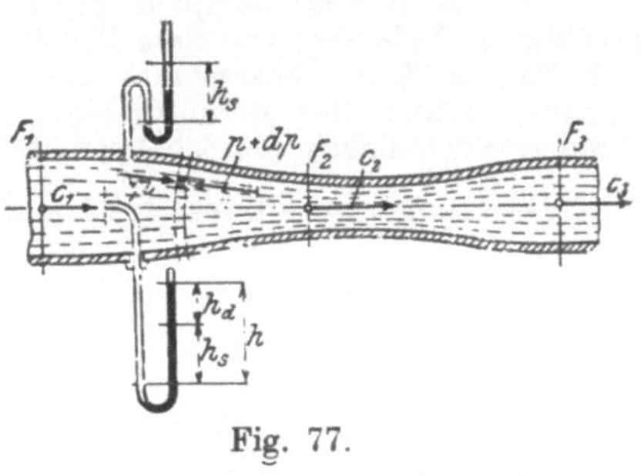

Fig. 77.

$$-fdp = m\frac{dw}{dt}.$$

Mit

$$m = \frac{f\gamma}{g}\,ds$$

wird hieraus

$$dp = -\frac{\gamma}{g}\frac{ds}{dt}\,dw.$$

---

[1]) Diese neuerdings eingeführte Bezeichnungsweise steht in einem gewissen Widerspruch zu den bisher üblichen Bezeichnungen in der Hydraulik flüssiger Körper. Dort unterscheidet man bekanntlich den hydrostatischen und den hydrodynamischen oder hydraulischen Druck. Der erstere ist der Druck der ruhenden Flüssigkeit infolge des Eigengewichts, während der zweite, also der hydraulische Druck, identisch mit dem obigen „statischen" Druck ist.

[2]) In der Folge ist die Geschwindigkeit mit w bezeichnet.

Da

$$\frac{ds}{dt} = w$$

ist, so wird

$$dp = -\frac{\gamma}{g}\, w\, dw \ \ldots \ldots \ldots (2)$$

Einer Zunahme der Geschwindigkeit entspricht also, wie es sein muß, eine Abnahme des Druckes, und umgekehrt einer Abnahme der Geschwindigkeit ein Steigen des Druckes. Beim Übergang zu einem kleineren Querschnitt nimmt also im allgemeinen der Druck ab, beim Übergang zu einem größeren Querschnitt zu, weil, wenigstens bei tropfbaren Flüssigkeiten, dem größeren Querschnitt gemäß der Kontinuitätsgleichung die kleinere Geschwindigkeit entspricht, und umgekehrt.

Bei Gasen und Dämpfen kann indessen wegen der Abhängigkeit des spezifischen Volumens von dem Druck auch das Umgekehrte eintreten, daß also z. B. dem größeren Querschnitt der kleinere Druck entspricht, wie bei den Expansionsdüsen der Dampfturbinen. Dieser Fall tritt erst ein, wenn die Stromgeschwindigkeit die Schallgeschwindigkeit von 300—400 m/sec übersteigt.

Die obige Beziehung läßt sich noch in anderer Form schreiben. Mit

$$w\, dw = d\,\frac{w^2}{2}$$

und

$$\gamma = \frac{1}{v}$$

wird

$$-v\, dp = d\left(\frac{w^2}{2g}\right) \ \ldots \ldots \ldots (3)$$

Nun ist $w^2/2g$ die lebendige Kraft von 1 kg der Flüssigkeit, $d(w^2/2g)$ also die Zunahme der lebendigen Kraft, während $-v\,dp$ die von 1 kg Gas bei der Entlastung um den Druck dp abgegebene Nutzarbeit ist. Auf Grund der Gleichheit dieser beiden Größen würde sich die obige Gleichung auch unmittelbar ergeben. In der graphischen Darstellung ist $v\,dp$ durch die schraffierte Fläche Fig. 78 dargestellt, die bei elastischen Flüssigkeiten rechts durch die p, v Kurve, bei tropfbaren durch die senkrechte Gerade begrenzt ist.

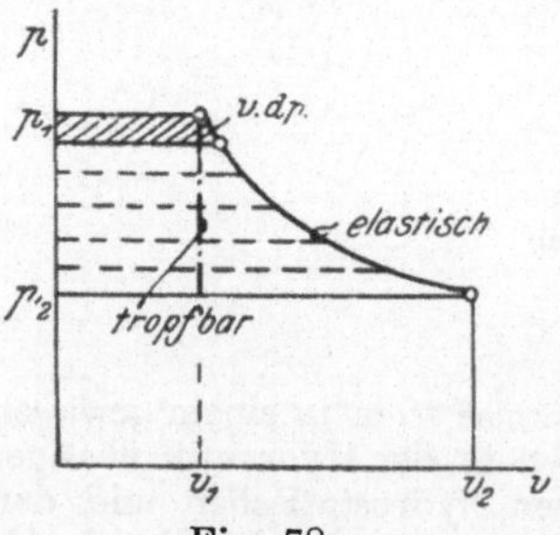

Fig. 78.

Um aus dieser Beziehung, die für eine sehr kleine Druck- und Geschwindigkeitsänderung gilt, die Beziehung für eine beliebig große Änderung herzuleiten, hat man sich die letztere in eine große Zahl kleiner aufeinanderfolgender Änderungen zerlegt zu denken. Schreibt man die obige Gleichung für jede kleine Änderung an und addiert, so erhält man

$$-\int_{v_1}^{v_2} v\,dp = \frac{w_2^2}{2g} - \frac{w_1^2}{2g} \quad \dots \dots \dots (4)$$

Im graphischen Bild der Druck- und Volumenänderungen ist die linke Seite dieser Gleichung die Summe aller Elementarstreifen $v\,dp$, also die ganze schraffierte Fläche der Nutzarbeit zwischen den Drücken p_1 und p_2.

48a. Strömung mit kleinen Druckänderungen.

Sind bei einem Strömungsvorgang die Druckänderungen und somit auch die Raumänderungen klein, so wird die Arbeitsfläche Fig. 78a annähernd ein Rechteck mit dem Inhalt $v\,(p_1 - p_2)$, wie bei tropfbar flüssigen Körpern.

Die erste Frage ist nun, wie weit man mit der Druckänderung gehen kann, ohne daß bei Anwendung der für tropfbare Flüssigkeiten geltenden Formeln auf Gase oder Dämpfe nennenswerte Fehler entstehen.

Die Druck-Volumenkurve in Fig. 78a ist die Adiabate, weil die gleichzeitige Änderung von Druck und Volumen während der Strömung ohne Zufuhr oder Entziehung von Wärme erfolgen soll. Es handelt sich also um Hyperbeln $p\,v^k = $ konst., mit $k = 1.1$ bis 1,4. Bei kleineren Änderungen schließt sich der Kurvenlauf den Tangenten nahe an, die leicht einzutragen sind (Abschn. 25).

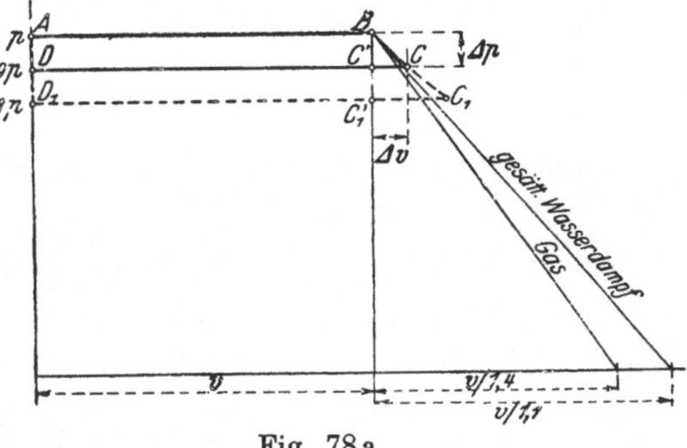

Fig. 78a.

Der Fehler, der begangen wird, wenn man die wahre Arbeitsfläche $ABCD$ durch das Rechteck $ABC'D$ ersetzt, ist das Dreieck BCC'. Sein Inhalt verhält sich zu dem des gleich hohen Rechtecks wie $CC' : 2\,C'D$, also wie $\Delta v : 2v$. Nun ist aber (Abschn. 25)

$$\frac{\Delta p}{\Delta v} = -k\,\frac{p}{v}.$$

Unter Weglassung des Vorzeichens erhält man hieraus für den verhältnismäßigen Fehler der Arbeitsfläche

$$\frac{\Delta v}{2v} = \frac{1}{2k}\,\frac{\Delta p}{p}.$$

Der begangene Fehler hat also höchstens den Wert $\Delta p : 2p$. Soll er z. B. 1/2 v. H. nicht überschreiten, so darf die Druckänderung Δp nicht größer als 1 v. H. des Druckes sein, also z. B. bei $p = 1\ \text{at} = 10\,000\ \text{kg/qm}$ nicht mehr als $100\ \text{kg/qm}$ oder $100\ \text{mm}\ H_2O$.

Unter der gemachten Voraussetzung geht nun die Grundgleichung 4 vor. Abschn. über in

$$v\,(p_1 - p_2) = \frac{w_2^2}{2\,g} - \frac{w_1^2}{2\,g}\,,$$

weil die Arbeitsfläche annähernd ein Rechteck mit dem Inhalt $v\,(p_1 - p_2)$ ist.

Ersetzt man v durch $1 : \gamma$, so wird

$$\frac{p_1}{\gamma} - \frac{p_2}{\gamma} = \frac{w_2^2}{2\,g} - \frac{w_1^2}{2\,g} \quad \ldots \ldots \ldots \ldots \ldots \text{(1)}$$

In Worten: **Die Abnahme der Spannungsenergie ist gleich der Zunahme der Geschwindigkeitsenergie.**

Schreibt man die Beziehung in der Form

$$\frac{p_1}{\gamma} + \frac{w_1^2}{2\,g} = \frac{p_2}{\gamma} + \frac{w_2^2}{2\,g}\,,$$

so kann man aussprechen, daß längs einer solchen Strömung die Summe von Druckenergie und Geschwindigkeitsenergie konstant bleibt,

$$\frac{p}{\gamma} + \frac{w^2}{2\,g} = \text{konst.,}$$

oder

$$p + \frac{\gamma}{2\,g}\,w^2 = \text{konst.} \quad \ldots \ldots \ldots \ldots \ldots \text{(2)}$$

Hierin ist der statische Druck p in kg/qm abs. einzuführen. Wie aus Abschn. 2 bekannt, ist der Druck in mm H_2O durch die gleiche Zahl dargestellt. Man kann also p durch die Höhe einer Wassersäule h_s in mm ersetzen.

Da es sich nur um **Druck-Unterschiede** handelt, wie aus der Grundgleichung in der Form

$$\frac{p_1 - p_2}{\gamma} = \frac{w_2^2}{2\,g} - \frac{w_1^2}{2\,g}$$

klar hervorgeht, so können p_1 und p_2 auch als Überdrücke oder Unterdrücke gemessen werden, also mittels Manometer oder Vakuummeter. Die Grundgleichung lautet dann statt 2)

$$h_s + \frac{\gamma}{2\,g}\,w^2 = \text{konst.} \quad \ldots \ldots \ldots \ldots \text{(2a)}$$

Da h_s ein Druck in mm H_2O ist, so muß auch der Ausdruck $\dfrac{\gamma}{2\,g}\,w^2$ einen Druck in mm H_2O darstellen, und ebenso die Summe der beiden Werte. Man bezeichnet den Wert

$$\frac{\gamma}{2\,g}\,w^2 = h_d \quad \ldots \ldots \ldots \ldots \ldots \ldots \text{(3)}$$

als den **dynamischen Druck** der strömenden Flüssigkeit und sinngemäß die Summe von statischem und dynamischem Druck, also den Wert

$$h_s + h_d = H \quad \ldots \ldots \ldots \ldots \ldots \ldots \text{(4)}$$

als den **Gesamtdruck.**

Dem **dynamischen Druck** kommt eine bestimmte, reelle Bedeutung zu. Wird nämlich innerhalb der Strömung an irgendeiner Stelle die Geschwindigkeit w durch ein Hindernis vollständig vernichtet, so steigt an dieser Stelle der statische Druck bis zur Höhe des Gesamtdruckes H an, also um den Betrag $\gamma w^2 : 2\,g$.

Kurz vor dem Hindernis ist nämlich

$$h_s + \frac{\gamma w^2}{2\,g} = H \,,$$

am Hindernis selbst ist

$$(h_s) + 0 = H \,,$$

also ist der statische Druck auf das Hindernis

$$(h_s) = h_s + \frac{\gamma w^2}{2\,g} = H \,.$$

Ein mit der Mündung seiner Röhre dem Strom zugekehrtes Manometer, Fig. 77, zeigt demgemäß den Gesamtdruck an, sofern die Mündung so geformt ist, daß sie ein Hindernis von der erwähnten Art darstellt.

Instrumente zur Messung des Gesamtdrucks sind seit langem unter dem Namen Pitotsche Röhren bekannt. Neuerdings sind diese Instrumente, die auch als
Staurohre bezeichnet werden, von verschiedenen Seiten auf ihre Genauigkeit bei Luft-
messungen untersucht worden[1]). Dabei ergab
sich, daß sie in der Tat, auch bei ganz einfacher Ausführung als dünnes glattes Rohr
an der Meßstelle, sehr genau den Gesamtdruck anzeigen.

**Messung der Luftgeschwindigkeit mit
dem Staurohr.** Mißt man in einem Rohr den
Gesamtdruck H und den statischen Druck
h_s im gleichen Querschnitt, so ergibt sich
aus

$$\frac{\gamma w^2}{2\,g} = H - h_s \ (\text{mm } H_2O)$$

die Luftgeschwindigkeit in diesem Querschnitt

$$w = \sqrt{\frac{2\,g\,(H - h_s)}{\gamma}} \ (\text{m/sec}) \ . \ (5)$$

Die Staurohre zur Messung von H werden so eingerichtet, daß auch der statische

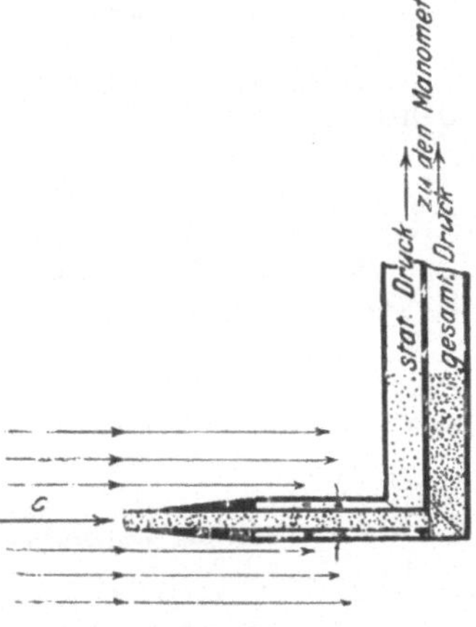

Fig. 79.

Druck h_s mit ihnen gemessen werden kann, Fig. 79. Zu diesem Zweck erhält das äußere Rohr hinter dem konischen Teil einige Anbohrungen. Mit
$H - h_s$ läßt sich dann die Luftgeschwindigkeit berechnen, falls γ bekannt ist.

Temperaturänderungen bei Änderungen der Geschwindigkeit. Mit
Änderungen des statischen Druckes infolge von Änderungen der Gasgeschwindig-
keit sind gemäß den Eigenschaften der Gase auch Temperaturänderungen ver-
bunden. Unter der Voraussetzung, daß die Druckänderungen ohne äußere
Wärmezuführung oder -entziehung erfolgen, gilt nach Abschn. 25 für kleine
Zustandsänderungen

$$\frac{\varDelta t}{\varDelta p} = \frac{A}{c_p} \cdot v = \frac{A}{\gamma\, c_p} \,,$$

also

$$\varDelta t = \frac{1}{427\,\gamma\, c_p}\,\varDelta p \,.$$

Beispiele. 1. Eine Luftleitung von 150 mm Durchmesser, die Luft von
30 mm H_2O stat. Überdruck und 15^0 mit 10 m/sec führt, wird allmählich auf
100 mm verengert. Wie groß werden (von Reibungserscheinungen abgesehen)
Geschwindigkeit, Druck und Temperatur im engeren Teil?

---

[1]) Vgl. Rietschel, Mitt. Prüf.-Anst. f. Heizung und Lüftung 1910, Heft 1.

Die Geschwindigkeit wird

$$w_2 = 10 \cdot \left(\frac{150}{100}\right)^2 = \underline{22,5} \text{ m/sec},$$

der statische Druck wird aus

$$30 + \frac{10^2}{2\,g}\,\gamma = h_s + \frac{22,5^2}{2\,g}\,\gamma,$$

mit $\gamma = 1,25$ $\qquad h_s = 30 - \dfrac{\gamma}{2\,g}\,(22,5^2 - 10^2) = 30 - 25,9 = + \underline{4,1} \text{ mm } H_2O.$

$$\Delta t = \frac{-25,9}{427 \cdot 1,25 \cdot 0,237} = - \underline{0,204^0}.$$

Die Temperatur fällt um nur 0,2°.

2. In einer Luftleitung zeigt das Staurohr einen Gesamtdruck von 100 mm H_2O Überdruck, während der statische Druck zu 20 mm H_2O gemessen wird. Wie groß ist an der Meßstelle die Luftgeschwindigkeit?

Der dynamische Druck ist $H - h_s = 100 - 20 = 80 \text{ mm}$. Daher

$$w = \sqrt{\frac{2 \cdot 9,81 \cdot 80}{\gamma}} = \frac{39,6}{\sqrt{\gamma}}.$$

Befindet sich nun in der Leitung Luft von annähernd atmosphärischem Druck mit $\gamma = 1,25$, so ist

$$w = 35,3 \text{ m/sec}.$$

Handelt es sich jedoch um eine Vakuumleitung mit 0,1 at abs. Luftdruck, also $\gamma \backsim 0,125$, so wäre bei gleichen Angaben des Staurohrs

$$w = 112 \text{ m/sec}.$$

Würde die Leitung Leuchtgas führen, $\gamma = 0,5$, so wäre

$$w = 56 \text{ m/sec}.$$

3. Aus einem Ventilator tritt die Luft mit 35 m/sec in das Druckrohr. Um wieviel mm H_2O kann der statische Druck der Luft erhöht werden, wenn durch allmähliche Erweiterung des Druckrohres die Luftgeschwindigkeit auf 12 m/sec ermäßigt wird?

$$h_{s1} + \frac{35^2}{2\,g}\,\gamma = h_{s2} + \frac{12^2}{2\,g}\,\gamma$$

ergibt

$$h_{s2} - h_{s1} = \frac{\gamma}{2\,g}\,(35^2 - 12^2) = \underline{68,9}.$$

Der Überdruck steigt also um 68,9 mm H_2O; allerdings unter der Voraussetzung wirbelfreier Strömung. In Wirklichkeit wird die Druckerhöhung geringer, vielleicht nur 70 v. H. dieses Wertes.

49. Ausströmung von Gasen und Dämpfen aus Mündungen.

Von der Ausströmung tropfbarer Flüssigkeiten unterscheidet sich die der elastischen Flüssigkeiten (Gase und Dämpfe) dadurch, daß sich während des Ausströmvorganges nicht allein der Druck, sondern infolge der Druckverminderung auch das Volumen der Gewichtseinheit ändert.

Die Ausflußgeschwindigkeit von Druckwasser (oder von Wasser unter dem Einfluß seines Eigengewichts) kann man auf folgende Weise erhalten (Fig. 80 und 81).

Denkt man sich den Wasserdruck von p_i kg/qm abs. durch einen auf die Wasseroberfläche drückenden Kolben von O qm Querschnitt hervorgebracht, so muß dieser Kolben in der Zeit, in welcher durch die Gefäßmündung von f qm Querschnitt 1 kg Wasser ausströmt, so weit vorrücken, daß der von ihm verdrängte Raum gleich dem Raum von 1 kg Wasser ist (spez. Volumen v_i; für Wasser gleich 0,001 cbm). Er muß demnach wegen

$$v_i = s_1 \cdot O$$

den Weg

$$s_1 = \frac{v_i}{O}$$

zurücklegen.

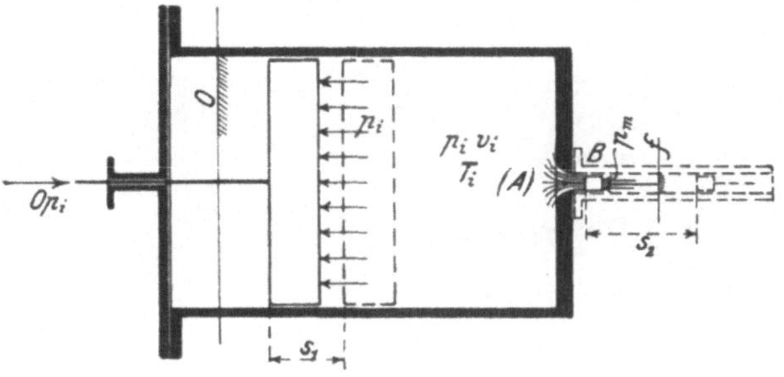

Fig. 80. 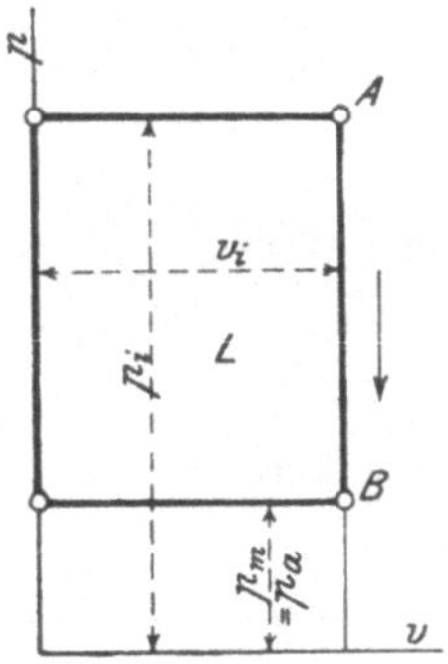   Fig. 81.

Hierbei verrichtet die an der Kolbenstange wirksame Kraft $O\,p_i$ die Arbeit $L_i = O\,p_i \cdot s_1$, also

$$L_i = p_i v_i \text{ mkg.}$$

Der austretende Strahl überwindet in gleicher Weise (man kann sich auch in der verlängerten Mündung einen Kolben vorstellen) die Arbeit

$$L_2 = p_m v_m \text{ mkg,}$$

wenn p_m der Druck, v_m das spez. Volumen der Flüssigkeit im Mündungsquerschnitt ist. Bei tropfbaren Flüssigkeiten ist der Mündungsdruck gleich dem Druck p_a des Raumes, in welchen der Strahl austritt (Außendruck). Dann ist $p_m = p_a$; außerdem ist $v_m = v_i = v_a$. Bei Gasen und Dämpfen ist dagegen nicht notwendig $p_m = p_a$, sondern unter Umständen $p_m > p_a$, und immer ist $v_m > v_i$.

Im ganzen wird nun auf das kg ausströmenden Wassers die überschüssige Arbeit

$$L = p_i v_i - p_m v_m$$

übertragen. Diese Arbeit erscheint im austretenden Strahl als Zunahme der lebendigen Kraft von 1 kg Wasser.

Ist die Gefäßmündung klein im Verhältnis zum Querschnitt O des Gefäßes, so kann die lebendige Kraft des von dem großen Kolben verdrängten Wassers („Zuflußgeschwindigkeit") vernachlässigt werden. Ist daher w die Ausflußgeschwindigkeit, so ist

$$L = \frac{w^2}{2\,g}$$

die ganze Zunahme der lebendigen Kraft von 1 kg. Es ist also die Ausflußgeschwindigkeit (für tropfbare Körper)

$$w = \sqrt{2\,g\,L}$$

oder

$$w = \sqrt{2\,g\,(p_i v_i - p_m v_m)}$$

oder

$$w = \sqrt{2\,g\,v_i\,(p_i - p_a)} = \sqrt{\frac{2\,g\,(p_i - p_a)}{\gamma_i}}$$

oder

$$w = 4{,}43\,\sqrt{\frac{p_i - p_a}{\gamma_i}}\,.$$

Ist H die Höhe einer Flüssigkeitssäule in m, die einem Überdruck von
$p_i - p_a$ kg/qm gleichkommt, so ist mit γ_i als spez. Gewicht

$$\gamma_i H = p_i - p_a$$

oder wegen

$$\gamma_i = \frac{1}{v_i}$$

$$H = (p_i - p_a)\,v_i\,,$$

somit kurz

$$w = \sqrt{2\,g\,H}\,,$$

die bekannte Ausflußformel für tropfbare Flüssigkeiten.

a) Sehr kleine Druckunterschiede.

Die obige Ableitung besteht auch für luftförmige Körper so
lange mit praktisch ausreichender Genauigkeit zu Recht, als es sich
um verhältnismäßig kleine Überdrücke handelt. In diesen Fällen
ist nämlich die verhältnismäßige Raumänderung gering und man
kann $v_a = v_m = v_i$ setzen. Für kleinere Werte von p_a/p_i als 0,9 wird
man im allgemeinen die später folgenden genaueren Formeln anwenden. Für verhältnismäßig hohe Überdrücke, z. B. $p_i/p_a > 2$ verlieren
die einfachen Formeln vollständig ihre Gültigkeit.

Geringe Überdrücke werden gewöhnlich in mm H_2O ausgedrückt.
In den obigen Formeln sind p_i und p_a kg/qm. Man kann somit nach
Abschn. 2 statt $p_i - p_a$ den in mm H_2O gemessenen Überdruck h
setzen. Also wird die Ausflußgeschwindigkeit

$$w = \sqrt{\frac{2\,g\,h}{\gamma_i}} = 4{,}43\,\sqrt{\frac{h}{\gamma_i}} \qquad\qquad (1)$$

mit γ_i in kg/cbm.

Das sekundliche Ausflußvolumen in cbm aus einem Mündungsquerschnitt von F qm ist

$$V_{sec} = F \cdot w = F\,\sqrt{\frac{2\,g\,h}{\gamma_i}} = 4{,}43\,F\,\sqrt{\frac{h}{\gamma_i}} \qquad (2)$$

Das sekundliche Ausflußgewicht ist

$$G_{sec} = F \cdot w \cdot \gamma_i = F \sqrt{2 g h \gamma_i} = 4{,}43\, F \sqrt{h \gamma_i} \quad . \quad . \quad . \quad (3)$$

Beispiele. 1. Luft von ungefähr atmosphärischer Spannung (ca. 760 mm, $\gamma \approx 1{,}29$) und Temperatur ströme unter einem Überdruck von $h = 1$, bzw. 10, 100, 1000 mm H_2O aus. Die Ausflußgeschwindigkeiten zu berechnen.

$$w = \frac{4{,}43}{\sqrt{1{,}29}} \sqrt{h} = 3{,}9 \sqrt{h}, \text{ also } w = 3{,}9,\ 12{,}3,\ 39,\ 123 \text{ m/sec}.$$

2. Wieviel Liter bzw. Gramm Luft treten unter den Verhältnissen des 1. Beispiels sekundlich aus einer Mündung von 1 qcm Querschnitt?

$$V_{sec} = \frac{4{,}43}{10\,000} \sqrt{\frac{h}{1{,}29}} = \frac{3{,}9}{10\,000} \sqrt{h} \text{ cbm/sec, oder } \mathbf{0{,}39} \sqrt{h} \text{ Liter/sec};$$

daher

$$G_{sec} = 1{,}29 \cdot 0{,}39 \sqrt{h} = 0{,}504 \sqrt{h} \text{ Gramm/sec}.$$

Dies sind für

$h =$	1	10	100	1000 mm H_2O
$V_{sec} =$	0,39	1,23	3,9	12,3 Liter/sec
$G_{sec} =$	0,503	1,59	5,03	15,9 Gramm/sec.

3. In einer Leuchtgasleitung herrscht ein Überdruck von 30 mm H_2O und eine Temperatur von 12^0, bei einem Barometerstand von 750 mm Hg. Mit welcher Geschwindigkeit strömt das Gas aus und wieviel cbm Gas treten in 10 Minuten aus einer kreisförmigen Mündung von 1 mm Durchmesser?

Spez. Gewicht des Gases 0,48 kg/cbm bei 0^0 und 760 mm. Bei 750 mm und 12^0 ist das spez. Gewicht

$$\gamma_i = 0{,}48 \cdot \frac{750}{760} \cdot \frac{273}{273 + 12} = 0{,}454 \text{ kg/cbm}.$$

Daher ist

$$w = 4{,}43 \sqrt{\frac{30}{0{,}454}} = 36{,}1 \text{ m/sec}.$$

Die Mündung hat einen Querschnitt von 0,785 qmm, oder $\dfrac{0{,}785}{1000 \cdot 1000}$ qm, also ist die sekundliche Ausflußmenge in cbm $\dfrac{36{,}1 \cdot 0{,}785}{1000 \cdot 1000}$ oder in Litern $\dfrac{36{,}1 \cdot 0{,}785}{1000}$, in 10 Minuten $= 600$ Sekunden somit

$$V = \frac{36{,}1 \cdot 0{,}785}{1000} \cdot 600 = \mathbf{17\ Liter}\,^1).$$

b) Ausströmung unter beliebig hohem Überdruck.

Trägt man die Drücke als Ordinaten, die spez. Volumina als Abszissen auf, Fig. 81, so ist für tropfbare Flüssigkeiten der Zustand **vor** der Ausströmung durch Punkt A, der **nach** der Ausströmung durch den senkrecht darunter liegenden Punkt B dargestellt. Die „Ausflußarbeit" L erscheint als Inhalt des ausgezogenen Rechtecks $(p_i - p_a)\, v_i$.

$^1)$ Ist die Mündung innen scharfkantig, so ist der Strahlquerschnitt kleiner als die Bohrung und die Menge nach Abschn. 53 nur etwa $^2/_3$ der obigen.

Bei Gasen und Dämpfen findet entsprechend der Druckverminderung von p_i auf p_a auch eine Raumzunahme statt. Es ist $v_m > v_i$, der Punkt B, der den Endzustand darstellt, liegt nicht mehr wie in Fig. 81 senkrecht unter A, sondern in der größeren Entfernung v_m vom Ursprung, Fig. 82.

Während in Fig. 81 die Zustandsänderung während des Aus-

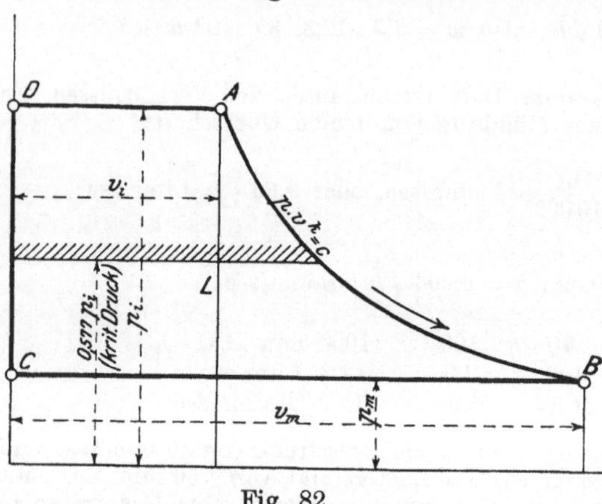

Fig. 82.

strömvorganges durch die senkrechte Gerade AB dargestellt wird, entsprechend der allmählichen Druckabnahme der Flüssigkeit beim Einströmen in die Mündung, ist bei Gasen und Dämpfen die allmähliche Druckabnahme und Raumzunahme vom Beginn der beschleunigten Bewegung bis zur Erreichung der Ausflußgeschwindigkeit und des Außenzustandes im „Mündungsquerschnitt" durch die Kurve AB dargestellt, Fig. 82. An welcher Stelle die Druckabnahme im Gefäß beginnt und wie sich überhaupt der Druckverlauf in verschiedenen Abständen vom Mündungsquerschnitt gestaltet, kommt dabei nicht in Frage. Die Kurve AB bringt nur zum Ausdruck, in welchem gegenseitigen Verhältnis gleichzeitige Werte von Druck und Volumen stehen, also die Art der Zustandsänderung in dem früher behandelten Sinne. Daß das Kilogramm Gas oder Dampf beim Hinströmen zur Mündung außer der Zustandsänderung, die es erfährt, noch eine beschleunigte Bewegung macht (was bei der Expansion in einem Zylinder nicht der Fall ist), ändert an der Zustandsänderung selbst nichts.

Es handelt sich auch hier, wie bei der Raumvergrößerung in einem Zylinder mit Kolben, um eine stetige Raumzunahme oder Expansion vom Volumen v_i auf das Volumen v_m. Diese erfolgt, wenn nicht etwa die Ausflußöffnung als Röhre mit Kühlmantel oder Heizmantel gedacht wird und von der Reibung an den Mündungswänden abgesehen wird, adiabatisch; sie folgt also bei Gasen wie bei Dämpfen dem Gesetz

$$p\,v^k = \text{konst.},$$

wobei

$k = 1{,}4$ für Gase bei gewöhnlicher Temperatur[1]),

---

[1]) Für heiße Gase und Feuergase Abschn. 12 und 14a.

$k = 1,3$ für überhitzten Wasserdampf,

$k = 1,135$ für trockenen Sattdampf,

$k = 1,035 + 0,1\,x$ für feuchten Sattdampf, mit x als Dampfgehalt.

Während nun bei tropfbaren Körpern die auf Beschleunigung des Strahles verwendete Arbeit nur in der „Überdruckarbeit"

$$p_i v_i - p_m v_m = (p_i - p_a)\,v_i$$

bestehen kann, da eine andere Arbeitsquelle nicht vorhanden ist, tritt bei den elastischen Flüssigkeiten zur „Überdruckarbeit" noch die „Ausdehnungsarbeit", die aus der Umwandlung der Eigenwärme des Körpers hervorgeht. Diese Arbeit wird nach Früherem durch die unter der adiabatischen Zustandskurve AB liegende, bis zur Abszissenachse reichende Fläche L_e dargestellt. Es ist also die gesamte Beschleunigungsarbeit für 1 kg geförderter Gas- oder Dampfmasse

$$L = p_i v_i - p_m v_m + L_e.$$

Dieser Ausdruck wird, wie leicht zu erkennen, in Fig. 82 durch die Fläche $ABCD$ dargestellt.

Wie oben ist

$$L = \frac{w_m{}^2}{2\,g},$$

also

$$w_m = \sqrt{2\,g\,L} \quad \ldots \ldots \ldots \quad (4)$$

(Mündungsgeschwindigkeit).

In dieser Form entspricht der Ausdruck für w_m genau demjenigen für tropfbare Flüssigkeiten

$$w = \sqrt{2\,g\,H}.$$

Dem „Druckgefälle" H entspricht bei Gasen und Dämpfen das „Arbeitsgefälle" L oder, wenn die Arbeit in kcal statt in mkg ausgedrückt wird, das „Wärmegefälle" AL. Übrigens ist auch H in obiger Gleichung nicht als Länge, sondern als Arbeit (von 1 kg auf H Meter) aufzufassen.

Für gegebenen Innendruck p_i und Außendruck p_a kann L, gemäß seiner Darstellung durch die Fläche $ABCD$, wie die Arbeit des idealen Dampfmaschinenprozesses mit vollständiger Expansion bestimmt werden.

Ist nun w_m bekannt, so kann auch das sekundliche Ausflußgewicht G_{sec} berechnet werden.

Durch den Mündungsquerschnitt f fließt in einer Sekunde das Volumen $V_m = w_m f$. Das spez. Volumen dieser Masse ist v_m, ihr spez. Gewicht $1/v_m$, ihr Gewicht also

$$G_{sec} = \frac{V_m}{v_m},$$

oder

$$G_{sec} = \frac{f w_m}{v_m}.$$

Das Arbeitsgefälle (Fläche $ABCD$, Fig. 82) ist wie im Abschn. 31 Fall b.

$$L = \frac{k}{k-1}\,(p_i v_i - p_m v_m),$$

wofür sich wegen

$$p_i v_i^{\,k} = p_m v_m^{\,k}$$

schreiben läßt

$$L = \frac{k}{k-1}\,p_i v_i \left[1 - \left(\frac{p_m}{p_i}\right)^{\frac{k-1}{k}} \right].$$

Daher ist die Ausflußgeschwindigkeit (im Mündungsquerschnitt)

$$w_m = \sqrt{ 2\,g\,\frac{k}{k-1}\,p_i v_i \left[1 - \left(\frac{p_m}{p_i}\right)^{\frac{k-1}{k}} \right] } \quad \ldots \ldots \text{(5)}$$

Das Ausflußgewicht in 1 Sekunde wird daher mit

$$v_m = v_i \cdot \left(\frac{p_i}{p_m}\right)^{\frac{1}{k}}$$

$$G_{sec} = f \sqrt{ 2\,g\,\frac{k}{k-1}\cdot\frac{p_i}{v_i}\cdot\left[\left(\frac{p_m}{p_i}\right)^{\frac{2}{k}} - \left(\frac{p_m}{p_i}\right)^{\frac{k+1}{k}} \right] } \quad \ldots \text{(6)}$$

$\alpha)$ **Niederdruckgebiet. Kritisches Druckverhältnis.**

Bis zu einer bestimmten, durch das folgende noch näher zu bestimmenden Grenze des Verhältnisses p_i/p_a von absolutem Innendruck und absolutem Außendruck ist der **Mündungsdruck** wie bei tropfbaren Flüssigkeiten gleich dem Außendruck,

$$p_m = p_a.$$

Für dieses als **Niederdruckgebiet** bezeichnete Gebiet wird also nach Gl. 5 und 6

$$w = \sqrt{ 2\,g\,\frac{k}{k-1}\,p_i v_i \left[1 - \left(\frac{p_a}{p_i}\right)^{\frac{k-1}{k}} \right] } \quad \ldots \ldots \text{(7)}$$

$$G_{sec} = f \cdot \sqrt{ 2\,g\,\frac{k}{k-1}\cdot\frac{p_i}{v_i}\cdot\left[\left(\frac{p_a}{p_i}\right)^{\frac{2}{k}} - \left(\frac{p_a}{p_i}\right)^{\frac{k+1}{k}} \right] } \quad \ldots \text{(8)}$$

Mit $p_i = p_a$ wird, wie erforderlich, sowohl w_m als G_{sec} gleich Null. Für Werte von p_i/p_a, die sich wenig von 1 unterscheiden, werden aus Gl. 7 und 8 die Gl. 1 und 3 oben.

Setzt man zur Abkürzung in der Gewichtsgleichung

$$\psi = \sqrt{\frac{k}{k-1}} \cdot \sqrt{\left(\frac{p_a}{p_i}\right)^{\frac{2}{k}} - \left(\frac{p_a}{p_i}\right)^{\frac{k+1}{k}}} \quad \dots \dots (9)$$

so wird

$$\frac{G_{sec}}{f_{qm}} = \psi \cdot \sqrt{2\,g\,\frac{p_i}{v_i}} \quad \dots \dots \dots (10)$$

(Ausflußmenge für 1 qm Mündungsquerschnitt; p_i in kg/qm), oder

$$\frac{G_{sec}}{f_{qcm}} = \frac{\psi}{100} \cdot \sqrt{2\,g\frac{p_i}{v_i}} \quad \dots \dots \dots (10\,\mathrm{a})$$

(gültig für 1 qcm Mündungsquerschnitt; p_i in kg/qcm),

$$= 0{,}0443\,\psi\,\sqrt{\frac{p_i}{v_i}}.$$

Denkt man sich den Innendruck p_i unveränderlich und gibt dem Außendruck p_a verschiedene Werte, so ist G_{sec} nur abhängig von ψ, also in der durch den Ausdruck Gl. 9 für ψ bestimmten Weise vom Überdruckverhältnis p_a/p_i. Bei gleichem Überdruckverhältnis, aber anderen Werten von p_i und p_a wächst G_{sec} mit $\sqrt{p_i/v_i}$. Für Gase ist dieser Wert wegen

$$\frac{p_i}{v_i} = \frac{p_i^{\,2}}{p_i v_i} = \frac{p_i^{\,2}}{RT_i}, \qquad \sqrt{\frac{p_i}{v_i}} = \frac{p_i}{\sqrt{RT_i}},$$

d. h. bei gleicher Anfangstemperatur und gleichem Druckverhältnis wächst die Ausflußmenge **proportional mit dem Druck**.

Die **Austritts-Geschwindigkeit** w ist bei gleichem Innenzustand **nur** vom Überdruckverhältnis abhängig und nimmt mit abnehmendem Außendruck zu. Bei gleichem Überdruckverhältnis ist w proportional $\sqrt{p_i v_i}$, ein Wert, der bei trockenem Sattdampf nur wenig vom Drucke abhängt und bei Gasen nur durch die Temperatur (nicht durch den Druck) bedingt ist. w hängt also bei gleicher Anfangstemperatur der Gase **nur** vom Überdruckverhältnis ab und ist daher bei Gasen vom absoluten Druck ganz, bei gesättigten Dämpfen fast unabhängig.

Trägt man zu den Druckverhältnissen p_a/p_i, deren Wert sich zwischen 1 und 0 bewegt, als Abszissen die Werte von ψ als Ordinaten auf, Fig. 83, so erkennt man, daß ψ und daher die bei festem Innendruck mit ψ proportionale Ausflußmenge mit abnehmendem Außendruck **nicht unbegrenzt zunimmt**, sondern bei einem bestimmten (von k abhängigen) Überdruckverhältnis einen größten Wert erreicht und alsdann wieder kleiner wird. Für ein absolutes Vakuum im Außenraum ($p_a/p_i = 0$) würde sich sogar, wie bei $p_a/p_i = 1$, $G_{sec} = 0$ ergeben. Dies ist nun unmöglich, denn es liegt auf der Hand, daß in einen Raum, in welchem jeder Gegendruck beseitigt ist, Gase und Dämpfe erst recht ausströmen. Bis dahin ist daher die Gewichtsformel keinesfalls gültig. Es ist überhaupt unwahrscheinlich, daß bei abnehmendem Außendruck (oder bei steigendem Innendruck) von einem gewissen Wert desselben an die Ausflußmenge kleiner als bei stärkerem Gegendruck werden sollte. Versuche haben vielmehr bewiesen, daß die

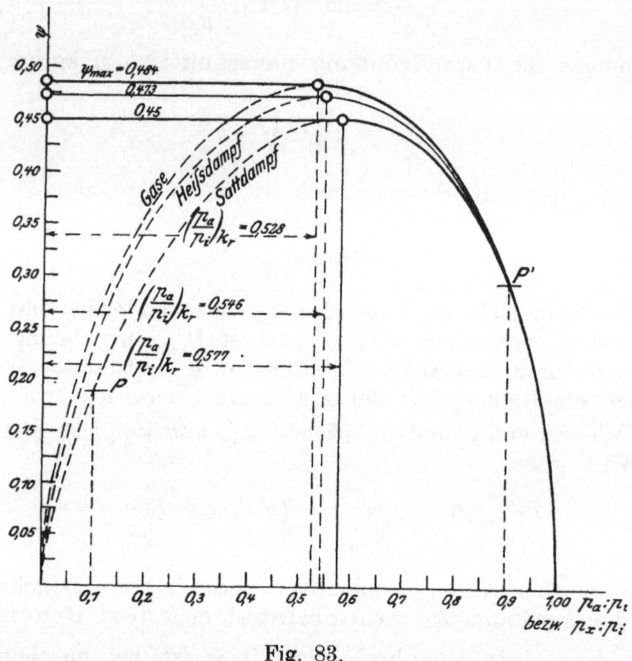

Fig. 83.

Ausflußmenge von einem gewissen Überdruckverhältnis an unveränderlich gleich einem Höchstwert bleibt, wie tief auch der Außendruck von da ab sinken mag. In Fig. 83 ist demnach der absteigende gestrichelte Kurvenast ohne wirkliche Bedeutung für die Ausflußmenge[1]), er ist durch eine wagerechte Gerade zu ersetzen, die von der Kurve im höchsten Punkte berührt wird. Ferner haben die Versuche gezeigt, daß die oben entwickelte Formel die Ausflußmengen von Null ab bis zum Höchstwert richtig wiedergibt.

Kritisches Druckverhältnis. Dasjenige Druckverhältnis p_a/p_i, bei welchem die Ausflußmenge eben ihren Höchstwert erreicht, heißt

---

[1]) Über seine wahre Bedeutung vgl. Abschn. 50.

das „kritische". Nach Fig. 83 ist für Gase $(k = 1{,}40)$ der Wert $\left(\dfrac{p_a}{p_i}\right)_{kr} = 0{,}528$, für Heißdampf $0{,}546$, für trockenen Sattdampf $0{,}577$.

Rechnerisch erhält man den kritischen Wert aus dem Höchstwert des Ausdruckes

$$\left(\frac{p_a}{p_i}\right)^{\frac{2}{k}} - \left(\frac{p_a}{p_i}\right)^{\frac{k+1}{k}},$$

der nach Gl. 8 bei festem Innendruck für die Ausflußmenge maßgebend ist.

Differenziert man diesen Ausdruck nach $\dfrac{p_a}{p_i}$ und setzt die Ableitung gleich Null, so wird

$$\frac{2}{k} \cdot \left(\frac{p_a}{p_i}\right)^{\frac{2}{k}-1} - \frac{k+1}{k} \cdot \left(\frac{p_a}{p_i}\right)^{\frac{1}{k}} = 0$$

und hieraus

$$\left(\frac{p_a}{p_i}\right)_{kr} = \left(\frac{2}{k+1}\right)^{\frac{k}{k-1}} \quad \ldots \ldots \ldots \quad (11)$$

Der Größtwert der Ausflußmenge ergibt sich entsprechend der Gl. 10 aus dem Größtwert ψ zu $\left(\dfrac{G_{sec}}{f}\right)_{max} = \psi_{max} \sqrt{2\,g\,\dfrac{p_i}{v_i}}$. Dieser Größtwert ist

$$\psi_{max} = \sqrt{\left(\frac{2}{k+1}\right)^{\frac{2}{k-1}} - \left(\frac{2}{k+1}\right)^{\frac{k+1}{k-1}}}\,\sqrt{\frac{k}{k-1}} = \left(\frac{2}{k+1}\right)^{\frac{1}{k-1}}\sqrt{\frac{k}{k+1}}$$

und hiermit

$$\left(\frac{G_{sec}}{f}\right)_{max} = \left(\frac{2}{k+1}\right)^{\frac{1}{k-1}}\sqrt{\frac{2\,g\,k}{k+1}} \cdot \sqrt{\frac{p_i}{v_i}} \quad \ldots \ldots \quad (12)$$

$\beta)$ **Überkritische Druckverhältnisse bei einfachen Mündungen.**

Die Erscheinung, daß die Ausflußmenge nicht mehr wächst, wenn der Außendruck einen gewissen Wert unterschreitet, oder der Innendruck einen gewissen Wert überschreitet, hängt, wie oben erwähnt, damit zusammen, daß von da ab der Mündungsdruck nicht mehr mit dem Außendruck identisch ist. Er bleibt unveränderlich gleich dem kritischen Druck, wie tief auch der Außendruck sinkt. Der Dampf tritt nur so lange als paralleler Strahl in der Richtung AB Fig. 83a aus der Mündung, als $p_m = p_a$ bleibt. Wird $p_m > p_a$, so sprüht der Dampf von A aus um so mehr nach seitwärts in den Richtungen AC, AD ($\measuredangle\,\delta_1$ und δ_2), je größer der Überdruck $p_m - p_a$ in der Mündungsebene ist. Der Strahl expandiert dann erst außerhalb der Mündung auf den Außendruck herab, was auch durch unmittelbare Druckmessungen von Stodola nachgewiesen worden ist. Der Mündungsdruck selbst ist in diesem Falle

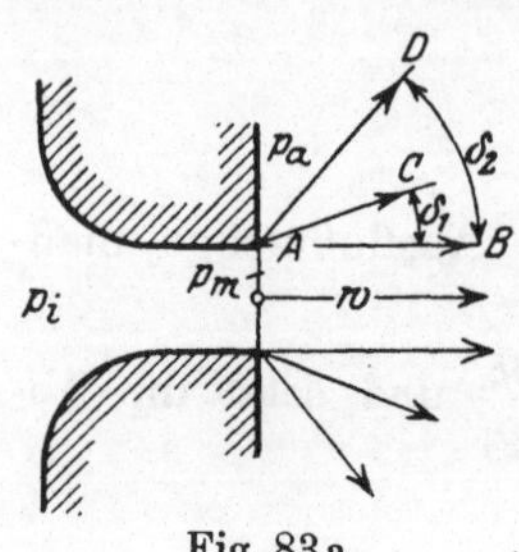

Fig. 83a.

$$p_m = \left(\frac{2}{k+1}\right)^{\frac{k}{k-1}} p_i,$$

bei Sattdampf z. B.

$$p_m = 0,577\,p_i.$$

Wenn nun der Mündungsdruck unverändert bleibt, so bleibt auch das für die Beschleunigung verfügbare Arbeitsgefälle zwischen den Drücken p_i und p_m gleich und hiermit auch die Ausflußgeschwindigkeit w_m und die Ausflußmenge.

Die Geschwindigkeit kann also den Höchstwert, der sich aus

$$w_m = \sqrt{2\,g\,\frac{k}{k-1}\cdot p_i v_i \cdot \left[1 - \left(\frac{p_m}{p_i}\right)^{\frac{k-1}{k}}\right]}$$

mit

$$\frac{p_m}{p_i} = \left(\frac{2}{k+1}\right)^{\frac{k}{k-1}} \qquad\qquad\qquad (19)$$

ergibt, nicht übersteigen. Es wird

$$(w_m)_{max} = \sqrt{2\,g\,\frac{k}{k+1}\,p_i v_i} \qquad \dots \qquad (20)$$

Ersetzt man hierin p_i und v_i durch p_m und v_m gemäß

$$p_i v_i{}^k = p_m v_m{}^k$$

und

$$\frac{p_m}{p_i} = \left(\frac{2}{k+1}\right)^{\frac{k}{k-1}},$$

so wird auch

$$(w_m)_{max} = \sqrt{g\,k\,p_m v_m}.$$

Dieser Ausdruck stellt den Wert der Schallgeschwindigkeit im Dampf vom Mündungszustand dar. In gewöhnlichen Mündungen kann also die Ausflußgeschwindigkeit nur die Schallgeschwindigkeit erreichen.

Diese Tatsache ist für den Dampfturbinenbau von der größten Tragweite. In Mündungen oder Kanälen von gewöhnlicher, d. h. prismatischer oder konvergenter Form, bei denen der kleinste Querschnitt am Austritt liegt, kann der Dampf höchstens diese

Geschwindigkeit annehmen, wie groß auch der Überdruck sein mag[1]). — Der Mündungsdruck kann nicht kleiner werden als 0,577 p_i bei Sattdampf bzw. 0,546 p_i bei Heißdampf, wenn im Außenraum ein noch so tiefes Vakuum herrscht. Das bei hohem Überdruck vorhandene große Arbeitsgefälle kann somit bis zum Austritt aus der Mündung nur mit dem zwischen p_i und 0,577 p_i liegenden Bruchteil in Geschwindigkeit, d. h. Strömungsenergie umgesetzt werden.

In Fig. 82 ist dies die oberhalb der schraffierten Geraden gelegene Fläche. Die Umsetzung des darunterliegenden Flächenrestes in Geschwindigkeit ist mit einfachen Mündungen oder Kanälen nicht möglich, sondern erfordert besondere Maßnahmen. (Düsen, s. Abschn. 50.)

Für Gase wird die größte Ausflußmenge für 1 qcm Mündung

$$\left(\frac{G_{sec}}{f}\right)_{max} = 0{,}0215 \sqrt{\frac{p_i}{v_i}} \, (p_i \text{ in kg/qcm}).$$

Hierin ist $k = 1{,}4$, $\psi_{max} = 0{,}484$ gesetzt.

Ferner ist wegen

$$10\,000\, p_i\, v_i = R T_i$$

auch

$$\frac{v_i}{p_i} = \frac{R T_i}{p_i{}^2 \cdot 10\,000},$$

somit

$$\sqrt{\frac{p_i}{v_i}} = \frac{100\, p_i}{\sqrt{R T_i}}.$$

Daraus folgt
$$\left(\frac{G_{sec}}{f}\right)_{max} = \frac{2{,}15\, p_i}{\sqrt{R T_i}} \qquad \ldots \ldots \ldots (21)$$

Das größte Ausflußgewicht bei Druckverhältnissen über $1:0{,}528$ oder $1{,}89:1$ ist also bei gleicher Temperatur dem Druck proportional.

Das größte Ausflußvolumen, bezogen auf Gas vom Anfangszustand, wird für 1 qcm

$$V_{max} = \left(\frac{G_{sec}}{f}\right)_{max} \cdot v_i = 0{,}000\,215 \, \sqrt{R T_i} \, \text{cbm/sec} \qquad . \ (22)$$

ist also für hohen und niederen Druck bei gleicher Temperatur gleich groß.

Die Ausflußgeschwindigkeit für die hohen Überdruckverhältnisse wird

$$w_{max} = \sqrt{2\, g \, \frac{k}{k+1} \, p_i\, v_i},$$

---

[1]) Im freien Strahl außerhalb der Mündung, sowie in Mündungen mit Schrägabschnitt (Turbinen — Kanälen) kann der Dampfstrahl auch Überschallgeschwindigkeit erreichen, jedoch nur bis zu bestimmten Grenzen (Abschn. 50).

also mit $k = 1,4$

$$w_{max} = 3,38\,\sqrt{RT_i} \quad \ldots \ldots \quad (23)$$

Für Luft wird z. B. mit $R = 29,27$, $t_i = 0^0$; $T_i = 273$,

$$w_{max} = 302 \text{ m/sec.}$$

Für Wasserstoff mit $R = 422,6$ bei $t_i = 0^0$

$$w_{max} = 1150 \text{ m/sec.}$$

Bei Feuergastemperaturen werden die Geschwindigkeiten entsprechend größer. Für k sind die bei diesen Temperaturen gültigen Werte nach Abschn. 12 einzuführen.

Für Heißdampf ist mit $k = 1,30$

$$w_{max} = 333\,\sqrt{p_i v_i}\ (p_i \text{ in kg/qcm}) \quad \ldots \ldots \quad (24)$$

worin

$$p_i v_i = \frac{47,1 \cdot (273 + t_i)}{10000} - 0,016\,p_i\,(p_i \text{ in kg/qcm}).$$

In praktischen Fällen liegt t_i in den Grenzen 200^0 und 350^0, p_i zwischen 2 und 13 kg/qcm abs., daher $p_i v_i$ zwischen 2,2 und 2,8, somit $\sqrt{p_i v_i}$ zwischen 1,48 und 1,68. Äußerstenfalles wird also

$$w_{max} \cong 560 \text{ m/sec.}$$

Ferner wird $\qquad \dfrac{G_{sec}}{f} = 0,021\,\sqrt{\dfrac{p_i}{v_i}} \quad \ldots \ldots \ldots \quad (25)$

worin $\qquad v_i = 47,1\,\dfrac{273 + t_i}{10000\,p_i} - 0,016\ (p_i \text{ in kg/qcm}).$

Für Sattdampf mit $k = 1,135$ erhält man

$$w_{max} = 323\,\sqrt{p_i v_i}\ (p_i \text{ in kg/qcm}) \quad \ldots \ldots \quad (26)$$

Zwischen 3 und 12 kg/qcm abs. ist $\sqrt{p_i v_i}$ gleich 1,27 bis 1,42. Sattdampf kann also aus einfachen Mündungen mit nicht mehr als 470 m/sec ausströmen.

Die Ausflußmenge für hohe Druckverhältnisse (über 1:0,577 oder 1,735:1) wird

$$\frac{G_{sec}}{f} = 0,020 \cdot \sqrt{\frac{p_i}{v_i}}\ (p_i \text{ in kg/qcm}) \quad \ldots \ldots \quad (27)$$

Berücksichtigung der Zuflußgeschwindigkeit. Die obigen Formeln haben Geltung, wenn die Ausströmung aus einem Gefäß mit ruhendem Inhalte erfolgt. Tritt dagegen der strömende Körper schon mit einer Anfangsgeschwindigkeit w_0 in die Mündung ein, so fällt auch die Ausflußgeschwindigkeit größer aus. Ein Beispiel dafür ist die Bewegung des Dampfes durch die Laufradzellen der Überdruckturbinen. In diese tritt der Dampf mit erheblicher Geschwindigkeit ein, um beim Durchgange gemäß dem noch übrigen Druckgefälle beschleunigt zu werden. Auch die Leiträder der mehrstufigen Turbinen erhalten den Dampf aus dem Laufrad der vorhergehenden Stufe mit der abs. Austrittsgeschwindigkeit aus dem Laufrad dieser Stufe (oder mit einem Teile dieses Wertes).

Die lebendige Kraft $w^2/2\,g$ des austretenden Strahles ist nun die Summe aus der ursprünglichen lebendigen Kraft $w_0^2/2\,g$ und dem Arbeitsgefälle L, das durch Expansion vom Eintritts- auf den Austrittsdruck der Mündung frei wird. Es ist

$$\frac{w^2}{2\,g} = \frac{w_0^2}{2\,g} + L\,,$$

daher

$$w = \sqrt{w_0^2 + 2\,g\,L}\,.$$

L ist wie früher aus dem Druckgefälle zu ermitteln.

50. Expansionsdüsen (Lavalsche Düsen).

Beim Ausströmen aus einfachen Mündungen beliebiger Querschnittsform, nach Fig. 84 oben, kann die Ausflußgeschwindigkeit von Gasen und Dämpfen im kleinsten Mündungsquerschnitt die Schallgeschwindigkeit nicht übersteigen (Abschn. 49) und das zur Geschwindigkeitserzeugung verfügbare Arbeitsgefälle ist durch die Drücke p_i (Anfangsdruck) und $p_m = 0{,}577\,p_i$ (Mündungsdruck bei Sattdampf) begrenzt. Für solche Dampfturbinen, die nach Art der mit Wasser betriebenen Strahlturbinen (Druckturbinen, Aktionsturbinen, Löffelräder) arbeiten sollen, bei denen also der aus einem oder mehreren Mundstücken (oder Kanälen) austretende und bis auf den Gegendruck entspannte Strahl ein Turbinenrad treibt, bedeutet dieser Umstand einen außerordentlichen Nachteil. Denn nur die Strömungsenergie, die der Strahl mitbringt, ist in einem solchen Rade in mechanische Energie umsetzbar. Der Rest der Arbeitsfähigkeit des Dampfes, in Fig. 82 der Flächenteil unterhalb der schraffierten Wagrechten, bedeutet von vornherein Verlust. Dieser fällt um so größer aus, je höher der Anfangsdruck, je tiefer der Gegendruck ist.

De Laval in Stockholm hat das Mittel entdeckt, um diesen Verlust, der Dampfturbinen der bezeichneten Art ökonomisch unmöglich machen würde, zu vermeiden.

Wird nämlich der aus einer einfachen, innen abgerundeten Mündung austretende Strahl nach dem Durchgang durch die engste Stelle (Mündungsquerschnitt f_m) in einer sich allmählich erweiternden Ansatzröhre (Düse), Fig. 84 unten, gefaßt, so sinkt der Druck in dem erweiterten Teil unter $0{,}577\,p_i$ herab. Das in Geschwindigkeit umsetzbare Arbeitsgefälle wird dadurch vergrößert, je nach dem Erweiterungsgrade der Düse mehr oder weniger, und die Geschwindigkeit steigt daher über die im engsten Querschnitt herrschende Schallgeschwindigkeit. Die beim Austritt erreichte Geschwindigkeit w_a ist von dem Erweiterungsverhältnis der Düse $(f_a : f_m)$ abhängig. Man kann dieses so bemessen, daß der Dampf bis zu beliebigen Gegendrücken expandiert (Atmosphäre bei Auspuff, Vakuum bei Kondensation, bei mehrstufigen Turbinen beliebige Zwischenwerte). Es herrscht dann am Ende der Düse der gleiche Druck wie im Außenraum.

Bedingung, daß die Düse diese Wirkung hat, ist ein hinreichend kleiner Kegelwinkel (nicht viel über 10^0), da sich bei rascher Erweiterung der Strahl von den Düsenwandungen löst. Die Düsen fallen daher für die gleiche Dampfmenge um so länger aus, je größer der verlangte Expansionsgrad ist.

Die Reibung des Dampfstrahls spielt bei Düsen wegen der sehr großen Geschwindigkeiten (bis 1000 m und mehr) und wegen der erheblichen Oberflächen der inneren Düsenwand eine etwas größere Rolle als bei einfachen Mündungen. Zunächst muß aber die Reibung außer Berücksichtigung bleiben (ideale Düse).

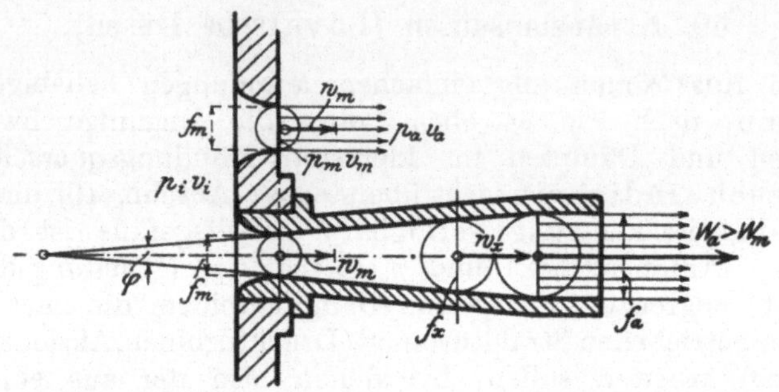

Fig. 84.

Unter dieser Voraussetzung verläuft die Zustandsänderung in der Düse adiabatisch, wie früher bei den einfachen Mündungen. Druck p_x und spez. Volumen v_x an verschiedenen Stellen der Düse sind alsdann durch die Beziehung

$$p_x v_x^k = p_m v_m^k \ (\text{oder} = p_i v_i^k)$$

verbunden.

Nun kann die Strömung leicht rechnerisch verfolgt werden. Durch jeden Querschnitt (f_x) der Düse strömt in jeder Sekunde das gleiche Dampfgewicht. Dieses ist, da an der engsten Stelle f_m der „Mündungsdruck" $p_m = p_i \left(\dfrac{2}{k+1}\right)^{\frac{k}{k-1}}$ herrscht, durch die früher entwickelte Formel für $(G_{sec})_{max}$ bestimmt, also

$$G_{sec} = 0{,}0443\, f_m\, \psi_{max} \sqrt{\frac{p_i}{v_i}} = a f_m \sqrt{\frac{p_i}{v_i}} \quad \ldots \ldots (1)$$

(f_m in qcm, p_i in kg/qcm).

Hierin ist nach Abschn. 49

$$\text{für Sattdampf} \quad a = 0{,}020$$
$$\text{„ Heißdampf} \quad a = 0{,}021$$
$$\text{„ Gase} \quad a = 0{,}0215.$$

Für ein gegebenes Dampfgewicht ist hieraus der engste Düsenquerschnitt f_m berechenbar.

Soll sich nun der Dampf nach dem engsten Querschnitt, im erweiterten Düsenteil, bis zu einem Druck $p_x < p_m$ weiter ausdehnen und so die dem Druckgefälle von p_i bis p_x entsprechende Überschallgeschwindigkeit w_x (Gl. 7, Abschn. 49) annehmen, so muß ihm der nach dem Gesetz der stetigen Raumerfüllung erforderliche Querschnitt f_x zur Verfügung stehen. Da die sekundlich durch f_m und f_x fließenden Dampfgewichte gleich sind, so folgt

$$G_{sec} = \frac{f_m w_m}{v_m} = \frac{f_x w_x}{v_x}.$$

Somit ist der gesuchte Querschnitt f_x, in dem der Druck p_x erreicht wird,

$$f_x = f_m \cdot \frac{w_m}{w_x} \cdot \frac{v_x}{v_m} \ \ldots \ldots \ldots \ldots (2)$$

Die zahlenmäßige Berechnung zeigt, daß daraus für $w_x > w_m$ folgt

$$f_x > f_m,$$

also eine von f_m auf f_x sich erweiternde Düse. Wie groß die Erweiterung sein muß, folgt aus Gl. 2, wenn man darin die entsprechenden Werte w_m, w_x, v_m, v_x einführt, die sich einzeln berechnen lassen. Es kann aber auch ein geschlossener Ausdruck für die Düsenerweiterung gefunden werden.

Für den engsten Düsenquerschnitt f_m gilt nämlich nach Gl. 12, Abschn. 49 auch

$$\frac{G_{sec}}{f_m} = \psi_{max} \sqrt{2g\frac{p_i}{v_i}} \ \ldots \ldots \ldots (1a)$$

Für einen beliebigen Querschnitt f_x im erweiterten Teil ist dagegen nach Gl. 10, Abschn. 49

$$\frac{G_{sec}}{f_x} = \psi_x \sqrt{2g\frac{p_i}{v_i}} \ \ldots \ldots \ldots (3)$$

Bei einfachen Mündungen gilt diese Beziehung nach Abschn. 49 allerdings nur für das Gebiet der unterkritischen Druckverhältnisse. Wenn jedoch wie hier durch entsprechende Düsenerweiterung dafür gesorgt wird, daß die nach Gl. 7, Abschn. 49 errechenbare Geschwindigkeit $w_x > w_m$ auch wirklich erreicht werden kann, so gilt Gl. 10, die unmittelbar aus Gl. 7 folgt, auch für überkritische Druckverhältnisse. Nur muß in Gl. 3 für G_{sec} der aus Gl. 1a oder 1 folgende Wert eingeführt werden, der durch den engsten Querschnitt bedingt wird. Damit ist dann f_x aus Gl. 3 eindeutig bestimmt.

Die Vereinigung von Gl. 1a und 3 ergibt

$$\frac{f_x}{f_m} = \frac{\psi_{max}}{\psi_x} \ \ldots \ldots \ldots \ldots (4)$$

Für den Austrittsquerschnitt f_a der Düse, in dem der Druck p_x gleich dem Außendruck p_a werden soll, gilt

$$\frac{f_a}{f_m} = \frac{\psi_{max}}{\psi_a} \quad \ldots \ldots \ldots \ldots (4\,\mathrm{a})$$

Die Werte ψ sind in Fig. 83 für Gase, Heißdampf und Sattdampf aufgetragen. Der gestrichelte Ast dieser Kurven zwischen $p_a/p_i = 0$ und dem kritischen Druckverhältnis im höchsten Punkt war für einfache Mündungen bedeutungslos. Für die Lavalsche Düse dagegen zeigt Gl. 4, daß das Verhältnis der höchsten Ordinate ψ_{max} zu der beliebigen, zum Druckexpansionsverhältnis p_x/p_i gehörigen Ordinate ψ angibt, wievielmal größer der zur Ausdehnung auf p_x/p_i notwendige Düsenquerschnitt sein muß, als der engste Querschnitt der Düse.

Nun findet aber Expansion auch schon vor Erreichung des engsten Querschnittes statt. Vom Mündungsanfang bis dahin sinkt der Druck von p_i auf p_m, also im Verhältnis p_m/p_i. Dieser Strecke entspricht in Fig. 83 der ausgezogene Ast der Kurven, denn für die hierzu gehörigen Druckverhältnisse zwischen 1 und p_m/p_i gelten die gleichen Formeln, wie oben für den erweiterten Düsenteil.

Das Verhältnis der höchsten Ordinate der Kurven (ψ_{max}) zur Ordinate ψ eines beliebigen auf dem ausgezogenen bzw. gestrichelten Kurvenaste liegenden Punktes P' bzw. P ist zugleich das Verhältnis, in welchem die Düsenquerschnitte, die zur Expansion auf das betreffende Druckverhältnis (in Fig. 83 bei P' auf $0,9\,p_i$, bei P auf $0,1\,p_i$) gehören, größer sein müssen, als der engste Düsenquerschnitt f_m. Die Ordinaten der ψ-Kurve stellen also allgemein die reziproken Werte der Düsenquerschnitte dar, wenn die höchste Ordinate gleich dem engsten Düsenquerschnitt gesetzt wird.

Daraus folgt, daß eine Düse für regelmäßig fortschreitende Druckabnahme und stetige Geschwindigkeitszunahme von der Eintrittsstelle an sich zunächst verengen, später aber erweitern muß. Im ersten Teile expandiert der Dampf von p_i auf $p_m = 0,577\,p_i$ (Sattdampf), und die Geschwindigkeit erreicht in f_m die zu p_m und v_m gehörige Schallgeschwindigkeit. Im zweiten Teile fällt der Druck weiter, je nach dem Verhältnis des weitesten Querschnitts (Austrittsquerschnitt f_a) zum engsten (f_m), und die Strahlgeschwindigkeit steigt nach dem engsten Querschnitt über die Schallgeschwindigkeit.

In Fig. 85 sind oben als Abszissen die Verhältnisse p_t/p_x (also die reziproken Werte der Abszissen von Fig. 83) aufgetragen, als Ordinaten die Erweiterungsverhältnisse f_x/f_m der Düsen für Sattdampf, Heißdampf und Gase. Am stärksten erweitern sich hiernach bei gleichem Druckabfall die Sattdampfdüsen, weniger die Heißdampfdüsen, am wenigsten die Gasdüsen (der rechte obere Teil der Fig. 85 gilt für 25- bis 100fache Expansion, wofür ein kleinerer Maßstab erforderlich war).

Im unteren Teil der Fig. 85 sind die Durchmesser einer Düse mit kreisförmigem Querschnitt (für Sattdampf) aufgetragen, wobei als Abszissen

Erweiterungsverhältnis $f_x:f_m$ und
Geschwindigkeitsverhältnis $W_x:W_m$
Sattdampf ($k=1,135$)
Heißdampf ($k=1,3$)
Gase ($k=1,4$)
$f_x:f_m$
$W_x:W_m$
$f_x:f_m$
$W_x:W_m$
f_m
W_x
f_x
W_m
W_m
W_x
Druckabnahmeverhältnis
$f_x:f_m$
f_x
f_m
$\pi_i:\pi_x$
Verengter Düsenteil
(gew. Mündung)
d_m
d_x
d_m
π
d_x
π_a
π_a'
π_a''
X
π_i
Expansionslinie
$0,577\,\pi_i$
π_i
$0,577\,\pi_i$

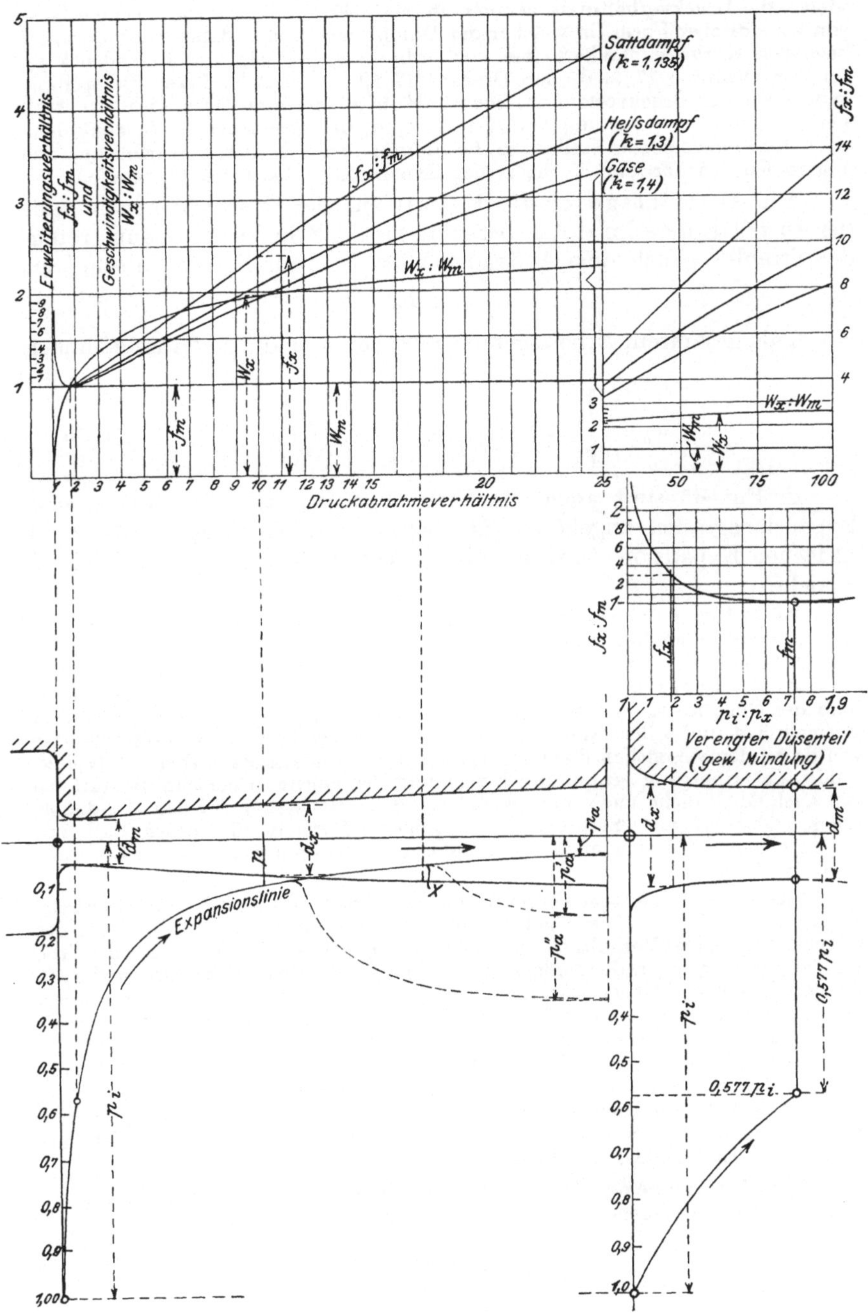

Fig. 85.

16*

wieder die Druckverhältnisse genommen sind. Es ergibt sich daraus eine Düse von konoidischer Form, in welcher der Dampf nach den Ordinaten der darunter liegenden Kurve expandiert (bei der Ordinate 1 herrscht der Innendruck p_i, bei der Ordinate 17 z. B. der Druck $1/17\, p_i$). — Mittels dieser Darstellung kann auch der Druckverlauf in einer beliebig geformten Düse leicht ermittelt werden. Man hat nur die Verhältnisse f_x/f_m der gegebenen (z. B. konischen) Düse für verschiedene Stellen zu bestimmen und mit diesen Werten aus den oberen Kurven der Fig. 85 die Druck-Expansionsverhältnisse abzugreifen.

Die Austrittsgeschwindigkeit aus der Düse erhält man, falls der Austrittsquerschnitt f_a so berechnet ist, daß der Druck des austretenden Strahles gleich dem Außendruck ist (vollständige Expansion) aus

$$w_a = \sqrt{2\,g\,L}$$

mit L als gesamtem Arbeitsgefälle zwischen p_i und p_a. Es ist demnach

$$w_a = \sqrt{2\,g\,\frac{k}{k-1}\,p_i v_i\left[1 - \left(\frac{p_a}{p_i}\right)^{\frac{k-1}{k}}\right]} \quad \ldots \ldots (5)$$

In Fig. 85 sind auch die Vielfachen von w_m, die bestimmten Expansionsgraden angehören, für Sattdampf eingetragen. Bei rund 11 facher Expansion wird die doppelte Schallgeschwindigkeit erreicht.

Bei 12 facher Expansion (z. B. von 12 auf 1 at bei Auspuffturbinen) ist die Austrittsgeschwindigkeit aus der Düse $2{,}03\,w_m$ (also rd. $2{,}03\cdot460 = 934$ m/sec). bei 100 facher Expansion (von 12 auf 0,12 at) $2{,}6\cdot460 = 1195$ m/sec.

Wenn überhitzter Dampf in einer Düse derart expandiert, daß er innerhalb der Düse in den gesättigten Zustand übergeht, so verlieren die obigen Formeln 3, 4 und 5 ihre Gültigkeit aus dem einfachen Grunde, weil die Adiabate von da ab den wesentlich kleineren Exponenten 1,135 (gegen vorher 1,3) besitzt. Findet der Übergang schon vor Erreichung des engsten Querschnitts statt, so gilt auch Gl. 1 nicht mehr und ebensowenig die Beziehung für den Mündungsdruck. Obwohl sich entsprechende allgemeine Formeln für diesen Fall aufstellen lassen, wird sich mehr die graphische Behandlung mittels der Entropietafeln empfehlen.

Düsen bei erhöhtem Gegendruck. Zu einem bestimmten Erweiterungsverhältnis $f_a : f_m$ der Düsen gehört ein bestimmtes nur noch von der Art des Körpers abhängiges Verhältnis vom Anfangs- und Enddruck. Die Düsen arbeiten nur dann richtig, wenn der Außendruck (Gegendruck) gleich dem Düsenenddruck ist, der diesem Verhältnis entspricht. Ist der Gegendruck höher, so expandiert zwar nach Versuchen von Stodola der Dampf auf einer kürzeren oder längeren Strecke wie im normalen Falle, und zwar unter den Außendruck. Gegen das Düsenende hin staut sich jedoch der Druck von einer scharf ausgeprägten Stelle X ab, Fig. 85 unten, allmählich bis zum Gegendruck.

Bei X tritt ein Dampfstoß ein, der einen Verlust an Strömungsenergie mit sich bringt. Je mehr der Gegendruck den normalen Wert übersteigt, um so tiefer im Innern liegt der Punkt X.

Dampfaufnahme der Düsen bei wechselndem Anfangsdruck. Die Durchflußmenge einer gegebenen Düse mit dem engsten Querschnitt f_m ist

$$G_{sec} = a\,f_m\,\sqrt{\frac{p_i}{v_i}}$$

oder

$$G_{sec} = a\,f_m\,\frac{p_i}{\sqrt{p_i\,v_i}}\,.$$

Das Produkt $p_i v_i$ ist nun bei trockenem gesättigtem Dampf mit dem Druck nur wenig veränderlich, wie man sich leicht aus den Dampftabellen überzeugt. Bei überhitztem Dampf gilt $p_i v_i = R T_i - C p_i$, wobei das Glied $C p_i$ verhältnismäßig klein ist gegen $R T_i$. Bei einer und derselben Dampftemperatur ist daher $p_i v_i$ mit dem Druck wenig veränderlich. Aus der obigen zweiten Gleichung folgt hiermit, daß sowohl bei gesättigtem als überhitztem Dampf die Durchflußmengen proportional mit dem Anfangsdruck zu- und abnehmen. Bei 10 at abs. ist daher z. B. die Durchflußmenge einer Düse $10/8 = 1,25$ mal so groß als bei 8 at, und $10/5 = 2$ mal so groß als bei 5 at. Der Gegendruck spielt dabei keine Rolle, solange sich nicht etwa die Stauung (bei verhältnismäßig zu hohem Gegendruck) bis zum engsten Querschnitt erstreckt oder den kritischen Druck überschreitet.

Bei veränderlicher Überhitzung, aber gleichbleibendem Druck, nimmt dagegen die Dampfmenge ab, wenn die Temperatur zunimmt, und umgekehrt, und zwar ungefähr mit $\sqrt{T_1 : T_2}$.

Geht bei mäßig überhitztem Dampf die Überhitzung schon vor Erreichung des engsten Querschnittes verloren, so verlieren beide Regeln ihre Gültigkeit.

Expansion im Schrägabschnitt nicht verengter Düsen und Kanäle. Die Ausmündung der Düsen und Leitkanäle von Dampfturbinen ist nicht senkrecht, sondern schräg gegen die Richtung des austretenden Strahles abgeschnitten, Fig. 86. Solange nun bei nicht verengten Kanälen das Druckverhältnis p_a/p_i den kritischen Wert (bei Heißdampf 0,545) nicht unterschreitet, tritt der Strahl in der Richtung BE, also unter dem Mündungswinkel α mit der Geschwindigkeit $w < w_s$ aus. Ist aber $p_a/p_i < 0,545$, so kann die Strahlgeschwindigkeit im engsten Querschnitt $AC = f_m$ die Schallgeschwindigkeit w_s nicht überschreiten, wie groß auch p_i im Verhältnis zu p_a werden mag, und ebenso kann der Dampfdruck in AC den kritischen Wert 0,545 p_i nicht unterschreiten. Der Dampf hat jedoch in diesem Falle das Bestreben, sich nach dem Durchgang durch AC weiter von p_m auf p_a auszudehnen. Den hierzu erforderlichen größeren Querschnitt findet der Dampfstrom, indem er im Keilraum ABC des Schrägabschnitts allmählich aus der Richtung α in die Richtung $\alpha' > \alpha$ abgelenkt wird. Er tritt dann als geschlossener, wesentlich paralleler

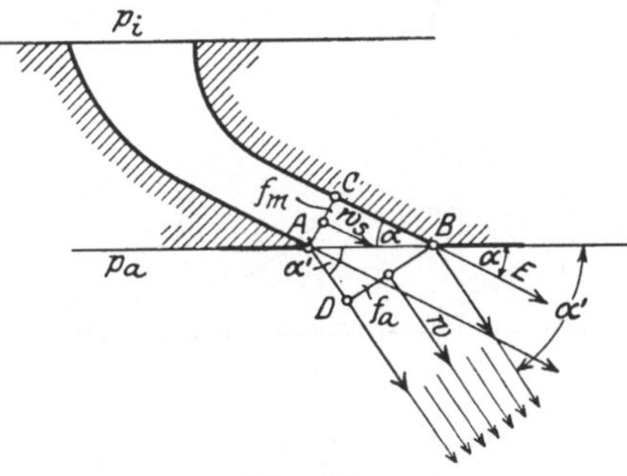

Fig. 86.

Strahl vom Querschnitt $BD = f_a$ aus der Mündung aus. Das zum Druckverhältnis p_a/p_i gehörige Querschnittserweiterungsverhältnis f_a/f_m ergibt Gl. 4a (bzw. Fig. 85) wie bei der Lavaldüse. Ist dieses bestimmt worden, so erhält man aus Fig. 86

$$\sin \alpha' = \frac{f_a}{f_m} \cdot \sin \alpha ,$$

da $f_m/AB = \sin \alpha$ und $f_a/AB = \sin \alpha'$ ist.

Diese Strahlablenkung ist durch Beobachtungen bestätigt worden. Es geht daraus hervor, daß nicht verengte Kanäle mit Schrägabschnitt ein größeres Druckgefälle verarbeiten, d. h. eine größere Ausströmgeschwindigkeit als die Schallgeschwindigkeit ergeben können, wobei jedoch der Strahl um so stärker abgelenkt wird, je mehr die Ausströmgeschwindigkeit w die Schallgeschwindigkeit w_s übersteigt. — Übrigens findet auch bei schräg abgeschnittenen Lavaldüsen Expansion im Schrägabschnitt statt, sobald sie mit einem höheren als ihrem normalen Druckverhältnis arbeiten müssen.

51. Berechnung des Arbeitsgefälles und der Ausflußgeschwindigkeit von Dampf mittels des Wärmeinhaltes.

Die aus 1 kg Dampf von der Spannung p_1 bei Ausdehnung bis auf den Gegendruck p_2 verfügbare Arbeit L_0 wird durch das Diagramm Fig. 87 dargestellt. Diese Arbeit ist die gleiche, ob sie in einer Kolbendampfmaschine mit vollständiger Expansion oder in einer Turbine verrichtet wird, oder als lebendige Kraft eines ausströmenden Strahles in Erscheinung tritt. Die entsprechende Ausflußgeschwindigkeit im letzteren Falle ist

$$w = \sqrt{2\,g\,L_0}.$$

Die Arbeitsfläche ist

$$L_0 = p_1 v_1 - p_2 v_2 + \text{Fläche}\,(BCC'B').$$

Die absolute Ausdehnungsarbeit $L_e\,(BCC'B')$ ist bei adiabatischer Zustandsänderung gleich der Abnahme der eigenen Energie (U) des Dampfes von B bis C, da sie ganz aus dieser heraus verrichtet wird.

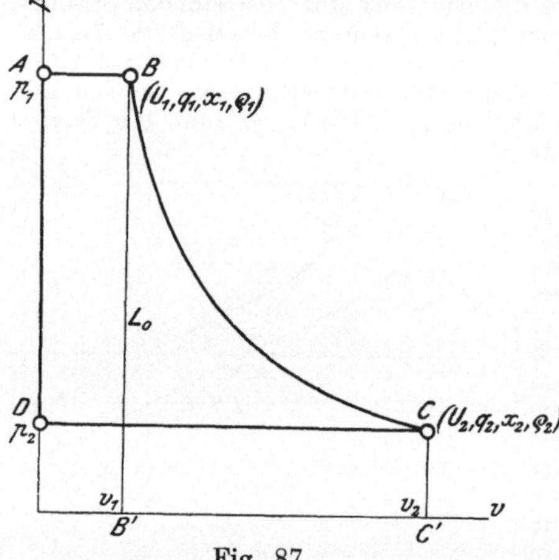

Fig. 87.

Nach Abschn. 36 ist in B

$$U_1 = q_1 + x_1 \varrho_1,$$

in C

$$U_2 = q_2 + x_2 \varrho_2,$$

mit x_1 und x_2 als Dampfgehalten des (feuchten) Dampfes bei B und C. Es ist also

$$L_e = [q_1 + x_1 \varrho_1 - (q_2 + x_2 \varrho_2)]\,427.$$

Somit ist

$$A L_0 = q_1 + x_1 \varrho_1 + A p_1 v_1 - (q_2 + x_2 \varrho_2 + A p_2 v_2).$$

Der Wert $q + x\varrho + Apv$ ist durch den Dampfzustand vollständig bestimmt, wie leicht zu erkennen, und wird als „Wärmeinhalt bei konstantem Druck" bezeichnet (i oder J).

Mit

$$i = q + x\varrho + Apv = U + Apv$$

wird somit

$$L_0 = 427\,(i_1 - i_2) \quad \text{und} \quad w = 91{,}53\,\sqrt{i_1 - i_2}\,.\,.\,.\;(1)$$

Nach Abschn. 36 ist die Gesamtwärme von feuchtem Dampf

$$\lambda = q + x\varrho + \frac{1}{427}\,p\,(v - 0{,}001).$$

Vernachlässigt man das Volumen 0,001 des flüssigen Wassers gegenüber dem ganzen Volumen v, was selbst bei sehr feuchtem Dampf noch völlig zulässig ist, so wird

$$\lambda = i,$$

d. h. die Gesamtwärme identisch mit dem Wärmeinhalt bei konstantem Druck. Dieser ist nur um den Betrag $A p \sigma$, also z. B. bei 15 at um

$$\frac{10000 \cdot 15 \cdot 0,0011}{427} = 0,386 \text{ kcal}$$

größer, was gegenüber den Absolutwerten von 600 bis 700 kcal verschwindend ist. Daher ist auch sehr angenähert

$$L_0 = 427 \,(\lambda_1 - \lambda_2).$$

Hierbei ist aber wohl zu beachten, daß λ_1 nur bei trockenem Dampf, dagegen λ_2 **überhaupt nicht unmittelbar den Dampftabellen** entnommen werden kann, weil am Ende der adiabatischen Ausdehnung der Dampf stets feucht ist. λ_2 bzw. i_2 ist vielmehr nach

$$i_2 = q_2 + x_2 \varrho_2 + \frac{1}{427} \, p_2 x_2 \cdot (v_s)_2$$

zu berechnen, nachdem die Feuchtigkeit x_2 am Ende der Expansion auf die in Abschn. 39 angegebene Weise bestimmt ist.

Dieser Weg ergibt eine besonders einfache Bestimmung von L_0 bzw. w, wenn λ (bzw. i) für das Ende der Expansion aus graphischen Darstellungen entnommen werden kann. Dazu dient die JS-Tafel[1]) (Abschn. 52).

Das Verfahren selbst gilt für beliebige Körper, nicht nur für Sattdampf.

Die Arbeitsfläche $A L_0$ Fig. 87 ergibt sich nämlich ganz allgemein in der Form

$$A L_0 = U_1 - U_2 + A p_1 v_1 - A p_2 v_2 .$$

Setzt man

$$U_1 + A p_1 v_1 = i_1 ,$$
$$U_2 + A p_2 v_2 = i_2 ,$$

so wird wieder

$$A L_0 = i_1 - i_2 .$$

Zur Bestimmung von $i_1 - i_2$ für Wasserdampf vgl. Abschn. 52.

Auch für Gase kann die Ausströmgeschwindigkeit nach Gl. 1 oben ermittelt werden, wenn die Wärmeinhalte i_1 am Anfang und i_2 am Ende der adiabatischen Ausdehnung bekannt sind. Ist etwa

---

[1]) Zuerst von R. Mollier veröffentlicht in Z. Ver. deutsch. Ing. 1904, S. 272. Neue Diagramme zur technischen Wärmelehre. Die erste JS-Tafel für den praktischen Gebrauch rührt ebenfalls von Mollier her (Neue Tabellen und Diagramme für Wasserdampf, Berlin 1906, J. Springer). Die neueste und genaueste Tafel (bis 60 at) findet sich in den „Tabellen und Diagrammen für Wasserdampf" von Knoblauch, Raisch und Hausen.

mit Hilfe der Entropietafel, Tafel III, oder der Polytropentafel, Tafel II, die Temperatur t_2 bestimmt worden, so erhält man $i_1 - i_2 = c_p (t_1 - t_2)$ oder für Feuertemperaturen aus den Wärmekurven Tafel I gemäß $i_1 - i_2 = (Q_1 - Q_2)/\gamma_0$.

Eine besondere Feuergastafel, die auch als Sonderdruck erschienen ist, enthält d. Verf. Techn. Thermodynamik, Bd. II.

52. Die JS-Tafel für Wasserdampf.

Seit dem Auftreten der Dampfturbinen haben die Entropiediagramme große praktische Bedeutung gewonnen, hauptsächlich weil sich mit ihrer Hilfe auch der Einfluß der Strömungswiderstände auf die Zustandsänderungen in Düsen und Turbinenkanälen übersichtlich verfolgen läßt. Zur Bestimmung von Arbeitsgefällen müssen im TS-Diagramm die entsprechenden Wärmeflächen planimetriert werden, oder es müssen Kurven konstanten Wärmeinhalts eingetragen sein. Dies kann nun vermieden und die betreffenden Arbeitswerte können einfach als Strecken abgegriffen werden, wenn man, wie zuerst Mollier gezeigt hat, als Ordinaten im Entropiediagramm anstatt der Temperaturen die Wärmeinhalte i einführt. Die JS-Tafel kommt zustande wie folgt:

Man trägt zunächst, Texttafel V, die Entropiewerte S des trockenen Sattdampfes als Abszissen zu den Wärmeinhalten i als Ordinaten auf und vermerkt die Drücke in beliebigen Abstufungen, Kurve AB in Tafel V für Drücke zwischen 16 und 0,06 at abs. Dies ergibt die „obere Grenzkurve". In gleicher Weise findet man die „untere Grenzkurve" A_1B_1 für flüssiges Wasser von der Siedetemperatur (zwischen den gleichen Drücken).

Weiter handelt es sich darum, die wichtigsten Zustandsänderungen, insbesondere diejenigen bei konstantem Druck und bei konstanter Temperatur, auch für das Heißdampfgebiet oberhalb AB, im Diagramm darzustellen. Die Zustandsänderungen bei konstantem Druck erscheinen im Sattdampfgebiet als Gerade. Wird z. B. trockener Sattdampf von 16 at bei unveränderlichem Drucke abgekühlt (wobei er sich niederschlägt), so ändern sich i und S nach der Geraden AA_1. Man erhält also diese Zustandsänderung für beliebige Drücke durch geradlinige Verbindung der zu gleichen Drücken gehörigen Punkte beider Grenzkurven, Tafel V.

Für feuchten Dampf ist nämlich der Wärmeinhalt

$$i = q + x\varrho + \frac{1}{427}\,pv \quad \text{(Abschn. 36)},$$

und darin

$$v = xv_s + (1 - x)\cdot 0{,}001 \quad \text{(Abschn. 35)},$$

also

$$i = q + x\varrho + \frac{1}{427}\,px\,(v_s - 0{,}001) + \frac{0{,}001}{427}\,p.$$

Ferner ist die Entropie

$$S = S_f + \frac{xr}{T} \quad \text{(Abschn. 39)}.$$

Bei unveränderlichem Druck bleiben nun in den Ausdrücken für i und S alle Größen bis auf x unverändert und wie man leicht erkennt, entsteht durch

J S Diagramm für Wasserdampf.

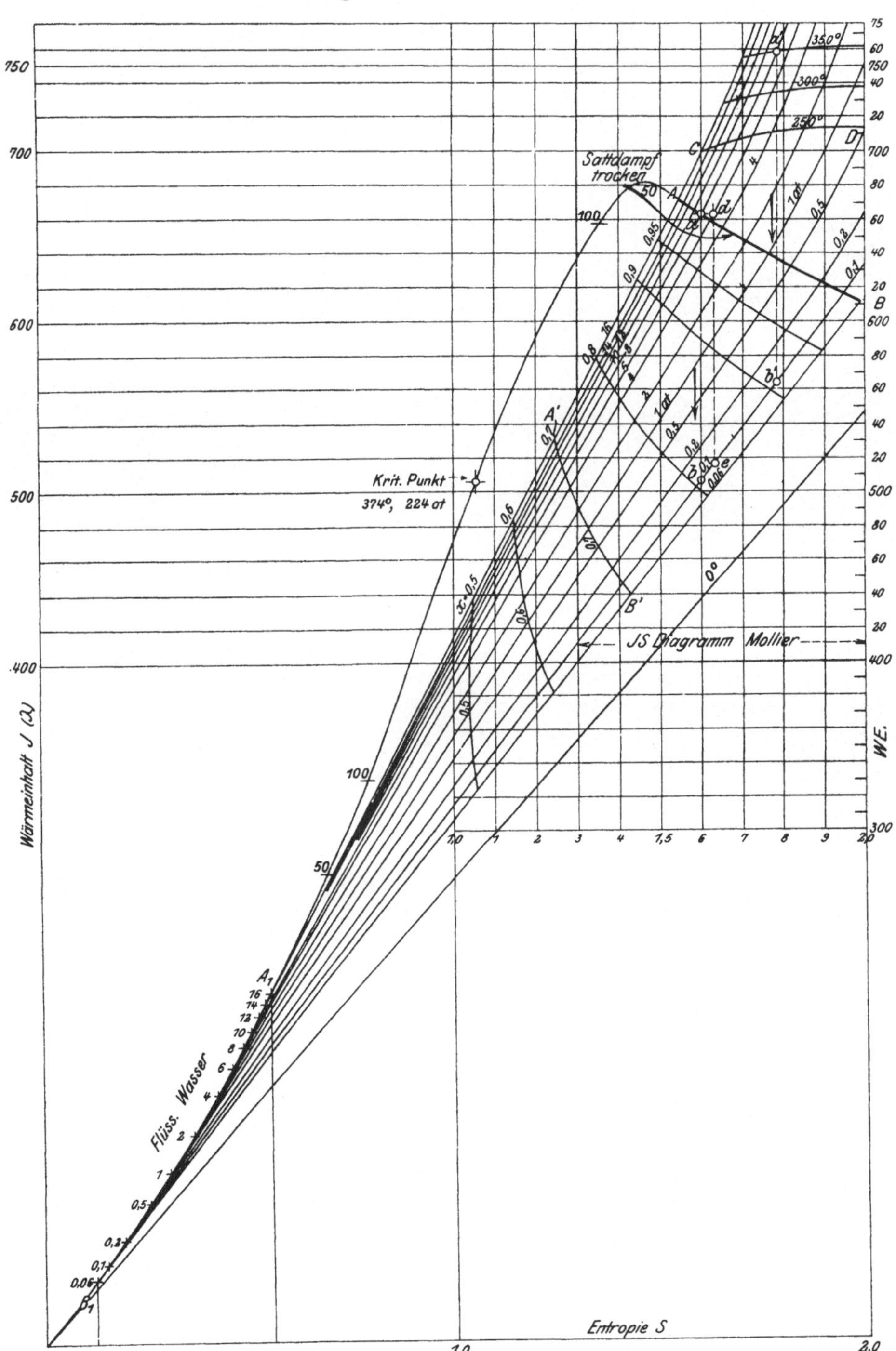

Elimination von x aus beiden Gleichungen eine einzige Gleichung vom ersten Grade zwischen den beiden Veränderlichen i und S. Diese Gleichung stellt im Diagramm mit i und S als Koordinaten eine Gerade dar

Die Entropiewerte nehmen bei zunehmender Feuchtigkeit proportional mit x ab, ebenso i, wie man leicht erkennt. Daher erhält man die zu bestimmten Punkten auf AA_1 gehörigen Feuchtigkeitsgrade (bzw. Dampfgehalte) durch Einteilung von AA_1 in gleiche Teile. Bei A' liegt z. B. Dampf von 30 v. H. Feuchtigkeit, also 70 v. H. oder 0,7 Dampfgehalt vor. Es ist

$$\frac{A_1 A'}{A_1 A} = 0,7.$$

In ganz gleicher Weise findet man die Dampfgehaltswerte auf den übrigen Geraden gleichen Druckes.

Die Zustandsänderung mit gleichbleibender Feuchtigkeit erhält man durch Verbindung von Punkten gleicher Feuchtigkeit auf den Geraden $p = $ konst., z. B. Kurve $A'B'$ für $x = 0,7$.

Die Geraden gleichen Druckes sind im Sattdampfgebiet gleichzeitig Isothermen.

Im Heißdampfgebiet können die Kurven gleichen Druckes, die die Fortsetzung der Geraden des Sattdampfgebietes bilden, eingetragen werden, nachdem erst die Wärmeinhalte und Entropiewerte (aus den Münchener Versuchen über c_p) bestimmt sind. Alle Entropietafeln enthalten solche Kurven gleichen Druckes; ebenso die Linien gleicher Temperatur, wie z. B. CD in Taf. V für 250^0.[1]

Die Kurven konstanter Temperatur lassen unter anderem durch ihren fast wagerechten Verlauf erkennen, daß die Wärmemengen (i), die zur Herstellung von überhitztem Dampf aus Wasser erforderlich sind, von dem Dampfdruck fast unabhängig sind. So sind z. B. zur Herstellung von Heißdampf von 350^0 aus Wasser von 0^0 erforderlich bei

14	10	6	1 at
752,8	753,8	755	757 kcal.

Die Zustandsänderung bei der Drosselung ist im JS-Diagramm durch wagerechte Gerade dargestellt, da bei der Drosselung i unverändert bleibt.

Anwendungsbeispiele. 1. Wie groß ist das Wärmegefälle bei adiabatischer Expansion bis 0,1 at für

a) trockenen Sattdampf von 12, 8, 5, 1 at abs.?

b) Heißdampf von 350^0 bei gleichen Drücken?

Für Sattdampf von 8 at ist das Wärmegefälle gleich der Strecke ab, Taf. V. Dies sind 157,2 kcal, das Arbeitsgefälle ist daher $427 \cdot 157,2 = 67\,120$ mkg. Für Heißdampf von 8 at erhält man $(a'b') = 194$ kcal $= 82\,800$ mkg.

---

[1] Eine Tafel in kleinerem Maßstab, die wie die Texttafel auch die untere Grenzkurve und den Verlauf dieser und der oberen Grenzkurve im ganzen Sattdampfgebiet bis zum kritischen Punkt enthält, findet sich in Z. Ver. deutsch. Ing. 1911, W. Schüle, Die Eigenschaften des Wasserdampfs nach den neueren Versuchen. Vgl. Techn. Thermodyn. Bd. II, Tafel III.

Die Tafel ergibt auf diese Weise für

	12	8	5	1 at
bei Sattdampf				
$i_1 - i_2 =$	172	158	142	83 kcal Wärmegefälle.
bei Heißdampf	207,5	195	180	122 kcal.

2. Wie groß ist der thermische Wirkungsgrad des idealen Prozesses von Dampfturbinen, die mit den Drücken und Temperaturen des vorhergehenden Beispiels arbeiten?

Der thermische Wirkungsgrad ist das Verhältnis der Wärmegefälle aus Beispiel 1, die in Arbeit übergehen, zu den aufgewendeten Wärmemengen (vgl. Abschn. 22). Die letzteren sind nach den Dampftabellen bzw. der JS-Tafel

für Sattdampf	$i =$	666,4	660,9	655,2	638,2 kcal.
Daher ist	$\eta_{th} =$	0,258	0,239	0,217	0,130,
für Heißdampf	$i =$	753	754	755	757 kcal.
	$\eta_{th} =$	0,275	0,256	0,236	0,16.

3. Wie groß ist die Ausflußgeschwindigkeit von Heißdampf von 12 at abs. und 350^0 aus einer entsprechend geformten Düse bei einem Gegendruck von 0,1 at abs.?

Allgemein ist

$$w = \sqrt{2gL}.$$

Mit $i_1 - i_2$ als Wärmegefälle, $L = 427 \, (i_1 - i_2)$ wird

$$w = \sqrt{2g \cdot 427 \cdot (i_1 - i_2)} = 91,53 \sqrt{i_1 - i_2}.$$

Nach der JS-Tafel ist

$$i_1 - i_2 = 207,5,$$

daher

$$w = 91,53 \sqrt{207,5} = 1320 \text{ m/sec}.$$

4. Um wieviel v. H. nimmt die Arbeitsfähigkeit des Sattdampfes von 8 at abs., bezogen auf einen Gegendruck von 0,1 at, ab, wenn der Dampf vor seiner Verwendung auf 6 at abgedrosselt wird?

Die Abdrosselung von 8 auf 6 at ist durch die gerade Strecke ad, Taf. V, dargestellt. Das Wärmegefälle nach der Drosselung ist nur noch de, während es vorher ab war. Die Abnahme beträgt nach der JS-Tafel 9,2 kcal., daher der verhältnismäßige Verlust $\frac{9,2}{158} \cdot 100 = 5,8$ v. H.

Der gedrosselte Dampf ist überhitzt, Punkt d. Trockener Dampf von 6 at würde nur ein Wärmegefälle von 148 kcal. besitzen, also

$$158 - 148 = 10 \text{ kcal.}$$

weniger. Durch die Drosselung geht also fast dieser ganze Betrag verloren.

53. Die wirklichen Ausflußmengen und Ausflußgeschwindigkeiten.

a) Allgemeine Verhältnisse.

Aus der Hydraulik tropfbarer Körper ist bekannt, daß die wirklichen Ausflußmengen und Geschwindigkeiten für Mündungen irgendwelcher Art nicht allein vom Flächeninhalt des engsten Querschnitts der Mündung abhängen, sondern außerdem von der besonderen Gestaltung der Mündungen. Hierbei kommt es viel weniger auf die Querschnittsform an, ob die Mündung kreisförmig, rechteckig, quadratisch usw. ist, als darauf, wie der Übergang des Längenschnittes der Mündung in die anschließende Gefäßwand beschaffen ist. Auch alle Versuche mit Luft oder Dampf haben gezeigt, daß die rechnungsmäßig nach den früher entwickelten Gleichungen Abschn. 49 zu erwartenden Ausflußmengen nur dann nahezu vollständig erreicht werden, wenn die dem Einlauf benachbarten Querschnitte nicht unvermittelt in den sehr viel größeren Gefäßquerschnitt übergehen.

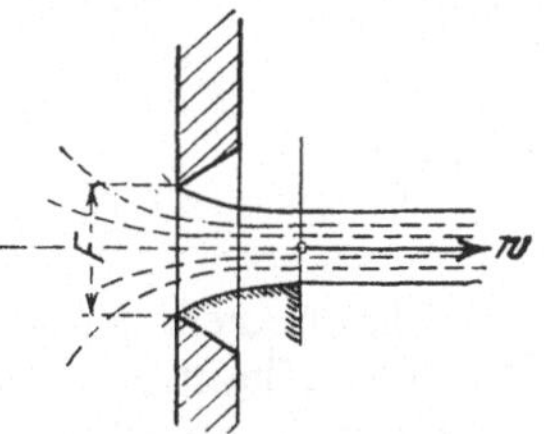

Fig. 88.

Auf alle Fälle braucht nämlich die ausströmende Flüssigkeitsmasse eine gewisse Zeit und einen entsprechenden Weg, um aus ihrer Ruhe im Gefäß die Ausflußgeschwindigkeit in der Mündung anzunehmen. Besteht also diese z. B. aus einem scharfkantigen Loch, wie jede Öffnung von einiger Größe in dünner Wand oder wie eine Öffnung in dickerer Wand nach Fig. 88, so muß die Strahlbildung schon innerhalb des Gefäßes beginnen, Fig. 88. Versuche mit tropfbaren Flüssigkeiten zeigen auch dem Auge, daß die Fließrichtung des Strahles an seiner Oberfläche in der Ebene der Mündung nicht seiner Mittelachse parallel ist. Im Falle einer kreisrunden Öffnung besteht der freie Strahl aus einem konoidischen Körper, der erst in einiger Entfernung vom Loche allmählich zylindrisch wird. Erst im kleinsten Querschnitt $F' < F$ kann gemäß der Stetigkeit der Strömung die größte Ausflußgeschwindigkeit w erreicht sein und die sekundliche Ausflußmenge ist daher nicht $F w \gamma$, sondern $F' w \gamma$. Setzt man das Kontraktionsverhältnis $F'/F = \alpha$, so wird

$$G_{sec} = \alpha F w \gamma.$$

Man kann leicht aus Fig. 88 folgern, daß eine Mündungsform, die sich der natürlichen Form des aus der Ruhe allmählich entstehenden Strahles anschließt, und zwar so, daß im engsten Mündungsquerschnitt alle Flüssigkeitsfäden (Stromlinien) parallel sind, auch nahezu die rechnungsmäßigen Mengen durchlassen wird. Dies wird durch die Ausflußversuche bestätigt, die nebenbei lehren, daß es nicht auf einen besonderen Verlauf der Meridianlinie der Mündung ankommt, sondern im wesentlichen darauf, daß der Übergang (die Abrundung) allmählich ist, wobei schon verhältnismäßig kleine Krümmungshalbmesser bedeutende Wirkung äußern.

Selbst bei sehr vollkommener Abrundung bleiben jedoch die wirklichen Ausflußmengen bei den besten Versuchen noch etwas unter den errechneten. Dies wird so erklärt, daß die größte Ausflußgeschwindigkeit w nicht den Wert w_0 erreicht, der ihr nach dem Druckverhältnis und den sonstigen Eigenschaften des strömenden Körpers zukommt. Ein Teil dieser Geschwindigkeit wird vielmehr durch die Wandreibung des Strahles verzehrt. Man hat also

$$w = \varphi w_0,$$

wobei der „Geschwindigkeitskoeffizient" $\varphi < 1$ ist. Bei einer einfachen Mündung ist also

$$G_{sec} = \alpha f \varphi w_0 \gamma = \alpha \varphi f w_0 \gamma.$$

Setzt man

$$\alpha \varphi = \mu,$$

so wird

$$G_{sec} = \mu f w_0 \gamma.$$

Im allgemeinen jedoch besteht die Beziehung $\alpha \varphi = \mu$ nicht. Bei dem scharfkantigen Ansatzrohr kann man z. B. annehmen, daß die Kontraktion in gleicher oder ähnlicher Weise im Inneren, an der Eintrittskante, entsteht, wie bei der freien Öffnung nach Fig. 88. Die Ausflußgeschwindigkeit w kommt aber erst nach dieser Stelle im Rohrfortsatz zur Ausbildung, und zwar dadurch, daß die im kontrahierten Querschnitt entstandene Geschwindigkeit zum Teil durch Stoß vernichtet wird und in Wärme übergeht. α und φ können hiernach, da sie ganz verschiedenen Querschnitten angehören, nicht im obigen einfachen Zusammenhang stehen.

Bei allen Mündungen, die nicht aus einem kurzen scharfkantigen Loch nach Fig. 88 bestehen, wird man daher setzen

$$G_{sec} = \mu \cdot G_{0\,sec} \quad \ldots \ldots \ldots \quad (1)$$

wenn man unter $G_{0\,sec}$ den nach Abschn. 49 berechenbaren theoretischen, widerstands- und kontraktionsfreien Wert der Ausflußmenge versteht. μ wird als „Ausflußkoeffizient" bezeichnet.

Ferner setzt man

$$w = \varphi w_0 \quad \ldots \ldots \ldots \ldots \quad (2)$$

gleichgültig durch welche Umstände die Ausflußgeschwindigkeit herabgesetzt wird.

μ und φ sind die einzigen Werte, die sich aus Ausflußversuchen unmittelbar ermitteln lassen.

An Stelle des Koeffizienten φ, der im Dampfturbinenbau eine wichtige Rolle spielt, wird gelegentlich ein anderer Wert eingeführt. Aus φ folgt nämlich der Verlust an Strömungsenergie, der auf 1 kg ausströmende Masse entfällt, ganz unabhängig davon, wieviel Masse in der Sekunde ausströmt oder wie groß der Ausflußkoeffizient μ ist. Ohne Geschwindigkeitsverlust wäre nämlich die Strömungsenergie identisch mit dem Arbeitsgefälle L_0 und gleich $w_0^2/2g$. In Wirklichkeit ist die Strömungsenergie nur $w^2/2g$. Daher ist der Verlust

$$L_v = \frac{w_0^2}{2g} - \frac{w^2}{2g} = \frac{w_0^2}{2g}\left(1 - \frac{w^2}{w_0^2}\right),$$

oder

$$L_v = L_0 \cdot (1 - \varphi^2).$$

Setzt man den verhältnismäßigen Verlust an Strömungsenergie

$$\frac{L_v}{L_0} = \zeta,$$

so gilt

$$\zeta = 1 - \varphi^2 \ . \ . \ . \ . \ . \ . \ . \ . \ (3)$$

ζ wird als **Widerstandskoeffizient** bezeichnet.

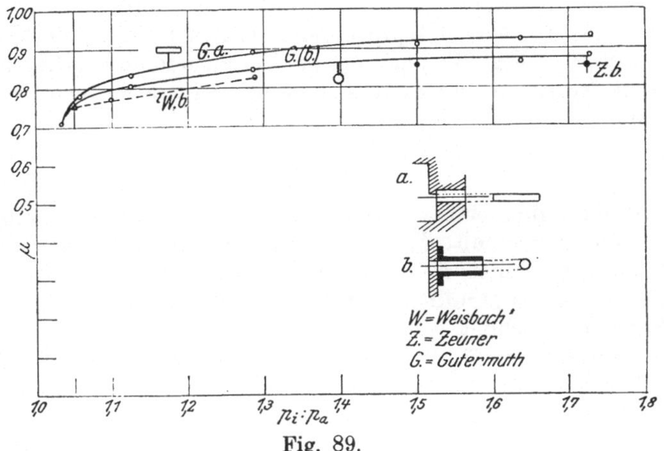

Fig. 89.

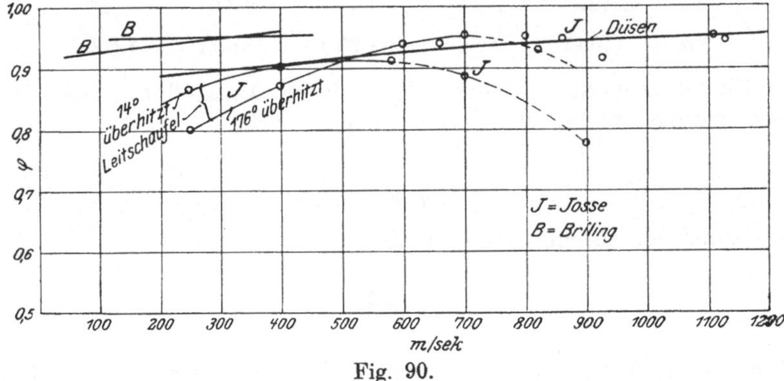

Fig. 90.

Zwecks Prüfung der theoretischen Ausflußformeln und
Ermittlung der Werte von α, φ, ζ und μ sind zahlreiche Versuche
mit Luft, gesättigtem und überhitztem Dampf ausgeführt worden.
Sie ergaben übereinstimmend, daß bei kurzen, innen gut abgerundeten Mündungen die gemessenen Ausflußgewichte nur um
wenige Hundertteile von den berechneten abweichen. Es fand sich
$\mu = 0{,}96$ bis $0{,}97$, sowie $\alpha = 1$ und $\varphi = \mathrm{rd.}\,\mu$.

Bei kurzen, innen scharfkantigen Mündungen tritt dagegen, wie bei den tropfbaren Flüssigkeiten, starke Kontraktion des Strahles und demgemäß eine Verminderung der Ausflußmenge ein. Fig. 89 zeigt einige Versuchsreihen. μ hängt hiernach auch vom Überdruckverhältnis ab. Bei sehr kleinem Überdruck geht μ bis auf etwa 0,6 herunter.

Auch bei Lavaldüsen ist μ kaum kleiner als bei kurzen abgerundeten Mündungen. Dagegen ist φ stark abhängig vom Überdruckverhältnis und am größten, wenn die Düsen mit dem ihrem Erweiterungsverhältnis entsprechenden richtigen Druckverhältnis betrieben werden. Fig. 90 zeigt einige Versuchsreihen. (Die mit B bezeichneten Versuche beziehen sich auf nicht erweiterte kurze Ansatzrohre.)

54. Die Drosselscheibe.

Mißt man den örtlichen Druckabfall h, den eine in eine Rohrleitung vom Querschnitt F_1 eingesetzte Scheibe mit zentrischer Bohrung vom Querschnitt F im Dampf- oder Gasstrom verursacht, so kann daraus die sekundlich durch die Leitung strömende Gas- oder Dampfmenge berechnet werden.

Es ist selbstverständlich, daß nur geringe Druckunterschiede vor und nach der Scheibe zulässig sind. Nach Müller ist nun für eine scharfkantige kreisrunde Öffnung bei

$$\frac{F}{F_1} = \frac{1}{12,25} \quad \frac{1}{5,18} \quad \frac{1}{3,48} \quad \frac{1}{2,46} \quad \frac{1}{1,73}$$

$$\mu = 0,641 \quad 0,689 \quad 0,750 \quad 0,854 \quad 1,084$$

Fig. 91 zeigt diese Werte in graphischer Darstellung. Zwischenwerte werden am besten hieraus entnommen[1].

Das sekundlich durchfließende Gewicht ist nun

$$G_{sec} = \mu F \sqrt{2\,g h \gamma},$$

das sekundlich durchfließende Volumen

$$V_{sec} = \mu F \sqrt{\frac{2\,g h}{\gamma}},$$

mit h als Druckunterschied vor und nach der Mündung in mm H_2O. Die Geschwindigkeit in der Leitung selbst ist wegen $F_1 w \gamma = G_{sec}$

$$w = \mu \frac{F}{F_1} \sqrt{\frac{2\,g h}{\gamma}}.$$

---

[1] Über die neuesten Versuche zur Bestimmung der Durchflußwerte vgl. Z. V. d. I. 1922, S. 1130, Wenzl und Schwarz, Messung großer Gasmengen. Neue Versuche zur Feststellung der Einschnürungsziffer von Düsen und Stauflanschen. (Mit μ ist daselbst eine andere Größe als oben bezeichnet.)

Beispiel. Drosselscheibe $F : F_1 = 0,5$. Nach Fig. 91 wird hierfür $\mu = 0,965$, also $\mu \dfrac{F}{F_1} = 0,483$, somit

$$w = \frac{2,14}{\sqrt{\gamma}} \sqrt{h}, \qquad V_{sec} = 4,27\, F \sqrt{\frac{h}{\gamma}}.$$

Handelt es sich z. B. um Leitungen, durch die Luft von annähernd a mosph. Pressung oder Leuchtgas fließt, so ist für Luft mit $\gamma \backsimeq 1,25$

$$w = 1,91 \sqrt{h}, \qquad V_{sec} = 3,82 \sqrt{h}\ \text{cbm/sec},$$

für Leuchtgas mit $\gamma = 0,5$

$$w = 3,03 \sqrt{h}, \qquad V_{sec} = 6,03 \sqrt{h} \qquad \text{„}$$

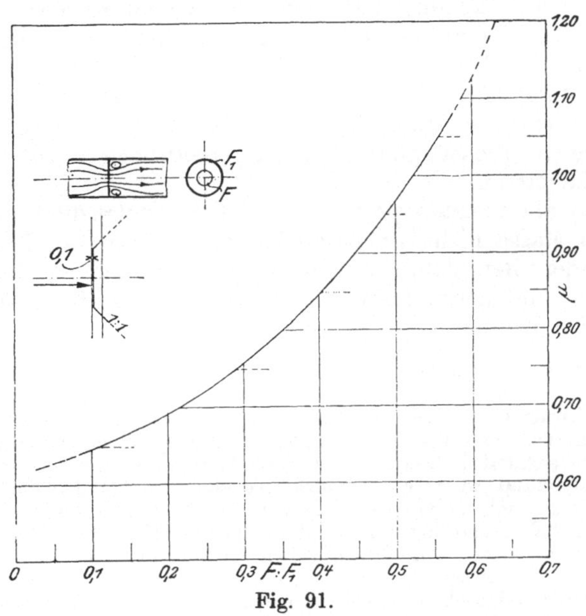

Fig. 91.

Bei Luft von 1 at entspricht hiernach einer Druckdifferenz von 1 mm H_2O eine Geschwindigkeit in der Leitung von 1,91 m/sec, bei Leuchtgas von 3,03 m/sec; einer Druckdifferenz von z. B. 100 mm H_2O entsprechen 10 mal größere Werte, somit 19,1 bzw. 30,3 m/sec. Kommen in den betr. Leitungen größere Geschwindigkeiten vor und erscheinen größere Druckgefälle als 100 mm $H_2O = 0,01$ at unzulässig, so muß die Drosselscheibe weiter gemacht werden.

Bei der praktischen Anwendung ist wohl zu beachten, daß die kreisrunde Drosselöffnung scharfkantig sein muß, jedoch nicht messerscharf, sondern mit einer zylindrischen Kantenfläche von 0,1 mm. Die Scheibe selbst braucht nicht sehr dünn zu sein. Wichtiger ist eine reichliche Divergenz des Loches. Beim Einsetzen der Scheibe ist die Stromrichtung zu beachten, da sonst ganz falsche Ergebnisse!

55. Spannungsverlust in Rohrleitungen.

Bei der gleichförmigen Fortbewegung von Gasen und Dämpfen in Rohrleitungen treten wie bei der Fortleitung tropfbar flüssiger Körper Bewegungswiderstände auf. Selbst in einer wagerechten, überall gleichweiten, durch Ventile nicht unterbrochenen Strecke einer Leitung ergibt sich deshalb ein Druckabfall in der Strömungsrichtung. Ist p_1 der Druck am Anfang, p_2 am Ende der Strecke von der Länge l, so dient der Druckunterschied $p_1 - p_2$ allein dazu, die Widerstände dieser Strecke zu überwinden und so die Strömungsgeschwindigkeit, die am Anfang vorhanden ist, bis zum Ende zu erhalten[1]); im Gegensatz zur „Ausströmung“ aus Mündungen, wo der Druckunterschied zur Beschleunigung der ausfließenden Masse dient[2]).

Die Bewegungswiderstände werden zwar wesentlich durch die Rauhigkeit der Rohrwandungen bedingt, also durch eine ähnliche Ursache wie die Reibung zwischen zwei festen Körpern. Die Einführung eines „Reibungskoeffizienten“ in dem Sinne der Reibung fester Körper ist aber nicht angängig, weil bewegte gasförmige Körper durch die Widerstände in ganz anderer Weise als feste Körper beeinflußt werden, und die Reibung anderen Gesetzen folgt. Übrigens zeigen auch möglichst glatte (polierte) Leitungen noch erheblichen Leitungswiderstand.

In den allermeisten praktischen Fällen erfolgt die Fortbewegung der ganzen Masse nicht in parallelen Stromfäden, sondern in einer Art „rollender“ Bewegung, d. h. in Wirbeln, die in der Rohrrichtung fortschreiten und deren fortwährende Neubildung die Druckverluste hauptsächlich bedingt.

Man hat zwar gefunden, daß die Wirbelbildung bei sehr kleinen Geschwindigkeiten auch vermieden werden kann und trotzdem ein Bewegungswiderstand übrigbleibt. Die Verschiebung einer schwer fließenden zähen Flüssigkeit in sich selbst erfordert nämlich einen gewissen Überdruck, wenn auch bei hinreichend langsamer Bewegung Wirbelung nicht eintritt. Dieser Zähigkeitswiderstand ist allen Flüssigkeiten eigen, selbst den leichtfließenden gas- und dampfförmigen Körpern. In den Rohrleitungen kommt er dadurch zur Wirkung, daß die an der Rohrwand anliegende Flüssigkeitsschicht an dieser durch Adhäsion haftet. An dieser ruhenden Schicht muß sich die nächste vorbeischieben, an dieser wieder die nächste und so fort bis zur Rohrmitte, wo die größte Fließgeschwindigkeit erreicht wird. Dieser Vorgang ist jedoch erfahrungsgemäß nur bei ganz langsamer Bewegung und vornehmlich in engen Leitungen möglich. Bei den in technischen Rohrleitungen auftretenden Geschwindigkeiten tritt regelmäßig völlig turbulente Bewegung ein und der Zähigkeitswiderstand, sofern von einem solchen im gewöhnlichen Sinne noch die Rede sein kann, verschwindet schließlich gegenüber der Wirbelarbeit.

Eine Berechnung der Wirbelwiderstände auf theoretischer Grundlage ist von vornherein nicht möglich. Es handelt sich nur darum, eine einfache Formel zu finden, in der sich die aus Versuchen

---

[1]) Eine gewisse Beschleunigung tritt allerdings auf, weil das spez. Volumen infolge der Abnahme des Druckes größer wird. Wichtig wird dieselbe erst bei sehr langen Leitungen.

[2]) Ausströmung gegen einen wesentlich geringeren Druck als den Leitungsdruck kann natürlich auch durch eine längere zylindrische Leitung erfolgen. Die Leitungswiderstände bedingen dann eine Verzögerung der freien Ausflußgeschwindigkeit und außerdem einen allmählichen Druckabfall im Rohr. Dieser Fall wird aber im vorliegenden Abschnitt nicht behandelt.

gewonnenen Ergebnisse zwecks Verwendung in ähnlichen Fällen unterbringen lassen.

Die Oberfläche O', mit der 1 kg der strömenden Masse mit der inneren Rohrwand in Berührungsteht, ist kleiner bei weiten, größer bei engen Leitungen (Fig. 92). Demgemäß wird der Widerstand in den letzteren größer sein. Bei einem Rohrdurchmesser d, einem spez. Gewicht γ, ergibt sich die Länge l', die ein Gaskörper von 1 kg in der Leitung annimmt, aus

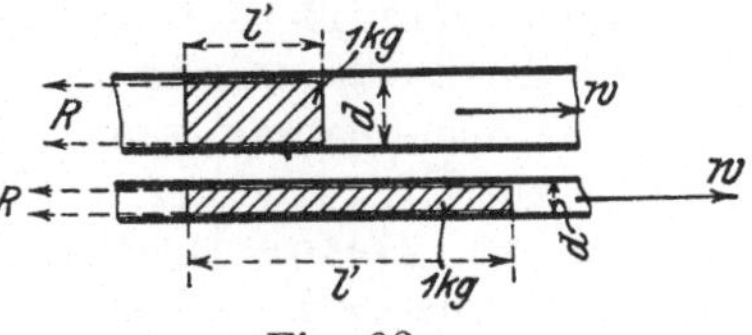

Fig. 92.

$$\frac{\pi d^2}{4} l' \gamma = 1 \qquad \text{zu} \qquad l' = \frac{1}{\gamma \dfrac{\pi d^2}{4}}.$$

Seine Oberfläche O' ist daher

$$O' = \pi d l' = \frac{4}{\gamma d} \, (\text{qm}).$$

Man kann sich nun den Bewegungswiderstand von 1 kg als eine gegen den Strömungssinn gerichtete, am Umfang wirkende, über O' verteilte Kraft vorstellen. Für eine beliebige Leitung läßt sich R ausrechnen, wenn durch Versuche der Verschiebungswiderstand R' für 1 qm Oberfläche bekannt ist. Es ist dann

$$R = R' O',$$

also

$$R = \frac{4 R'}{\gamma d}.$$

Die Arbeit dieses Widerstandes, während das Kilogramm Gas oder Dampf die ganze Strecke von der Länge l durchströmt, ist

$$L_R = R l,$$

also

$$L_R = \frac{4 R'}{\gamma} \cdot \frac{l}{d} \quad \ldots \ldots \ldots \ldots (1)$$

Bei nicht kreisförmigem Leitungsquerschnitt F ist $\dfrac{\pi d^2}{4}$ durch F, πd durch den Querschnittsumfang U zu ersetzen, dann wird

$$l' = \frac{1}{\gamma F}$$

$$O' = U l'$$

$$= \frac{1}{\gamma} \cdot \frac{U}{F},$$

also

$$R = \frac{R'}{\gamma} \frac{U}{F}$$

und

$$L_R = \frac{R'}{\gamma} \cdot \frac{U}{F} \cdot l.$$

Für gleichen Querschnittsinhalt ist also die Widerstandsarbeit um so größer, je größer der Umfang ist. An die Stelle von $4\,l/d$ beim Kreisquerschnitt tritt jetzt $\dfrac{U}{F}\cdot l$, oder an Stelle von l/d der Wert $\dfrac{U}{4\,F}\cdot l$.

Während des Durchströmens sinkt nun die Spannung von p_1 auf p_2. Dabei vergrößern Gase und Dämpfe ihr Volumen und je nach der Art der Zustandsänderung (Verlauf der Druckvolumkurve) ist die bei der Druckabnahme vom strömenden Körper abgegebene Arbeit, die hier zur Überwindung der Widerstände dient, verschieden. Denkt man nur an kleine Druckabfälle, so spielt die Art der Zustandsänderung eine geringe Rolle. Ohne erheblichen Fehler kann dann auch von der Ausdehnungsarbeit abgesehen, und nur die Überdruckarbeit braucht, wie bei tropfbaren Flüssigkeiten, berücksichtigt zu werden.

Diese ist, mit v als mittlerem spez. Volumen, für 1 kg gleich

$$(p_1 - p_2)\cdot v$$

oder mit

$$v = \frac{1}{\gamma}$$

$$L_R = \frac{p_1 - p_2}{\gamma}.$$

Es ist demnach

$$\frac{p_1 - p_2}{\gamma} = \frac{4\,R'}{\gamma}\cdot\frac{l}{d},$$

somit der gesuchte Druckabfall bei kreisförmigem Querschnitt

$$p_1 - p_2 = 4\,R'\cdot\frac{l}{d},$$

bei nicht kreisförmigem Querschnitt

$$p_1 - p_2 = R'\cdot\frac{U}{F}\cdot l.$$

Darin ist nun R', der Bewegungswiderstand für 1 qm bespülte Oberfläche, eine von der Geschwindigkeit und der Natur des strömenden Körpers abhängige Größe. Da es sich im wesentlichen, wie oben erwähnt, um Massenwiderstände innerhalb der wirbelnd bewegten Masse handelt, so wird R' ungefähr mit dem Quadrat der Geschwindigkeit wachsen. Da ferner die bei gleicher Geschwindigkeit sekundlich über 1 qm Rohroberfläche fließenden Massen im Verhältnis der spez. Gewichte γ stehen, so wird der Widerstand auch mit γ zunehmen. Setzt man in der vorletzten Gleichung

$$4\,R' = 10000\cdot\beta\,\gamma\,w^2,$$

so wird, wenn man den Druck in kg/qcm mißt,

$$p_1 - p_2 = \beta\cdot\frac{l}{d}\cdot\gamma\,w^2 \text{ kg/qcm} \quad \ldots \ldots \ldots (2)$$

In der Hydraulik flüssiger Körper wird der Druckverlust meist nicht in kg/qcm, sondern in m Flüssigkeitssäule angegeben. Die dem Druckunterschied $p_1 - p_2$ kg/qcm gleichwertige Druckhöhe in m Luftsäule oder Dampfsäule ist

$$h = \frac{10000\,(p_1 - p_2)}{\gamma}.$$

Schreibt man nun die Gleichung für den Druckverlust in der üblichen Form

$$\boldsymbol{h = \lambda \cdot \frac{l}{d} \cdot \frac{w^2}{2\,g}} \ \text{(m)} \quad \ldots \ldots \ldots \text{(3)}$$

so folgt

$$10\,000\,\beta = \frac{\lambda}{2\,g} \quad \ldots \ldots \ldots \ldots \text{(4)}$$

oder

$$10^8\,\beta = 510\,\lambda \quad \ldots \ldots \ldots \ldots \text{(4 a)}$$

β und λ bestimmen sich somit gegenseitig, ohne Rücksicht auf die Natur des strömenden Körpers.

Die Reibungsarbeit wird nach Gl. 1 mit dem obigen Wert von $4\,R'$

$$L_R = 10000\,\beta\,\frac{l}{d}\,w^2 \ \text{(mkg)}$$

oder mit Gl. 4

$$L_R = \lambda \cdot \frac{l}{d} \cdot \frac{w^2}{2\,g} \quad \ldots \ldots \ldots \ldots \text{(3 a)}$$

identisch mit dem in m Flüssigkeitssäule ausgedrückten Druckverlust.

Die zahlreichen Versuche zur Ermittlung von λ oder β sowohl mit tropfbaren Körpern als auch mit Luft und Dampf haben gezeigt, daß diese Koeffizienten des Leitungswiderstands keine Konstanten im gewöhnlichen Sinne sind. Sie sind vielmehr selbst wieder Funktionen der nach Gl. 2 auch sonst für den Druckverlust maßgebenden Größen w, d und γ, außerdem aber noch abhängig von der inneren Reibung oder Zähigkeit (μ)[1] des strömenden Körpers und in hohem Grade von der rauheren oder glatteren Beschaffenheit der bespülten Oberfläche.

Bei dieser großen Zahl einflußnehmender Größen war es schwierig, die Versuchsergebnisse, die unter verschiedenartigsten Verhältnissen gewonnen wurden, unter ein gemeinsames Gesetz unterzuordnen.

Um eine Übersicht zu gewinnen, ist es, wie man jetzt erkannt hat, zweckmäßig, zwischen glatten und rauhen Rohren zu unterscheiden. Bei den ersteren liegen nämlich die Verhältnisse sehr viel einfacher, weil der Einfluß der Rauhigkeit, der je nach ihrem Grad sehr verschieden sein kann, wegfällt.

---

[1] Vgl. hierüber weiter unten.

Für glatte Rohre (z. B. glattgezogene Messing-, Blei- und Kupferrohre) gilt nach **Jakob** auf Grund umfangreicher Versuche verschiedener Forscher

$$\lambda = \frac{0{,}3272}{(w\,d/\nu)^{0{,}2\jmath3}} \quad\ldots\ldots\ldots\ldots (5)$$

Darin ist ν der Koeffizient der sog. „kinematischen Zähigkeit". Mit dem gewöhnlichen Koeffizienten der inneren Reibung der Flüssigkeiten μ_{abs} steht dieser Wert in dem Zusammenhang

$$\nu = \frac{\mu_{abs}}{10\,\gamma} \quad\ldots\ldots\ldots\ldots (6)$$

Für Luft von gewöhnlicher Temperatur (20^0) ist z. B.

$$\mu_{abs} = 1886/10^7\,.$$

Man erhält z. B. für ein glattes Rohr von $d = 0{,}1$ m, $w = 30$ m/sec $\gamma = 1{,}3$.

$$\lambda = 0{,}015, \quad \text{also} \quad 10^8\cdot\beta = 7{,}65\,.$$

Nach neueren Versuchen von **Jakob** und **Erk** gilt genauer

$$\lambda = 0{,}00714 + \frac{0{,}6104}{(w\,d/\nu)^{0{,}35}} \quad\ldots\ldots\ldots\ldots (7)$$

Hiernach strebt λ für sehr große Werte von $w\,d/\nu$ dem unteren Grenzwert 0,00714 zu.

Für rauhe Rohre und Rohrleitungen sind die Widerstandswerte größer als für glatte. Nach **Fritzsche** gilt für Rohre von mäßiger Rauhigkeit, z. B. Gasrohre, gewöhnliche schmiedeeiserne Rohrleitungen

$$10^8\cdot\beta = \frac{9{,}4}{(\gamma\,w)^{0{,}148}\,d^{0{,}269}} \quad (d \text{ in } m)\ldots\ldots\ldots (8)$$

Daraus folgt z. B. für $\gamma\,w = 50$, $d = 0{,}07$ m, $\beta = 10{,}6/10^8$. Für Rohre von größerer Rauhigkeit, s. B. gußeiserne Rohre und Leitungen sind die Werte von β noch größer (bis zum doppelten der Werte nach **Fritzsche**).

Für **Dampfleitungen** ist nach **Eberle** bei den üblichen Dampfgeschwindigkeiten und Rohrdurchmessern

$$10^8\cdot\beta = 10{,}5 \text{ (unveränderlich)}.$$

Besondere Fälle von Spannungsverlusten.

Die **Einzelwiderstände**, die in Leitungen durch eingebaute Ventile, Hähne, Schieber, Klappen, Abzweige, Krümmer u. ä. entstehen, hängen in hohem Grade von den Einzelheiten des Organs an der durchströmten Stelle ab. Versuche haben übereinstimmend bewiesen, daß diese Druckverluste genau mit dem **Quadrat der Geschwindigkeit** wachsen, was sich daraus erklärt, daß es sich wesentlich um **Wirbelwiderstände** handelt. Man setzt daher den Druckverlust

$$\Delta p = \frac{1}{10000}\,\zeta\cdot\frac{w^2}{2\,g}\cdot\gamma \text{ (kg/qcm) oder } \Delta h = \zeta\cdot\frac{w^2}{2\,g} \text{ (m Flüss.-Säule)}.$$

Aus umfangreichen eigenen und einigen fremden Versuchen findet **Brabbée** (für Wasser) neben vielen anderen Fällen z. B.

für gewöhnl. Durchgangsventile $\zeta = 7$ bis $6,5$,

„ Kniestücke von 90^0 . . . $\zeta = 1,5$ bis 2,

„ Bogen von 90^0, wenn . . $r > 5d$, $\zeta = 0$.

Für normale Gußeisen-Krümmer ist etwa $\zeta = 0,3$.

Die einem Einzelwiderstand gleichwertige Länge l' der glatten Leitung folgt mit

$$\lambda \cdot \frac{l'}{d} \frac{w^2}{2g} = \zeta \cdot \frac{w^2}{2g} \text{ zu } l' = \frac{\zeta}{\lambda} \cdot d, \quad \ldots \ldots \ldots (10)$$

ist also abhängig vom Rohrdurchmesser. Bei den Versuchen von Eberle fand sich z. B. mit $d = 70$ mm für ein Absperrventil $l' = 16,4$ m. Für ein gleichartiges Ventil in einer Leitung von $d = 140$ mm ist also (bei gleichem λ) $l' = 2 \cdot 16,4 = 32,8$ m. Enthält eine Leitung n Ventile, so ist in die Widerstandsformel die Länge der Leitung mit $l + nl'$ einzuführen. Besser wird jedoch mit ζ gerechnet.

Beispiel. Eine Dampfmaschine verbrauche bei gesteigerter Belastung stündlich 450 kg Heißdampf von 300^0 und 10 at abs. Die Dampfleitung ist 50 m lang und enthält 2 gewöhnliche Absperrventile. Den Durchmesser der Leitung und den gesamten Druckverlust zu berechnen für eine Dampfgeschwindigkeit von 30 m/sec.

Das spez. Gewicht des Dampfes ist nach Abschn. 36 $\gamma = 3,94$ kg/cbm. Das sekundliche Dampfgewicht ist $G_{sec} = 450/3600 = {}^1/_8$ kg/sec.

Daher ist wegen

$$G_{sec} = F \cdot w \cdot \gamma$$

$$F = \frac{10000}{8 \cdot 30 \cdot 3,94} = 10,6 \text{ qcm}.$$

$$d = 3,7 \text{ cm}.$$

Wählt man $d = 40$ mm, so wird $w = 25,7$ m/sec. Der Druckabfall durch Reibung wird somit

$$\Delta p_1 = \frac{10,5}{10^8} \cdot \frac{50}{0,04} \cdot 3,94 \cdot 25,7^2 = 0,342 \text{ at};$$

der Druckabfall durch die Ventile wird

$$\Delta p_2 = 2 \cdot \frac{1}{10000} \cdot 7 \cdot \frac{25,7^2}{2 \cdot 9,81} \cdot 3,94 = 0,186 \text{ at},$$

somit der gesamte Druckabfall

$$\Delta p = \Delta p_1 + \Delta p_2 = \underline{0,528} \text{ at}.$$

IV. Mechanische Wirkungen strömender Gase und Dämpfe.

56. Druck abgelenkter freier Strahlen (Aktion).

Vorbemerkungen. Ein mit gleichförmiger Geschwindigkeit w über eine gekrümmte Leitfläche AB laufender Massenpunkt mit der Masse m übt auf seinem Wege Zentrifugaldrücke C auf die Leitfläche aus, Fig. 93. Die Richtung von C ist jeweils normal zur Führungsrichtung, also veränderlich; die Größe von C ist vom augenblicklichen Krümmungshalbmesser ϱ abhängig, also ebenfalls veränderlich, wenn nicht zufällig die Leitlinie kreisförmig ist.

Anstatt nun die Zentrifugaldrücke nach der bekannten Formel

$$C = \frac{m\, w^2}{\varrho}$$

zu bestimmen, ermittelt man im vorliegenden Falle besser ihre Komponenten

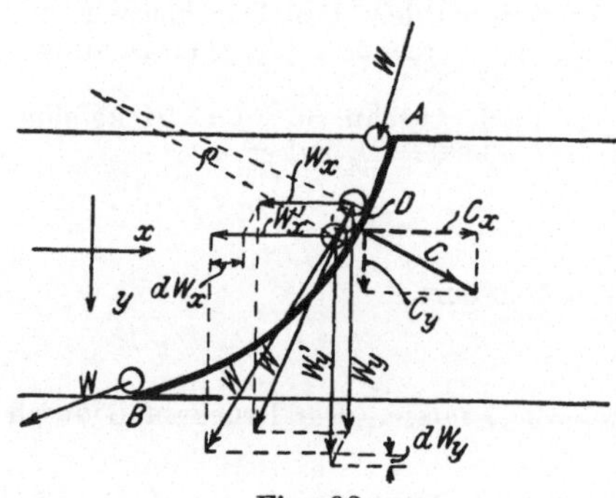

Fig. 93.

C_x und C_y nach den zwei zueinander senkrechten Richtungen x und y. Die Zentrifugalkraft C entsteht durch die Ablenkung der bewegten Masse m aus der geraden Richtung, die sie nach dem Beharrungsgesetz einzuschlagen sucht. Bei der Ablenkung ändern sich die Komponenten der Geschwindigkeit w nach den Richtungen x und y. Es entstehen daher Beschleunigungen und Verzögerungen in diesen Richtungen, denen nach dem Massenbeschleunigungsgesetz die proportionalen Massenkräfte $-C_x$ und $-C_y$, die Komponenten der Zentripetalkraft, entsprechen. In D seien w_x und w_y die Geschwindigkeitskomponenten, in dem um das Bogenelement db entfernten Punkte seien sie w_x' und w_y', Fig. 93. Die Geschwindigkeitsänderung in der x-Richtung ist daher

$$w_x' - w_x = d\,w_x,$$

in der y-Richtung

$$w_y' - w_y = d\,w_y.$$

Ist dt die Zeit zum Durchlaufen des Bogenelementes db, so sind die Beschleunigungen (oder Verzögerungen) gleich $\dfrac{d\,w_x}{d\,t}$ bzw. $\dfrac{d\,w_y}{d\,t}$; die entsprechenden Massenkräfte sind daher

$$- C_x = m \cdot \frac{d\,w_x}{d\,t} \quad \dots \dots \dots \dots \quad (1)$$

$$- C_y = m \cdot \frac{d\,w_y}{d\,t} \quad \dots \dots \dots \dots \quad (2)$$

Das Moment von C in bezug auf den Koordinatenursprung ist

$$\varDelta M = C_y x - C_x y$$

(rechtsdrehend um den links oben gedachten Drehpunkt), oder mit den Werten von C_x und C_y

$$- \varDelta M = m \, \frac{x\,d\,w_y - y\,d\,w_x}{d\,t} \, .$$

Da nun

$$d\,x = w_x\,d\,t$$

$$d\,y = w_y\,d\,t$$

ist, so gilt

$$\frac{d\,x}{w_x} = \frac{d\,y}{w_y}$$

oder

$$w_y\,d\,x - w_x\,d\,y = 0\,.$$

Fügt man diesen Wert dem Zähler des Ausdrucks für $\varDelta M$ bei, so wird

$$- \varDelta M = m \, \frac{x\,d\,w_y + w_y\,d\,x - (y\,d\,w_x + w_x\,d\,y)}{d\,t} \, .$$

Mit

$$x\,d\,w_y + w_y\,d\,x = d\,(x\,w_y)$$

$$y\,d\,w_x + w_x\,d\,y = d\,(y\,w_x)$$

wird der Zähler gleich

$$d\,(x\,w_y) - d\,(y\,w_x)$$

oder einfacher

$$d\,(x\,w_y - y\,w_x)\,.$$

Nun ist aber

$$x\,w_y - y\,w_x = w\,a\,,$$

mit a als senkrechtem Abstand des Drehpunkts von der Tangente in D, weil w die Diagonale im Parallelogramm von w_x und w_y ist.

Daher gilt

$$- \varDelta M = m \, \frac{d(w\,a)}{d\,t} \quad . \quad (3)$$

Druck und Drehmoment eines kontinuierlichen Strahles. Teilt man den Strahl in Elemente von der Länge $d\,b$, Fig. 94, so liefert jedes Element Kräfte C_x und C_y. Die Summe aller x-Komponenten sei P_x, die der y-Komponenten P_y. Die Resultante aus P_x und P_y ist alsdann nach Größe, Richtung und Lage übereinstimmend mit der Resultante P aller Zentrifugaldrücke, dem resultierenden Schaufeldruck.

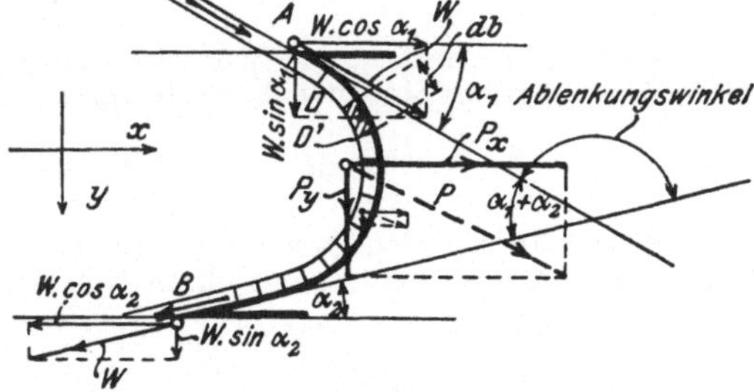

Fig. 94.

Es sei nun G_{sec} das sekundlich durch jeden Strahlquerschnitt fließende Gewicht. In dt Sekunden, der Zeit zur Zurücklegung des Weges db, fließt dann z. B. durch D, Fig. 94, das Gewicht $G_{sec} \cdot dt$. Dieses Gewicht wird auch durch das zwischen D und D' liegende Strahlelement dargestellt, dessen Masse oben gleich m gesetzt wurde.

Es ist also

$$m = \frac{G_{sec}\, dt}{g}.$$

Hiermit werden die von m herrührenden Komponenten des Zentrifugaldrucks

$$C_x = -\frac{G_{sec}\, dt}{g} \cdot \frac{dw_x}{dt} = -\frac{G_{sec}}{g} \cdot dw_x \quad \ldots \ldots \quad (4)$$

und

$$C_y = -\frac{G_{sec}}{g} \cdot dw_y \quad \ldots \ldots \ldots \ldots \quad (5)$$

Das Drehmoment des Zentrifugaldrucks um den Ursprungspunkt wird

$$\varDelta M = -\frac{G_{sec}}{g}\, d(wa) \ldots \ldots \ldots \ldots \quad (6)$$

Die Summe aller x-Komponenten zwischen A und B ist daher

$$P_x = \sum C_x = -\frac{G_{sec}}{g} \cdot \sum_A^B dw_x\,,$$

also gemäß Fig. 94, wenn mit w_{x_1} und w_{x_2} die Werte von w_x bei A und B bezeichnet werden,

$$P_x = -\frac{G_{sec}}{g} \cdot [w_{x_2} - w_{x_1}] \ldots \ldots \ldots \ldots \quad (7)$$

und ebenso die Summe aller y-Komponenten

$$P_y = -\frac{G_{sec}}{g} \cdot [w_{y_2} - w_{y_1}] \ldots \ldots \ldots \ldots \quad (8)$$

sowie das Drehmoment des gesamten Schaufeldrucks

$$M = -\frac{G_{sec}}{g} \cdot [(wa)_2 - (wa)_1] \ldots \ldots \ldots \ldots \quad (9)$$

Ist w unveränderlich, wie hier angenommen, und sind a_1 und a_2 die kürzesten Abstände der Ein- und Austrittstangente vom Ursprung, so wird

$$M = -\frac{G_{sec}}{g}\, w\,(a_2 - a_1) \ldots \ldots \ldots \ldots \quad (9\,\text{a})$$

Denkt man sich den Drehpunkt irgendwo auf der Resultante aller Bahndrücke, so wird das Drehmoment gleich Null und somit

$$a_2 = a_1\,,$$

d.h. die Resultante P halbiert den Winkel zwischen der Eintritts- und Austrittstangente. Damit ist ihre Lage sehr einfach zu bestimmen, wie Fig. 95 zeigt. In Fig. 94 ist dagegen P willkürlich eingetragen.

Sind α_1 und α_2, Fig. 94, die Winkel der Leitfläche bei A und B mit der x-Richtung, so ist

$$w_{x_1} = w \cos \alpha_1\,, \qquad w_{x_2} = -w \cos \alpha_2$$

und

$$w_{y_1} = w \sin \alpha_1\,, \qquad w_{y_2} = w \sin \alpha_2\,,$$

somit

$$P_x = \frac{G_{sec}}{g} \cdot w \left(\cos \alpha_2 + \cos \alpha_1\right) \quad \ldots \ldots \ldots \quad (10)$$

$$P_y = \frac{G_{sec}}{g} \cdot w \left(\sin \alpha_1 - \sin \alpha_2\right) \quad \ldots \ldots \ldots \quad (11)$$

α_2 kann kleiner als α_1 sein, dann ist P_y nach unten gerichtet, weil positiv. P_x wirkt unter allen Umständen nach rechts, selbst wenn α_1 stumpf, $\cos \alpha_1$ negativ ist, weil immer

$$180^0 - \alpha_1 > \alpha_2$$

ist.

Der resultierende Schaufeldruck wird

$$P = \sqrt{P_x{}^2 + P_y{}^2}$$

oder

$$\boldsymbol{P = \frac{G_{sec}\, w}{g} \sqrt{2 \cdot [1 + \cos (\alpha_2 + \alpha_1)]}} \quad \ldots \ldots \quad (12)$$

Die **Richtung** des Schaufeldrucks gegen die Wagerechte folgt aus

$$\operatorname{tg} \varphi = \frac{P_y}{P_x} = \frac{\sin \alpha_1 - \sin \alpha_2}{\cos \alpha_1 + \cos \alpha_2}, \qquad \varphi = \frac{1}{2}\left(\alpha_1 - \alpha_2\right),$$

geometrisch einfacher als Winkelhalbierende der Ein- und Austrittstangenten.

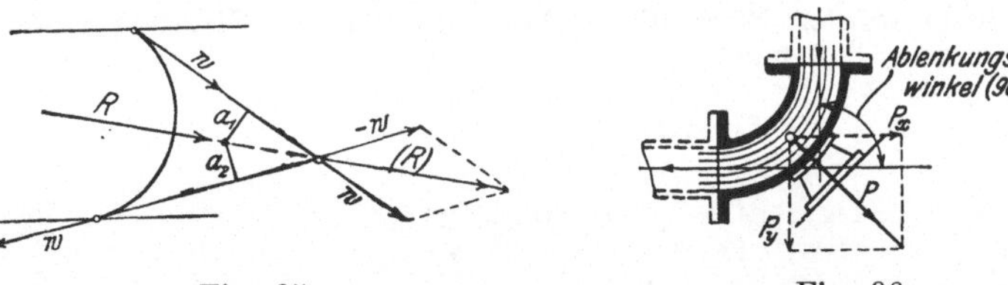

Fig. 95.   Fig. 96.

Es ist bemerkenswert, daß sowohl Größe als Richtung des gesamten Schaufeldruckes unabhängig von der Gestalt der Leitlinie sind. Sie sind durch die Eintritts- und Austrittswinkel allein bestimmt. Dagegen ist die Lage dieser Kraft noch von der gegenseitigen Lage der Ein- und Austrittsstelle abhängig, jedoch nicht von dem Krümmungsgesetz. Lage und Richtung sind nach Fig. 95 bestimmt. Über die Arbeit der Aktionskräfte vgl. Abschn. 60.

Beispiele. 1. Rohrkrümmer von 90^0 (Fig. 96). Mit $\alpha_1 + \alpha_2 = 90^0$ wird die resultierende Aktionskraft

$$P = \frac{G_{sec}\, w}{g} \sqrt{2}\,.$$

2. Rohrkrümmer von 180^0. Mit

$$\alpha_1 + \alpha_2 = 0^0$$

wird

$$P = 2 \frac{G_{sec}}{g}\, w\,.$$

Fließt z. B. durch einen Rohrkrümmer von 100 mm Lichtweite **Dampf** von 12 kg/qcm abs. mit 40 m/sec Geschwindigkeit, so ist mit $\gamma \cong 6$ kg/cbm

$$G_{sec} = \frac{\pi \cdot 0{,}1^2}{4} \cdot 40 \cdot 6 = 1{,}844 \text{ kg}\,.$$

Hiermit wird für 90° Ablenkung

$$P = \frac{1{,}884 \cdot 40 \cdot 1{,}414}{9{,}81} = \underline{10{,}7 \text{ kg}},$$

für 180° Ablenkung $P = 15{,}3$ kg.

3. Ruhende Schaufel von $\alpha_1 = 20°$ Eintritts-, $\alpha_2 = 20°$ Austrittswinkel, nach Fig. 94.

Wegen

$$\cos \alpha_1 = \cos \alpha_2 = 0{,}94, \qquad \sin \alpha_1 = \sin \alpha_2 = 0{,}34$$

wird

$$P_x = \frac{G_{sec}}{g} w \cdot (0{,}94 + 0{,}94) = 1{,}88 \frac{G_{sec} \, w}{g}$$

$$P_y = \frac{G_{sec}}{g} w \cdot (0{,}34 - 0{,}34) = 0.$$

Der Strahldruck in der y-Richtung ist Null. Für $G_{sec} = 1$ kg und $w = 1000$ m/sec würde

$$P_x = \frac{1{,}88}{9{,}81} \cdot 1000 = 191{,}5 \text{ kg}.$$

4. Ein freier Strahl prallt senkrecht auf eine ebene Fläche. Die Erfahrung zeigt, daß sich der Strahl, wenn die Ebene genügend ausgedehnt ist, in der Ebene ausbreitet und in dieser nach allen Seiten abfließt.

Der Druck des Strahles gegen die Platte ist so groß, als wenn der Strahl um 90° abgelenkt würde. Wird die Zuflußrichtung als x-Richtung gewählt, so erhält man aus Gl. 7 mit

$$w_{x_1} = w$$

$$w_{x_2} = 0$$

$$P = \frac{G_{sec}}{g} w.$$

Diese Beziehung ist mehrfach zur experimentellen Bestimmung der Ausflußgeschwindigkeit von Dampf benützt worden, indem P und G_{sec} gemessen, w hiernach berechnet wurde.

57. Reaktion und Reaktionsarbeit beschleunigter Gas- und Dampfströme; reines Reaktionsrad; Vergleich mit dem Aktionsrad.

Wenn aus einem Gefäß mit ruhendem Inhalt ein Gas- oder Dampfstrahl austritt, Fig. 97, so nehmen alle ausströmenden Teile von gewissen Stellen im Innern des Gefäßes an (A) bis dahin, wo sie das Gefäß verlassen (B), allmählich die Ausflußgeschwindigkeit an. Sie vollführen auf im allgemeinen nicht näher bestimmbaren, krummen Bahnen AB, $A'B'$ ungleichförmig beschleunigte Bewegungen. Bei der Entstehung einer solchen Bewegung müssen nach dem für alle Körper gültigen Massenbeschleunigungsgesetz Triebkräfte in der Richtung und im Sinne der Bewegung tätig sein. Ist m die Masse eines Strahlelementes (Fig. 97, Mündung I), w seine Geschwindigkeit, dt die Zeit zur Zurücklegung des Wegelements ds in der Bewegungsrichtung, dw die Zunahme von w während dieser Zeit, also dw/dt die Bahnbeschleunigung, so ist die Triebkraft

$$\Delta P = m \cdot \frac{dw}{dt}.$$

Diese Kraft, die ihre Größe und Richtung während des Durchganges des Massenteilchens durch die Mündung fortwährend ändert, entsteht im Innern der Dampfmasse auf nicht näher angebbare Weise. Ihr Vorhandensein zeigt sich an ihrer experimentell leicht nachweisbaren **Gegenkraft** (Reaktion), ohne die sie nicht bestehen kann. Diese Gegenkraft überträgt sich durch die Gasmasse hindurch auf die Gefäßwände. Der Ort, wo sie am Gefäß angreift, ergibt sich durch Rückwärtsverlängerung der augenblicklichen Bewegungsrichtung, Fig. 97.

Im Beharrungszustand der Strömung treten nun alle die Triebkräfte und Reaktionen, die ein Strahlelement auf seinem Wege AB nacheinander erfährt, gleichzeitig auf und gleichzeitig mit denen aller anderen, auf anderen Wegen sich bewegenden Strahlteile. Um die Berechnung der Resultanten aller dieser Kräfte nach Größe und Richtung handelt es sich.

Berechnung der Gesamtreaktion. Man zerlegt den ganzen Strahl in eine große Zahl von Stromfäden, die nach den Bahnen AB der einzelnen Strahlelemente verlaufen. Die Masse eines sehr kurzen Teiles eines Stromfadens sei m. Die dazu gehörige Triebkraft ΔP wirkt in der Tangente des Stromfadens. Es

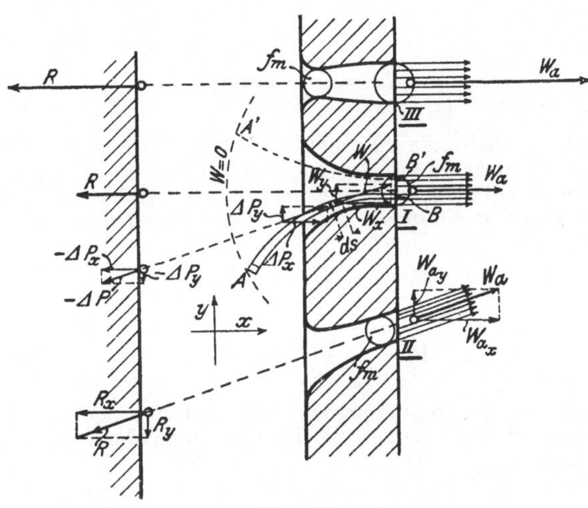

Fig. 97.

ist zweckmäßig, sowohl ΔP, als die Geschwindigkeit w in Komponenten ΔP_x und ΔP_y, bzw. w_x und w_y zu zerlegen. Dann gilt (Abschn. 56)

$$\Delta P_x = m \cdot \frac{dw_x}{dt}$$

$$\Delta P_y = m \cdot \frac{dw_y}{dt}.$$

Der einzelne Stromfaden führt **sekundlich** einen kleinen Bruchteil des ganzen sekundlichen Ausflußgewichtes G_{sec}, das nach Abschn. 39 zu berechnen ist. Ist ΔG_{sec} dieser Bruchteil, so fließt in dt Sekunden durch den Stromfadenquerschnitt das Gewicht $\Delta G_{sec} \cdot dt$. Diese Menge ist identisch mit dem Stromfadenelement selbst, da zur Zeit dt die Bogenlänge ds gehört, Fig. 94. Es ist somit

$$m = \frac{\Delta G_{sec}}{g} \cdot dt.$$

Hiermit wird nun

$$\Delta P_x = m \cdot \frac{dw_x}{dt} = \frac{\Delta G_{sec}}{g} \cdot dt \cdot \frac{dw_x}{dt}$$

oder

$$\Delta P_x = \frac{\Delta G_{sec}}{g} \cdot dw_x,$$

ebenso

$$\Delta P_y = \frac{\Delta G_{sec}}{g} \cdot dw_y.$$

Durch Addition der sämtlichen wagerechten bzw. senkrechten Komponenten eines Stromfadens erhält man die Komponenten der Gesamtreaktion dieses Fadens. Da in ΔP_x und ΔP_y nur dw_x und dw_y veränderlich sind, so erhält man die gesuchten Summen durch Multiplikation von $\Delta G_{sec}/g$ mit den ganzen Änderungen der Strahlgeschwindigkeitskomponenten auf dem Wege AB. Diese sind gleich den Komponenten $(w_a)_x$ und $(w_a)_y$ von w_a, also ist

$$P_x = \frac{\Delta G_{sec}}{g} \cdot (w_a)_x$$

und

$$P_y = \frac{\Delta G_{sec}}{g} \cdot (w_a)_y.$$

Vorausgesetzt, daß alle Stromfäden parallel und mit gleichen Geschwindigkeiten w_a austreten, ergeben sich hieraus die Komponenten R_x und R_y der ganzen Strahlreaktion, wenn man an Stelle von ΔG_{sec} die ganze Menge G_{sec} setzt und das Vorzeichen umkehrt. Es wird dann

$$R_x = - \frac{G_{sec}}{g} \cdot (w_a)_x$$

und

$$R_y = - \frac{G_{sec}}{g} \cdot (w_a)_y.$$

Die Vorzeichen sind so aufzufassen, daß die Richtungen der Komponenten der Strahlreaktion den Richtungen der Komponenten der Austrittsgeschwindigkeit entgegengesetzt sind.

Die Gesamtreaktion, deren Richtung mit der Richtung des Strahles an der Austrittsstelle zusammenfällt, ist

$$R = \sqrt{R_x{}^2 + R_y{}^2}$$

$$R = \frac{G_{sec}}{g} \cdot w_a \quad \dots \dots \dots \dots \dots \quad (1)$$

Größtwert der Reaktion bei einfachen Mündungen (Fig. 97, I und II). Die Austrittsgeschwindigkeit kann hier nach Abschn. 49 die Schallgeschwindigkeit w_m nicht übersteigen. Für Sattdampf ist daher mit den Werten von G_{sec} und w_m nach Abschn. 49

$$R_{max} = \frac{0,020 \cdot 323}{g} \cdot p_i f = 0,66 \cdot p_i f.$$

Bei $p_i = 10$ kg/qcm ergibt sich z. B. für jeden Quadratzentimeter Austrittsquerschnitt eine größte Reaktion von **6,6** kg.

Für Gase wird

$$R_{max} = \frac{2,15 \cdot 3,38}{g} \cdot p_i f = 0,74 \cdot p_i f,$$

also bei $p_i = 10$ at abs.

$$R_{max} = 7,4 \text{ kg}$$

für 1 qcm.

In den Fällen, wo der Mündungsdruck größer als der äußere Druck ist, ist auch die Reaktion um den Unterschied des Mündungsdrucks und des äußeren Drucks stärker.

Reaktion bei Düsenmündungen (Fig. 97 III). Da hier sehr erheblich größere Austrittsgeschwindigkeiten möglich sind, so ergeben sich auch entsprechend stärkere Reaktionskräfte. Bei Ausströmung von hochgespanntem Sattdampf in ein Vakuum von rd. 0,1 at lassen sich Geschwindigkeiten bis 1200 m erreichen. Dabei wird dann

$$R = \frac{G_{sec}}{g} \cdot 1200 \,,$$

also für gleiche Querschnitte (bei der Düse auf f_{min} bezogen) $\frac{1200}{450} = 2{,}67$ mal so viel, als bei der einfachen Mündung. Bei 10 at Innendruck wird z. B. $R = 2{,}67 \cdot 6{,}6 = 17{,}6$ kg für 1 qcm. — Der größere Teil der Reaktion entsteht bei einer solchen Düse im erweiterten äußeren Teile.

Reaktionsarbeit. Solange das Ausströmgefäß festgehalten wird, verrichtet der Strahl keine mechanische Arbeit. Läßt man jedoch das Gefäß mit gleichförmiger Geschwindigkeit $u < w_a$ in der Richtung der Reaktion, dieser nachgebend, fortschreiten, so verrichtet die Reaktion, die jetzt mit R' bezeichnet werde, die sekundliche Arbeit

$$R'u = L.$$

Man erhält L wie folgt. Die Geschwindigkeit, mit welcher der Strahl am Mündungsende anlangt, ist w_a, die bei der Strahlbeschleunigung freigewordene lebendige Kraft somit $G_{sec} w_a^2/2g$ für G_{sec} kg. In den freien Raum tritt der Strahl mit der absoluten Geschwindigkeit $w_a - u$ aus; die Energie, die er mitnimmt, ist demnach $G_{sec} \dfrac{(w_a - u)^2}{2g}$. Der Unterschied ist die auf das Gefäß übertragene Reaktionsarbeit

$$L = G_{sec} \left[\frac{w_a^2}{2g} - \frac{(w_a - u)^2}{2g} \right]$$

oder

$$L = G_{sec} \left(\frac{w_a\, u}{g} - \frac{u^2}{2g} \right) \quad \dotfill \quad (2)$$

Die Reaktionskraft $R' = \dfrac{L}{u}$ wird hiermit

$$R' = G_{sec} \left(\frac{w_a}{g} - \frac{u}{2g} \right) = G_{sec} \frac{w_a}{g} \left(1 - \frac{u}{2 w_a} \right) \quad \dotfill \quad (3)$$

also kleiner als die Reaktion der Ruhe $G_{sec} \dfrac{w_a}{g}$.

Die Nutzarbeit L ist abhängig von der Geschwindigkeit u des Gefäßes. Sie erreicht mit $u = w_a$ ihren Größtwert

$$L_{max} = G_{sec} \left(\frac{w_a^2}{g} - \frac{w_a^2}{2g} \right) = G_{sec} \frac{w_a^2}{2g} \,,$$

die gesamte Strahlenergie wird dann in Nutzarbeit verwandelt. Der Strahl hat, wenn er die Mündung verläßt, gar keine absolute Geschwindigkeit mehr.

Bei kleinerer Gefäßgeschwindigkeit wird nur der Bruchteil

$$\eta = \frac{L}{\dfrac{w_a^2}{2g}} = 2 \cdot \frac{u}{w_a} - \left(\frac{u}{w_a} \right)^2 \quad \dotfill \quad (4)$$

in Nutzarbeit umgesetzt. Für $u = \frac{1}{2}w_a$ wird z. B. $\eta = 1 - \frac{1}{4} = 0,75$, während bei der Arbeitsgewinnung mittels Strahlablenkung (Aktion) der Wirkungsgrad mit $u = \frac{1}{2}w_a$ schon $\eta = 1$ ist.

Bei gleichem Wirkungsgrad verlangt die Reaktionswirkung **größere Gefäßgeschwindigkeiten.**

Das Schema eines Dampf- oder Gasturbinenrades mit reiner Reaktionswirkung zeigt Fig. 98[1]).

Vergleich zwischen dem reinen Reaktionsrad und dem Aktionsrad mit 15⁰ Leitradwinkel nach Fig. 108. In Fig. 99 sind die Wirkungsgrade beider Räder als Ordinaten zu den Verhältnissen u/w_0 von Umfangs- und Gefällsgeschwindigkeit als Abszissen aufgetragen.

Das Reaktionsrad erreicht einen nahe bei 1 liegenden Wirkungsgrad erst bei einer Umfangsgeschwindigkeit, die ein Mehrfaches der Gefällsgeschwindigkeit ist, den Wert 1 erst bei $u/w_0 = \infty$. (Das Aktionsrad mit Peltonschaufelung und vollständiger Richtungsumkehr würde $\eta = 1$ schon bei $u = 0,5\,w_0$ erreichen.)

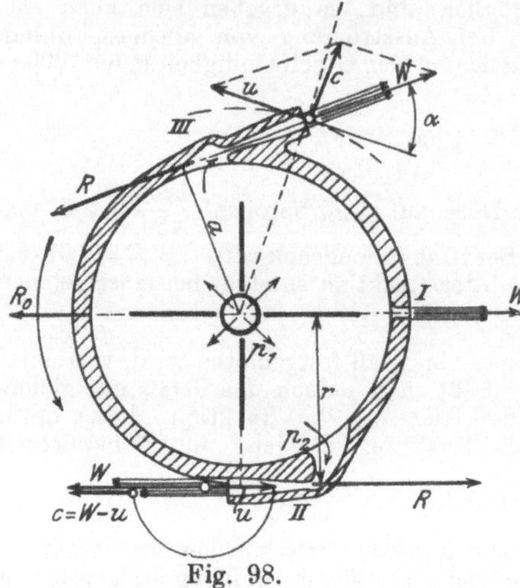

Fig. 98.

Das Aktionsrad besitzt bei $u = 0,5\,w_0$ seinen größten Wirkungsgrad $\eta = 0,932$. Sollte das Reaktionsrad den gleichen Wert erreichen, so müßte es mit der $1,77/0,5 = 3,54$ fachen Umfangsgeschwindigkeit des Aktionsrades laufen,

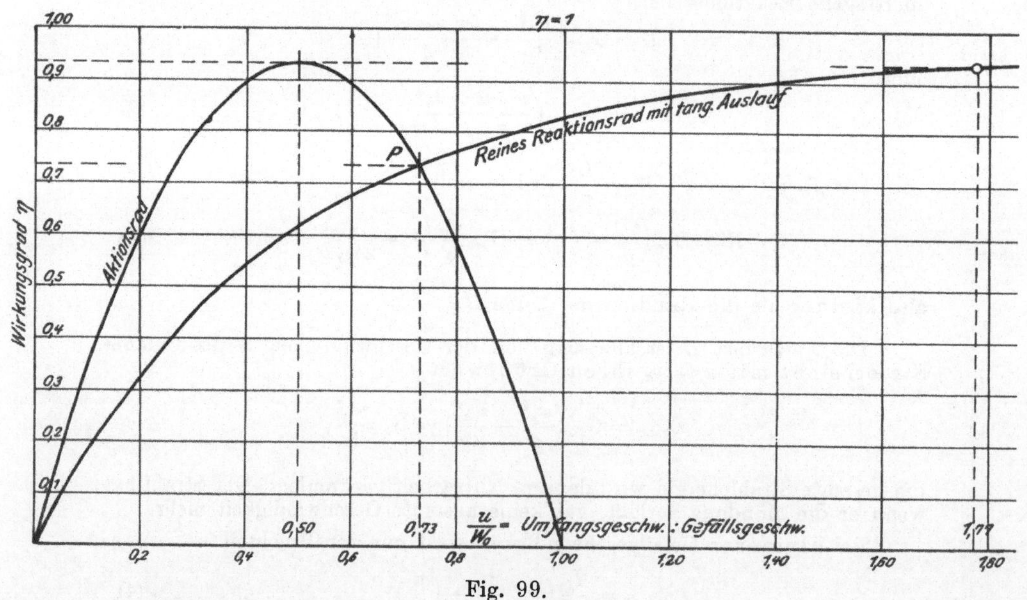

Fig. 99.

---

[1]) Gebaut werden derartige Räder nicht.

also bei $w_0 = 900$ m/sec mit $0,5 \cdot 900 \cdot 3,54 = \mathbf{1590\ m/sec}$, einem praktisch unmöglichen Werte.

Bei $\eta = 0,70$ ermäßigt sich das Verhältnis der Umfangsgeschwindigkeiten auf das $0,65/0,25 = 2,6$fache; für das Aktionsrad wäre

$$u = 0,25 \cdot 900 = 225\ \text{m/sec},$$

für das Reaktionsrad

$$u = 0,65 \cdot 900 = 585\ \text{m/sec}.$$

Ein Aktionsrad, das mit 0,73facher Dampfgeschwindigkeit umläuft, also schneller als normal, würde nach Fig. 99 keinen größeren Wirkungsgrad als ein gleich schnell umlaufendes Reaktionsrad besitzen, Punkt P.

Die Strömungsverluste dürften beim Reaktionsrad geringer sein. Durch Unterteilung des Gefälles in eine größere Anzahl von Stufen wäre auch hier eine Verringerung der Umdrehungszahl möglich.

Das reine Reaktionsrad hat bisher keine praktische Verwendung gefunden.

58. Gleichzeitiges Auftreten von Aktions- und Reaktionskräften.

Ist wie in Fig. 100 (unten) an eine Gefäßmündung mit gerader Mittellinie ein Krümmer mit gleichem Querschnitt angeschlossen, so wird in dem geraden Kanalteil der Strahl beschleunigt. Dort entsteht die Reaktionskraft

$R_r = \dfrac{G_{sec}}{g} \cdot w_a$; im gekrümmten Teile wird der Strahl nur abgelenkt; dort entsteht die nach Abschn. 56 berechenbare Aktionskraft R_A. Beide Kräfte lassen sich zu einer Resultanten R zusammensetzen, die nach Größe und Richtung die vereinigte Wirkung von Reaktion und Aktion darstellt.

Ähnlich liegen die Verhältnisse in einem gekrümmten Kanal, Fig. 100 oben. Jedes Strahlteilchen ergibt gemäß der Bahnkrümmung Aktionsdrücke und entsprechend der augenblicklichen, von den Querschnittsverhältnissen abhängigen Bahnbeschleunigung Reaktionsdrücke. Die Einzelkräfte R_r und R_A lassen sich aber in diesem Falle nicht ohne weiteres angeben.

Der resultierende Druck kann in jedem Falle einfach berechnet werden, sobald die Eintritts- und Austrittsgeschwindigkeiten nach Größe und Richtung bekannt sind.

Da nämlich nicht nur die Reaktionskräfte Beschleunigungskräfte sind, sondern auch die Aktionskräfte durch die Seitenbeschleunigungen der ihre Richtung ändernden Bahngeschwindigkeit entstehen, so können beide Kräfte in einem einzigen rechnerischen Ansatz berücksichtigt werden. Die Komponenten des Gesamtdrucks eines Massenpunktes sind den totalen Änderungen dw_x und dw_y seiner Geschwindigkeit proportional, gleichgültig ob diese Änderungen durch Ablenkung oder durch Bahnbeschleunigung oder durch beide Ursachen entstehen.

Führt man die gleiche Rechnung, wie in Abschn. 56 für den gekrümmten freien Strahl, für einen in einem gekrümmten ruhenden Kanal von veränderlichem Querschnitt, Fig. 101, fortschreitenden Strahl aus, dessen Geschwindigkeit beim Durchgang von w_1 auf w_2 wächst, so ergibt sich folgendes:

Zerlegt man w_1 in Komponenten w_{1x} und w_{1y}, ebenso w_2 in w_{2x} und w_{2y}, so erkennt man, daß in der Richtung $-x$ die Geschwindigkeit um $w_{1x} + w_{2x}$ zunimmt.

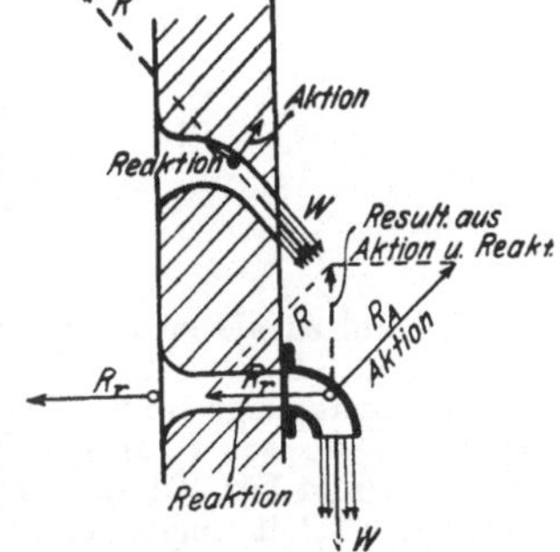

Fig. 100.

Dieser Beschleunigung entspricht eine in der Richtung $-x$ auf den Strahl wirkende Druckkomponente im Betrage

$$R_x = \frac{G_{sec}}{g}\,(w_{1\,x} + w_{2\,x}) \quad\ldots\ldots\ldots\ldots \text{(1)}$$

Die auf die Schaufelung wirkende Gegenkraft dieser Kraft ist die wagerechte Komponente R_x des gesamten Strahldrucks.

In der Richtung $+y$ nimmt die Geschwindigkeit um $w_{2\,y} - w_{1\,y}$ zu. Dieser Beschleunigung entspricht eine auf den Strahl nach unten wirkende Beschleunigungskraft $\frac{G_{sec}}{g}\,(w_{2\,y} - w_{1\,y})$. Die Gegenkraft dieser Kraft ist die auf die Kanalwände wirkende nach oben gerichtete Schaufeldruckkomponente R_y. Wäre $w_{1\,y} > w_{2\,y}$, so würde R_y nach unten gerichtet sein.

Der gesamte Strahldruck ist nach Größe und Richtung die Resultante aus R_x und R_y.

Für das Drehmoment der Schaufeldrücke um einen beliebigen Punkt gilt nach Abschn. 56, Gl. 9.

$$M = -\frac{G_{sec}}{g}\,(w_2 a_2 - w_1 a_1)$$

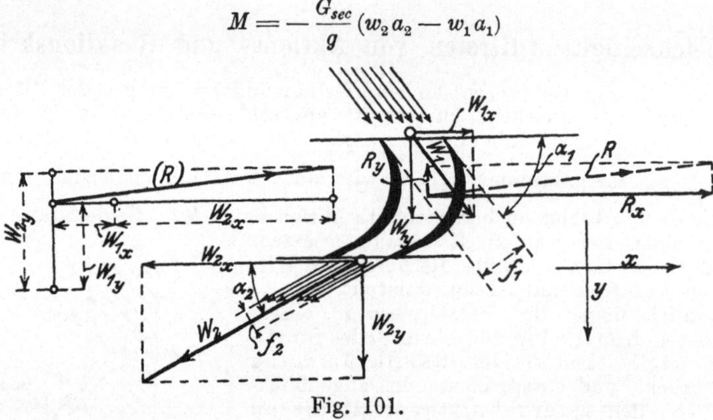

Fig. 101.

mit a_1 und a_2 als senkrechten Abständen der Ein- und Austrittstangenten vom Drehpunkt. In Punkten der Resultante ist $M = 0$, also $w_2 a_2 = w_1 a_1$. Man findet somit Lage und Richtung der Resultante von P_x und P_y, indem man w_1 und $-w_2$ wie Kräfte behandelt. Fig. 101 läßt dies erkennen. Hiernach kann auch in Fig. 101 die genaue Lage von R eingetragen werden, die in dieser Figur nur schätzungsweise angenommen ist.

Wendet man dieses Ergebnis auf die Mündung mit Krümmer, Fig. 100, an, so folgt, daß die Resultante der Aktionskraft R_A und der Reaktionskraft R_r, die beide auch einzeln bestimmt werden können, vertikale Richtung nach oben hat. Denn die wagerechte Strahlgeschwindigkeit ist sowohl innen im Gefäß, als auch an der Ausmündung gleich Null. Der Strahl erleidet in wagerechter Richtung keine Geschwindigkeitsänderung; nur die senkrechte Komponente wächst von 0 auf w_a an und der entsprechende Strahldruck, der senkrechte Richtung besitzt, ist gleich $\frac{G_{sec}}{g}\,w_a$.

Im einzelnen ist

$$R_A = \frac{G_{sec}}{g}\,w_a \sqrt{2}$$

(nach Abschn. 46) unter 45° nach oben am Krümmer wirkend,

$$R_r = \frac{G_{sec}}{g}\,w_a \text{ am Gefäß,}$$

somit

$$RA = R_r \sqrt{2}, \; R = R_r.$$

Das Dreieck aus RA, R_r und R ist also rechtwinklig, wie es sein muß.

Der gesamte Strahldruck läßt sich überhaupt, wenn $w_1 = 0$ ist, berechnen als ob er nur von der Reaktion herrührte, seine Richtung fällt in die Austrittsrichtung des Strahles und ist der Bewegungsrichtung entgegengesetzt.

Ist $w_1 > 0$, so läßt Fig. 101 (Nebenfigur) erkennen, wie die Richtung des resultierenden Schaufeldruckes zu bestimmen ist. Sie ist nicht mehr der Austrittsrichtung parallel. Das Ergebnis ist das gleiche wie nach Fig. 102.

Die Trennung der Aktions- und Reaktionskräfte läßt sich beim gekrümmten Kanal durchführen, wie Fig. 103 zeigt. R_A wird gefunden als Diagonale im Rhombus mit w_1 als Seiten. R_r ist mit $w_2 - w_1$ verhältnisgleich und fällt in die Richtung von w_2. R ist die Resultante aus beiden, aber auch die Diagonale im Parallelogramm aus w_1 und $- w_2$, wie nötig.

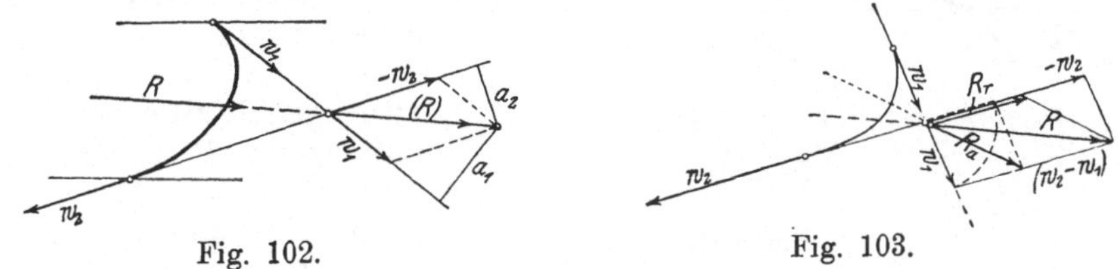

Fig. 102.   Fig. 103.

59. Die Wirkung des Dampfes in den Dampfturbinen.

Denkt man sich am Umfang einer kreisförmigen, auf einer Welle befestigten Scheibe viele Schaufeln nach Fig. 94 oder 101 hintereinander in einem schmalen kreisringförmigen Raum angeordnet, Fig. 104, so erhält man das Laufrad einer axialen, einfachen oder einstufigen Dampfturbine. Das Rad erhält seinen Betriebsdampf aus einer unmittelbar über bzw. vor ihm angebrachten feststehenden Reihe von Mündungen (Düsen oder Kanälen), deren Gesamtheit als Leitvorrichtung bzw. Leitrad bezeichnet wird. Diese Kanäle führen dem Laufrad den Dampf in solcher Richtung α_1 zu, daß er, wenn sich dessen Umfang mit der Geschwindigkeit u bewegt, in der Richtung β_1 des Eintrittswinkels der Laufschaufeln in dieses eintritt.

Der Zweck der Dampfturbine ist, den im Dampf verfügbaren Arbeitswert in mechanische Nutzarbeit umzusetzen. Dies wird dadurch erreicht, daß man den Dampf vermöge seines Überdruckes in strömende Bewegung versetzt und ihn in diesem Zustand Strömungsdrucke nach Abschn. 56 oder 57 auf die Laufradschaufeln ausüben läßt. Ist P^1) die in die Drehrichtung des Rades fallende Komponente der Schaufeldrücke, so ist bei einer mittleren Umfangsgeschwindigkeit u des Schaufelkranzes die sekundlich an diesen abgegebene Nutzbarkeit

$$L_i = P \cdot u \; \text{mkg/sec} = P \cdot u / 75 \; \text{PS}.$$

Je nach der Größe der angenommenen Schaufelwinkel α_1, β_1

---

[1]) In Fig. 94 mit P_x, in Fig. 101 mit R_x bezeichnet.

und β_2 und der entsprechenden Zellenquerschnitte f_0, f_1 und f_2 kann nun die Strömung so verlaufen, daß im Austrittsquerschnitt f_0 der Leitkanäle und im Laufrad der äußere Gegendruck (Luftdruck bei Auspuffbetrieb, Kondensatordruck bei Kondensationsbetrieb) herrscht, oder aber ein höherer Druck als dieser (Spaltüberdruck). Im ersteren Falle ist die Geschwindigkeit c_1, mit welcher der Dampf aus dem Leitkanal austritt, gleich der vollen Ausströmgeschwindigkeit, wie sie nach Abschn. 49 dem ganzen Druckgefälle zwischen dem anfänglichen Dampfdruck p und dem Gegendruck p' entspricht, und die Leitvorrichtung muß nach Art der Lavaldüsen ausgeführt sein.

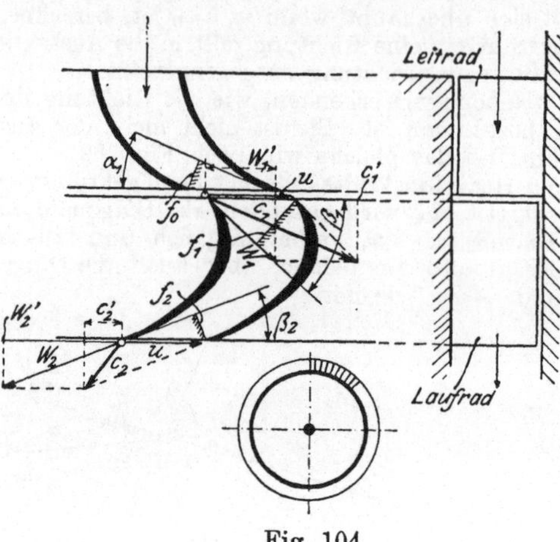

Fig. 104.

Im zweiten Falle ist c_1 kleiner als dieser Wert und durch das Druckgefälle zwischen p und dem Spaltdruck bestimmt. Ist dieses größer als das kritische Gefälle nach Abschn. 49, so muß die Leitvorrichtung gleichfalls als Lavaldüse ausgeführt sein, falls nicht der Schrägabschnitt des Leitkanals eine hinreichende Dampfdehnung ermöglicht. Turbinen der ersteren Art heißen **Druckturbinen** oder **Aktionsturbinen**, solche der letzteren Art **Überdruckturbinen** oder **Reaktionsturbinen**.

Druckturbinen. Der Arbeitswert von 1 kg des dem Laufrad zuströmenden Dampfes ist gleich seiner Strömungsenergie $c_1^2/2g$, die nach Abschn. 49 gleich der Fläche L_0 des adiabatischen Druckvolumen-Diagrammes ist, Fig. 105. Der Dampf besitzt also schon beim Eintritt in das Laufrad die gesamte, seinem Arbeitswert zwischen dem Anfangs- und Gegendruck entsprechende Strömungsenergie, und es handelt sich im Laufrad, da dort sein Druck nicht weiter sinken kann, nur noch darum, ihm davon einen möglichst großen Teil als Umfangsarbeit zu entziehen, so daß das Verhältnis

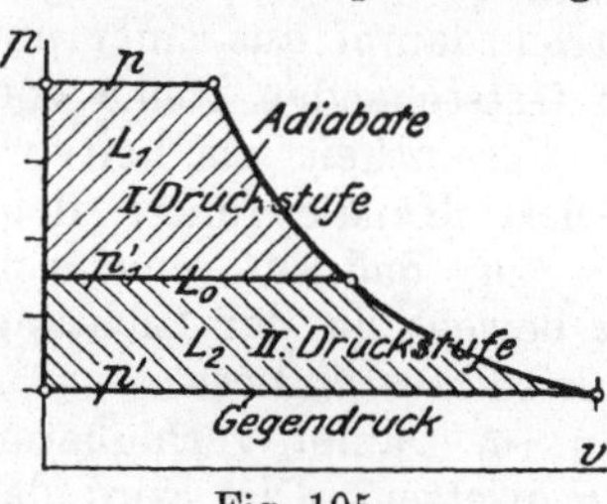

Fig. 105.

$$P \cdot u / L_0 = \eta_u$$

sich möglichst dem Wert 1 nähert. [Dies wird dadurch erreicht, daß man die absolute Geschwindigkeit c_2, mit welcher der Dampf das Laufrad verläßt, durch geeignete Wahl der Laufradwinkel und der Umfangsgeschwindigkeit u möglichst klein macht. Die ersten Ausführungsformen dieser einstufigen Druckturbinen waren die Turbinen des schwedischen Ingenieurs de Laval.

Geschwindigkeits- und Druckstufen. Bei den üblichen Dampfdrücken von 10 bis 12 at ist die Ausströmgeschwindigkeit c_1 bei atmosphärischem Gegendruck etwa 880 m/sec, bei Kondensationsbetrieb 1200 m/sec. Demensprechend müßte das Laufrad, wenn der strömende Dampf möglichst viel von seiner Strömungsenergie an dieses abgeben soll, wie weiter unten gezeigt (Fig. 108), Umfangsgeschwindigkeiten von ungefähr der Hälfte des Wertes von c_1 besitzen, also $u = 440$ bis 600 m/sec. Das Laufrad müßte z. B. bei 1 m Durchmesser eine minutliche Umdrehungszahl bis $n = 60 \cdot 600/\pi = 11\,500$ besitzen, bei kleinerem Durchmesser entsprechend mehr. Abgesehen davon, daß so hohe Umfangsgeschwindigkeiten wegen der zu hohen Inanspruchnahme durch die gewaltigen Zentrifugalkräfte unausführbar sind, sind auch Drehzahlen von 10 000 und mehr in der Minute für die allermeisten praktischen Zwecke, z. B. zum elektrischen oder mechanischen Antrieb, unverwendbar. Man muß also aus praktischen Gründen beim einstufigen Rad erheblich kleinere Werte von u und n zulassen, wodurch sich die aus 1 kg Dampf gewinnbare Arbeit entsprechend vermindert bzw. der Dampfverbrauch der Turbine für eine verlangte Nutzleistung erhöht. Um nun trotz bedeutender Herabsetzung der Umfangsgeschwindigkeit (etwa 300 bis 100 m/sec und weniger) noch eine gute Ausnützung des Dampfes zu erzielen, hat man zwei Mittel gefunden, die grundsätzlich voneinander verschieden sind. Das eine besteht in der Anwendung von sogenannten Geschwindigkeitsstufen, das andere in der Anwendung von Druckstufen. Auch können beide Mittel zusammen angewendet werden. Äußerlich sind beide Ausführungen dadurch gekennzeichnet, daß statt eines einzigen Leit- und Laufrads mehrere oder viele solche Paare oder „Stufen" hintereinander so angeordnet sind, daß jede folgende Stufe den Abdampf der vorangehenden aufnimmt und weiter verarbeitet.

Bei der Geschwindigkeitsstufung tritt der Dampf, wie in der einstufigen Lavalturbine, mit voller Gefällegeschwindigkeit c_1 in das erste Laufrad, das jedoch erheblich langsamer läuft und dessen Schaufeln daher größere Ein- und Austrittswinkel besitzen müssen, als das einstufige Rad. Die Austrittsgeschwindigkeit c_2' aus dem Laufrad wird dementsprechend auch höher. Mit dieser Geschwindigkeit strömt nun der Abdampf dieses Laufrades, ohne seinen Druck zu ändern, in das zweite Leitrad, von dem er umgelenkt und dem zweiten Laufrad in der richtigen, der gemeinsamen Umfangsgeschwindigkeit u entsprechenden Richtung zugeführt wird. Dieses verläßt er dann mit der bedeutend verminderten Austrittsgeschwindigkeit c_2. Der gleiche Vorgang kann nötigenfalls nochmals wiederholt werden, jedoch hört der Nutzen wegen der Reibungsverluste des Dampfes schon bei drei Stufen auf. Meist werden nur zwei Stufen ausgeführt (Curtis-Räder).

In dem mehrkränzigen Rad mit Druckstufung zeigt der Dampf ein davon ganz verschiedenes Verhalten. Er tritt aus dem ersten Leitrad mit einer Geschwindigkeit c_1' aus, die nur einem Teil des gesamten Druckgefälles entspricht, so daß der Dampfdruck p_1' an dieser Stelle und im ganzen ersten Laufrad erheblich höher als der Gegendruck p' ist. Von dem Druckvolumendiagramm Fig. 105 wird bis dahin nur die Teilfläche L_1 in Strömungsenergie umgesetzt gemäß

$$\frac{c_1'^2}{2\,g} = L_1 .$$

Um von diesem Betrag einen möglichst großen Teil in Nutzarbeit umzusetzen, muß die Schaufelung wie bei einer einstufigen Lavalturbine, also mit kleinen Winkeln β_1 und β_2 ausgeführt werden. Da jedoch $c_1' < c_1$ ist, so wird auch die erforderliche Umfangsgeschwindigkeit im gleichen Verhältnis kleiner, also nur

$$u' = n \cdot \frac{c_1'}{c_1} .$$

Der Abdampf der ersten Stufe, der mit geringer Geschwindigkeit austritt, muß nun in der zweiten Stufe weiter verwendet werden. Er könnte zu diesem Zweck zunächst in einen Zwischenbehälter geleitet werden (wie bei den Verbund-Dampfmaschinen); meist tritt er jedoch unmittelbar in das zweite Leitrad über. Sind nur zwei Stufen angeordnet, so herrscht hinter dem zweiten Leitrad und im zweiten Laufrad der Gegendruck p' und im zweiten Leitrad wird die Diagrammfläche L_2 Fig. 105 zwischen p_1' und p' in Geschwindigkeit umgesetzt gemäß

$$\frac{c_1''^2}{2\,g} = L_2 .$$

Ist $L_1 = L_2$, so ist auch $c_1'' = c_1'$ und da die Umfangsgeschwindigkeit u' gemeinsam ist, so wird das zweite Laufrad die gleichen Schaufelwinkel wie das erste erhalten.

Anstatt zwei Druckstufen können auch drei oder mehr Druckstufen angewendet werden. Die obere Grenze der Stufenzahl liegt hier bedeutend höher als bei der Geschwindigkeitsstufung. Je größer die Druckstufenzahl ist, mit um so kleinerer Umfangsgeschwindigkeit läuft die Turbine. Das Dampfdiagramm erscheint dann in eine der Stufenzahl gleiche Zahl von wagerecht begrenzten, gleich oder ungleich großen Streifen aufgeteilt, Fig. 106. Vor den

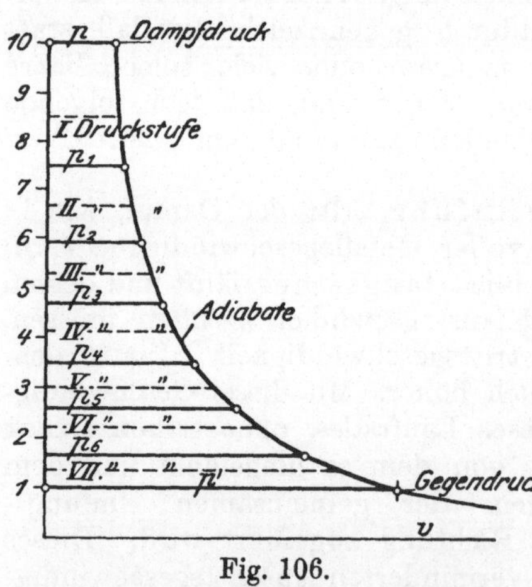

Fig. 106.

einzelnen Leiträdern herrschen die der oberen Begrenzung der einzelnen Flächen entsprechenden Dampfdrücke p_1, p_2, $p_3 \ldots p_6$.

Überdruckturbinen. Diese Gruppe von Turbinen kennzeichnet sich dadurch, daß sich der Dampf auch in den Laufradzellen weiter ausdehnt und somit seinen Druck und seine relative Strömungsgeschwindigkeit vom Eintritt bis zum Austritt aus dem Laufrad ändert, Fig. 104. In der einstufigen Überdruckturbine, bei der auf der Austrittsseite des Laufrades der äußere Gegendruck herrscht, nimmt der Dampfdruck bis zum Austrittsquerschnitt f_0 des Leitrades von p_0 auf p_1, Fig. 107, im Laufrad zwischen den Querschnitten f_1 und f_2 von p_1 bis auf den Gegendruck p_2 ab. Im Leitrad wird somit die Fläche L_1, im Laufrad die Fläche L_2 in Geschwindigkeit umgesetzt gemäß

$$L_1 = \frac{c_1{}^2}{2\,g}$$

$$L_2 = \frac{w_2{}^2}{2\,g} - \frac{w_1{}^2}{2\,g}$$

und

$$L_1 + L_2 = L_0.$$

Die nutzbaren Schaufeldrücke im Laufrad entstehen hier, wie bei der Schaufelung nach Fig. 104, durch die vereinigte Wirkung der Aktion und Reaktion des Dampfes (Abschn. 58). Das Verhältnis $L_2 : L_0$ wird als „Reaktionsgrad" bezeichnet. Häufig wird halbe Reaktion, $L_2 = \frac{1}{2}L_0$, also $L_1 = L_2$, angewendet. Die nähere Untersuchung am Einzelfall zeigt, daß die einstufige Überdruckturbine nicht nur, wie die einstufige Druckturbine, wegen der zu hohen Umfangsgeschwindigkeit, sondern auch wegen des zu hohen Auslaßverlustes für die üblichen hohen Dampfdrücke, insbesondere bei Kondensationsbetrieb sehr unvorteilhaft ist. Noch mehr als bei der Druckturbine ist es daher nötig, Druckstufen anzuordnen, so daß in jeder Stufe nur ein Teil des gesamten Druckgefälles umgesetzt wird. Schon die ersten Überdruckturbinen nach Parsons sind daher mit einer großen Zahl von Leit- und Lauf-

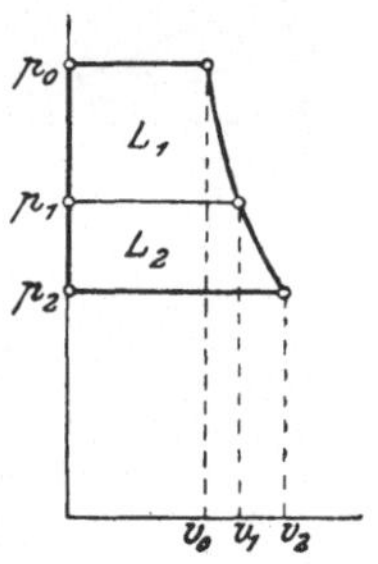

Fig. 107.

rädern, die ohne Zwischenbehälter unmittelbar aufeinander folgen, ausgestattet gewesen, um mäßige Umfangsgeschwindigkeiten und Drehzahlen zu erhalten, wie sie insbesondere für den unmittelbaren Antrieb der Schiffsschrauben nötig sind. Die Aufteilung des Gefälles wird gleichfalls durch Fig. 106 dargestellt. Die gestrichelten Wagrechten trennen in jeder Druckstufe den Anteil des Leit- und Laufrades und geben die Höhe der Spaltdrücke in den einzelnen Stufen an.

60. Arbeit und Wirkungsgrad der reibungsfreien Aktions- oder Druck-Turbine.

Der aus einer einfachen Mündung oder bei höheren Druckgefällen aus einer Lavaldüse mit der absoluten Geschwindigkeit c_1 austretende Strahl fließt unter dem Winkel α_0 gegen die mit der Geschwindigkeit u umlaufende (annähernd geradlinig fortschreitende) Schaufelreihe, von der in Fig. 108 nur eine Schaufel gezeichnet ist.

Die Druckwirkung des über die Schaufel laufenden Strahles kann ebenso berechnet werden wie bei der ruhenden Schaufel. Wird mit w die unveränderliche Relativgeschwindigkeit (Fließgeschwindigkeit) des Strahles auf der Schaufel bezeichnet, so ist nach Abschn. 56, Gl. 7 u. 8

$$P_x = \frac{G_{sec}}{g}\, w\, (\cos \alpha_1 + \cos \alpha_2)$$

$$P_y = \frac{G_{sec}}{g}\, w\, (\sin \alpha_1 + \sin \alpha_2).$$

Die sekundliche Arbeit (Effekt) des Strahldruckes, hier gleich der seiner Komponente P_x, ist

$$L = P_x\, u,$$

also

$$L = \frac{G_{sec}}{g}\, w\, u\, (\cos \alpha_1 + \cos \alpha_2).$$

Damit der Strahl ohne Anprall (Stoß) in die Schaufelung einläuft, muß hier die Schaufelgeschwindigkeit einen ganz bestimmten, durch c_1 und die Winkel α_0 und α_1 bedingten Wert besitzen. Sie muß gleich der Umfangskomponente u der nach den Richtungen von u und w zerlegten Zuflußgeschwindigkeit c_1 sein. Würde nämlich die Schaufelgeschwindigkeit $u' < u$, so müßte

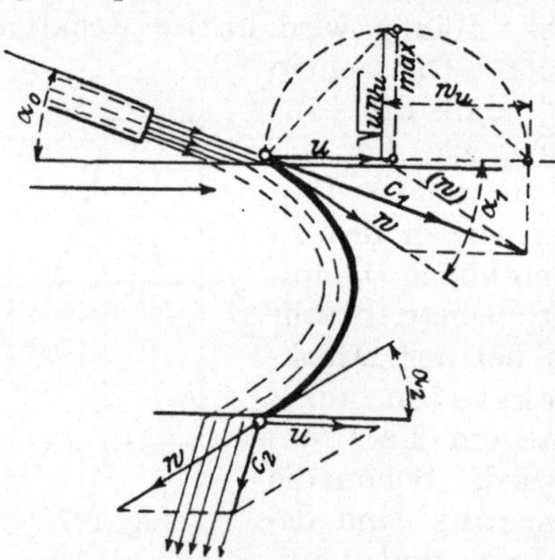

der Strahl mit $u - u'$ gegen die weglaufende Schaufel stoßen. Wäre sie $u' > u$, so bliebe der Strahl in der Umlaufrichtung zurück und müßte von den nachfolgenden Schaufeln mit $u' - u$ getrieben werden; es muß also, da beide Möglichkeiten die Wirkung des Strahles beeinträchtigen, $u' = u$ gewählt werden. Der Strahl läuft dann störungsfrei mit w in der Richtung α_1 auf die Schaufel. Kurz ausgedrückt muß c_1 die Diagonale in dem Parallelogramm aus u und w sein (Eintrittsparallelogramm).

Setzt man zur Vereinfachung $\alpha_1 = \alpha_2$, so wird

$$L = 2\,\frac{G_{sec}}{g}\, w\, u\, \cos \alpha_1.$$

Fig. 108.

Bei Turbinen soll dieser Wert möglichst groß werden. Es handelt sich also darum, die Verhältnisse so zu wählen, daß

$$w\, u\, \cos \alpha_1$$

einen größten Wert erreicht. Bezeichnet man vorübergehend die Projektion von w auf die Umlaufrichtung, also den Wert $w \cos \alpha_1$ mit w_u, so soll

$$w\, u\, \cos \alpha_1 = u\, w_u$$

ein Maximum sein.

Bei gegebener Zuflußrichtung α_0 und Zuflußgeschwindigkeit c_1 hat nun die Summe $u + w_u$ den festen Wert $c_1 \cos \alpha_0$, vgl. Fig. 108. Die Einzelwerte von u und w_u sind aber innerhalb dieser Summe je nach dem Schaufelwinkel verschieden. Ihr Produkt wird am größten, wenn

$$u = w_u = \frac{1}{2} c_1 \cos \alpha_0$$

ist.

Nach dem Satz der Geometrie, daß im rechtwinkligen Dreieck das Quadrat der Höhe gleich dem Produkt aus den Abschnitten der Hypotenuse ist, ergibt sich dies aus Fig. 108 unmittelbar.

Die Arbeit wird für diesen Fall

$$L = \frac{c_1^2}{2\,g} \cos^2 \alpha_0.$$

Sie erreicht ihren Größtwert bei $\cos^2 \alpha_0 = 1$ mit $\alpha_0 = 0$

$$L_{max} = \frac{c_1^2}{2\,g},$$

d. h. die ganze lebendige Kraft des Strahles wird in Schaufelarbeit umgesetzt. Praktisch ist dieser Fall nicht möglich. Es bleibt nur übrig, α_0 möglichst klein zu machen. Gleichzeitig wird dann, wegen $\cos \alpha_0 \cong 1$

$$u \cong \frac{1}{2} c_1,$$

d. h. die Umfangsgeschwindigkeit gleich der halben Strahlgeschwindigkeit. Ferner wird angenähert

$$\alpha_1 = 2 \alpha_0.$$

Allgemein ist, wenn u von $\frac{1}{2} c_1$ und α_0 von 90^0 abweicht,

$$L = 2 \frac{G_{sec}}{g} u\,w \cos \alpha,$$

wofür sich wegen

$$u + w \cos \alpha = c_1 \cos \alpha_0$$

schreiben läßt

$$L = 2 \frac{G_{sec}}{g} u\,(c_1 \cos \alpha_0 - u).$$

Der Wirkungsgrad wird nun mit $L_{max} = \frac{c_1^2}{2g}$

$$\eta = \frac{L}{L_{max}} = \frac{4\,u}{c_1^2} (c_1 \cos \alpha_0 - u)$$

oder

$$\eta = 4 \frac{u}{c_1} \left(\cos \alpha_0 - \frac{u}{c_1} \right),$$

also im wesentlichen nur abhängig von dem Verhältnis der Umlaufgeschwindigkeit zur Dampfgeschwindigkeit.

Dieser Wert erreicht bei $\dfrac{u}{c_1} = \dfrac{1}{2} \cos \alpha_0$ sein Maximum

$$\eta_{max} = \cos^2 \alpha_0.$$

Für jedes Verhältnis $\dfrac{u}{c_1} < \dfrac{1}{2} \cos \alpha_0$ wird η kleiner.

Die absolute Ausflußgeschwindigkeit c_2 ergibt sich, da auch

$$L = G_{sec} \left(\frac{c_1{}^2}{2g} - \frac{c_2{}^2}{2g} \right)$$

ist, aus

$$\eta = \frac{L}{L_{max}} = \frac{c_1{}^2 - c_2{}^2}{c_1{}^2} = 1 - \frac{c_2{}^2}{c_1{}^2}$$

zu

$$c_2 = c_1 \cdot \sqrt{1 - \eta} \,.$$

Bei einstufigen Druckturbinen (nach de Laval) muß der Dampfstrahl beim Eintritt in das Laufrad die dem ganzen Druckgefälle entsprechende Geschwindigkeit besitzen. Bei Kondensationsbetrieb mit einem Vakuum von 0,1 at abs. ist also nach Abschn. 49 für einen Dampfdruck von 10 at abs. $c_1 = 1170$ m/sec. Bei Auspuffbetrieb wäre $c_1 = 880$ m/sec. Ist der Zuflußwinkel $\alpha_0 = 18^0$, so wird $u = \frac{1}{2} c_1 \cos \alpha_0 = 0,475 \, c_1$ und $\eta_{max} = 0,904$. Die Radgeschwindigkeiten müßten also bei Kondensationsbetrieb

$$0,475 \cdot 1170 = 556 \text{ m/sec,}$$

bei Auspuffbetrieb

$$0,475 \cdot 880 = 418 \text{ m/sec}$$

sein. Die letztere Geschwindigkeit ist noch anwendbar. Die Abflußgeschwindigkeit wird dann $c_2 = 0,31 \, c_1$, also 362 bzw. 273 m/sec.

V. Die nicht umkehrbaren Vorgänge.

61. Die Grundbedingungen der Umkehrbarkeit und die Grundfälle der nicht umkehrbaren Zustandsänderungen.

Bei allen Betrachtungen über den Verlauf der Zustandsänderungen der Körper in den Abschnitten 17 bis 30, 40, 48 bis 51 wurde als selbstverständlich angenommen, daß eine und dieselbe Zustandsänderung, z. B. die isothermische oder adiabatische, ebensowohl vorwärts wie rückwärts verlaufen könne, so daß bei aufeinanderfolgender Ausdehnung und Verdichtung mit Rückkehr zum Anfangsvolumen vollständig identische Zustände durchlaufen werden. Solche Zustandsänderungen heißen umkehrbar oder reversibel.

Dieser Annahme liegen zwei Voraussetzungen zugrunde, die niemals genau erfüllt sind. Die erste dieser Voraussetzungen, von denen die Richtigkeit der abgeleiteten Zustandsgleichungen abhängt, besteht in der Annahme, daß im Innern des Gases während des ganzen Verlaufs der Änderung ein vollständiger Gleichgewichtszustand herrsche. Dieses Gleichgewicht wird darin bestehen müssen, daß in allen Bestandteilen des seinen Zustand ändernden Körpers im gleichen Augenblick oder beim gleichen Volumen V auch der gleiche Druck p und die gleiche Temperatur T herrschen und daß der Zusammenhang dieser Größen durch die Zustandsgleichung, z. B. bei einem Gas durch die Gleichung

$$pV = GR \cdot T,$$

die selbst einen vollkommenen Gleichgewichtszustand voraussetzt, bestimmt ist.

Befindet sich z. B. ein Gas oder Dampf in einem Zylinder mit Kolben, so wird diese Bedingung, wenn sich der Kolben im Verhältnis zur Fortpflanzungsgeschwindigkeit des Druckes im Gase, die gleich der Schallgeschwindigkeit ist, nur langsam bewegt, praktisch genau erfüllt sein; bei sehr rascher Kolbenbewegung dagegen nicht mehr. Auch bei langsamer Kolbenbewegung kann der innere Gleichgewichtszustand verloren gehen, wenn sich z. B. innerhalb des Zylinders eine Scheidewand mit kleiner Öffnung befindet. Bewegt sich nun der Kolben, so treten in den beiden Raumhälften völlig verschiedene Drücke und Temperaturen auf, weil das Gas durch die enge Öffnung dem Kolben nachströmen muß, wodurch ein Druckunterschied zwischen beiden Raumhälften und eine heftig wirbelnde Gasbewegung in der dem Kolben zugewandten Hälfte entsteht. In noch stärkerem Grade treten solche Unterschiede auf, wenn der Gasraum mehrfach unterteilt ist (Drosselung). Es ist ersichtlich, daß derartige Zustandsänderungen, auch wenn sie vollständig ohne Wärmezufuhr oder Wärmeentziehung, also rein adiabatisch verlaufen, nicht der adiabatischen Gleichung $pv^k = $ const. folgen und nicht in der gleichen Weise auch rückwärts verlaufen können. Auch wird auf den Kolben nicht die der letzteren Gleichung entsprechende Gasarbeit übertragen, sondern immer eine kleinere Arbeit.

Zustandsänderungen, die nicht durch die Bewegung eines Kolbens, sondern durch einen Strömungsvorgang entstehen, folgen nur dann den einfachen Zustandsgleichungen, wenn sie reibungsfrei und wirbelfrei verlaufen. Unter dieser Bedingung läßt sich ein entspanntes, rasch strömendes Gas vermöge seiner eigenen Bewegungsenergie und mit Hilfe geeigneter Verdichtungsdüsen wieder in den Zustand zurückversetzen, von dem aus es seine Strömungsgeschwindigkeit erlangt hatte. In Wirklichkeit sind diese Bedingungen nicht erfüllbar. Daher ist auch kein Strömungsvorgang vollständig umkehrbar und die Zustandsänderungen des strömenden Gases folgen deshalb, auch wenn jede Wärmezufuhr ferngehalten wird, nicht genau der adiabatischen Gleichung $pv^k = $ const. Die Strömungsgeschwindigkeit selbst wird nicht so groß, wie es der nach dieser Gleichung verfügbaren Arbeit entsprechen würde, und vermöge seiner eigenen Geschwindigkeit kann das Gas nicht mehr auf den Anfangsdruck gebracht werden. Insofern also die Bedingung vollständigen inneren Gleichgewichts in Wirklichkeit niemals vollkommen erfüllt sein wird, gibt es auch vollständig umkehrbare Zustandsänderungen in Wirklichkeit nicht.

Bei der Überströmung von Luft aus einem wärmedichten Gefäß in ein zweites ebensolches hat man es gleichfalls mit einem adiabatischen Vorgang zu tun, der jedoch weit davon entfernt ist, dem adiabatischen Gleichgewichtsgesetz $pv^k = $ const zu folgen. Die gesamte während der Überströmung entwickelte Strömungsenergie ist nämlich, nachdem der Inhalt des zweiten Gefäßes sich beruhigt hat, durch Reibung, Wirbel und Stoß in Wärme umgewandelt. Diese Wärmemenge genügt gerade, um die während der Strömung sich abkühlende Luft wieder auf die Anfangstemperatur zu erwärmen. Im Endzustand liegt also Luft von gleicher Temperatur und somit auch gleichem Energieinhalt, jedoch von geringerem Druck vor. Dieser Druck ist jedoch höher als der dem adiabatischen Ausdehnungsgesetz entsprechende Enddruck, und da bei der Ausdehnung keine äußere Arbeit geleistet wurde, so ist auch nach der Ausdehnung keine Arbeit verfügbar, um das Gas bis zum Anfangsdruck wieder zu verdichten. Auch dieser Vorgang ist also nicht umkehrbar, weil er unter vollständiger Störung des inneren Gleichgewichts verlaufen ist.

Die zweite stillschweigend gemachte Voraussetzung war die Annahme, es bestehe zwischen dem seinen Zustand ändernden Körper und den Wandungen des Gefäßes, in dem er eingeschlossen ist, kein Temperaturunterschied. Bei den Zustandsänderungen mit Wärme

zufuhr oder Wärmeentziehung sollte also der erforderliche Wärmeübergang mit verschwindend kleinem Temperaturgefälle zwischen
dem arbeitenden Körper und dem Heiz- oder Kühlkörper vor sich
gehen (vgl. z. B. den Carnotschen Kreisprozeß). Bei der adiabatischen Zustandsänderung sollten ferner die Wandtemperaturen entweder den Gastemperaturen genau folgen oder es sollte trotz etwa
bestehender Temperaturunterschiede kein Wärmeübergang zwischen
dem Gas und den Wandungen eintreten. Diese Voraussetzungen
sind in Wirklichkeit niemals genau erfüllt. Bei allen Wärmeübergängen treten endliche Temperaturunterschiede zwischen den die
Wärme austauschenden Körpern auf, und umgekehrt werden da, wo
endliche Temperaturunterschiede bestehen, stets gewisse Wärmemengen vom wärmeren zum kälteren Körper übergehen. Deshalb

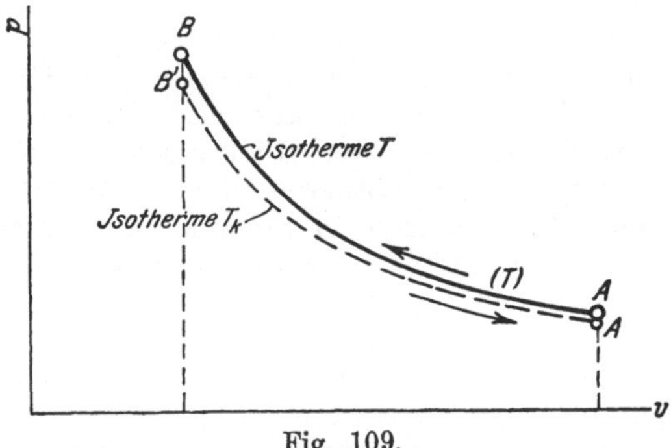

Fig. 109.

ist auch eine rein adiabatische Zustandsänderung nach dem Gesetz
$p \cdot v^k =$ const nicht völlig genau zu verwirklichen. Bei der Ausdehnung
werden stets gewisse Wärmemengen aus der Umgebung in das Gas
übergehen und bei der Verdichtung aus dem Gas in die Umgebung,
wobei sich die Zustandslinien der aufeinanderfolgenden Ausdehnung
und Verdichtung nicht zu decken brauchen und nach Rückkehr zum
Anfangsvolumen der Druck und die Temperatur sich geändert haben.

Das einfachste Beispiel für den Fall der unter Wärmezufuhr
verlaufenden Änderungen ist die isothermische Zustandsänderung
der Gase. Bei dieser wird die ganze Verdichtungsarbeit in
Wärme verwandelt, die vollständig ins Kühlwasser übergehen muß; bei
der Ausdehnung muß umgekehrt die ganze Ausdehnungsarbeit als
äquivalente Wärme aus dem Heizkörper in das Gas eingeführt
werden.

Es sei nun während der Verdichtung AB, Fig. 109, die Gastemperatur in jedem Augenblick gleich der Kühlwassertemperatur,
was bei sehr langsamer Verdichtung, großen Kühlflächen und unbeschränkter Kühlwassermenge wenigstens denkbar ist. Dann kann
während der darauffolgenden Ausdehnung BA, wenn diese unter
gleichen Umständen erfolgt, die ganze bei der Verdichtung ins Kühl-

wasser getretene Wärme aus diesem wieder in das Gas zurücktreten. Die Ausdehnung kann völlig übereinstimmend mit der Verdichtung verlaufen, und die bei der Verdichtung aufgewendete Arbeit wird bei der Ausdehnung wiedergewonnen. Die Zustandsänderung ist vollständig umkehrbar.

Ist jedoch die Gastemperatur während der isothermischen Verdichtung nur wenig höher als die Kühlwassertemperatur, was z. B. bei den rasch ablaufenden Vorgängen in Maschinen immer der Fall ist, so ist zwar bei gleichem Druckverlauf wie vorhin die abzuleitende Verdichtungswärme die gleiche; aber diese Wärme nimmt die tiefere Temperatur des Kühlwassers an. Bei der darauffolgenden Ausdehnung BA müßte nun diese Wärme, wenn der Vorgang in jeder Hinsicht umkehrbar sein sollte, wieder in das Gas übertreten. Dies ist aber nicht möglich, weil die Gastemperatur jetzt höher ist als die Wassertemperatur. Ein isothermischer Rückweg ist zwar möglich, aber nur bei tieferer Gastemperatur als auf dem Hinweg, nämlich höchstens bei der Temperatur T_k des Kühlwassers. Der Vorgang ist also nicht umkehrbar, denn der Rückweg verläuft günstigsten Falles auf der tieferliegenden Isotherme $B'A'$. Die auf dem Rückweg zwischen gleichen Raumgrenzen gewonnene Ausdehnungsarbeit ist kleiner als die aufgewendete Verdichtungsarbeit. Von der auf dem Hinweg entstandenen Wärme ist zwar, wenn man das Kühlwasser und Gas als ein Ganzes betrachtet, nichts verloren gegangen. Aber diese Wärme hat einen Temperatursturz erlitten und ist dadurch mechanisch minderwertiger geworden.

Ein sehr wichtiger hierhergehöriger Fall ist die unter unveränderlicher Temperatur erfolgende Dampferzeugung in den Kesseln. Selbst wenn die in der Feuerung erzeugte Wärme vollständig in den Dampf überginge, würde sie doch durch den sehr bedeutenden Temperatursturz von Feuergas- auf Dampftemperatur mechanisch erheblich entwertet werden. Der Verdampfungsvorgang an sich ist zwar umkehrbar, wie aus den Darlegungen in Abschn. 36 hervorgeht, nicht umkehrbar ist aber der Temperatursturz der Feuergaswärme. Es gibt kein Mittel, diesen wieder rückgängig zu machen, ausgenommen die Aufwendung neuer Energiemengen.

Zusammenfassend läßt sich sagen, daß alle wirklichen Zustandsänderungen nicht genau oder gar nicht umkehrbar verlaufen, weil sie erstens stets unter gewissen, mehr oder weniger großen Störungen des inneren Gleichgewichts und zweitens mit endlichen, größeren oder kleineren Temperatursprüngen vor sich gehen.

Vollständig umkehrbar verlaufende Zustandsänderungen sind als Idealfälle zu betrachten, von denen die Wirklichkeit mehr oder weniger abweicht.

Umgekehrt läßt sich von allen nicht umkehrbar verlaufenden Zustandsänderungen sagen, daß sie mit gewissen Verlusten an Arbeit, Arbeitsfähigkeit, Wärme oder Wärmegefälle verbunden sind.

Zu den erwähnten Verlustquellen kommen noch hinzu die unmittelbaren Wärmeverluste durch Leitung und Strahlung und die Arbeitsverluste durch die Reibung der bewegten Maschinenteile.

Dies gilt insbesondere von den Vorgängen in den Kraftmaschinen. Man kann sich z. B. die Expansion der Luft in einem adiabatisch arbeitenden Druckluftmotor als einen umkehrbaren Vorgang vorstellen, Fig. 110. Der Motor ohne schädlichen Raum entnehme Druckluft aus einem großen Behälter I, Linie DA. Im Motor expandiere die Druckluft adiabatisch bis auf den Gegendruck p_2, Linie AB. Mit dem Drucke p_2 werde sie in einen großen Behälter II ausgestoßen, der Luft vom gleichen Zustande enthalte, Linie BC. Aus diesem Behälter werde sie von einem Kompressor wieder angesaugt (CB), alsdann auf den Anfangsdruck p_1 adiabatisch verdichtet (BA) und in den Behälter I geschoben (AD).

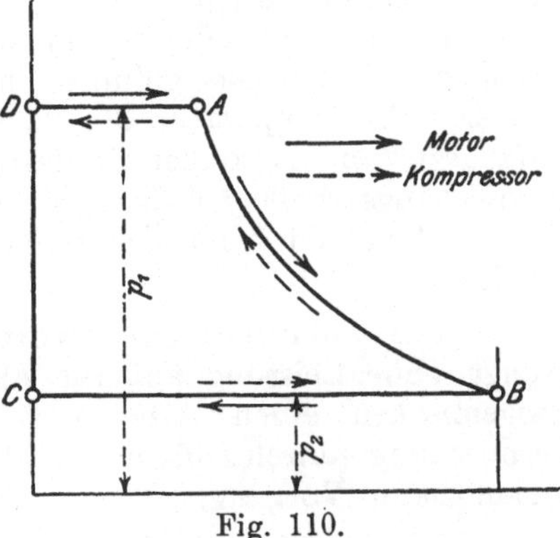

Fig. 110.

Hätten nun nirgends die geringsten Wärmeverluste durch Leitung und Strahlung, keinerlei Umsetzung von Strömungsenergie in Wärme durch Wirbelung, keine Reibungs- und Stoßverluste in den Maschinenteilen stattgefunden, so würde der Motor ohne zusätzliche Betriebsarbeit imstande sein, den Kompressor zu betreiben. Die Luft würde einen Kreislauf beschreiben, an dessen Ende sie sich wieder im Anfangszustand befände. Daß ein derartiger Vorgang nur denkbar, nicht wirklich ausführbar ist, liegt auf der Hand, da Verluste nicht vermieden werden können. Diese haben in ihrer Gesamtheit schließlich zur Folge, daß im Kompressor eine weit geringere Luftmenge verdichtet werden kann, als Druckluft zum Betrieb des Motors erforderlich ist. Vollkommene „Umkehrbarkeit" ist ein Idealfall, den es in Wirklichkeit nicht gibt, bei der einzelnen Zustandsänderung so wenig, wie bei dem zusammengesetzten Vorgang.

62. Die wichtigsten nicht umkehrbaren Vorgänge und ihr Verhältnis zum II. Hauptsatz.

Die technisch wichtigsten nicht umkehrbaren Vorgänge sind:

1. Der Wärmeübergang vom wärmeren zum kälteren Körper durch Leitung oder Strahlung ohne Arbeitsleistung der Wärme.

Nach dem II. Hauptsatz ist die Zurückführung der übergegangenen Wärme Q nur unter Aufwendung der Arbeit $L = \dfrac{Q}{A} \dfrac{T_1 - T_2}{T_2}$

möglich. Der Vorgang ist also nicht umkehrbar, weil beim Temperaturfall von der Wärme Q keine Arbeit geleistet wurde, die für den Rückweg zur Verfügung stände.

2. Die Ausdehnung der Gase, Dämpfe und Flüssigkeiten ohne Leistung äußerer Arbeit, insbesondere die Ausdehnung durch Überströmen aus einem Raum höheren Druckes (p_0) in einen solchen mit niedrigerem Druck (p).

Bei der Überströmung in einen leeren Raum oder in einen mit dem gleichen Gas gefüllten Raum von gleicher Temperatur ändert sich die Temperatur der Gase nicht. Zur Zurückführung in den Anfangszustand ist daher mindestens die isothermische (umkehrbare) Verdichtungsarbeit $pV \cdot \ln(p_0/p)$ aufzuwenden, die nicht zur Verfügung steht, da beim Überströmen keine äußere Arbeit gewonnen wurde.

3. Die Vermischung zweier Gase in der gewöhnlichen Weise erfolgt ohne Leistung äußerer Arbeit, während die Trennung von Gasgemischen einen Arbeitsaufwand erfordert. Die gewöhnliche Vermischung (durch Diffusion und Durchwirbelung) ist also ein nicht umkehrbarer Vorgang.

4. Die strömende Bewegung der Gase, Dämpfe und Flüssigkeiten in Rohrleitungen, durch Mündungen, Schieber und Ventile, wobei durch Reibung und Wirbelung innere Wärme erzeugt wird, ist nicht umkehrbar, weil sich diese Wärme nicht wieder vollständig in mechanische Strömungsenergie zurückverwandeln läßt. Hierher gehören auch die Drosselungsvorgänge.

5. Die Erzeugung von Wärme aus mechanischer Arbeit durch Reibung, Stoß und Wirbelung.

Aus der erzeugten Wärme Q kann nur der Bruchteil $Q(T_1 - T_2)/T_1$ $< Q$ als mechanische Arbeit wiedergewonnen werden, wenn T_1 die Temperatur dieser Wärme, T_2 die Umgebungstemperatur ist. Daher ist der Vorgang niemals umkehrbar ohne Aufwand neuer Arbeit. (Über umkehrbare Wärmeerzeugung mittels mechanischer Arbeit vgl. Abschn. 44.)

6. Die in der gewöhnlichen Weise verlaufenden Verbrennungsvorgänge, bei denen die chemische Energie als Wärme erscheint. Diese Wärme kann nur nach Maßgabe des verfügbaren Temperaturgefälles (idealer Gasmaschinenprozeß, Abschn. 33), also niemals vollständig, in Arbeit umgesetzt werden, und die auf diese Weise gewonnene Arbeit reicht nicht aus, um die chemische Trennung der Verbrennungsprodukte in die Ausgangsstoffe durchzuführen.

Den unter 1. bis 6. genannten Vorgängen ist gemeinsam, daß sie in der Natur von selbst, d. h. ohne Aufwand äußerer Arbeit verlaufen; sie liefern u. U. sogar noch einen Arbeitsgewinn. Um sie einzuleiten, ist lediglich ein Auslösungsvorgang erforderlich, der ohne in Betracht kommenden Arbeitsaufwand erfolgen kann, bei 1.

z. B. die Entfernung einer Isolierschicht, bei 2. bis 4. die Eröffnung eines Ventils, bei 5. die Beseitigung einer Hemmung an einem fallenden Gewicht, bei 6. eine örtliche Erhitzung (Zündfunke). Dagegen erfordert der jeweilige rückläufige Prozeß einen bestimmten Arbeitsaufwand, der in keinem der Fälle aus dem Arbeitsgewinn beim vorangegangenen nicht umkehrbaren Prozeß bestritten werden kann; der rückläufige Prozeß vollzieht sich deshalb in der Natur nie von selbst.

Aus den Beispielen 1. bis 6. erhellt, daß die Tatsache der Nichtumkehrbarkeit aufs engste mit dem II. Hauptsatz der Thermodynamik zusammenhängt, da es sich in allen Fällen schließlich um die Zurückverwandlung von Wärme in Arbeit handelt, an deren Unvollständigkeit die Umkehrbarkeit scheitert. Man kann daher die Tatsache, daß es nicht umkehrbare Vorgänge in der Natur gibt, auch selbst als Ausdruck des II. Hauptsatzes gelten lassen, und der Umstand, daß gerade die in der Natur von selbst verlaufenden Vorgänge nicht umkehrbar sind, zeigt, daß der II. Hauptsatz ein Prinzip enthält, das sich auf die Richtung bezieht, in welcher die Naturprozesse von selbst ablaufen. Alle in der Natur von selbst verlaufenden, nicht umkehrbaren Vorgänge haben eine Zunahme der Entropie der beteiligten Körper und eine mehr oder weniger große Entwertung der ursprünglich verfügbaren mechanischen Energie zur Folge, wie sich auch an den obigen Beispielen im einzelnen zeigen läßt.

Bei der Anwendung der thermodynamischen Gesetze und Gleichungen auf die wirklichen Vorgänge sind die verschiedenen Umstände, welche diese Vorgänge zu nicht umkehrbaren machen, ebenso zu berücksichtigen, wie bei der Anwendung der Gesetze der Mechanik auf die Maschinengetriebe die Reibung, wenn man Übereinstimmung der Berechnung mit der Wirklichkeit erzielen will. Darin besteht die größte Schwierigkeit für die richtige Anwendung dieser Gesetze auf die wirklichen Vorgänge.

Dampftabellen.

I.

Gesättigter Wasserdampf von 0,02 bis 40 kg/qcm abs.[1]

Druck p kg/qcm abs.	Temperatur t ⁰C	Spezifisches Volumen der Flüssigkeit 1000 σ ltr/kg	Spezifisches Volumen des Dampfes v_s cbm/kg	Spezifisches Gewicht des Dampfes γ_s kg/cbm	Flüssigkeitswärme q kcal/kg	Verdampfungswärme r kcal/kg	Gesamtwärme $q+r=\lambda$ kcal/kg	Äußere Verdampfungswärme Ap $(v_s-\sigma)$ kcal/kg	Innere Verdampfungswärme ϱ kcal/kg
0,02	17,2	1,0013	68,28	0,01465	17,2	586,0	603,2	32,0	554,0
0,04	28,6	1,0040	35,47	0,02819	28,6	580,0	608,6	33,2	546,8
0,06	35,8	1,0063	24,19	0,04134	35,7	576,2	611,9	34,0	542,2
0,08	41,1₅	1,0083	18,45	0,05420	41,1	573,4	614,5	34,7	538,7
0,10	45,4	1,0100	14,96	0,06631	45,3	571,4	616,7	35,3	536,1
0,15	53,6	1,0131	10,22	0,09785	53,5	566,6	620,1	36,1	530,5
0,20	59,7	1,0165	7,80	0,1282	59,6	563,1	622,7	36,6	526,5
0,25	64,6	1,0195	6,33	0,1580	64,5	560,1	624,6	37,0	523,1
0,30	68,7	1,0219	5,33	0,1876	68,6	557,9	626,5	37,5	520,4
0.35	72,3	1,0241	4,620	0,2164	72,2	555,7	627,9	37,8	517,9
0,40	75,4	1,0260	4,062	0,2462	75,3	553,9	629,2	38,1	515,8
0,45	78,2	1,0278	3,630	0,2755	78,1	552,2	630,3	38,3	513,9
0,50	80,9	1,0296	3,290	0,3039	80,8	550,4	631,2	38,5	511,9
0,60	85,4₅	1,0327	2,775	0,3603	85,4	547,2	632,6	39,0	508,2
0,70	89,4	1,0355	2,400	0,4167	89,4	544,6	634,0	39,3	505,3
0,80	93,0	1,0381	2,115	0,4728	93,0	542,5	635,4	39,6	502,9
0,90	96,2	1,0405	1,900	0,5263	96,2	540,6	636,8	40,0	500,6
1,00	99,1	1,0426	1,721	0,5811	99,1	538,8	637,9	40,3	498,5 [2]
1,20	104,2₅	1,0467	1,451	0,6892	104,3	535,7	640,0	40,7	495,0
1,40	108,7	1,0503	1,258	0,7949	108,8	532,9	641,7	41,2	491,7
1,60	112,7	1,0535·	1,108	0,9025	112,8	530,4	643,2	41,6	488,8
1,80	116,3	1,0563	0,993	1,007	116,5	528,0	644,5	41,9	486,1

[1] Nach Z. Ver. deutsch. Ing. 1911, S. 1506: W. Schüle, Die Eigenschaften des Wasserdampfes nach den neuesten Versuchen.

[2] Zwischen 1 und 2 at sind die Spalten r, λ und ϱ gegen die 2. Aufl. unbedeutend geändert.

Von 10 at aufwärts sind in Tabelle I, von 180⁰ ab aufwärts in Tabelle II die Werte γ_s, v_s, r, λ und ϱ nach Berechnungen von Eichelberg, F. A. 220, verbessert.

I.

Fortsetzung.

Druck p kg/qcm abs.	Temperatur t °C	Spezifisches Volumen der Flüssigkeit 1000 σ ltr/kg	Spezifisches Volumen des Dampfes v_s cbm/kg	Spezifisches Gewicht des Dampfes γ_s kg/cbm	Flüssigkeitswärme q kcal/kg	Verdampfungswärme r kcal/kg	Gesamtwärme $q+r=\lambda$ kcal/kg	Äußere Verdampfungswärme $A\,p\,(v_s-\sigma)$ kcal/kg	Innere Verdampfungswärme ϱ kcal/kg
2,00	119,6	1,0589	0,902	1,109	119,9	525,7	645,6	42,2	483,5
2,50	126,8	1,0650	0,735	1,361	127,2	520,3	647,5	42,9	477,4
3,00	132,9	1,0705	0,619	1,615	133,4	516,1	649,5	43,4	472,7
3,50	138,2	1,0755	0,5335	1,874	138,7	512,3	651,0	43,7	468,6
4,00	142,9	1,0803	0,4710	2,123	143,8	508,7	652,5	44,1	464,6
4,50	147,2	1,0848	0,4220	2,370	148,1	505,8	653,9	44,4	461,6
5,00	151,1	1,0890	0,3823	2,616	152,0	503,2	655,2	44,7	458,5
5,50	154,7	1,0933	0,3494	2,862	155,7	500,6	656,3	44,9	455,7
6,00	158,1	1,0973	0,3218	3,107	159,3	498,0	657,3	45,1	452,9
6,50	161,2	1,1011	0,2983	3,352	162,4	495,9	658,3	45,3	450,6
7,00	164,2	1,1049	0,2778	3,600	165,5	493,8	659,3	45,5	448,3
7,50	167,0	1,1085	0,2608	3,834	168,5	491,6	660,1	45,7	445,9
8,00	169,6	1,1119	0,2450	4,082	171,2	489,7	660,9	45,8	443,9
8,50	172,2	1,1153	0,2318	4,314	173,9	487,8	661,7	45,9	441,9
9,00	174,6	1,1186	0,2194	4,557	176,4	486,1	662,5	46,0	440,1
9,50	176,9	1,1208	0,2080	4,808	178,6	484,5	663,2	46,1	438,4
10,00	179,1	1,1246	0,1980	5,051	181,4	481,1	662,5	46,2	435,0
10,50	181,2	1,1278	0,1895	5,275	183,7	480,0	663,3	46,4	433,6
11,00	183,2	1,1308	0,1815	5,515	185,8	478,2	663,6	46,6	431,6
11,50	185,2	1,1337	0,1732	5,775	187,9	476,4	663,9	46,6	429,8
12,00	187,1	1,1364	0,1663	6,110	189,9	474,8	664,3	46,6	428,2
12,50	189,0	1,1382	0,1596	6,260	191,9	473,0	664,6	46,6	426,4
13,00	190,8	1,1419	0,1539	6,500	193,8	471,3	664,7	46,6	424,7
13,50	192,5	1,1447	0,1480	6,757	195,6	469,8	665,0	46,6	423,2
14,00	194,2	1,1474	0,1430	6,993	197,4	468,2	665,2	46,6	421,6
14,50	195,8	1,1500	0,1385	7,220	199,1	466,8	665,5	46,6	420,2
15	197,4	1,1525	0,1341	7,450	200,9	465,2	665,5	46,7	418,5
16	200,5	1,156	0,1255	7,970	204,1	462,2	665,9	46,7	415,5
17	203,4	1,163	0,1190	8,400	207,3	459,3	666,1	46,8	412,5
18	206,2	1,167	0,1120	8,928	210,3	456,5	666,3	46,8	409,7
19	208,9	1,171	0,1065	9,40	213,1	454,0	666,7	46,8	407,2
20	211,4₅	1,176	0,1014	9,86	215,9	451,3	666,7	46,8	404,5
21	213,9	1,180	0,0964	10,37	218,6	448,8	666,8	46,9	401,9
22	216,3	1,184	0,0920	10,87	221,2	446,2	666,8	46,9	399,3
23	218,6	1,189	0,0880	11,36	223,6	443,5	666,6	46,9	396,6
24	220,8	1,193	0,0845	11,83	226,1	441,1	666,6	46,9	394,2
25	223,0	1,197	0,0810	12,35	228,4	438,7	666,6	46,8	391,9
30	232,9	1,216	0,0674	14,84	239,3	427,0	665,6	46,7	380,3
34	239,9	1,230	0,0592	16,89	247,0	418,4	664,6	46,4	372,0
40	249,3	1,250	0,0495	20,20	257,5	405,0	662,0	45,4	359,6

II.
Gesättigter Wasserdampf von 0° bis 250°.

Temperatur t °C	Druck p kg/qcm abs.	Spez. Vol. der Flüssigkeit $1000\,\sigma$ ltr/kg	Spez. Vol. des Dampfes v_s cbm/kg	Spez. Gew. des Dampfes γ_s kg/cbm	Flüssigkeitswärme q kcal/kg	Verdampfungswärme r kcal/kg	Gesamtwärme $q+r=\lambda$ kcal/kg	Äußere Verd.-Wärme $\dfrac{A\,p}{(v_s-\sigma)}$ kcal/kg	Innere Verd.-Wärme ϱ kcal/kg
0	0,00622	1,0001	206,5	0,004843	0,00	594,8	594,8	30,4	564,4
5	0,00889	1,0000	147,1	0,006798	5,03	592,2	597,2	30,6	561,6
10	0,01252	1,0003	106,4	0,009398	10,05	589,5	599,5	31,3	558,2
15	0,0174	1,0009	77,95	0,01283	15,05	586,9	601,9	31,8	555,1
20	0,0238	1,0018	57,81	0,01730	20,05	584,3	604,3	32,3	552,0
25	0,0323	1,0029	43,38	0,02305	25,04	581,7	606,7	32,8	548,9
30	0,0433	1,0043	32,93	0,03037	30,03	579,2	609,2	33,4	545,8
35	0,0573	1,0060	25,24	0,03962	35,0	576,6	611,6	33,9	542,7
40	0,0752	1,0078	19,54	0,05118	39,9	574,0	613,9	34,4	539,6
45	0,0977	1,0098	15,28	0,06545	44,9	571,3	616,2	34,9	536,4
50	0,1258	1,0121	12,02	0,08320	49,9	568,5	618,4	35,4	533,1
55	0,1602	1,0145	9,581	0,10437	54,9	565,7	620,6	36,0	529,7
60	0,2028	1,0167	7,677	0,13026	59,9	562,9	622,8	36,5	526,4
65	0,2547	1,0198	6,200	0,16129	64,9	560,0	624,9	37,0	523,0
70	0,3175	1,0227	5,046	0,1982	69,9	557,1	627,0	37,5	519,6
75	0,3929	1,0258	4,123	0,2425	74,9	554,1	629,0	38,1	516,0
80	0,4827	1,0290	3,406	0,2936	79,9	551,1	631,0	38,6	512,5
85	0,5893	1,0324	2,835	0,3527	84,9	548,0	632,9	39,1	508,9
90	0,7148	1,0359	2,370	0,4219	89,9	545,0	634,9	39,6	505,4
95	0,8619	1,0396	1,988	0,5030	95,0	541,9	636,9	40,2	501,7
100	1,0333	1,0433	1,674	0,5974	100,0	538,7	638,7	40,7	498,0
105	1,2319	1,0473	1,420	0,7042	105,0	535,4	640,4	41,1	494,3
110	1,4608	1,0513	1,210	0,8264	110,1	532,1	642,2	41,5	490,6
115	1,7237	1,0556	1,030	0,9709	115,2	528,7	643,9	41,8	486,9
120	2,0242	1,0592	0,891	1,122	120,2	525,3	645,5	42,2	483,1
125	2,3662	1,0635	0,771	1,297	125,3	521,7	647,0	42,6	479,1
130	2,7538	1,0678	0,668	1,497	130,5	518,2	648,7	43,0	475,2
135	3,1914	1,0725	0,581	1,721	135,6	514,6	650,2	43,3	471,3
140	3,6835	1,0772	0,508	1,968	140,7	510,9	651,6	43,7	467,2
145	4,2352	1,0825	0,446	2,242	145,8	507,4	653,2	44,1	463,3
150	4,8517	1,0878	0,3926	2,547	150,9	503,8	654,7	44,5	459,3
155	5,5373	1,0936	0,3470	2,882	156,1	500,2	656,3	44,8	455,4
160	6,2986	1,0995	0,3074	3,253	161,2	496,6	657,8	45,1	451,5
165	7,1414	1,1060	0,2725	3,670	166,4	493,0	659,4	45,4	447,6
170	8,0714	1,1124	0,2431	4,114	171,6	489,4	661,0	45,7	443,7
175	9,0937	1,1192	0,2170	4,608	177,0	485,0	662,0	46,0	439,8
180	10,215	1,1260	0,1945	5,141	182,4	481,0	663,0	46,4	434,6
185	11,443	1,1334	0,1740	5,747	187,6	476,8	664,1	46,4	430,4
190	12,785	1,1407	0,1563	6,400	193,0	472,0	664,6	46,6	425,4
195	14,246	1,1487	0,1405	7,120	198,3	467,5	665,3	46,6	420,9
200	15,834	1,1566	0,1270	7,874	203,6	463,0	666,1	46,7	416,3
205	17,56	1,165	0,1150	8,696	209,0	458,0	666,5	46,8	411,2
210	19,43	1,173	0,1040	9,615	214,4	452,8	666,6	46,8	406,0
215	21,45	1,182	0,0943	10,605	219,8	447,5	666,7	46,8	400,7
220	23,62	1,191	0,0858	11,655	225,2	442,0	666,6	46,9	395,1
225	25,97	1,201	0,0780	12,82	230,7	436,4	666,4	46,9	389,5
230	28,48	1,211	0,0710	14,08	236,2	430,5	666,0	46,7	383,8
235	31,18	1,221	0,0648	14,84	241,7	424,4	665,2	46,6	377,8
240	34,08	1,232	0,0590	16,95	247,2	418,2	664,5	46,4	371,8
245	37,17	1,242	0,0535	18,69	252,8	410,8	662,6	45,8	365,0
250	40,48	1,253	0,0490	20,41	258,4	404,0	661,3	45,4	358,6

III.

Gesättigter Wasserdampf von $+10^\circ$ bis $+50^\circ$.

Tem-peratur °C	Druck		Spezifisches Volumen v_s cbm/kg	Spezifisches Gewicht $1000\,\gamma_s$ g/cbm	Verdampfungs-Wärme r kcal/kg	Gesamt-Wärme λ kcal/kg
	mm Hg	kg/qcm				
10	9,21	0,0125	106,4	9,40	589,5	599,5
11	9,84	0,0134	99,7	10,03	589,0	600,0
12	10,52	0,0143	93,7	10,67	588,5	600,5
13	11,23	0,0153	87,9	11,38	588,0	601,0
14	11,99	0,0163	83,0	12,05	587,5	601,5
15	12,79	0,0174	$77,9_5$	12,83	586,9	601,9
16	13,64	0,0186	73,2	13,66	586,4	602,4
17	14,5	0,0197	69,0	14,49	585,9	602,9
18	15,5	0,0211	65,1	15,36	585,4	603,4
19	16,5	0,0224	61,4	16,29	584,9	603,9
20	17,5	0,0238	57,8	17,3	584,3	604,3
21	$18,6_5$	0,0254	54,5	18,3	583,8	604,8
22	19,8	0,0270	51,4	19,4	583,3	605,3
23	21,1	0,0287	48,6	20,6	582,8	605,8
24	22,4	0,0305	45,9	21,8	582,3	606,3
25	23,8	0,0324	43,4	23,0	581,7	606,7
26	25,2	0,0343	41,0	24,4	581,2	607,2
27	26,7	0,0363	38,8	25,8	580,7	607,7
28	$28,3_5$	0,0386	36,8	27,2	580,2	608,2
29	$30,0_5$	0,0408	34,8	28,7	579,7	608,7
30	31,8	0,0432	32,9	30,4	579,2	609,2
31	33,7	0,0458	31,2	32,0	578,7	609,7
32	35,7	0,0486	29,6	33,8	578,2	610,2
33	37,7	0,0513	28,0	35,7	577,7	610,7
34	39,9	0,0543	26,6	37,6	577,2	611,2
35	42,2	0,0573	25,2	39,6	576,6	611,6
36	44,6	0,0606	23,9	41,8	576,1	612,1
37	47,1	0,0641	22,7	44,0	575,6	612,6
38	49,7	0,0676	21,6	46,3	575,1	613,1
39	52,5	0,0715	20,5	48,8	574,6	613,6
40	55,3	0,0752	19,5	51,2	574,0	614,0
41	58,4	0,0795	18,6	53,8	573,5	614,5
42	61,5	0,0836	17,7	56,5	572,9	614,8
43	64,8	0,0882	16,8	59,5	572,4	615,3
44	68,3	0,0930	16,0	62,5	571,8	615,7
45	71,9	0,0978	15,3	65,5	571,3	616,2
46	75,7	0,103	14,6	68,5	570,7	616,6
47	79,6	0,108	13,9	71,9	570,2	617,1
48	83,7	0,114	13,2	75,8	569,6	617,5
49	$88,0_5$	0,120	12,6	79,4	569,1	618,0
50	92,5	0,126	12,0	83,2	568,5	618,4

IIIa.

Gesättigter Wasserdampf von — 20° bis + 9°.

Tem-peratur	Druck	Spez. Volum.	Spez. Gewicht	Tem-peratur	Druck	Spez. Volum.	Spez. Gewicht	Tem-peratur	Druck	Spez. Volum.	Spez. Gewicht
t	p	v	γ	t	p	v	γ	t	p	$v^1)$	$\gamma^1)$
°C	mm Hg	cbm/kg	g/cbm	°C	mm Hg	cbm/kg	g/cbm	°C	mm Hg	cbm/kg	g/cbm
— 20	0,960	995	1,00	— 10	2,159	451	2,22	0	4,579	211	4,74
— 19	1,044	920	1,09	— 9	2,335	418	2,39	+ 1	4,921	198	5,05
— 18	1,135	848	1,18	— 8	2,521	388	2,58	+ 2	5,286	185	5,41
— 17	1,233	782	1,28	— 7	2,722	359	2,78	+ 3	5,675	172	5,81
— 16	1,338	722	1,38	— 6	2,937	332	3,01	+ 4	6,088	161	6,21
— 15	1,451	667	1,50	— 5	3,167	307	3,26	+ 5	6,528	150	6,67
— 14	1,573	615	1,63	— 4	3,413	282	3,55	+ 6	6,997	141	7,09
— 13	1,705	568	1,76	— 3	3,677	262	3,82	+ 7	7,494	132	7,58
— 12	1,846	526	1,90	— 2	3,958	244	4,10	+ 8	8,023	123	8,13
— 11	1,997	486	2,06	— 1	4,258	227	4,40	+ 9	8,584	116	8,62

¹) Diese Werte sind etwas verschieden von Tab. II.

IV.

Gesättigter Wasserdampf von 0,01 bis 0,20 kg/qcm abs.

Druck p_s kg/qcm	mm Hg	Temp. 0°C	Spez. Vol. v_s cbm/kg	Spez. Gew. $1000\,\gamma_s$ g/cbm	Verdampf-Wärme r kcal/kg	Gesamt-wärme λ kcal/kg
0,010	7,35	6,7	131,7	7,60	591,1	597,8
0,015	11,03	12,7	89,5	11,2	588,2	600,9
0,020	14,7	17,2	68,3	14,7	586,0	603,2
0,025	18,4	20,8	55,3	18,1	583,9	604,7
0,030	22,1	23,8	46,6	21,4	582,4	606,2
0,035	25,8	26,4	40,2	24,9	581,1	607,5
0,040	29,4	28,6	35,5	28,2	580,0	608,6
0,045	33,1	30,7	31,7	31,5	578,8	609,5
0,050	36,8	32,5	28,7	34,8	578,0	610,5
0,055	40,5	34,2	26,2	38,2	577,0	611,2
0,060	44,1	35,8	24,2	41,3	576,2	612,0
0,065	47,8	37,3	22,4	44,6	575,4	612,7
0,070	51,5	38,7	20,9	47,8	574,7	613,4
0,075	55,2	39,9	19,6	51,0	574,0	613,9
0,080	58,8	41,1	18,5	54,2	573,4	614,5
0,085	62,5	42,3	17,4	57,5	572,7	615,0
0,090	66,2	43,4	16,5	60,6	572,2	615,6
0,095	69,9	44,4	15,7	63,7	571,6	616,0
0,10	73,5	45,4	15,0	66,3	571,1	616,5
0,11	80,9	47,3	13,8	72,5	570,0	617,2
0,12	88,3	49,0₅	12,6	79,4	569,1	618,0
0,13	95,6	50,7	11,7	85,5	568,2	618,8
0,14	103,0	52,2	10,9	91,7	567,4	619,5
0,15	110,3	53,6	10,2	97,9	566,5	620,0
0,16	117,6	55,0	9,62	103,9	565,7	620,6
0,17	125,0	56,2	9,09	110,0	565,1	621,1
0,18	132,3	57,4	8,62	116,0	564,4	621,6
0,19	139,7	58,6	8,20	121,9	563,7	622,2
0,20	147,1	59,7	7,80	128,2	563,1	622,7

V.

Gesättigte Dämpfe von Ammoniak (NH_3).

Tem-peratur t °C	Druck[2] p kg/qcm abs.	Flüssigkeits-wärme[1] q kcal/kg	Verdamp-fungswärme[2] r kcal/kg	Gesamt-wärme λ kcal/kg	Spez. Volu-men der Flüssigkeit[2] $1000\,\sigma$ ltr/kg	Spez. Volu-men des Dampfes[2] v_s cbm/kg
— 40	0,727		328,5		1,449	1,562
— 35	0,942		325,5		1,464	1,227
— 30	1,206	— 32,7	322,5	289,8	1,477	0,9734
— 25	1,528	— 27,4	319,3	291,9	1,490	0,7802
— 20	1,916	— 22,0	316,0	294,0	1,506	0,6312
— 15	2,378	— 16,6	312,6	296,0	1,520	0,5151
— 10	2,926	— 11,1	309,0	297,9	1,536	0,4237
— 5	3,571	— 5,6	305,3	299,7	1,550	0,3512
0	4,322	0	301,4	301,4	1,567	0,2931
+ 5	5,192	+ 5,7	297,4	303,1	1,585	0,2462
+ 10	6,194	+ 11,4	293,2	304,6	1,603	0,2080
+ 15	7,340	+ 17,1	288,9	306,0	1,621	0,1768
+ 20	8,645	+ 22,9	284,4	307,3	1,639	0,1510
+ 25	10,121	+ 28,8	279,6	308,4	1,658	0,1296
+ 30	11,778	+ 34,8	274,8	309,6	1,678	0,1117
+ 35	13,647	+ 40,8	269,6	310,4	1,701	0,0966
+ 40	15,727	+ 46,9	264,2	311,1	1,721	0,0839

[1]) Nach Mollier.
[2]) Nach Kamerlingh-Onnes u. G. Holst.

VI.

Gesättigte Dämpfe von Schwefligsäure (SO_2).

Temperatur t °C	Druck p kg/qcm abs.	Flüssigkeits-wärme q kcal/kg	Verdampfungs-wärme r kcal/kg	Spez. Volumen ($\sigma = 0,0007$) v_s cbm/kg	Spez. Gewicht γ kg/cbm
— 40	0,222	— 11,94	96,00	1,3052	0,766
— 35	0,297	— 10,55	96,08	1,0124	0,988
— 30	0,391	— 9,31	95,89	0,7941	1,259
— 25	0,508	— 7,68	95,59	0,6289	1,590
— 20	0,652	— 6,20	95,00	0,5026	1,990
— 15	0,826	— 4,70	94,30	0,4049	2,470
— 10	1,037	— 3,16	93,44	0,3287	3,042
— 5	1,287	— 1,60	92,40	0,2687	3,722
0	1,584	0	91,20	0,2211	4,525
+ 5	1,932	+ 1,62	89,83	0,1829	5,467
+ 10	2,338	+ 3,28	88,29	0,1521	6,575
+ 15	2,807	+ 4,96	86,58	0,1272	7,862
+ 20	3,347	+ 6,68	84,70	0,1068	9,363
+ 25	3,964	+ 8,42	82,65	0,0902	11,086
+ 30	4,666	+ 10,19	80,44	0,0762	13,123
+ 35	5,458	+ 11,99	78,05	0,0647	15,456
+ 40	6,349	+ 13,82	75,50	0,0552	18,116
+ 50	8,455	+ 17,70	69,89	0,0401	24,94
+ 60	11,066	+ 21,35	63,60	0,0291	34,36

VII.

Gesättigte Dämpfe der Kohlensäure (CO_2).

Nach Amagat und Mollier.

Temperatur t °C	Druck-abs. p kg/qcm	Flüssig-keits-wärme q kcal/kg	Ver-dampfungs-wärme r kcal/kg	Spez. Volum. der Flüssigkeit σ cbm/kg	Spez. Volum. des Dampfes v_s cbm/kg	Spez. Gew. der Flüssigkeit kg/cbm	Spez. Gew. des Dampfes γ_s kg/cbm
− 30	15,0	− 13,78	70,40	0,00097	0,0270	1031	37,04
− 25	17,5	− 11,70	68,47	0,00098	0,0229	1020	43,67
− 20	20,3	− 9,55	66,36	0,00100	0,0195	1000	51,28
− 15	23,5	− 7,32	64,03	0,00102	0,0167	980,4	59,88
− 10	27,1	− 5,00	61,47	0,00104	0,0143	961,5	69,93
− 5	31,0	− 2,57	58,63	0,00107	0,0122	934,6	81,97
0	35,4	0,00	55,45	0,00110	0,0104	909,1	96,15
+ 5	40,3	+ 2,74	51,86	0,00113	0,0089	884,9	112,4
+ 10	45,7	+ 5,71	47,74	0,00117	0,0075	854,7	133,3
+ 15	51,6	+ 9,01	42,89	0,00123	0,0063	813,0	158,7
+ 20	58,1	+ 12,82	36,93	0,00131	0,0052	763,3	171,6
+ 25	65,4	+ 17,57	28,98	0,00142	0,0042	704,2	238,1
+ 30	73,1	+ 25,25	15,00	0,00167	0,0030	598,8	333,3
+ 31	74,7	+ 28,67	8,40	0,00186	0,0026	537,6	384,6
+ 31,35	75,3	+ 32,91	0,00	0,00216	0,0022	463,0	463,0

Die Grundgesetze der Wärmeleitung und des Wärme-übergauges. Ein Lehrbuch für Praxis und technische Forschung. Von Oberingenieur Dr.-Ing. **Heinrich Gröber.** Mit 78 Textfiguren. (279 S.) 1921. 9 Goldmark

Die Wärme-Übertragung. Auf Grund der neuesten Versuche für den praktischen Gebrauch zusammengestellt von Dipl.-Ing. **M. ten Bosch,** Zürich. Mit 46 Textabbildungen. (127 S.) 1922. 5 Goldmark

Der Wärmeübergang an strömendes Wasser in vertikalen Rohren. Von Dr.-Ing. **Waldemar Stender.** Mit 25 Abbildungen im Text. (86 S.) 1924. 5.10 Goldmark

Energie-Umwandlungen in Flüssigkeiten. Von Professor **Dónát Bánki,** Budapest.

Erster Band: **Einleitung in die Konstruktionslehre der Wasserkraftmaschinen, Kompressoren, Dampfturbinen und Aeroplane.** Mit 591 Textabbildungen und 9 Tafeln. (520 S.) 1921.
Gebunden 20 Goldmark

Maschinentechnisches Versuchswesen. Von Prof. Dr.-Ing. **A. Gramberg.**

Band I: **Technische Messungen bei Maschinenuntersuchungen und zur Betriebskontrolle.** Zum Gebrauch an Maschinenlaboratorien und in der Praxis. Fünfte, vielfach erweiterte und umgearbeitete Auflage. Mit 326 Textfiguren. (577 S.) 1923. Gebunden 18 Goldmark

Band II: **Maschinenuntersuchungen und das Verhalten der Maschinen im Betriebe.** Ein Handbuch für Betriebsleiter, ein Leitfaden zum Gebrauch bei Abnahmeversuchen und für den Unterricht an Maschinenlaboratorien. Dritte, verbesserte Auflage. Mit 327 Figuren im Text und auf 2 Tafeln. (619 S.) 1924. Gebunden 20 Goldmark

Die Kondensation bei Dampfkraftmaschinen einschließlich Korrosion der Kondensatorrohre. Rückkühlung des Kühlwassers, Entölung und Abwärmeverwertung. Von Oberingenieur Dr.-Ing. **K. Hoefer,** Berlin. Mit 443 Abbildungen im Text. (453 S.) 1925
Gebunden 22.50 Goldmark

Regelung der Kraftmaschinen. Berechnung und Konstruktion der Schwungräder, des Massenausgleichs und der Kraftmaschinenregler in elementarer Behandlung. Von Hofrat Prof. Dr.-Ing. **Max Tolle,** Karlsruhe. Dritte, verbesserte und vermehrte Auflage. Mit 532 Textfiguren und 24 Tafeln. (902 S.) 1921. Gebunden 33.50 Goldmark

Schnellaufende Dieselmaschinen. Beschreibungen, Erfahrungen, Berechnung, Konstruktion und Betrieb. Von Prof. Dr.-Ing. **O. Föppl,** Braunschweig, Oberingenieur Dr.-Ing. **H. Strombeck,** Leunawerke und Prof. Dr. techn. **L. Ebermann,** Lemberg. Dritte, ergänzte Auflage. Mit 148 Textabbildungen und 8 Tafeln, darunter Zusammenstellungen von Maschinen von A E G, Benz, Daimler, Danziger Werft, Deuz, Germaniawerft, Görlitzer M.-A., Körting und M A N Augsburg. (246 S.) 1925. Gebunden 11.40 Goldmark

Dampf- und Gasturbinen. Mit einem Anhang über die Aussichten der Wärmekraftmaschinen. Von Prof. Dr. phil. Dr.-Ing. **A. Stodola,** Zürich. Sechste Auflage. Unveränderter Abdruck der fünften Auflage. Mit einem Nachtrag nebst Entropietafel für hohe Drücke und B^1T-Tafel zur Ermittelung des Rauminhaltes. Mit 1138 Textabbildungen und 13 Tafeln. (1155 S.) 1924.
Gebunden 50 Goldmark

Nachtrag zur fünften Auflage von Stodolas Dampf- und Gasturbinen nebst Entropietafel für hohe Drücke und B^1T-Tafel zur Ermittelung des Rauminhaltes. Mit 37 Abbildungen und 2 Tafeln. (32 S.) 1924.
3 Goldmark

Dieser der 6. Auflage angefügte Nachtrag ist auch als Sonderausgabe einzeln zu beziehen, um den Besitzern der 5. Auflage des Hauptwerkes die Möglichkeit einer Ergänzung auf den Stand der 6. Auflage zu bieten.

F. Tetzner, Die Dampfkessel. Lehr- und Handbuch für Studierende Technischer Hochschulen, Schüler Höherer Maschinenbauschulen und Techniken, sowie für Ingenieure und Techniker. Siebente, erweiterte Auflage von **O. Heinrich,** Studienrat an der Beuthschule zu Berlin. Mit 467 Textabbildungen und 14 Tafeln. (422 S.) 1923.
Gebunden 10 Goldmark

Die Dampfkessel nebst ihren Zubehörteilen und Hilfseinrichtungen. Ein Hand- und Lehrbuch zum praktischen Gebrauch für Ingenieure, Kesselbesitzer und Studierende. Von Prof. **R. Spalckhaver,** und Ingenieur **Fr. Schneiders †.** Zweite, verbesserte Auflage. Unter Mitarbeit von Dipl.-Ing. **A. Rüster.** Mit 810 Abbildungen im Text. (489 S.) 1924.
Gebunden 40.50 Goldmark

Handbuch der Feuerungstechnik und des Dampfkesselbetriebes mit einem Anhange über allgemeine Wärmetechnik. Von Dr.-Ing. **Georg Herberg,** Stuttgart. Dritte, verbesserte Auflage. Mit 62 Textabbildungen, 91 Zahlentafeln sowie 48 Rechnungsbeispielen. (350 S.) 1922.
Gebunden 11 Goldmark

Die Leistungssteigerung von Großdampfkesseln. Eine Untersuchung über die Verbesserung von Leistung und Wirtschaftlichkeit und über neuere Bestrebungen im Dampfkesselbau. Von Dr.-Ing. **Friedrich Münzinger.** Mit 173 Textabbildungen. (174 S.) 1922.
4 Goldmark; gebunden 6 Goldmark

Die Abwärmeverwertung im Kraftmaschinenbetrieb mit besonderer Berücksichtigung der Zwischen- und Abdampfverwertung zu Heizzwecken. Eine wärmetechnische und wärmewirtschaftliche Studie. Von Dr.-Ing. **Ludwig Schneider.** Vierte, durchgesehene und erweiterte Auflage. Mit 180 Textabbildungen. (280 S.) 1923.
Gebunden 10 Goldmark

Freytags Hilfsbuch für den Maschinenbau für Maschineningenieure sowie für den Unterricht an Technischen Lehranstalten. Siebente, vollständig neubearbeitete Auflage. Unter Mitarbeit von Fachleuten herausgegeben von Prof. **P. Gerlach.** Mit 2484 in den Text gedruckten Abbildungen, 1 farbigen Tafel und 3 Konstruktionstafeln. (1502 S.) 1924.
Gebunden 17.40 Goldmark

Taschenbuch für den Maschinenbau. Bearbeitet von Fachleuten. Herausgegeben von Prof. **Heinrich Dubbel,** Ingenieur, Berlin. Vierte, erweiterte und verbesserte Auflage. Mit 2786 Textfiguren. In zwei Bänden. (1739 S.) 1924.
Gebunden 18 Goldmark